大阪大学
新世紀レクチャー

物理学への誘い

大貫惇睦 編

大阪大学出版会

はじめに

　大阪大学の理系の1，2年生の学生に対して私たちは物理学を教えています．どの理系学部も物理学を必修科目にしています．ところが大学入試で物理を受験科目にせず入学してくる学生がかなりの数います．その学生と物理を受験科目にして入学してきた学生とではスタートの時点で大きな学力の差があり，同一の授業を行うことが次第に難しくなってきました．理系学部の教官との話し合いの結果，両者のクラス分けをして，物理を受験科目にしなかった学生に物理を最初から学ぶということを前提にした授業を行うことを平成13年度からスタートしました．学生への授業アンケートの結果，講義への満足度は高く，教官の熱意も伝わって授業の達成度も良好のようです．

　また，理学研究科物理学専攻の教官は3年前から近畿の中・高校へのいわゆる出前出張・出前講義を行って，物理のおもしろさを中・高校生に伝えています．毎年20校以上にのぼり，おのずと中・高等学校の先生方と現在の理科の授業について話し合う機会も増えました．次第に物理，化学，生物の理科の主要3科目を高校で学んで大学に入学することがカリキュラム上難しいことも実感しました．そこで，大学1年生で数学，物理，化学，生物の理系科目の基礎学力を確かにして，その後の専門の授業に望んでもらおうと，大阪大学理学部では理系一括教育の新しいカリキュラムをスタートさせることにしました．

　以上のような教育環境は大阪大学に限らず我が国の大学すべてに共通していることと思われます．そこで，高校で学んだ簡単なベクトルと微積分は使用して，物理を受験科目にしなかった理系学生や初年度の理系学生を対象に執筆したのが本著『物理学への誘い』です．本書では，「なぜだろう．不思議だなぁ」と思う現象を単純化して普遍性にたどりついた先駆者の業績，つまり基本法則を歴史的経緯にも触れながら，ていねいに解説することに努めました．物理学は原点に立ちかえって新たな発想で困難をのり越えてきたしなやかさに特徴があります．そういうことも特に強調しました．

　本書をまとめるにあたり，大久保智幸氏には図面を描いていただきました．また，今回も稲田佳彦氏には図面及び全ての構成にご尽力いただき，厚くお礼申し上げます．

2003年春

編著　大貫惇睦

目　次

第 1 章　物理学とは　　　　　　　　　　　　　　　　　東島清　　　1

第 2 章　力学　　　　　　　　　　　　　　藤田佳孝　竹田精治　菊池誠　大貫惇睦　　7

2.1　力学の歩み 7
2.2　運動の表現 13
　　2.2.1　速度と加速度 13
　　2.2.2　1 次元運動の速度と加速度 15
2.3　力とそのつりあい 18
2.4　物体の運動法則 21
2.5　運動方程式の解 23
　　2.5.1　一定の力を受ける質点の運動 24
　　2.5.2　速度に比例する抵抗力のもとでの運動 28
　　2.5.3　バネに結んだ質点の振動運動 28
　　2.5.4　減衰振動 32
　　2.5.5　単振り子 33
2.6　万有引力の法則と惑星の運動 35
　　2.6.1　等速円運動をさせる力 37
　　2.6.2　惑星の運動 39
2.7　運動座標系 43
　　2.7.1　並進座標系 43
　　2.7.2　回転座標系 44
2.8　2 質点の相対運動と運動量保存則 47
　　2.8.1　2 つの質点からなる系の運動量保存則 47
　　2.8.2　質点の衝突 51
2.9　角運動量保存則 52
　　2.9.1　角運動量とは 52
　　2.9.2　2 つの質点からなる系の角運動量保存則 53
2.10　仕事とエネルギー保存則 54
　　2.10.1　仕事と運動エネルギー 54
　　2.10.2　ポテンシャルエネルギーと力学的エネルギー保存則 56
　　2.10.3　2 つの質点からなる系の運動エネルギー保存則 61

2.11 剛体の運動 ... 62
2.11.1 剛体の重心と並進運動 ... 62
2.11.2 力のモーメントと回転の運動方程式 ... 63
2.11.3 固定軸のまわりの回転 ... 66
2.11.4 慣性モーメント ... 67
2.11.5 斜面を転がる円筒の運動 ... 69
第 2 章 練習問題 ... 73

第 3 章　波　動　　　　　　　　　　　　　　木下修一　　77
3.1 波とは ... 77
3.2 波を式で表す ... 78
3.3 いろいろな波 ... 80
3.4 波の屈折 ... 81
3.5 波の反射 ... 84
3.6 定常波と共鳴 ... 86
3.7 波の回折 ... 87
3.8 波の干渉 ... 88
3.9 波のドップラー効果 ... 93
第 3 章 練習問題 ... 95

第 4 章　熱とエネルギー　　　　　　　　　　菊池誠　　97
4.1 熱のはたらき ... 97
4.2 圧力と仕事 ... 99
4.3 温度 ... 104
4.4 熱平衡と温度 ... 105
4.5 仕事と内部エネルギー ... 108
4.6 さまざまな過程 ... 111
4.7 熱量と熱力学第 1 法則 ... 112
4.8 準静的過程と内部エネルギー ... 113
4.9 熱容量 ... 114
4.10 理想気体 ... 115
4.10.1 理想気体の状態方程式 ... 115
4.10.2 断熱線の方程式 ... 117
4.10.3 断熱自由膨張 ... 120
4.11 熱機関 ... 121
4.12 熱力学第 2 法則 ... 124

- 4.13 エントロピー ... 127
- 4.14 不可逆過程 ... 133
- 4.15 自由エネルギー ... 135
  - 4.15.1 さまざまな自由エネルギー ... 135
  - 4.15.2 自由エネルギーと相転移 ... 137
  - 第4章 練習問題 ... 140

第5章 電磁気学　　大貫惇睦　145

- 5.1 電磁気学とは ... 145
- 5.2 電磁気学の歩み ... 146
- 5.3 静電気とコンデンサー ... 153
  - 5.3.1 クーロン力とガウスの法則 ... 153
  - 5.3.2 電場と電位 ... 156
  - 5.3.3 誘電体とコンデンサー ... 159
  - 5.3.4 コンデンサーに蓄えられるエネルギー ... 161
  - 5.3.5 コンデンサーの並列接続と直列接続 ... 161
- 5.4 オームの法則と抵抗 ... 164
  - 5.4.1 オームの法則 ... 164
  - 5.4.2 ジュール熱と電力 ... 167
  - 5.4.3 抵抗の接続 ... 167
- 5.5 磁場，電磁誘導の法則とコイル ... 168
  - 5.5.1 直流電流のつくる磁場の強さ ... 168
  - 5.5.2 直流電流が磁場から受ける力 ... 170
  - 5.5.3 磁石 ... 172
  - 5.5.4 電磁誘導の法則 ... 174
  - 5.5.5 交流と回路 ... 177
  - 5.5.6 電磁波 ... 183
  - 第5章 練習問題 ... 194

第6章 原子から原子核・素粒子へ　　岸本忠史　195

- 6.1 素粒子とは ... 195
  - 6.1.1 粒子性と波動性 ... 195
  - 6.1.2 光の粒子性 ... 197
  - 6.1.3 光電効果 ... 198
  - 6.1.4 X線のブラッグ反射 ... 200
  - 6.1.5 コンプトン散乱 ... 200

		6.1.6 電子波の回折	202
		6.1.7 波動性から不確定性関係へ	202

- 6.2 水素原子のエネルギースペクトル 204
- 6.3 原子核のエネルギー 206
  - 6.3.1 原子核の変換 206
  - 6.3.2 原子核の安定性 206
  - 6.3.3 核融合 210
  - 6.3.4 星の中の核反応 210
- 6.4 素粒子の世界 211
  - 6.4.1 4つの相互作用 212
  - 6.4.2 粒子の世界 212
- 6.5 宇宙論と素粒子 213
- 第6章 練習問題 215

第7章 生活に生き夢を追う物理学　　　　　　　　　　　　　吉田博　　217

- 7.1 大阪大学における自然科学と社会科学の精神的源流 217
- 7.2 大阪大学の創設と物理学 218
- 7.3 物理科学　〜自然科学と社会科学〜 218
- 7.4 古典物理学と量子物理学 219
- 7.5 社会における最重要課題の解決策としての物理学 220
- 7.6 20世紀の物理学の人類社会における二面性（光と陰） 221
- 7.7 物理学を支える三本の柱 223
- 7.8 産業構造の転換と物理学 224
- 7.9 物理学と新機能物質のデザイン 226
- 7.10 物理学者の社会的責任 227
- 7.11 材料科学と物理学 228
- 7.12 高齢化福祉医療と物理学 229
- 7.13 高効率エネルギー変換材料と物理学 230
- 7.14 環境調和材料と物理学 230
- 7.15 学際研究と物理学 231
- 7.16 科学のプランニング 231
- 7.17 半導体テクノロジーと物理学 232
- 7.18 半導体レーザーと物理学 234
- 7.19 超伝導と物理学 234
- 7.20 磁性と物理学 234
- 7.21 特許重視主義（プロパテント化）と物理学 235

    7.22　21世紀における物理学の役割 236

練習問題解答　　237

付録 A (数学的準備)　　東島清　　251
    A.1　ベクトル 251
        A.1.1　ベクトルの内積と外積 252
    A.2　微分法 254
    A.3　ベクトルの微分 256
        A.3.1　ベクトルの積の微分 257
    A.4　Taylor 展開と近似式 257
    A.5　複素数 259
    A.6　多変数関数の微分 260
        A.6.1　3次元空間における偏微分 261
        A.6.2　ベクトルの偏微分 261
    A.7　積分法 262
        A.7.1　定積分 263
        A.7.2　ベクトルの線積分 264
        A.7.3　2重積分 266
    A.8　微分方程式 267

付録 B (力学)　　大貫惇睦　　271
    B.1　角速度ベクトル 271
    B.2　ポテンシャルと力 272

付録 C (電磁気学)　　大貫惇睦　　273
    C.1　マクスウェル方程式 273
    C.2　電場 $\boldsymbol{E}$ とポテンシャル 275
    C.3　ビオ・サヴァールの法則 276
    C.4　複素インピーダンス 276

    執筆者紹介 278
    索引 280

第1章　物理学とは

　最近の技術の進歩には目を見張るものがある．その恩恵により半世紀前には考えられなかったほどに，現代人の生活は豊かになった．技術の進歩に歩調を合わせるように自然科学も大きく発展した．今では自然科学の基礎である物理学は，現代科学の隅々にまで浸透している．宇宙・地球科学はいうに及ばず，化学，生物学などの諸学問も，物理学の知識なしには理解することが困難になってきた．これから読者をこのすばらしい物理学の世界へ招待しよう．この章ではまずはじめに物理学の全体像を概観し，第2章以降への準備とする．

　物理学は経験に基づき，自然界の法則を追求する学問である．昔は手で触れ，目で見，耳で聞くだけだった観測手段は時代と共に広がって行き，今ではかつて想像もできなかった程に私たちの経験は豊かになってきている．図 1.1 に示されているように，人間が観測している世界は，大きい方は宇宙の大きさ 10^{26} m から，小さい方は 10^{-18} m 程度まで拡がっている．同じ空を見上げるにしても，肉眼では可視光だけしか見ることができないが，電波望遠鏡を用いれば宇宙からの電波を，人工衛星を用いれば赤外線やX線，γ 線を捕らえることができる．更に宇宙線やニュートリノ等の宇宙からの素粒子を観測することもできるようになってきている．このように，私たちの"目"は技術の進歩とともに格段に大きくなり，かつては見ることのできなかった宇宙の姿を捕らえることができるようになった．

　"目"を小さい方に転じよう．よく使われる長さの単位が，表 1.1 にまとめられている．肉眼では 10^{-4} m $= 0.1$ mm 位の物までしか見ることができないが，顕微鏡を用いると $1\,\mu$m $= 10^{-6}$ m 程度の物まで見ることができる．これは可視光の波長が数千Å $\sim 0.5\,\mu$m 程度なので，これより小さい物を分解できないためである．もっと細かい物を見るには より波長の短い X 線や γ 線を用いれば良いが，これらの電磁波を曲げるレンズを作るのが困難であるため，電磁波の代わりに電子線を，レンズの代わりに電磁石を用いた電子顕微鏡が使われている．電子顕微鏡では 10^{-9} m 程度の物まで見ることができる．後に学ぶ量子力学によれば X 線や電子などは粒子の性質とともに，波としての性質も持っている．顕微鏡のように像を結ばなくても，波が干渉する性質を用いて，物質の構造を知ることができる．更に加速器を用いて電子のエネルギーを上げることにより，10^{-18} m 程度の素粒子の構造まで見ることができるようになった．

　物理学は私たちの身のまわりの「ふしぎだな．なぜだろう」という素朴な疑問から生まれた．てこの原理やアルキメデスの原理などを聞いたことがあるだろう．身のまわりの現象を説明するために，さまざまの法則や原理が考えられた．その頃は星や月のような天空の運動と，地面に落ちるリンゴの運動とは，全く別ものだと考えられていた．昔の人は，地上のものは力を加えれば動くし，力を加えるのをやめれば静止すると考えた．私たちの経験からすれば当然のことである．推論と実験を組み合わせて，この常識をうち破ったのが**ガリレイ**である．ガリレイは，運動を妨げる力がなければ，地上の物体も永久に運動を続けることを示した．このガリレイの主張をいわゆる慣性の法則にまで高めたの

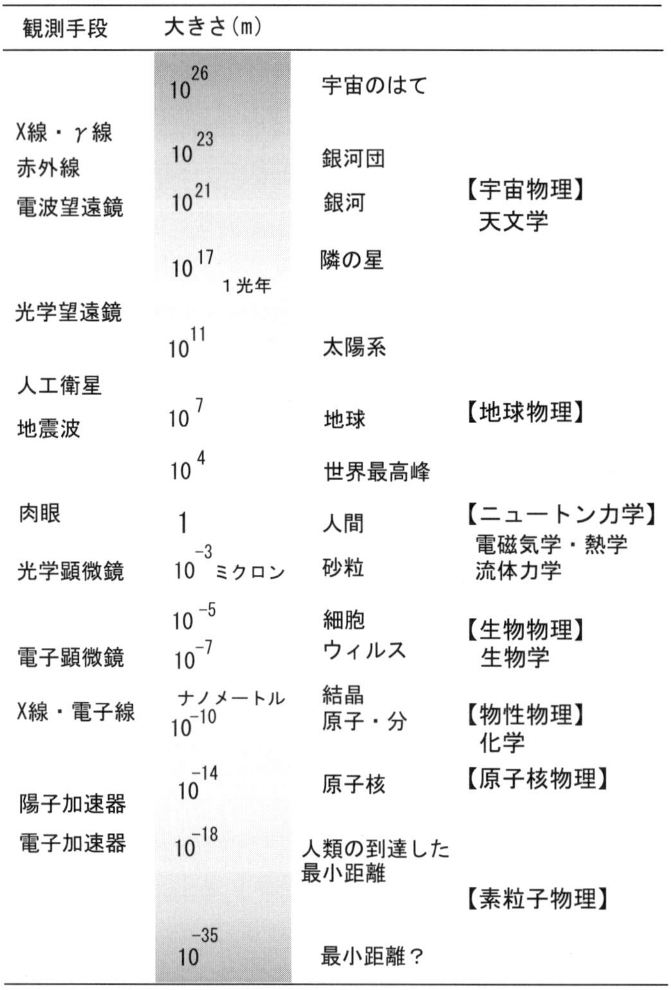

観測手段	大きさ(m)		
	10^{26}	宇宙のはて	
X線・γ線	10^{23}	銀河団	
赤外線			
電波望遠鏡	10^{21}	銀河	【宇宙物理】天文学
	10^{17} 1光年	隣の星	
光学望遠鏡			
	10^{11}	太陽系	
人工衛星			
地震波	10^{7}	地球	【地球物理】
	10^{4}	世界最高峰	
肉眼	1	人間	【ニュートン力学】電磁気学・熱学 流体力学
光学顕微鏡	10^{-3} ミクロン	砂粒	
	10^{-5}	細胞	【生物物理】生物学
電子顕微鏡	10^{-7}	ウィルス	
X線・電子線	ナノメートル 10^{-10}	結晶 原子・分	【物性物理】化学
陽子加速器	10^{-14}	原子核	【原子核物理】
電子加速器	10^{-18}	人類の到達した最小距離	
			【素粒子物理】
	10^{-35}	最小距離？	

SI接頭語		
接頭語	記号	倍数
ヨタ	Y	10^{24}
ゼタ	Z	10^{21}
エクサ	E	10^{18}
ペタ	P	10^{15}
テラ	T	10^{12}
ギガ	G	10^{9}
メガ	M	10^{6}
キロ	k	10^{3}
ヘクト	h	10^{2}
デカ	da	10
		1
デシ	d	10^{-1}
センチ	c	10^{-2}
ミリ	m	10^{-3}
マイクロ	μ	10^{-6}
ナノ	n	10^{-9}
ピコ	p	10^{-12}
フェムト	f	10^{-15}
アト	a	10^{-18}
ゼプト	z	10^{-21}
ヨクト	y	10^{-24}

図 1.1 私たちのまわりの世界

表 1.1 よく使われる長さの単位

単位	読み方	m に換算した長さ
mm	ミリメートル	10^{-3} m
μ	ミクロン	10^{-6} m
nm	ナノメートル	10^{-9} m
Å	オングストローム	10^{-10} m

が，ニュートンである．ニュートンは，物体が静止するか等速直線運動をするのが自然な状態であると考えた．この考えを，いつまでも回転運動を続ける天上の月に適用すれば，月は地球に引き寄せられていつまでも落ち続けていることになる．こうして，木から落ちるリンゴと，天上の月の運動が同じ法則に従うことを明らかにした．ニュートン力学の誕生である．

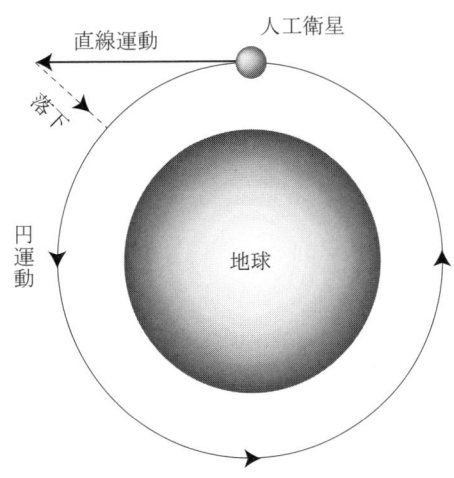

図 1.2 月も落下している．

これ以後，ガリレイの推論と実験を組み合わせた科学的手法，およびニュートンによる天上と地上の運動法則の統一はあらゆる自然科学の手本となった．多くの近代科学が，彼らの手法をさまざまな現象に適用することにより生まれた．物理学においても，ニュートン力学の応用として，固体の振動などを調べる弾性体の力学，空気や水のような流体の運動を研究する力学などが生まれた．また，電気や磁石などの法則を追求する電磁気学，熱現象の背後にひそむ法則を求める熱学なども，ニュートン力学をモデルとして構築された．今日これらを総称して古典物理学，あるいはマクロの物理学という．

上に述べた物理法則に共通しているのは，これらの法則が普遍的であることである．月の運動に対するニュートン力学を例にとって考えよう．ニュートン力学は，物体に力がはたらくとき，どのように運動するかを示してくれる．月の表面は凸凹しており，小さな砂粒や岩からできているようだ．一つ一つの砂粒にニュートン力学を使うのは良いとしても，月全体を一つの物体と考えても良いのだろうか．地球の引力といっても，いったい月のどこにはたらいているのだろう．地球だって，海があり山がある．地球のどの部分から引力がはたらくのだろう．さまざまの疑問が浮かぶ．地球の砂粒一つ一つが，月の一つ一つの砂粒に力を及ぼすとして，個々の砂粒の運動を考えるなど，世界最速のスーパーコンピューターを使ってもできるはずはない．幸いなことに私たちは，月の砂粒の運動などに興味はない．月の全体としての運動を知りたいだけである．そのために，月の重心の運動を表す式を求めてやると，月の全質量が重心に集まっていると考えればよいことがわかる．また，月が遠く地球から離れているときには，地球が月に及ぼす引力は，地球の全質量が地球の重心にあるとして，月の重心に及ぼす引力を計算すればよいことが分かる．結局，こんなにも複雑な問題が，地球も月も点だと

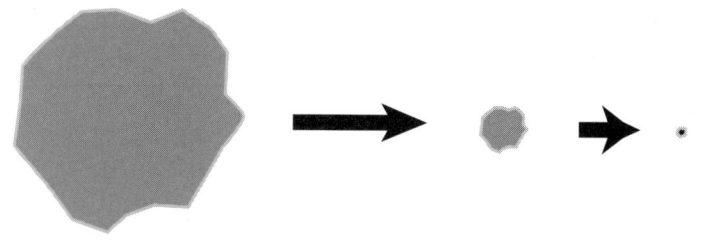

図 1.3 凸凹した大きな物体も遠くから見ると点に見える.

考えて良いことになる.すなわち,ニュートン力学では,重心の運動を考える限り,物体がどんな物質でできていようが,どんな形をしていようが,質量さえ同じならば同じ法則に従う.このニュートン力学の普遍性のために,月も点だと考えて良いのである.実際の月は重心が地球の周りを公転するだけでなく,自転運動もしている.もし,自転運動を調べたければ,月の質量がどのように分布しているかを表す慣性モーメントという量をはかってやればよい.重心運動と回転運動だけを知りたければ,質量と慣性モーメントさえ知っていれば,月の細かい形や構造を知る必要はない.

熱学の法則も,どのような気体を考えても,密度や比熱などを与えれば同じ法則が成り立つ.流体力学の法則も,液体の密度や粘性などを与えれば液体の種類によらない.気体や液体は細かく見れば,分子からできている.私たちの皮膚の表面には,秒速数百メートルで空気の分子が衝突し,皮膚を形作る分子を振動させている.私たちは分子を見ることはないが,皮膚の分子の振動を熱として感じている.鼓膜にも絶えることなく空気分子が衝突しているが,幸い私たちは感じない.分子が集団となって振動する時に音として感じるだけである.このような場合,私たちは個々の分子の運動は問題にせずに,私たちの感じる圧力や温度変化などの,マクロな量の間に成り立つ法則を求めるのである.ここでは,熱はひとりでに冷たい方から熱い方に流れることはないという経験事実から抽象された,**エントロピー増大則**が現れる.この法則はミクロに見た分子の力学法則にはない,マクロ系に特有の法則である.**アボガドロ定数**(6.022×10^{23} 個) 程度の分子の集まりを巨視的に眺めるとき,ミクロ世界には存在しない新たな法則が生まれてくるのである.

物理学の法則は普遍的な性質を持つ.現実の複雑な現象の背後にひそむ法則を見いだすには,本質的でない変数を減らし,単純化した状況を考えることが有効である.ガリレイは空気の抵抗や摩擦の無い理想的な思考実験により,落体や慣性の法則を見いだした.ニュートンは理想的な天体の運動を考えることにより,ニュートン力学に到達した.このようにして,一旦,経験法則から基本法則にまで高められると,物理法則は比類無い強みを発揮する.惑星運動のわずかな乱れから海王星の存在が予言され,その予言に基づき実際に海王星が発見された.これより,全ての力学現象を予言できる法則として,ニュートン力学に対する信頼は絶対的なものとなった.このように,物理学には帰納的な側面と演繹的な側面の両方がある.この「物理学への誘い」では,力学の章で 1 つの基本方程式から全ての現象が説明されるというニュートン力学の演繹的な側面を味わい,電磁気学の章では別々に登場した電気と磁気が実験事実に基づいて次第に統一され,基本法則に高められてゆく過程を味わって

いただきたい．

　物理学の法則は私たちの経験に基づくものであり，私たちの経験が限られたものであるために，自ずから物理法則には適用限界がある．人間の目の高さから大地を見る限り，どこまでも平らな平面に見える．しかし，高い山に登れば，これまで目に入らなかった世界が見えてくる．山の頂から遠く地平線を見渡せば，地平線が丸いことがわかる．更に遠く人工衛星から地球を眺めると，地球が丸いことが一目瞭然となる．同じように絶対的に正しいと思われた法則も，私たちの視野が飛躍的に広がったときにはもはや通用しなくなることがある．技術の進歩により私たちの経験する範囲が適用限界を超えた時，物理法則は変更を余儀なくされ，物理学に革命が起きる．私たちが日常経験する世界（典型的な長さの単位が約 1 m の世界）においてはニュートンの力学が世の中を支配している．しかしながら，物体の速さが光の速さに近づいた時ニュートンの力学は成り立たなくなる．そこでは，時間空間を別々に扱うことはできず，**アインシュタイン**の**相対性理論**を用いる必要がある．また物体のサイズが次第に小さくなり原子の大きさ (10^{-10} m) に近づくと，やはりニュートンの方程式は成り立たず，**量子力学**とよばれる法則を用いなければならない．

　しかしながらここに著しい性質がある．相対性理論は物体の速度が光速に比べて小さい極限の場合としてニュートンの力学を含む．同じく量子力学も極限の場合としてニュートンの力学を含んでいる．私たちの日頃経験するスケールを超えて宇宙規模もしくは極微の世界を記述するには，相対性理論や量子力学を正しく用いる必要があるけれども，私たちの日常生活のスケールの世界においてはどちらの理論もニュートンの力学に帰着するので，ニュートンの力学を用いて一向に差し支えない．これは物理学というものが私たちの経験に基づいて進歩して行く以上当然のことであろう．ニュートンの力学は私たちのスケールの世界においては全く正しい．のみならず，量子力学，相対性理論ともにニュートン力学の上に構築されており，ニュートン力学の概念を用いることなしには理解することができない．したがって，物理学への入門としてこの本でも，ニュートン力学から始めることにする．

　ニュートン力学が現代科学の黎明を告げたように，20 世紀に発見された量子力学はミクロ世界の物理学を築き上げ，自然科学のミクロ化への先駆けとなった．全ての物質は 100 種類ばかりの原子からできている．原子は中心にある原子核とそのまわりの電子からできており，全体として電気的に中性である．原子核の電気の大きさにより，まわりの電子の分布が変わる．そのために絶縁体や金属，半導体などの違いが生じる．また原子同士が結びついて多種多様な分子をつくっている．原子核と電子の間には電磁気の力がはたらき，量子力学という非常に単純な法則に従っている．この単純な規則が，かくも多様な物質の存在形態を生み，ひいては生命をも作り出す．量子力学に支えられた先端技術は，既にナノメートルの細工を可能にしている．材料開発や遺伝子操作なども分子レベルで行われている．このように，量子力学は既に現代文明に欠くことのできない基礎知識となっている．現代物理学は，多様な物質の存在様式を規定する普遍的法則を，量子力学に基づき解明しようという方向と，更にミクロ世界に踏み込み基本法則を追求しようという方向で，更に進化を続けている．この本の最後の章は，現代物理学への入門にあてられる．

第2章　力学

　身の回りを見渡すと自動車，飛行機など様々な大きさや形を持った物体が動いている．また，直接見ることはできないが，テレビの画面の裏側では高速で動く無数の電子が蛍光板に衝突して，そのエネルギーによって放出される光を私たちは感じている．このような互いに関係のないように見える多様な運動を観察していくと，単純な基本法則が見いだせる．これをニュートンは運動の3法則にまとめた．物体の運動を表す基本法則と，そこから導かれるエネルギーや運動量の保存則などを体系化した学問が**力学**である．

2.1　力学の歩み

　この節では，力学の歴史を簡単に振り返る．耳慣れない言葉や概念が登場するかもしれないが，後の節で説明されるので，力学を概観するつもりで気楽に読もう．

　有史以来，人類が他の動物に対して優位に立つために知恵をはたらかせてきたのが，まさに力学の応用であった．アトラトルとよばれる投槍具は1万年以上も前から狩に用いられ，それによって人間は巨大なマンモスでさえ倒すことができた．約4000年前のアッシリアの壁画には，男達がかけ声をひびかせながらてこを使って重い物体を持ち上げようとしている様子や，荷物を積んだ車を人がひいている様子など，力学を利用した道具を使う情景が生き生きと描き出されている．また，ナイル川のほとりに生まれたエジプト文明は太陽暦に基づいていた．暦には天体の運行という力学の応用例がすべてとり込まれていると言っても過言ではないが，それが力学という学問として整理されるのはギリシャ時代以降のこととなる．

　ギリシャ時代になると，自然観あるいはもっと広く宇宙論から，逆に物質の根源を問う原子論にいたるまで，広く豊かに想像の翼がはばたいた．そこにはピタゴラスに代表されるような数の調和，言いかえれば数学的美しさを求める学問と，観察と経験を基にした学問とがともに形作られ，議論を戦わせた．注目すべきは，**アリストテレス**(Aristoteles, BC301-230頃)が「重い物体は軽い物体より速く落下する」，「地上の物体が運動を続けるためには，つねに力を加えなければならない」として，**力と運動**に関する基本的考えを述べていることである．これは，荷車に加える力が大きければ大きいほど荷車は速く動き，力を止めてしまえば動きはとまってしまうという自然観察や経験から生まれた考えであった．もちろん，現代の我々の目から見れば，荷車の車輪と地面との間にはたらく摩擦力によって車が止まることは明らかであり，またアリストテレス自身もいわゆる摩擦力や空気による抵抗力のことは承知していたと思われる．しかし，そこからさらに考察を進めて，速さの時間変化である**加速度**と力との関係に気づくまでには，長い年月の後にガリレイ(G. Galilei, 1564-1642)の研究を経て，ニュートン(I. Newton, 1642-1727)の登場を待たねばならなかった．

　「物体にはたらく浮力は，その物体の排除した水の重さに等しい」という**アルキメデスの原理**について

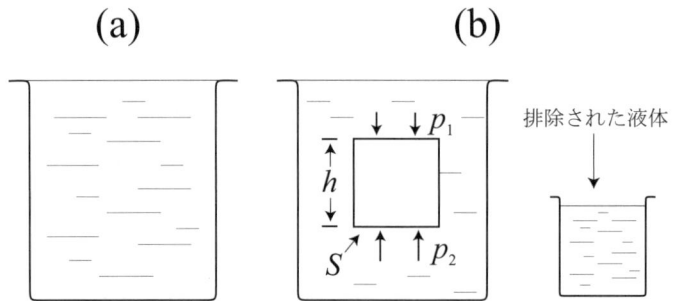

図 2.1 (a) 容器にいっぱいに満たされた液体，(b) そこに断面積 S，高さ h の物体を入れたときに物体にかかる浮力は，排除された液体の重さに等しいというアルキメデスの原理

は，小学校でも学んだことと思う．これは，金の王冠の鑑定を王に命じられた**アルキメデス**(Archimedes, BC287-212 頃) が，ふろに入ったときに着想したものと伝えられている．この原理を今日の物理学の言葉で述べてみよう．図 2.1 のような液体の入った器の中に，高さが h で断面積が S の一様な物体を入れることを考える．物体が押しのけた液体の体積は hS なので，液体の密度を ρ とすれば押しのけた液体の重さは ρhS である．水の場合はほぼ $\rho = 1\,\mathrm{g/cm^3} = 10^3\,\mathrm{kg/m^3}$ である．次に，物体表面に液体がおよぼす力を考える．このとき，物体の面に垂直にはたらく力を単位面積当たりで表示するのが便利である．このような単位面積当たりの力のことを**圧力**とよぶ．

さて，物体の上面にはたらく液体の圧力を p_1，また下面にはたらく圧力を p_2 とする．液体の圧力は深さが深いほど大きいが，深さの異なる 2 点間の圧力差を与えるのはその間にある液体の重さである．今の場合深さが h なので，液体中に高さ h で底面積 $1\,\mathrm{m^2}$ の柱を考えれば，次の関係式が成り立つ．

$$p_2 - p_1 = \rho g h \tag{2.1}$$

ここで $g\,[\simeq 9.8\,\mathrm{m/s^2}]$ は後で出てくる**重力加速度**である．底面積 S の物体の下面を液体が押し上げる力は $p_2 S$，また上面を押しつける力は $p_1 S$ なので，その力の差 $(p_2 S - p_1 S)$ が物体の感じる浮力となる．上式より

$$p_2 S - p_1 S = (\rho h S) g \tag{2.2}$$

が成立し，たしかに**浮力**は物体が排除した液体の重さ ρhS に重力加速度をかけたものとなる．科学史的には，ある定まった体積当たりの物の重さは物質によって異なること，つまり**比重**が物質ごとに異なることを学問の水準にまで高めたことに意義がある．

またアルキメデスは，**てこの原理**を発見した．現実のてこは図 2.2(a) のようなものだが，腕の力の代わりに棒の両端におもりを吊った図 2.2(b) で考えると，てこの原理は「てこがつりあうときには腕の長さと重さが逆比例する」こと，つまり

$$aM = bm \tag{2.3}$$

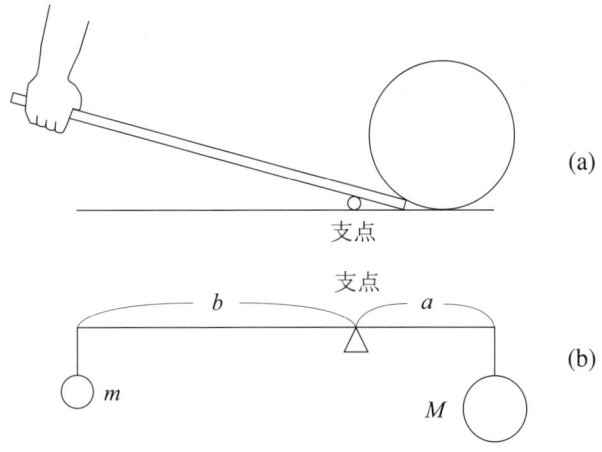

図 2.2 てこの原理

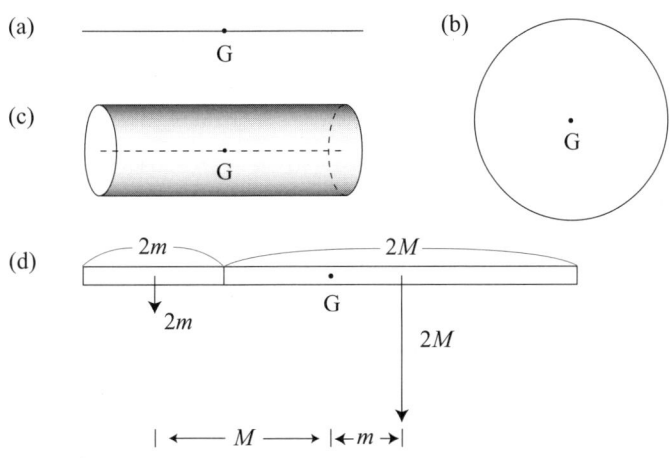

図 2.3 直線，円，円柱の重心とてこの原理の説明

の関係式が成り立つことを述べている．最近はあまり見かけないかもしれないが，"さおばかり" はこのてこの原理を応用した道具である．これを簡単化して次のように考えよう．

図 2.3(a) のような直線の中心は同時に**重心** G，つまり重さの中心である．また，図 2.3(b) に示すように円の重心もやはり中心にある．したがって図 2.3(c) のような円柱では図に示す位置が重心 G となる．このような円柱の棒を図 2.3(d) に示すように仮想的に 2 つに区切ったとする．棒の重さは長さに比例するので，図 2.3(d) から $2m \times M = m \times 2M$ の関係式が成立することが分かるであろう．これは式 (2.3) に対応している．つまり，アルキメデスは重心の概念も導入したのである．今日の力学の言葉で言えば，式 (2.3) は腕の長さと力の積として定義される**力のモーメント**(回転力) に関係しており，図 2.2(b) は右回りの力のモーメントと左まわりのモーメントが支点 (**重心**) でつり合っていることを意味している．

第 2 章 力学

　天体の運行は，様々な観測を通して古代から重要視されていた．ギリシャ時代のピタゴラス学派によって形成されたいわゆる天動説によれば，地球を含めた天体は球形であり，地球を中心にして，月，太陽，惑星などがその周囲で円運動をしているとされた．一方，地球が動いているという地動説を唱える者はギリシャ時代にもいなかったわけではないが，それを学問的にまとめたのは 16 世紀ポーランドの**コペルニクス**(N. Copernicus, 1473-1543) であり，さらにそれはイタリアの**ガリレイ**(G. Galilei, 1564-1642) に引き継がれることとなる．地動説は，観察や実験を重んじるルネサンス精神が生みだした様々な新しい科学，技術，芸術の 1 つであった．ローマ教皇庁は天動説をよしとしていたので，地動説は迫害を受けたが，デンマークの天文学者**ティコ・ブラーエ**(T. Brahe, 1546-1601) が行った惑星の運行に関する観測記録をドイツの**ケプラー**(J. Kepler, 1571-1630) が整理して**ケプラーの 3 法則**にまとめ，その後，地動説は知識人の間で次第に支持を得てゆくことになる．以下では，まずガリレイの運動の法則を紹介し，次にケプラー，ニュートンの力学に触れよう．

　アリストテレスの学説に疑問を抱いたのはガリレイであった．それを確かめるために，ガリレイがピサの斜塔から重さの異なる 2 個の砲丸を同時に落とし，それが同時に地面に落下したのを観測した，という伝説はおなじみだろう．ガリレイが実際に行なった実験は，長い板の斜面に金属球が転げ落ちる溝を掘って，摩擦を減らすために溝に羊皮紙をはりつけ，斜面に沿って金属球を転がり落とすというものであった．落下にかかった時間は大きな水槽の小さな穴から流れ出た水の量で測られた．溝の長さを変えて転がり落ちる時間を測ると，「落下距離 s は時間 t の 2 乗に比例する」という結果が得られた．ガリレイはこれを，物体の落下速度 v が時間 t に比例するためだと考えた．つまり，適当な比例係数 a を用いて

$$v = at \tag{2.4}$$

と表されるとしたのである．a は速度の変化率で，**加速度**とよばれる．この式は加速度が時間によらず一定であること，つまり運動が**等加速度運動**であることを表している．時刻 $t=0$ での速さが $v=0$，その後ある時間 t が経過したときの速さが at なので，その間の平均の速さは $\frac{1}{2}at$ である．したがって物体の落下の距離 s は

$$s = \left(\frac{1}{2}at\right)t = \frac{1}{2}at^2 \tag{2.5}$$

となり，確かに観測された通り，時間の 2 乗に比例する．板の傾斜角を変えても上述の結果は変わらなかったことから，ガリレイはこの結果が傾斜角 90° の場合にも成り立つとした．空気抵抗が無視できる場合の落下運動を**自由落下**とよぶが，ガリレイは，物体の自由落下は等速度運動ではなく等加速度運動であると結論したのである．この比例係数 a はすべての物体で等しく，その値が後で述べられる重力加速度 g である．

　次に惑星の運行を考えよう．太陽のまわりを回る地球を含む惑星の運行はケプラーによって次の **3 つの法則**にまとめられた．

　1) 惑星の軌道は楕円形で，その焦点の 1 つに太陽が位置している．
　2) 太陽に関する惑星の面積速度は一定である．
　3) 惑星の公転周期の 2 乗はその惑星と太陽との平均距離の 3 乗に比例する．

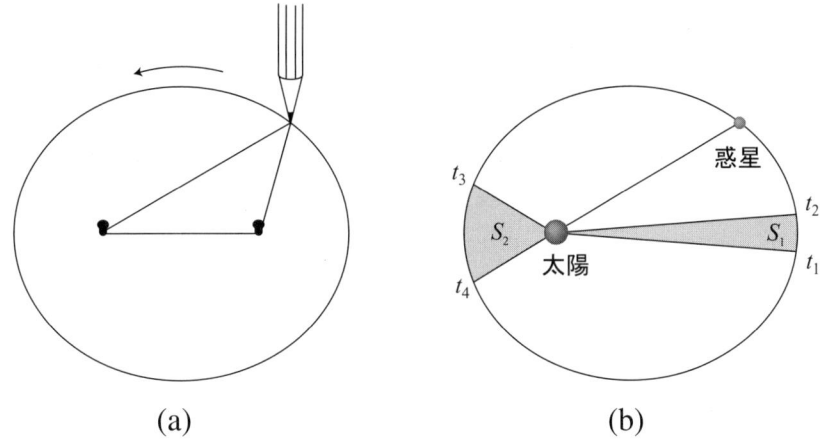

図 2.4 (a) 楕円の描き方，(b) 面積速度一定

楕円は，図 2.4(a) に示すように 2 本のピンを立て，それに一定の長さの糸を鉛筆の芯で張って描くことができる．つまり，楕円は 2 点からの距離の和が一定になる場所をつないだ軌跡になっており，その 2 点は焦点とよばれる．なお，2 つの焦点を一致させたものは円である．面積速度とは太陽と惑星とを結ぶ線が 1 秒間に描く面積のことで，ケプラーの第 2 法則は，図 2.4(b) に示すように，等しい時間内 ($t_2 - t_1 = t_4 - t_3$) に t_1 から t_2 までに描く面積 S_1 と t_3 から t_4 までに描く面積 S_2 が等しい ($S_1 = S_2$) ことを言っている．

さて，ニュートンはこのケプラーの法則を数学的に解明しようとして，**万有引力の法則**を発見するにいたった．ニュートンはペスト大流行で大学から故郷に帰った 2 年間の時期に，微積分，光と色，そして万有引力を研究したと言われている．リンゴは木から落ちるのに，なぜ月は落ちず地球のまわりをめぐり続けるのか，そんな問いに答えるために次の **3 つの運動の法則**がまとめられた．

- 第 1 法則： **慣性の法則**
- 第 2 法則： **運動の法則**
- 第 3 法則： **作用・反作用の法則**

あらゆる物体の運動は，この 3 つの法則によって説明され，記述される．そのような力学体系を今日我々はニュートン力学とよぶ．

物体が他から何ら影響を受けない場合には，静止している物体は静止を続け，運動している物体は等速直線運動を続ける．これが運動の第 1 法則の内容であり，ニュートン力学の出発点となるものである．ニュートン力学では第 1 法則が成り立つような座標系を慣性系とよび，このような座標系のもとに第 2，3 法則を考えてゆく．

天体の運行の問題では，物体をその重心に物体の重さが集まった 1 つの点，すなわち**質点**とみなして，その運動を考える．運動の第 2 法則は，そのような質点に力を加えたときに質点の運動がどのように変化するかを述べている．それによれば，質点に力 $\boldsymbol{F}$ を加えると，力の大きさに比例して**加速**

第 2 章　力学

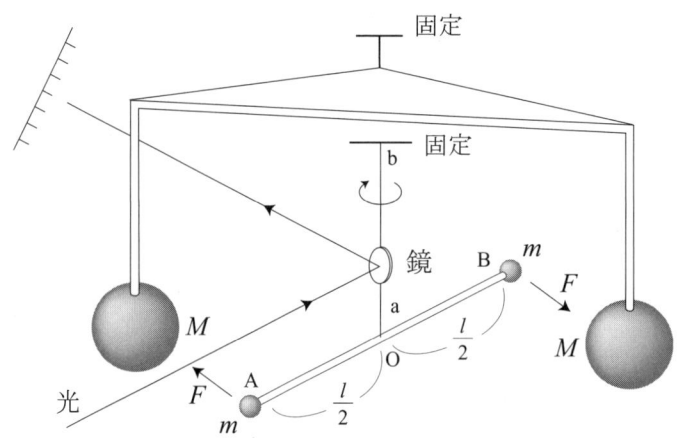

図 **2.5** キャベンディッシュの G を決定する実験装置

度 a が大きくなる．しかも，加速度の方向は力の方向に一致する．これを式で表すと

$$m\boldsymbol{a} = \boldsymbol{F} \tag{2.6}$$

となり，これが**運動方程式**とよばれるものである．ただし，力と加速度は大きさだけではなく方向をも持つ量なので，**ベクトル**で表現される．上式の太字はベクトルであることを示している．比例係数 m は物体の**質量**とよばれる量である．力と直接関係するのは速度ではなく加速度であると見抜いたのがニュートンの偉大な洞察であった．物体にはたらく力がわかれば，運動方程式より物体の加速度が決まり，それに基づいて物体の運動を予言することができる．

最後の第 3 法則は，2 つの物体間にはたらく力の関係を表現している．この法則によれば，物体 A が物体 B に力を及ぼすとき，同時に B は A に対して大きさが等しく向きが反対の力を及ぼしている．

ニュートンは，この運動の 3 法則に基づいてケプラーの法則を解析することにより，すべての物体の間には引力がはたらき，その大きさは物体の質量に比例し，距離の 2 乗に反比例ことを見出した．**万有引力**の発見である．すなわち，質量がそれぞれ M と m である 2 つの物体が距離 r だけ離れているとき，その間にはたらく力の大きさ F は

$$F = -G\frac{mM}{r^2} \tag{2.7}$$

と表される．負符号をつけたのは，互いを遠ざけようとする力を正符号とする習慣による．比例係数 G は**万有引力定数**とよばれる．

万有引力定数 G はキャベンディッシュ(H. Cavendish, 1731-1810) によって測定された．図 2.5 に示すように 2 つの小金属球(重さ m)を棒 AB の両端につけ，棒を細い新たな棒 ab で水平につるして，小球の近くに 2 個の大きな金属球(重さ M)を近づける．すると，小球は金属球に引かれ，細い棒 ab がねじれる．キャベンディッシュはそのねじれの角 θ を測定し，ねじれを引き起こす力の大きさから G を求めた．キャベンディッシュの得た値は今日知られている正確な値 $G = (6.673 \pm 0.003) \times 10^{-11}$ N·m^2/kg^2 に極めて近いものだった．

2.2 運動の表現

2.2.1 速度と加速度

物体の運動を記述するにはどのようにしたらよいだろうか．たとえば飛行機が飛んでいく様子や船が進む様子を想像してみよう．飛行機雲や船の航跡は運動の軌跡であり，これらを見れば，飛行機や船がどこを進んだかを知ることはできる．しかし，軌跡だけでは物体の運動を表現したことにはならない．なぜならそこには時間の概念が抜け落ちているからである．運動を完全に記述するには，**時間経過とともに物体がどのように移動していくか**，つまり時々刻々の情報として物体の位置を表す必要がある．

そのために，まず位置の表現方法を考えよう．物体の位置を指定するには，まず基準となる場所を決め，次にその点から物体までの方向を表現するための基準となる方向を設定し，さらに物体までの距離を表わすための長さの単位を決めなくてはならない．これは空間に**座標系**を設定するということである．我々が住む空間は3次元空間なので，普通は3次元の直交座標系を使えばよい．そこで，ある一点を基準位置O（座標原点）と定め，x, y, z の直交座標系を決める．我々が使うSI単位系（国際単位系）では，長さの単位としてメートル（m）を使う．なお，もし運動が平面内に限定されているなら2次元の直交座標系を使えばよいし，直線上を運動する場合には運動は1次元座標で表現できる．

さて，物体の位置Pは3次元座標系内の1点として (x, y, z) のように指定される．ここで，図2.6に示すように原点OからPへ向かう線分を引くと，この線分は方向と大きさ（長さ）を持つのでベクトルとして考えることができる．そこで，物体の位置をベクトル $\overrightarrow{\mathrm{OP}} = \boldsymbol{r}$ によって記述することにしよう．このベクトルを x, y, z の3成分で表せば，

$$\boldsymbol{r} = (x, y, z) \tag{2.8}$$

である．このように位置を表すベクトルを**位置ベクトル**とよぶ．物体の位置ベクトルを時間の関数 $\boldsymbol{r}(t)$ として表わせれば，運動は完全に記述できたことになる．時間の単位としては秒(s)を使う．なお，ベクトルの性質は付録A.1にまとめてある．位置ベクトルは他のベクトルと違って原点が指定されて初めて意味をもつので注意されたい．

次に物体の位置の変化を考えよう．図2.6に示すように，ある時刻 t と $t + \Delta t$ における物体の位置PとP'をそれぞれ位置ベクトル $\boldsymbol{r}$ と $\boldsymbol{r}'$ で表すと，その間の位置の変化は2つの位置ベクトルの終点を結んだものであり，位置ベクトルの差 $\Delta \boldsymbol{r} = \boldsymbol{r}' - \boldsymbol{r}$ で表わされる．これを**変位ベクトル**とよぶ．容易にわかるように，変位ベクトルは座標原点のとりかたによらない．

速度は単位時間あたりの位置の変化率として定義される．時間 Δt の間に物体が $\Delta \boldsymbol{r} = (\Delta x, \Delta y, \Delta z)$ だけ変位したとすると，その間の**平均速度**は変位ベクトルを経過時間で割った

$$\boldsymbol{v}_{\mathrm{av}} = \frac{\Delta \boldsymbol{r}}{\Delta t} \tag{2.9}$$

で与えられる．変位はベクトルであるから速度もまたベクトルである．

速度が一定であれば，Δt の大きさによらず，上の $\boldsymbol{v}_{\mathrm{av}}$ が物体の速度を与える．しかし，日常見かける多くの運動では速度が一定とは限らず，むしろ速度の大きさや方向が時々刻々変化するのが普通で

第 2 章　力学

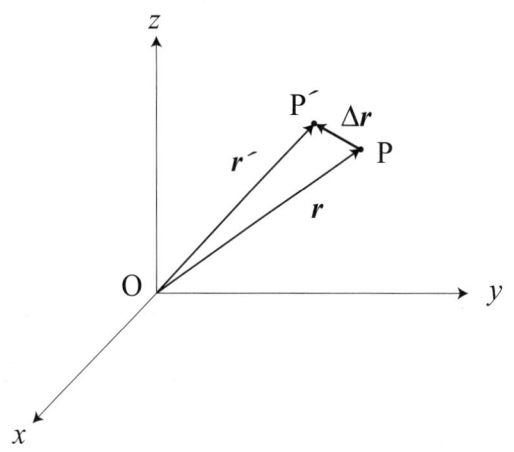

図 2.6 物体の時間経過に伴う移動と，位置ベクトル，変位ベクトル

ある．そのような場合，上で定義した平均速度では Δt のとりかたで速度が違ってしまう．なお，速度はベクトルなので，大きさが変化しなくても方向が変ればベクトルとしては変化していることに注意しよう．そこで，Δt のとりかたによらない**瞬間の速度**を定義したい．速度は位置の変化率であるから，Δt をどんどん小さくしていった極限での変化率を考えればよい．すなわち，ある時刻 t における瞬間の**速度**は

$$\bm{v}(t) = \lim_{\Delta t \to 0} \bm{v}_{\mathrm{av}} = \lim_{\Delta t \to 0} \frac{\Delta \bm{r}}{\Delta t} \tag{2.10}$$

である．付録 A.3 にまとめたベクトルの微分法を参照すると，上式の右辺は微分の定義そのものであることがわかるから，結局速度は位置の微分

$$\bm{v}(t) = \frac{d\bm{r}}{dt} \tag{2.11}$$

で与えられる．速度ベクトルの x, y, z 成分をそれぞれ v_x, v_y, v_z と書くことにすれば

$$\bm{v}(t) = (v_x(t), v_y(t), v_z(t)) = \left(\frac{dx}{dt}, \frac{dy}{dt}, \frac{dz}{dt}\right) \tag{2.12}$$

である．すなわち，各成分は位置ベクトルの各成分を時間で微分したものにほかならず，各瞬間に物体がそれぞれの方向にどれだけの速さで進むかを示している．

さらに速度の時間変化も表現したい．速度の変化率を**加速度**とよび，上と同様に速度の微分

$$\bm{a}(t) = \lim_{\Delta t \to 0} \frac{\Delta \bm{v}}{\Delta t} = \frac{d\bm{v}}{dt} = \frac{d^2 \bm{r}}{dt^2} \tag{2.13}$$

で与えられる．加速度もまたベクトルであり，成分で表すと

$$\bm{a} = (a_x(t), a_y(t), a_z(t)) = \left(\frac{dv_x}{dt}, \frac{dv_y}{dt}, \frac{dv_z}{dt}\right) = \left(\frac{d^2 x}{dt^2}, \frac{d^2 y}{dt^2}, \frac{d^2 z}{dt^2}\right) \tag{2.14}$$

となる.

この考えを進めて，加速度の変化率やさらにその変化率などを次々と微分によって定義してゆくことができる．しかし，あとで見るようにニュートン力学では加速度が特別な意味を持っており，運動を議論するためには，上で定義した物体の位置・速度・加速度の3つ，すなわち位置の2階微分までを考えれば十分である．

さて，ここまではベクトルとその成分表示を併用してきたが，常に成分表示をするのであれば，ことさらにベクトルなどという言葉を使う理由があるのかと疑問を抱くかもしれない．しかし，実はベクトルのほうが本質であって，成分表示はあくまで便宜上のものなのである．次のように考えてみよう．ある物体がA地点からB地点へ移動したのが観測されたとする．この2点を結べば，移動を表す変位ベクトルが得られる．しかし，この変位ベクトルはまだ特定の**座標系**と結びついていないことに注意しよう．適当な座標系を設定すれば，この変位ベクトルを成分表示することができる．別の座標系を設定すれば，同じ変位ベクトルについて別の成分表示が得られるだろう．しかし，どのような座標系でどのように成分表示されようと，この変位ベクトルはあくまでも実在の2点間を結ぶものであるから，同じものである．逆に言うと，ベクトルとして同じものであっても，座標系のとりかたによって成分表示は一般に異なる．変位から導かれる速度や加速度についても同様の考察ができる．したがって，ベクトルだけで書かれた式 (2.11) や式 (2.13) は座標系のとりかたによらずに成立する．このような事情は力学に限らない．ベクトルを使うことにより，多くの**物理法則**が座標系の選び方に関わらず同じ式で表されるのである．

2.2.2　1次元運動の速度と加速度

物体の運動が直線上に限られる**1次元の運動**（直線運動）を例として考えてみよう．1次元運動を表すには，運動方向をx方向として，物体の位置ベクトルを表すための基準点をx軸の原点に定め，ベクトルのx成分だけを考えるのが便利である．時間Δtで，物体がx方向へΔxだけ変位したとすれば，速度は$\Delta t \to 0$の極限をとって

$$v_x(t) = \lim_{\Delta t \to 0} \frac{\Delta x}{\Delta t} = \frac{dx}{dt} \tag{2.15}$$

となる．また，同様にx方向への加速度は

$$a_x(t) = \lim_{\Delta t \to 0} \frac{\Delta v_x}{\Delta t} = \frac{dv_x}{dt} = \frac{d^2 x}{dt^2} \tag{2.16}$$

と表される．

図 2.7 に，**等加速度運動**，すなわち加速度が時間とともに変化しない運動の場合を例として，位置，速度，加速度の時間変化の様子を図示した．$x(t)$のグラフ((a)図)では，速度$v(t)$は時刻tにおける曲線$x(t)$の接線の傾きになる．また，$v_x(t)$のグラフ((b)図)で，加速度$a_x(t)$は時刻tにおける$v_x(t)$の接線の傾きであるが，等加速度運動なので$v_x(t)$は傾き一定の直線となっている．

逆に，速度$v_x(t)$が時間の関数としてわかっているときには，微分の逆操作は積分なので，速度を時間について積分して位置が求められるはずである．式 (2.15) を時刻tから$t + \Delta t$まで積分する操

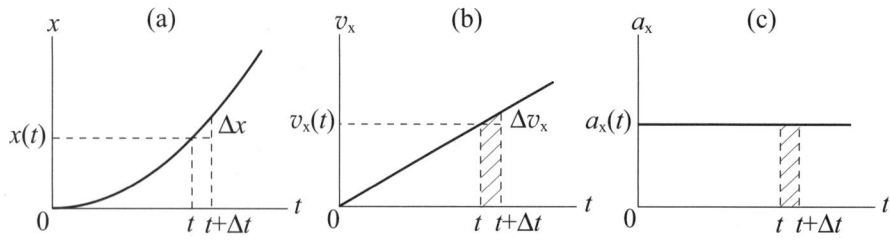

図 2.7 等加速度運動の場合の (a) 距離，(b) 速度，(c) 加速度の時間変化

作は，図 2.7(b) の斜線部の面積を計算することに対応する．すなわち，この面積がその間の位置の変化，つまり移動距離 Δx を与える．

$$\Delta x = \int_t^{t+\Delta t} v_x(t)dt \tag{2.17}$$

もし初期時刻 t における位置 $x(t)$ がわかっていれば，$t+\Delta t$ における位置 $x(t+\Delta t)$ は

$$x(t+\Delta t) = x(t) + \Delta x = x(t) + \int_t^{t+\Delta t} v_x(t)dt \tag{2.18}$$

のように求められる．つまり，物体が運動をはじめた時刻での初期位置と時々刻々の速度とがわかっていれば，速度を時間について積分することにより，任意の時刻における物体の位置を求めることができる．

同様に加速度 $a_x(t)$ が与えられている場合も，これを積分して，この間に生じた速さの変化 Δv_x が求められる．

$$\Delta v_x = \int_t^{t+\Delta t} a_x(t)dt \tag{2.19}$$

これは図 2.7(c) に示した $a_x(t)$ の下側の斜線領域の面積である．初期時刻 t における速さ $v_x(t)$ がわかっていれば，$t+\Delta t$ における速さ $v_x(t+\Delta t)$ が

$$v_x(t+\Delta t) = v_x(t) + \Delta v_x = v_x(t) + \int_t^{t+\Delta t} a_x(t)dt \tag{2.20}$$

のように求められる．速度がわかったので，上と同様にこれをもう一度積分して位置も求められる．つまり，物体が運動を始めた時刻における速度と位置がわかれば，加速度を時間について積分することにより，任意の時刻における物体の速度と位置を求めることができる．これらの初期位置，初期速度のことを**初期条件**とよぶ．

以上をまとめると

(1) 時間の関数として位置 $x(t)$ がわかっている．

(2) 時間の関数として速度 $v(t)$ がわかっており，さらに初期条件として位置が与えられている．

(3) 時間の関数として加速度 $a(t)$ がわかっており，さらに初期条件として位置と速度が与えられている．

のどの場合にも物体の運動は完全に記述される．すなわち，この3つは情報として等価な内容を含んでいる．では，(2) と (3) の場合に初期条件が必要なのはなぜだろうか．上では，微分の逆操作が積分だと書いたが，不定積分を1回行うと積分定数が1個未定のまま残る．(2) の場合に，この1個の定数を決めるには，適当な時刻での物体の位置を与えてやればよい．つまり，初期条件は積分定数を決定するために必要なのである．(3) の場合には，位置を求めるために積分を2回行うので，積分定数が2個現れ，それを決めるために初期値として速度と位置の2つが必要となる．積分定数を決めればよいのであるから，与えるものは必ずしも初期値である必要はない．積分定数の個数分の条件を与えられさえすればなんでもよいはずである．力学の問題としては初期値を与えることが多いが，それ以外の条件でもかまわない．

なお，一般の3次元運動についても，まったく同様に，加速度ベクトルを時間で積分すれば速度ベクトルが，また速度ベクトルを時間で積分すれば変位ベクトルが得られる．

次に，1次元運動の特別な場合として，等速直線運動と等加速度直線運動について考えてみよう．

1) 等速直線運動

速度が一定の1次元運動を**等速直線運動**とよぶ．速さを v_0 として

$$\frac{dx}{dt} = v_0$$

が成り立つ．初期条件として，時刻 $t=0$ での位置が $x(0) = x_0$ であるとしよう．すると，上式の両辺を時刻 0 から t まで積分すれば，時刻 t での位置が求められる．左辺は

$$\int_0^t \frac{dx}{dt} dt = x(t) - x_0$$

となる．ただし，関数を微分して積分すれば元の関数に戻ることを使った．また，右辺は

$$\int_0^t v_0 dt = v_0 t$$

となる．これより

$$x(t) = v_0 t + x_0$$

が得られる．

2) 等加速度直線運動

図 2.7 で表される1次元運動が**等加速度直線運動**である．加速度の値を a とすれば

$$\frac{dv_x}{dt} = a$$

が成り立つ．任意の時刻での物体の位置を求めるには，初期条件として，初期時刻での物体の位置と速度の2つが必要である．時刻 $t=0$ での位置が $x(0)=x_0$，速度が $v_x(0)=v_0$ であるとしよう．上式の両辺を時刻 0 から t まで積分して

$$v_x(t) = at + v_0$$

が得られる．この式をさらに時間 t について 0 から t まで積分して

$$x(t) = x_0 + \int_0^t (at+v_0)dt = \frac{1}{2}at^2 + v_0 t + x_0$$

を得る．

　代表的な等加速度運動は地表での自由落下である．このとき，物体の種類によらず鉛直下向きの加速度は一定で，その値は約 $9.8[\mathrm{m/s^2}]$ となることが知られている．この加速度は**重力加速度**とよばれ，記号 g で表される．

例題1 100 m を 10 s で走る短距離選手の平均の速さはいくらか．また平均時速はいくらか．

解　10 m/s, 36 km/時（km/h）

例題2 ロケットが発射され，一定の加速度で上昇し，10秒後に毎時 352.8 km の速さになった．この時の秒速はいくらか，またこの間の加速度はいくらか．

解
$$\frac{352.8}{60 \times 60} = 0.098 \,\mathrm{km/s} = 98\,\mathrm{m/s}, \qquad \frac{98}{10} = 9.8\,\mathrm{m/s^2}$$

例題3 地球上で物体が自由落下するときの加速度を $9.8\,\mathrm{m/s^2}$ とする．空気抵抗がないとして，毎時 352.8 km の速さになるのに何秒かかるか．

解　$9.8t = 98$　　　∴　$t = 10\,\mathrm{s}$

2.3　力とそのつりあい

　前節では，物体の運動を表現することを学んだ．それではその運動を作り出すもとは何かという疑問がわく．ニュートンは，物体に**力**が加わることがもとになって物体に加速度が生じることに気づいた．すなわち，力が作用すると，静止していた物体は運動をはじめ，等速直線運動していた物体はその速度を変化させる．

　現代物理学では，4種類の**基本的な力**が知られている．それらは**重力**（万有引力）と**電磁気力**，そして，原子核の内部ではたらく**強い力**（強い相互作用）と**弱い力**（弱い相互作用）である．そのうち

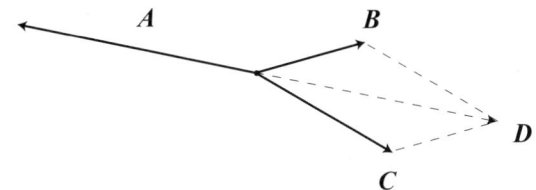

図 2.8 力の合成と分解

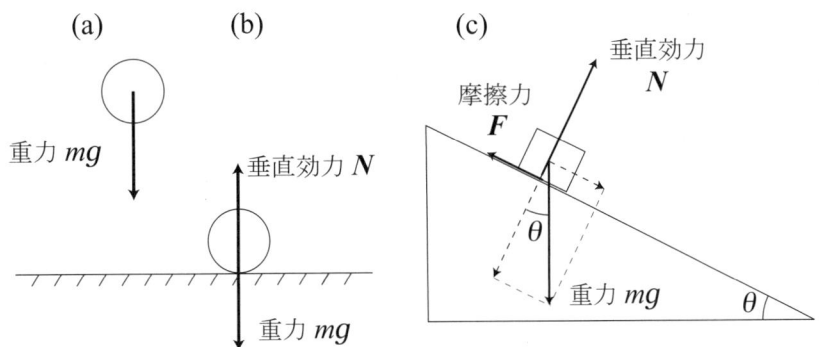

図 2.9 (a) 空中と (b) 地上の物体に作用する重力と垂直抗力，(c) 斜面に置いた物体に作用する重力の分解と垂直抗力および摩擦力

で我々が日常的に感じるのは重力と電磁気力であり，中でも後者は第 5 章の電磁気学で学ぶが，摩擦力など日常生活にかかわるほとんどの力の起源となっている．

力には大きさと方向があるので，ベクトル量である．ただし，力のベクトルは不用意に平行移動してはいけない．つまり，力は物体に作用するから，力のベクトルの始点は常に物体におく．また，力はベクトルなので，**平行四辺形の原理**によって合成したり分解したりできる．図 2.8 の例では，力のベクトル B と C は D に合成され，逆に D は B と C に分解されることを表している．

物体に作用する全ての力のベクトルを合成すると，ベクトルの大きさがゼロとなることがある．このとき力はつり合っていると言う．図 2.8 の例では，B と C を合成した D は力のベクトル A と同じ大きさで向きが逆になっている．したがって，D と A の和はゼロとなり，力のベクトル A, B, C はつり合っている．このとき，全体としては，物体に力がはたらいていないことになる．

以下では，地面上に置かれた物体と斜面上に置かれた物体を例として，力の分解とつりあいを考えてみよう．図 2.9(a)(b) に示すように，空中に投げ上げた物体にも地上に置いた物体にも下向きに重力がはたらき，その大きさは物体の質量 m と重力加速度 g の積 mg である．これは後の節で説明されるので，ここではひとまずそのまま認めておくことにしよう．また，**質量**とは物体の動きにくさを表わす物体に固有の量であるが，物体の重量に比例するので，さしあたっては重量だと考えておいてもよい．詳しくはあとで述べる．

さて，同じ重力がはたらくにもかかわらず，空中にある物体は地表へと落下するのに対し，地面上の

物体は静止したままである．地面が硬いのだから地面上では静止していて当然と思うかもしれないが，物体にはたらく力の合計がゼロでなければ静止した物体は運動をはじめるはずなので，今の場合にも，物体にはたらく力が全体としてつりあっていなくてはならない．したがって，(b) 図のように，地面上の物体には，重力と等しい大きさで反対方向を向いた力がはたらいて重力とつり合っており，はたらく力の和がゼロになっていると解釈できる．硬い面が物体を押し返すこの力は**垂直抗力 N** とよばれる．これは，後でみる**作用・反作用の法則**の一例である．

では，(c) 図のように斜面に置いた物体が滑り始めるとき，力はどのようにはたらいているのであろうか．ここで力の分解の考え方が役に立つ．**摩擦力**が無視できる滑らかな斜面の場合には，物体にはたらくのはやはり重力と垂直抗力のみである．ただし，垂直抗力は物体が斜面を押す力の分だけしか押し返さないことに注意しよう．そこで，物体にはたらく重力を斜面に沿った方向と面に垂直な方向とに分解する．斜面が水平となす角度を θ とすれば，重力のうち斜面に垂直な成分は $mg\cos\theta$ である．これが斜面を押し付ける力なので，垂直抗力 N とつり合っている．したがって，垂直抗力の大きさについては

$$N = mg\cos\theta \tag{2.21}$$

が成り立つ．一方，重力のうちで斜面に沿った方向の成分 $mg\sin\theta$ はそのまま残り，この力が物体を斜面に沿って下方に引っ張るので，物体は斜面に沿って滑り落ちることになる．当然斜面方向の成分は斜面の角度 θ とともに大きくなり，それにともなって物体は速く滑り，ついに斜面が垂直になったとき物体は地上に向かって自由落下する．これがガリレイの実験である．

一方，粗い表面をもつ板の上に物体をおき徐々に傾斜させていくと，ある角度までは物体が動き出さずに静止したままであるのが観察できる．これは，(c) 図に示すように**摩擦力**がはたらいて物体をひき留めているためである．物体が静止しているあいだは，物体を斜面に沿って下に引っ張る力 $mg\sin\theta$ と摩擦力がつりあっている．物体を静止させておける摩擦力の大きさには限度があって，その限界の大きさを**最大静止摩擦力**とよぶ．これは垂直抗力の大きさ N に比例することが知られている．つまり，最大静止摩擦力の大きさ F は

$$F = \mu N \tag{2.22}$$

と書ける．比例係数 μ は**静止摩擦係数**とよばれる．

限度の角度を越えると，物体は斜面を滑りはじめる．しかし，摩擦力がはたらいているので，この速さは滑らかな斜面の上を落下する物体の速さより遅い．このときの摩擦力を**動摩擦力**とよび，その大きさはやはり垂直抗力の大きさに比例することが知られている．つまり，動摩擦力の大きさ F' は μ とは別の比例係数 μ' によって

$$F' = \mu' N \tag{2.23}$$

と表せる．μ' を**動摩擦係数**とよぶ．

いったん斜面上を動き出した物体は，傾斜の角度を少し緩めても動き続けることから，一般に運動摩擦係数は静止摩擦係数より小さい ($\mu' < \mu$) ことがわかる．また，摩擦力は互いに接触し合う 2 物体の接触面積には依らず，物体の速度によっても変化しないことが経験則として知られている．

よかった，わたしもあなたも中性で!?

　断っておきますが，男性，女性の中性化という社会現象の話ではなく，物理の電気的な中性という話です．

　現代物理で確立されている基本的な力（相互作用）は，重力，電磁気力，弱い相互作用，強い相互作用の4種類とされています．後ろの2者は太陽や惑星のエネルギーの源にもなっているのですが，原子核の中やその周囲でのみはたらき，距離とともに大きく減衰します．これら短距離力が日常生活に顔をのぞかせることはあまりありません．

　一方，重力，電磁気力は**距離 r の 2 乗に反比例**してゆっくりと弱くなってゆきます．このため，太陽に近い水星や金星だけでなく，はるかに離れた冥王星もちゃんと見捨てられずに重力の引力作用を受け，太陽系が形作られています．それどころか，星と星団，星団と銀河，銀河と銀河団，そして大宇宙の大枠が重力の作用で形作られているのです．

　ところで電磁気力は重力に比べ桁違いに強い力です．陽子間ではたらく力で比べると，なんと10の36乗の差があります．そして重力と違い斥力（反撥力）となる場合もあります．原子をつくり，分子を形成し，そして日常私達が目にする形ある物はほとんど電磁気力により形を成しているといっても過言ではないのです．しかしこの電磁気力もあらわには見えていません．そう，わたしもあなたも，そして宇宙全体を見渡してもほぼ電気的に中性だからです．ああよかった中性で．恋しい人に近づこうとしたとたんに強い斥力ではねとばされる，なんてまっぴら御免こうむりたいですから．

2.4　物体の運動法則

　ニュートンは力と物体の運動との関係を明らかにして，3つの法則にまとめた．これを**ニュートンの運動法則**とよぶ．これが力学の根幹をなすものであり，物体の様々な運動はすべてこの法則によって記述される．まず，3つの運動法則を説明する．

第 1 法則 (慣性の法則)

　摩擦が無視できる滑らかな机の上でコインを弾けば，あとは何もしなくともコインは一直線上をすべり続ける．一方，机の上に静止している本が勝手に動き出すことはあり得ない．これらはコインや本に備わっている神秘的な性質ではなく，どのような物体でも「**力が作用していなければ静止している物体は静止し続け，また運動している物体は等速直線運動を続け，その運動の状態を変えない**」からである．これを慣性の法則とよぶ．交通標語にいわれるように「車は

急に止まれない」のは慣性の法則のあらわれだし、また「だるま落とし」は慣性の法則を利用したおもちゃである。このような慣性の法則が成り立つ座標系を**慣性系**とよぶ。ニュートン力学では、この慣性の法則を出発点として、慣性系で成り立つ第2、第3法則を考える。なお、慣性系ではない座標系の例としては、回転する物体上に固定された座標系などがあげられる。そのような座標系での運動については後の節であつかう。

第2法則 (運動の法則)

それでは、物体の運動を引き起こす原動力は何であろうか。それは物体にはたらく力である。物体の外部から与えられる力という意味を込めて、**外力**という言葉が使われることもある。それでは力は運動の位置変化を引き起こすのか、あるいは速度変化なのか。様々な観察と考察を通してニュートンは以下のような結論に達した。「**物体に力を作用させると、物体の得る加速度の大きさは与えられた力の大きさに比例し、加速度の方向は力の方向と一致する**」。これがニュートンの第2法則である。すなわち、物体にはたらく力のベクトル $\boldsymbol{F}$ と加速度ベクトル $\boldsymbol{a}$ の間には

$$\boldsymbol{a} \propto \boldsymbol{F} \tag{2.24}$$

で表される関係がある。

ただし、同じ大きさの力が作用しても、物体によって生じる加速度が違うことが観測される。そこで同じ力を作用させたときに生じる加速度に逆比例する量 m を導入しよう。すなわち

$$m\boldsymbol{a} = \boldsymbol{F} \tag{2.25}$$

の関係が成立する。m は物体の**慣性質量**あるいは単に**質量**とよばれる。質量が大きいと同じ力を加えても加速度は小さくなる。SI単位系では質量の単位を kg とし、質量 1 kg の物体に 1m/s^2 の加速度を生じさせる力を **1 N (ニュートン)** と定義する。したがって、$1 \text{N} = 1 \text{kg} \cdot \text{m/s}^2$ である。

すでに見たように、加速度は速度 $\boldsymbol{v}$ の1階微分であり、かつ位置ベクトル $\boldsymbol{r}$ の2階微分であるから、式 (2.25) は微分を使って

$$m\frac{d^2\boldsymbol{r}}{dt^2} = \boldsymbol{F} \tag{2.26}$$

あるいは

$$m\frac{d\boldsymbol{v}}{dt} = \boldsymbol{F} \tag{2.27}$$

と書き換えられる。この式を**運動方程式**という。ベクトルを成分で表せば

$$m\frac{d^2x}{dt^2} = F_x, \qquad m\frac{d^2y}{dt^2} = F_y, \qquad m\frac{d^2z}{dt^2} = F_z \tag{2.28}$$

である。ただし、F_x, F_y, F_z は力の x, y, z 成分をそれぞれ表す。このように微分を含む方程式は一般に**微分方程式**とよばれる。運動方程式は、速度に関する1階微分を含むので1階微分方程式と同じであり、また、位置に関しては2階微分を含むので2階微分方程式になっている。物

体にはたらく力がわかれば，運動方程式を使うことによって，物体がどのように運動するかを導くことができる．具体的な計算例は次節で見ることにしよう．

第3法則 (作用・反作用の法則)

例えば2人で手を引き合っている様子を思い浮かべてみよう．相手を引き寄せようと腕に力を入れると，相手の力を手応えとして感じるだろう．この様子をニュートンは「**2つの物体間にはたらく力は，それらの物体を結ぶ直線に沿って作用し，その大きさは互いに等しく，方向は逆向きとなる**」と表現した．2つの物体がある場合に，物体1が物体2に力 $\boldsymbol{F}_{12}$ を及ぼしているなら，逆に物体2も物体1に力 $\boldsymbol{F}_{21}$ をおよぼし，2つの力は大きさは同じで向きが逆だから

$$\boldsymbol{F}_{12} = -\boldsymbol{F}_{21} \tag{2.29}$$

である．これを**作用・反作用の法則**とよぶ．2.3節の例に出てきたように，重力などによって物体が硬い面に押し付けられると，面から物体に対する垂直抗力がはたらくのも，作用・反作用の法則の例である．

2.5　運動方程式の解

以下では，物体を大きさがなく質量のみを持つ点，すなわち**質点**とみなすことにしよう．大きさがないので，変形や回転を考える必要はなく，質点が空間を移動する運動だけを問題とすればよい．このような運動を**並進運動**という．なお，大きさのある物体の運動については，本章の最後の節で取り扱う．

質量 m の質点に力 $\boldsymbol{F}$ がはたらくとする．前に述べたように，これは時間の関数であってかまわないし，また時々刻々の物体の位置や速度の関数であってもかまわない．表記を簡単にするために，以下では単に $\boldsymbol{F}(t)$ と表記する．このとき，運動方程式 (2.26) は

$$\frac{d^2\boldsymbol{r}}{dt^2} = \frac{\boldsymbol{F}(t)}{m} \tag{2.30}$$

と書き換えられる．右辺が与えられているのだから，2.2節を思い出せば，適当な初期条件のもとに両辺を2回積分することによって，任意の時刻での質点の位置が求められるはずである．

しかしその前に，運動方程式によって質点の運動が決まっていくしくみを理解するため，以下のように考えてみよう．初期条件として，時刻 $t=0$ での位置 $x(0)$ と速度 $v(0)$ が与えられているものとする．微分の定義に立ち返ると速度および加速度はそれぞれ

$$\boldsymbol{v}(t) = \lim_{\Delta t \to 0} \frac{\boldsymbol{r}(t+\Delta t) - \boldsymbol{r}(t)}{\Delta t} \tag{2.31}$$

$$\boldsymbol{a}(t) = \lim_{\Delta t \to 0} \frac{\boldsymbol{v}(t+\Delta t) - \boldsymbol{v}(t)}{\Delta t} \tag{2.32}$$

であるから，十分に短いがゼロではない微小時間 Δt に対しては，両辺に Δt を掛けて

$$\boldsymbol{r}(t+\Delta t) \simeq \boldsymbol{r}(t) + \boldsymbol{v}(t)\Delta t \tag{2.33}$$

$$\boldsymbol{v}(t+\Delta t) \simeq \boldsymbol{v}(t) + \boldsymbol{a}(t)\Delta t \tag{2.34}$$

がよい近似として成り立つ．したがって，与えられた初期条件を用いると，時刻 Δt での位置と速度として

$$r(\Delta t) = r(0) + v(0)\Delta t \tag{2.35}$$
$$v(\Delta t) = v(0) + \frac{F(0)}{m}\Delta t \tag{2.36}$$

を得る．すなわち，$t=0$ での情報だけから，$t=\Delta t$ での位置や速度が求められる．時間をさらに Δt だけ進めれば

$$r(2\Delta t) = r(\Delta t) + v(\Delta t)\Delta t \tag{2.37}$$
$$v(2\Delta t) = v(\Delta t) + \frac{F(\Delta t)}{m}\Delta t \tag{2.38}$$

となる．ここでも，$t=\Delta t$ での情報だけから，$t=2\Delta t$ での位置や速度が決まる．同じ手続きを次々とくり返せば，順に時間を Δt ずつ進めながら，そのときの運動の状態がわかることになる．

この手続きから明らかなように，長時間経過後の運動を知りたい場合にも，あくまでも微小時間ずつ徐々に計算を進めていかなくてはならないことに注意されたい．もちろん，これはあくまでも近似的な計算であり，厳密な結果は $\Delta t \to 0$ の極限で得られるが，Δt の値を小さくするにしたがって，厳密な結果にいくらでも近づけることができる．実際，力学の問題をコンピュータで計算する際には，本質的にこの手続きと同じことをやっている．

まとめると，**質点にはたらく力 F と初期条件がわかれば，運動方程式を使うことにより質点の運動が時間の関数として決まる**わけである．運動方程式を用いて質点の位置を時間の関数として表すことを**運動方程式を解く**という．また，上のように初期条件を与えて運動を求める場合を特に運動方程式の**初期値問題**とよぶ．数学的には運動方程式は時間に関する 2 階微分方程式であるから，運動方程式を解くのは，これを適当な条件のもとで時間に関して 2 回だけ積分することに他ならない．そのため，運動方程式を解くことを**運動方程式を積分する**ともいう．運動方程式を厳密に（解析的に）積分できるような場合は**可積分系**とよばれる．しかし，現実の物体にはたらく力は複雑で，むしろ現実に考えられる運動のほとんどは可積分系ではないので，**摂動法**などの近似計算法やコンピュータによる**数値積分**などの方法によって運動を調べることが広く行われている．

以下では，運動方程式の積分が解析的に容易に実行できる例を見ることにしよう．

2.5.1 一定の力を受ける質点の運動

質点に時間とともに変化しない一定の力 F_0 がはたらく場合を考える．このときは，図 2.10 のように力の方向を x 軸にとるのが便利である．$F_0 = (F_0, 0, 0)$ とすれば，運動方程式の x 成分は

$$m\frac{d^2 x}{dt^2} = F_0 \tag{2.39}$$

である．力が一定なので，質点は等加速度運動をする．一方，y, z 成分については単に

$$m\frac{d^2 y}{dt^2} = m\frac{d^2 z}{dt^2} = 0 \tag{2.40}$$

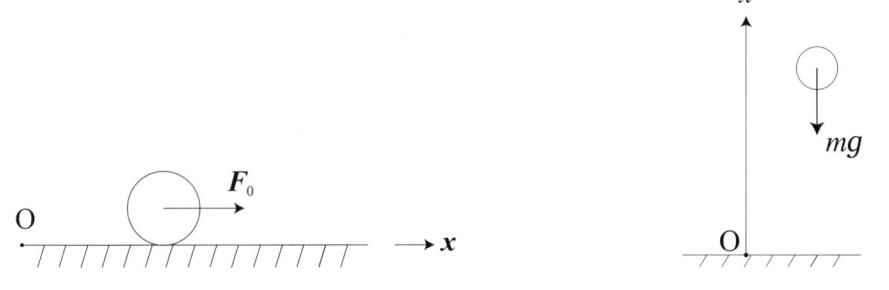

図 2.10 質点に作用する力 F_0 と運動

図 2.11 空中の質点にはたらく重力

なので，これらの方向については静止あるいは等速直線運動である．以後は x 方向の 1 次元運動だけを考えよう．

位置を t に関して 2 回微分すると定数 F_0 になるのであるから，前に述べたように両辺をまず 1 回積分して速度

$$v(x) = \frac{dx}{dt} = \frac{F_0}{m}t + C_1 \tag{2.41}$$

を得る．C_1 は積分定数である．これをもう一度 t で積分することにより，運動方程式の解として

$$x(t) = \frac{F_0}{2m}t^2 + C_1 t + C_2 \tag{2.42}$$

を得る．C_2 はもう 1 つの積分定数である．

このように 2 階微分方程式の解は一般に 2 個の任意定数を含む．解 (2.42) は，任意定数に様々な値を代入することで，運動方程式 (2.39) で記述されるあらゆる運動を表現できるので，運動方程式の**一般解**とよばれる．

運動を特定するには，2 つの定数を定めるために 2 つの初期条件が必要である．初期条件として，$t = 0$ での x と v のそれぞれ $x(0) = x_0$ と $v(0) = v_0$ とが与えられているとすると，式 (2.41) より $v(0) = C_1 = v_0$ となり，さらにこれを式 (2.42) に代入すると $x(0) = C_2 = x_0$ が得られる．つまり，与えられた初期条件に対応する質点の運動が

$$x(t) = \frac{F_0}{2m}t^2 + v_0 t + x_0 \tag{2.43}$$

と求められる．$v_0 = x_0 = 0$ に対応する運動の様子はすでに図 2.7 で見た．

一定の力 F_0 として**地上での重力**を考え，自由落下を議論しよう．重力中を落下する質点の加速度が重力加速度 g であるから，質点には大きさ mg の力が鉛直下向きにはたらいていることになる．図 2.11 のように地表を原点 O として鉛直上向きに x 軸をとる．物体にはたらく重力は $F_0 = -mg$ であるから，運動方程式は

$$m\frac{d^2 x}{dt^2} = -mg \tag{2.44}$$

第 2 章　力学

となり，その一般解は
$$x(t) = -\frac{1}{2}gt^2 + C_1 t + C_2 \tag{2.45}$$
である．

以下にいくつかの初期条件について，その運動を考えよう．

1) **初期条件 1**: 質点を地表から x_0 の高さで静かに手を放す場合．

初期条件は $x(0) = x_0$, $v_x(0) = 0$ であるから，代入すれば
$$v_x(t) = -gt \,, \qquad x(t) = -\frac{g}{2}t^2 + x_0$$
と求められる．時間経過とともに速さ $v_x(t)$ は下向きで速くなり，位置 $x(t)$ も x_0 からどんどん小さくなって地表に近づく．地表に衝突する時間は $x(t) = 0$ を満たす t であるから，$t = \sqrt{2x_0/g}$ と求められる．

2) **初期条件 2**: 質点を地表から x_0 の高さから v_0 の速さで投げ上げる．

初期条件を変えると，運動の様相はかなり違った感じになる．解は次の通りである．
$$v_x(t) = v_0 - gt \,, \qquad x(t) = -\frac{g}{2}t^2 + v_0 t + x_0$$

例題 4　ボールを初速度 v_0 で水平と角 θ をなして投げた．落下地点までの距離とボールの最高点での高さを求めよ．角度 θ がいくらのときこれらの値は一番大きくなるか．

解　ボールを投げ上げた地点を座標原点とし，ここでは水平方向を x 軸，上方向を y 軸にとる．ボールの運動方程式は次式となる．
$$m\frac{d^2 x}{dt^2} = 0 \,, \qquad m\frac{d^2 y}{dt^2} = -mg$$
y 方向については解が式 (2.45) で与えられており，また x 方向については，力がはたらかないので等速直線運動である．このような物体の 2 次元運動を**放物運動**とよぶ．

初期値を $x(0) = x_0$, $y(0) = y_0$, $v_x(0) = v_{x0}$, $v_y(0) = v_{y0}$ とすれば次式を得る．
$$x(t) = v_{x0} t + x_0, \qquad y(t) = -\frac{1}{2}gt^2 + v_{y0} t + y_0$$

これより，t を消去すると，xy 平面内での運動の軌跡が得られる．結果は 2 次曲線
$$y(x) = -\frac{1}{2}\frac{g}{v_{x0}^2}(x - x_0)^2 + \frac{v_{y0}}{v_{x0}}(x - x_0) + y_0$$
となる．2 次曲線が放物線ともよばれるのは，放物運動の軌跡を表わす曲線だからである．

さて，初期条件として $x(0) = 0$, $y(0) = 0$ とし，速度については題意より
$$v_{x0} = v_0 \cos\theta \,, \qquad v_{y0} = v_0 \sin\theta$$

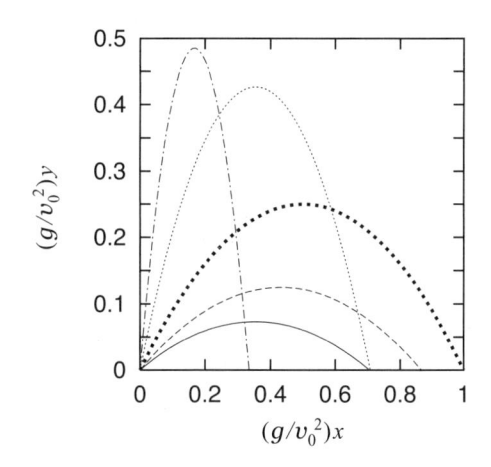

図 **2.12** 様々な角度でボールを投げたときの放物運動

を代入すると，軌跡として

$$y(x) = -\frac{g}{2v_0^2 \cos^2\theta}x^2 + \frac{\sin\theta}{\cos\theta}x$$

を得る．落下地点では $y=0$ なので，そのときの x を求めれば

$$\text{落下地点までの距離} = \frac{v_0^2 \sin 2\theta}{g}$$

であり，また，最高点は放物線の頂点だから

$$\text{最高点での高さ} = \frac{v_0^2 \sin^2\theta}{2g}$$

である．落下地点までの距離が最大になるのは $\sin 2\theta = 1$ のときであり，$\theta = 45°$ である．高さが最大になるのは $\sin\theta = 1$ のときで $\theta = 90°$ のとき，真上に投げ上げた時である．様々な角度で投げたときの放物運動の様子を図 2.12 に示す．

例題 5 地表から y_0 の高さで水平方向 (x 方向) に $v_x(t=0) = v_{x0}$ で物体を投げる．$x(t)$，$v_x(t)$ および $y(t)$，$v_y(t)$ を求めよ．$y_0 = 19.6\,\text{m}$，$v_x(0) = 10\,\text{m/s}$ での xy 平面で物体の軌跡はどうなるか．

解 例題 4 で見たように，軌跡は放物線になる．垂直方向の $y(t)$，$v_y(t)$ については自由落下の初期条件 1 での解と同じである．また x 方向には等速直線運動で，$y(t) = v_{y0}t$，$v_y(t) = v_{y0}$．地表に落下する時刻は $t = \sqrt{2y_0/g}$．$g = 9.8\,\text{m/s}^2$ として $y(t) = 0$ がゼロになるのは $t = 2\,\text{s}$ 後である．その間に物体は水平方向に $20\,\text{m}$ 進む．軌跡は $y = -0.049x^2 + 19.6$ の放物線となる．

2.5.2　速度に比例する抵抗力のもとでの運動

気体や液体中を運動する物体は速度に比例する抵抗力を受けることが知られている．これを**粘性抵抗**という．物体に粘性抵抗だけがはたらくときの運動を調べよう．この場合も運動方向は変化しないので，1次元の運動を考えれば十分である．前と同様に運動方向を x 方向とする．運動方程式は速度についての微分方程式とするのが便利で

$$m\frac{dv_x}{dt} = -\gamma v_x \tag{2.46}$$

である．ただし，比例定数 $\gamma(>0)$ は液体や物体の種類によって決まる．負符号は力が速度と逆向きであることを示している．$\Gamma = \gamma/m$ とおけば

$$\frac{dv_x}{dt} = -\Gamma v_x \tag{2.47}$$

と書き換えられる．この式は右辺に未知関数 $v_x(t)$ そのものが含まれているので，単に両辺を積分するというわけにはいかない．しかし，これは v を時間で微分すると元の関数の定数倍になることを意味しており，そのような関数は指数関数であることが明らかだから，解は時間の指数関数になることが予想される．そこで，解として

$$v_x(t) = Ae^{Bt} \tag{2.48}$$

を仮定する．A と B はこれから決める定数である．この解を式 (2.47) に代入すると，たしかに $B = -\Gamma$ と置けばこれが解になることがわかる．さらに，初速度を $v_x(0) = v_0$ として代入すると，$A = v_0$ と決まり

$$v_x(t) = v_0 e^{-\Gamma t} \tag{2.49}$$

となる．すなわち，速度は初速度から指数関数的に減衰して，最終的には停止する．

位置はこれを積分すればよい．位置の初期条件を $x(0) = x_0$ とすれば

$$x(t) = x_0 + \int_0^t v_0 e^{-\Gamma t} dt = x_0 + \frac{v_0}{\Gamma}\left(1 - e^{-\Gamma t}\right) \tag{2.50}$$

が得られる．これより，$t \to \infty$ での最終的な到達位置は $x_0 + v_0/\Gamma$ であることがわかる．位置と速度の時間変化を図 2.13 に図示した．

重力と粘性抵抗の両方がはたらく場合については練習問題を参照されたい．

2.5.3　バネに結んだ質点の振動運動

バネを縮めたり伸ばしたりすると，元に戻ろうとする復元力がはたらく．また，変形があまり大きくないうちは，この復元力は縮みや伸びの大きさに比例することが知られている．これを**フックの法則**(R. Hook, 1635-1702) という．摩擦を無視できるような平面上で，図 2.14 のように軽いバネに質量 m の質点をつけて少し引っぱってから放してみると，このようなバネの性質のため，質点は**振動運動**をはじめる．フックの法則によれば，バネが x だけ伸びているとき，質点には x に比例し伸びとは

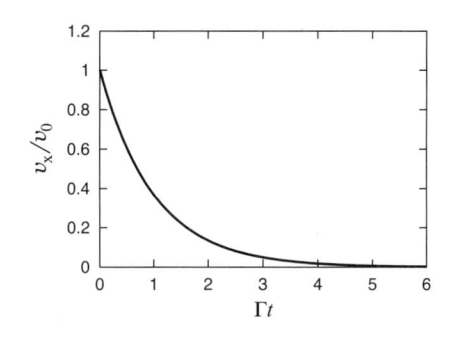

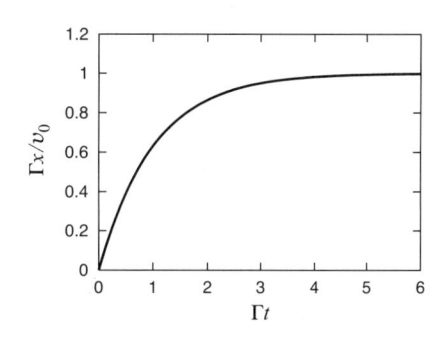

図 2.13 粘性抵抗のもとでの速度と位置の時間変化．時刻 0 での位置をゼロとした．

反対の方向の力 $F = -kx$ がはたらく．ここで $k(>0)$ はバネの材質などによって決まる定数で，**バネ定数**とよばれる．このように変位に比例する復元力のもとで運動する質点のことを**調和振動子**とよぶ．バネに限らず原子の振動や振り子など調和振動子とみなせる運動は多い．また，電磁気学で見られる振動現象も数学的にはまったく同じ構造をしており，物理学における**普遍性**，すなわち一見異なる現象が同じ理論で記述できる例の 1 つとなっている．

調和振動子に対する運動方程式は

$$m\frac{d^2x}{dt^2} = -kx \tag{2.51}$$

と表される．この場合も右辺に未知関数 $x(t)$ そのものが含まれており，単に両辺を積分するわけにはいかない．しかし，2 回微分をすると元の関数の定数倍に負符号がつくのであるから，そのような関数を思い出してみると，sin あるいは cos が解になりそうだと予想できる．実際，これらの関数は時間的な繰り返しを表すので，物理的に考えても調和振動子の運動を記述してよさそうである．

そこで解を時間に関する sin 関数と cos 関数の適当な和と仮定して

$$x(t) = A\sin\omega t + B\sin\omega t \tag{2.52}$$

とおいてみよう．A, B, ω は現段階では未知の定数である．この $x(t)$ を式 (2.51) に代入すると

$$m\omega^2 = k \tag{2.53}$$

を得る．したがって，$\omega = \sqrt{k/m}$ [rad/s] とおけば，たしかに式 (2.52) が運動方程式の解になっていることがわかる．しかも，ω を決めてもまだ A と B の 2 つの未知定数が残っているから，これは一般解である．

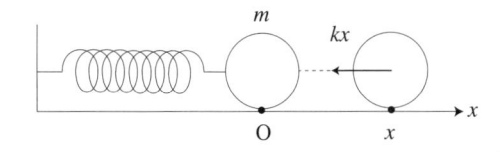

図 2.14 バネに結んだ質点の振動運動

ω を**角振動数**とよび，$x(t)$ は $2\pi/\omega$ [s] ごとに同じ値をとるので，振動の**周期**は $T = 2\pi/\omega$ [s] である．つまり，周期はバネ定数と質量との関係で決まる．また，周期の逆数，すなわち 1 秒あたりの振動回数を**振動数** $\nu = 1/T = \omega/2\pi$ と定義する．振動数の単位は s^{-1} だが，これを Hz（ヘルツ）ともいう．

また
$$A = C\cos\varepsilon, \qquad B = C\sin\varepsilon \tag{2.54}$$
となるように 2 つの定数 C と ε を選べば，式 (2.51) は
$$x(t) = C\sin(\omega t + \varepsilon) \tag{2.55}$$
と書き換えられる．実用上はこちらの式のほうが便利である．$x(t)$ のとりうる値の範囲は $-C$ から C までであるから，C は振動の大きさを表しており，**振幅**とよばれる．また，ε は振動の**位相**とよばれる．

速度はこれを微分して
$$v_x(t) = C\omega\cos(\omega t + \varepsilon) = C\omega\sin(\omega t + \varepsilon + \frac{\pi}{2}) \tag{2.56}$$
となり，速度もやはり角振動数 ω で振動するが，その位相は位置と $\pi/2$ ずれることがわかる．

さて，振幅 C と位相 ε は初期値が与えられて確定する．以下では初期条件を与えて実際の解を求めてみよう．

1) **初期条件 1**: 質点をつりあい点から a だけ引っ張り，静かに手を放す．

初期条件は $x(0) = a,\ v_x(0) = 0$ である．これを解に代入すれば
$$\varepsilon = \frac{\pi}{2}, \qquad C = a$$
と求められる．したがって，このような初期条件のもとで質点の運動は
$$x(t) = a\cos\omega t = a\cos\sqrt{\frac{k}{m}}t$$
とあらわされる．

2) **初期条件 2**: 質点をつりあい点から x の方向に v_0 の速さで動かす．

このときは $x(0) = 0,\ v_x(0) = v_0$ であり，これを解に代入して
$$\varepsilon = 0, \qquad C = \frac{v_0}{\omega}$$
したがって
$$x(t) = \frac{v_0}{\omega}\sin\omega t, \qquad v_x(t) = v_0\cos\omega t$$
である．

例題 6 $m = 1\,\mathrm{kg}$ のおもりをバネ定数 $k = 0.20\,\mathrm{N/m}$ のバネにつないで,図 2.14 のように水平面上に置く.おもりを $0.1\,\mathrm{m}$ 手で引っぱって静止させ,時刻 $t = 0$ に手を離したとする.

(1) 振動の周期 T を求めよ.
(2) $t = 0$ でのバネの復元力,おもりの速度と加速度を求めよ.
(3) $t = \frac{T}{4}$ でのおもりの位置,速度,加速度を求めよ.

解 以下では,力を加える前のつり合い状態での質点の位置を $x = 0$ とする.

(1) $\omega = \sqrt{\dfrac{0.20}{1}} = 0.45\,\mathrm{rad/s},\ T = \dfrac{2\pi}{0.45} = 14\,\mathrm{s}$

(2) $F = -0.20 \times 0.1 = -0.020\,\mathrm{N}$

$x = 0.1 \cos 0.45 t$

$v = -0.1 \times 0.45 \sin 0.45 t = -0.045 \sin 0.45 t$

$a = -0.1 \times 0.45^2 \cos 0.45 t = -0.020 \cos 0.45 t$

$t = 0$ を代入すると $v = 0, a = -0.020\,\mathrm{m/s^2}$

(3) $t = \dfrac{T}{4}$ を代入すると

$x = 0$ (つり合いの位置)

$v = -0.045\,\mathrm{m/s}$

$a = 0$

例題 7 例題 6 と同じバネとおもりを今度は図 2.15(b) のように,重力のもとで吊り下げる.つり合いの位置から,おもりを手で引っ張って放すと,おもりはやはり振動を始める.このときの振動の周期を求めよ.

解 力がはたらかないときのバネの自然の長さを ℓ_0 とする.重力のもとで質量 m の質点を吊るしたときにバネの長さが ℓ になってつり合ったとすると,つり合いの条件として

$$mg = k(\ell - \ell_0)$$

が成り立つ.下方に向かって x 軸をとり,バネを吊るした点を座標原点とすれば,質点の運動方程式は

$$m\frac{d^2 x}{dt^2} = mg - k(x - \ell_0) \tag{2.57}$$

である.しかし,むしろ,つり合い点 ℓ を原点として,そこからのずれをあらためて x としたほうが簡単で,つり合いの条件式を使って整理すれば

$$m\frac{d^2 x}{dt^2} = -kx \tag{2.58}$$

が得られる.これは単振動の方程式ほかならない.つまり,おもりをつるしたバネはつり合い点を中心とした単振動をし,その周期は重力がはたらかない場合と同じである.

したがって,今の問題では例題 6 と同じ $T = 14\,\mathrm{s}$ となる

第 2 章　力学

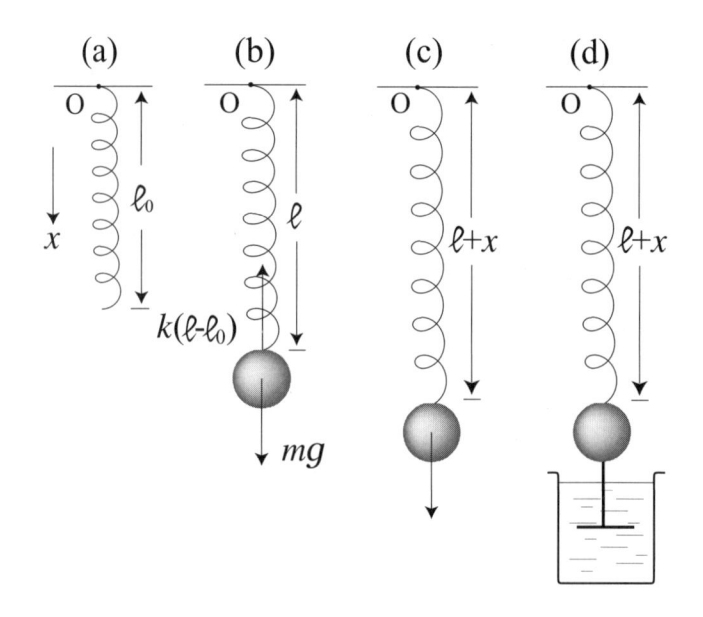

図 2.15　速度に比例する抵抗力がはたらくバネの減衰振動

2.5.4　減衰振動

摩擦や抵抗を無視できるような理想的な運動の場合にはバネに結んだ質点はいつまでも振動を続けるが，現実にはいろいろな摩擦や抵抗のため振動は減衰していく．たとえば，図 2.15(d) に示すようにバネに結んだおもりを液体の中にいれると，おもりは速度に比例する粘性抵抗力を受ける．

例題 7 より，重力のもとでバネ定数 k のバネに質量 m の質点をつるしたときの質点の運動方程式は，単振動の方程式 (2.51) である．おもりを液体中につるすと速度に比例する抵抗力がはたらくので，その比例係数を γ とし，質点の運動方程式として

$$m\frac{d^2x}{dt^2} = -kx - \gamma\frac{dx}{dt} \tag{2.59}$$

が得られる．

右辺第 2 項がなければ，質点の運動は角振動数 $\omega_0 = \sqrt{\frac{k}{m}}$ の単振動である．一方，右辺第 1 項がない場合は，前に見たように，質点は最終的な停止位置へ指数関数的に減衰してゆく．今の問題では，最終的にバネのつりあい位置 $x = 0$ で質点が静止することは明らかだから，$x = 0$ へ向かって振動の振幅が指数関数的に減衰すると予想していいだろう．

そこで，式 (2.59) の解として，単振動の振幅が指数関数的に減衰することを表現した

$$x = Ae^{-\alpha t}\sin(\omega t + \varepsilon) \tag{2.60}$$

を仮定してみる．ただし，抵抗力によって振動が遅くなるであろうことを考慮して，角振動数は ω_0 ではなく未知定数 ω とした．この段階では，未知の定数として $A, \alpha, \omega, \varepsilon$ の 4 つが含まれている．

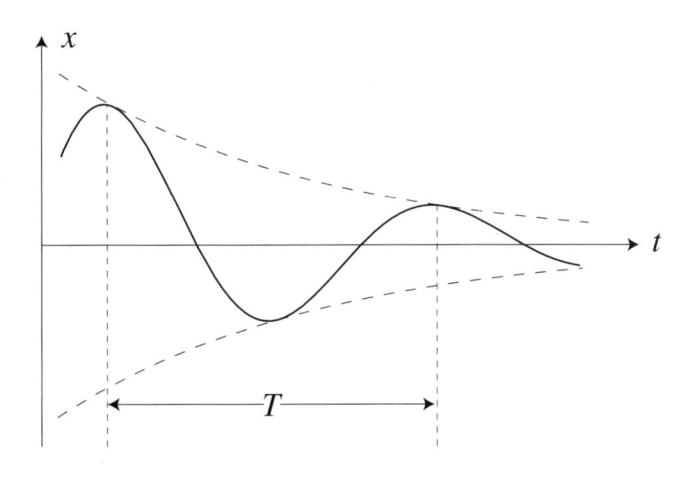

図 2.16 バネの減衰振動

運動方程式 (2.59) を

$$\frac{d^2x}{dt^2} + 2\Gamma\frac{dx}{dt} + \omega_0^2 x = 0 \tag{2.61}$$

と書き改める．ただし $2\Gamma = \gamma/\mathrm{m}$ である．式 (2.60) を式 (2.61) に代入すると

$$Ae^{-\alpha t}\left\{-2\omega(\alpha-\Gamma)\cos(\omega t+\varepsilon) + (\alpha^2-\omega^2-2\alpha\Gamma+\omega_0^2)\sin(\omega t+\varepsilon)\right\} = 0 \tag{2.62}$$

を得る．この式を満足するように未知定数を決めるのだが，左辺は 2 つの項の和になっているので，もっとも単純に考えて，2 つの項がそれぞれゼロになるものとしてみる．つまり，$\sin(\omega t+\varepsilon)$ と $\cos(\omega t+\varepsilon)$ の係数がそれぞれゼロになるとする．その条件を用いると定数 α と ω として

$$\alpha = \Gamma, \qquad \omega = \sqrt{\omega_0^2 - \Gamma^2} \tag{2.63}$$

が得られる．これを式 (2.60) に代入したものが運動方程式の解になっていることは，実際に運動方程式に代入してみれば容易に確かめられる．つまり，最初に仮定した式 (2.60) は確かに運動方程式の解である．しかも未知定数があと 2 つ (A と ε) 残っているから，実はこれが一般解である．

$\omega_0 > \Gamma$ のときは図 2.16 に示すように質点は角振動数 $\omega(=2\pi/T,\ T:$ 周期$)$ で振動しながら，その振幅は指数関数で減衰する．粘性抵抗が大きくなると $\Gamma = \omega_0$ で $\omega = 0$ となり，さらに $\Gamma > \omega_0$ では ω が虚数になってしまう．これは**過減衰**とよばれ，抵抗力が大きすぎるために，もはや振動せず速やかに振幅が減衰してしまう場合である．

2.5.5 単振り子

図 2.17 のように長さ ℓ の糸の一端を固定し，もう一方の端に質量 m のおもりをつける．重力の作用のもとで，おもりを鉛直方向からずらして手をはなすと，おもりは振動運動を始める．糸の質量や空気の抵抗力などは無視できるとする．これを**単振り子**とよぶ．

第 2 章　力学

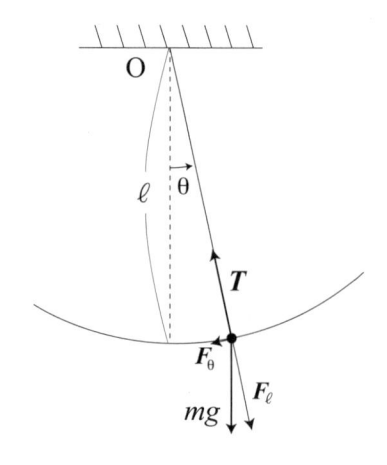

図 2.17 単振り子

単振り子のおもりは，糸の支点 O とおもりを含む平面内で円弧を描いて運動するので，2 次元の運動として記述できる．O を座標原点として，鉛直下方に y 軸，水平方向に x 軸をとるような xy 座標系を設定する．すると，y 軸と糸のなす角度を θ として，おもりの位置 $\boldsymbol{r}=(x,y)$ は

$$x = \ell \sin\theta, \qquad y = \ell \cos\theta \tag{2.64}$$

である．ここで ℓ は一定だから，角度 θ を指定するだけで位置 (x,y) が決まる．質点にはたらく重力 mg を糸に沿った方向の成分 F_ℓ とそれに垂直で円弧の接線方向の成分 F_θ とに分解すると

$$F_\ell = -mg\cos\theta, \qquad F_\theta = -mg\sin\theta \tag{2.65}$$

である．しかし，ℓ が一定なので糸に沿った方向には運動が生じない．したがって，垂直抗力の場合と同様に作用・反作用の法則により，物体には $\boldsymbol{F}_\ell$ と同じ大きさで逆向きの張力 $\boldsymbol{T}$ がはたらき，全体としては力を打ち消している．一方，$\boldsymbol{F}_\theta$ はおもりにはたらく力として残り，これが振り子を振らせる力となる．

最下点から質点までの距離を円弧に沿ってはかると $\ell\theta$ であるから，円弧の接線方向への質点の速度 v は，これを微分して

$$v = \ell \frac{d\theta}{dt} \tag{2.66}$$

で与えられる．これより，接線方向の運動方程式として

$$m\ell \frac{d^2\theta}{dt^2} = -mg\sin\theta \tag{2.67}$$

が得られる．これは角度 θ に関する 2 階微分方程式になっている．

この運動方程式は可積分であることが知られており，楕円関数という関数を用いれば解析解が求められるが，本書の範囲を超えるのでここでは扱わない．簡単に解ける場合として，振れ角 θ が十分小

さいとき，すなわち $\theta \ll 1$ であるような場合を考えよう．$\sin\theta$ を θ についてテーラー展開すれば

$$\sin\theta = \theta - \frac{1}{6}\theta^3 + \cdots \tag{2.68}$$

なので，θ が十分小さければ，展開の第1項だけでよく近似できる．これを運動方程式 (2.67) に代入して整理すれば，振れ角が小さいときに成り立つ運動方程式として

$$\frac{d^2\theta}{dt^2} = -\frac{g}{\ell}\theta \tag{2.69}$$

を得る．ところが，これは変数を θ とした単振動の方程式にほかならない．したがって，一般解はただちに求まり

$$\theta(t) = A\sin(\omega t + \varepsilon) \tag{2.70}$$

となる．ただし，角振動数は

$$\omega = \sqrt{\frac{g}{\ell}} \tag{2.71}$$

である．これより，単振り子の周期は糸の長さ ℓ だけで決まり，振れ角によらないことがわかる．これがガリレイが発見した**振り子の等時性**である．導出から明らかなように，等時性は振れ角が小さい場合にのみ成り立つ性質である．

2.6　万有引力の法則と惑星の運動

この章の最初で述べたとおり，太陽のまわりを回る惑星の運動については以下の**ケプラーの3法則**が成り立つ．

1) 惑星の軌道は楕円形で，その焦点の1つに太陽が位置している．
2) 太陽に関する惑星の面積速度は一定である．
3) 惑星の公転周期の2乗はその惑星と太陽との平均距離の3乗に比例する．

この惑星の運行は太陽と惑星が互いに引っぱる力を及ぼしあっている結果であり，同じ力があらゆる物体同士のあいだにはたらくとニュートンは考えた．その筋道を追ってみよう．まず，高い山の頂上からボールを水平に初速度 v で投げたとする．もし重力がなければ，図 2.18 の A 軌道のようにボールは等速直線運動をするはずで，丸い地球の表面から離れ，ついには宇宙空間に飛び出すだろう．しかし，実際には地球の中心方向にボールを引っ張る力がはたらくため，ボールは放物線軌道を描いて落ちてゆき地表に落下する．そこで，ボールの初速度 v をどんどん上げてみよう．当然ボールはどんどん遠くに落ちるようになる．そしてついにはボールの落下距離と地球の丸みがつりあい，ボールは地球の回りを衛星のように円運動をすることになるだろう．

こうして提唱されたのが**万有引力の法則**である．それによると，質量 m と M の2つの物体があれば，それらの間には互いに

$$F = -G\frac{mM}{r^2} \tag{2.72}$$

第2章 力学

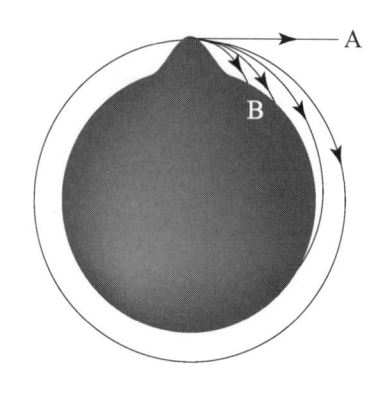

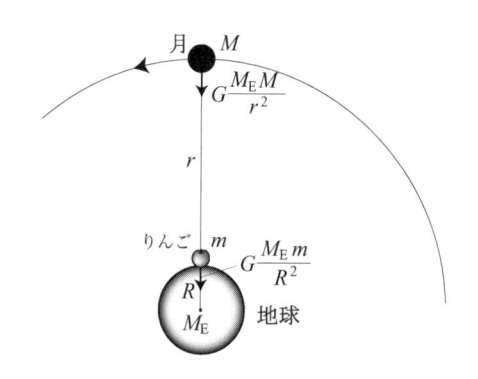

図 2.18 大きな初速度のボールと人工衛星

図 2.19 りんごと月におよぼす地球の万有引力

なる大きさの力がはたらく．右辺の負号は力が**引力**であることを示している．**万有引力定数** $G = 6.673 \times 10^{-11}\,\text{N} \cdot \text{m}^2/\text{kg}^2$ はあらゆる物体に共通な自然定数である．万有引力は引力のみであり斥力（反撥力）になることはない．また物体間の**距離の2乗に反比例した大きさ**を持つが，これは3次元空間においては，物体を囲む球の表面積が距離の2乗に比例して大きくなることと対応している．つまり空間の広がりに比例して作用が弱まると考えられる．物体間の引力が上のような形であればケプラーの法則が導かれることは，後の節で確かめることにしよう．

これまで再三出てきた**重力加速度** g は，万有引力の法則によって説明される．ここでは，球状の物体がおよぼす万有引力の大きさは，全質量が重心に集まったと考えた仮想的な質点がおよぼす引力と一致することを証明なしに認めておこう．地球の半径を R，その質量を M_E とすれば，地表にある質量 m の物体が感じる重力の大きさ mg は，質量 M_E の質点から距離 R だけ離れたところで感じる万有引力の大きさだから

$$mg = mG\frac{M_E}{R^2} \tag{2.73}$$

となる (図 2.19)．したがって，地表での重力加速度 g は

$$g = G\frac{M_E}{R^2} \tag{2.74}$$

であることがわかる．

ある質点が地上にあったときの重力加速度を改めて g_0 とする．もしも地球の中心から距離 r $(r > R)$ だけ離れると，その点での重力加速度 g は $g = (R^2/r^2)g_0$ となって距離 r とともに重力加速度 g は小さくなる．地上と月の位置での重力加速度は大きく異なることになる (図 2.19 参照)．

例題 8 地球を半径 $R = 6.37 \times 10^6$ m の球とみなして，質量を $M_E = 5.97 \times 10^{24}$ kg として，地表での重力加速度の大きさを求めよ．

解 式 (2.74) に数値を代入すると

$$g = G\frac{M_E}{R^2} = \frac{6.67 \times 10^{-11} \times 5.97 \times 10^{24}}{(6.37 \times 10^6)^2} = 9.81\,\text{m/s}^2$$

を得る．なお，測定値は赤道で $9.78\,\mathrm{m/s^2}$，極で $9.83\,\mathrm{m/s^2}$ である．この違いの理由としては，地球が完全な球ではなく赤道方向に膨れた回転楕円体であることと，あとで見るように自転による遠心力がはたらくことの2つがある．

例題 9 万有引力が非常に弱い力であることをたしかめるために，体重 $50\,\mathrm{kg}$ の2人が $1\,\mathrm{m}$ の距離で相手に及ぼす引力を求めよ．

解 $1.67 \times 10^{-7}\,\mathrm{N}$ にしかならない．一方，地上で質量 $1\,\mathrm{kg}$ の物を持つときに感じる力は $9.8\,\mathrm{N}$ であるが，これは，地球の質量が非常に大きいことを反映している．

2.6.1 等速円運動をさせる力

万有引力の法則が与えられたので，あとは運動方程式を解くことによって惑星の運動が導かれる．しかし，その作業は次の項で行なうこととして，この項ではケプラーの3法則とニュートンの運動の3法則とからいかにして万有引力の法則が導かれるかを示しておこう．いわば万有引力発見前夜に戻り，ニュートンが距離の2乗に反比例する力を着想するにいたった道筋をたどるのである．

本節では簡単のために惑星の軌道が円軌道（r が一定）であると仮定する．惑星の運動は太陽と惑星を含む平面内で生じるので，図 2.20 に示すごとく運動を記述するには太陽を座標原点 O とする2次元の座標系を考えればよい．このとき，位置ベクトル $\boldsymbol{r} = (x, y)$ の成分を x 軸となす角度 θ と原点からの距離 $r = |\boldsymbol{r}|$ で表現して

$$x = r\cos\theta, \qquad y = r\sin\theta \tag{2.75}$$

とするのが便利である．(r, θ) によって位置を表示する座標系を**平面極座標**とよぶ．以下では，r 方向（動径方向）を向いた単位ベクトルを $\boldsymbol{e}_r$，またそれと垂直で θ が増える方向を向いた単位ベクトルを $\boldsymbol{e}_\theta$ とする．x および y 方向の単位ベクトルとの関係は

$$\boldsymbol{e}_r = \cos\theta\boldsymbol{e}_x + \sin\theta\boldsymbol{e}_y, \qquad \boldsymbol{e}_\theta = -\sin\theta\boldsymbol{e}_x + \cos\theta\boldsymbol{e}_y \tag{2.76}$$

である．これを用いると位置ベクトルは

$$\boldsymbol{r} = r\boldsymbol{e}_r \tag{2.77}$$

となる．

円軌道の場合，面積速度一定の法則は**角速度**すなわち角度の変化率が一定であることを意味する．つまり，その角速度を ω とすれば

$$\frac{d\theta}{dt} = \omega \tag{2.78}$$

である．あるいは，時刻 $t = 0$ での角度を 0 とすれば $\theta(t) = \omega t$ である．r が一定であるから速度と加速度はそれぞれ

$$v_x = \frac{d}{dt}(r\cos\omega t) = -r\omega\sin\omega t = -\omega y \tag{2.79}$$

$$v_y = \frac{d}{dt}(r\sin\omega t) = r\omega\cos\omega t = \omega x \tag{2.80}$$

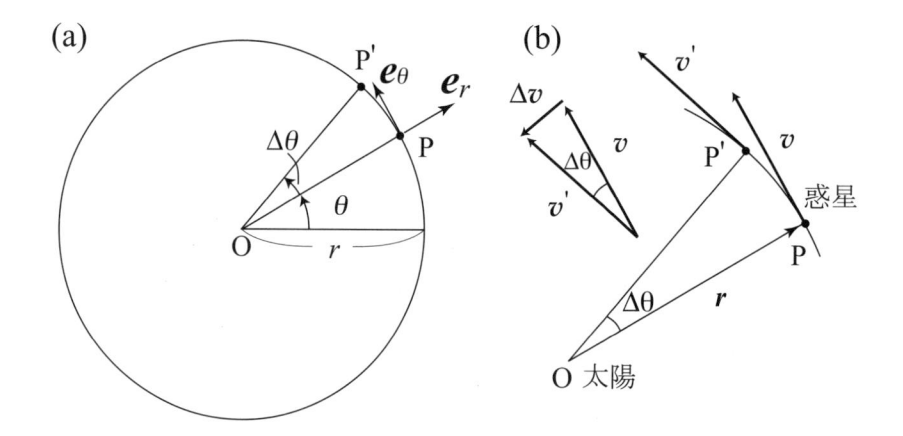

図 2.20 (a) 等速円運動をする惑星は Δt の時間で P から P′ に移動する．(b) 速度の変化分 $\Delta \boldsymbol{v}$ は $\Delta t \to 0$ の極限で原点 O （太陽）に向く．

$$a_x = \frac{dv_x}{dt} = -r\omega^2 \cos\omega t = -\omega^2 x \tag{2.81}$$

$$a_y = \frac{dv_y}{dt} = -r\omega^2 \sin\omega t = -\omega^2 y \tag{2.82}$$

であり，速度は円の接線方向を向き，加速度はそれに垂直な動径方向を向くことが見てとれる．すなわち，図 2.20 から速度 $\boldsymbol{v}$ が $\boldsymbol{e}_\theta$ を向き，加速度 $\boldsymbol{a}$ に関しては $\boldsymbol{a} = \lim_{\Delta t \to 0} \Delta\boldsymbol{v}/\Delta t$ より $\Delta\boldsymbol{v}$ の方向が太陽を向いていることで理解されよう．実際には $\boldsymbol{v}$ と $\boldsymbol{a}$ は式 (2.75)～(2.82) より

$$\boldsymbol{v} = r\omega \boldsymbol{e}_\theta, \qquad \boldsymbol{a} = -r\omega^2 \boldsymbol{e}_r \tag{2.83}$$

となる．このような運動は速度の大きさが一定（$|\boldsymbol{v}| = r\omega$）なので，**等速円運動**とよばれる．

ニュートンの運動法則より，質点にはたらく力は

$$\boldsymbol{F} = m\boldsymbol{a} = -m\omega^2 r \boldsymbol{e}_r \tag{2.84}$$

となり，$\boldsymbol{F}$ は円運動の中心を向く力であることがわかる．このように，r 方向（動径方向）に沿った力を**中心力**とよぶ．特に今の場合は力が中心を向いた引力であり，**向心力**とよばれる．等速円運動の周期は $T = 2\pi/\omega$ であるから，$\boldsymbol{F}$ は周期と距離によって

$$\boldsymbol{F} = -4\pi^2 m \frac{r}{T^2} \boldsymbol{e}_r \tag{2.85}$$

と書ける．ここまでは等速円運動であれば一般に成り立つことである．

一方，ケプラーの第 3 法則によれば，惑星の場合は T^2 が r^3 に比例するのであるから，代入して，$\boldsymbol{F}$ の大きさについて

$$F \propto \frac{m}{r^2} \tag{2.86}$$

が得られる．しかし，作用・反作用の法則によれば，太陽が惑星を引き付ける力と惑星が太陽を引き付ける力の大きさは等しいはずなので，惑星の質量 m と太陽の質量 M とは同じ形で式の中に現れるべきである．したがって

$$F \propto \frac{Mm}{r^2} \tag{2.87}$$

となる．比例係数として万有引力定数 G を導入し，また引力の符号を負にとると約束すれば

$$F = -G\frac{Mm}{r^2} \tag{2.88}$$

と万有引力の式を得る．なお，ここでは簡単のために円軌道を仮定したが，ケプラーの第1法則にしたがって惑星の軌道を楕円軌道としても，やはり同じ結果を得ることができる．

2.6.2 惑星の運動

前節では，ケプラーの法則から万有引力の法則を導いた．しかし，物体に作用する力を与えれば，運動方程式を解くことによって物体の運動がわかるというのがニュートン以降の力学の立場である．実際，万有引力は惑星に限らずあらゆる物体の間にはたらき，それらの物体の運動はすべて万有引力を力とする運動方程式から導かれるので，ケプラーの法則を前提とするよりも万有引力の法則を前提とするほうが広い範囲の運動を記述する．そこで本項では，ニュートンの運動法則と万有引力の法則から惑星の運動を求めよう．

太陽の位置を座標原点とすると，そのまわりをめぐる惑星の運動は運動方程式

$$m\frac{d^2\bm{r}}{dt^2} = -G\frac{Mm}{r^2}\bm{e}_r \tag{2.89}$$

によって記述される．この運動方程式を解けば，惑星の運動が決まり，そこからケプラーの3法則がすべて導出されるはずである．しかし，式 (2.89) の一般解を求めることは本書の範囲を超えるので，以下では，まずケプラーの第1法則を念頭に置いて，惑星の軌道が太陽を焦点の1つとする楕円であると仮定し，それが実際に運動方程式の解の軌道になっていることを確かめることにする．さて，図 2.21 のように太陽を座標原点とした楕円の方程式は

$$\frac{(x-ae)^2}{a^2} + \frac{y^2}{b^2} = 1$$

である．これを平面極座標で表現すると

$$\frac{\ell}{r} = 1 - e\cos\theta \tag{2.90}$$

となる．e は**離心率**とよばれ，円軌道からのずれを表す定数である．また ℓ は**半直弦**とよばれる．

図 2.20 からも見てとれるように，平面曲座標では質点の運動にともなって単位ベクトルの方向も変化するので，単位ベクトルの時間微分がゼロにならず

$$\frac{d\bm{e}_r}{dt} = \bm{e}_x\frac{d}{dt}\cos\theta + \bm{e}_y\frac{d}{dt}\sin\theta = \frac{d\theta}{dt}(-\sin\theta\bm{e}_x + \cos\theta\bm{e}_y) = \frac{d\theta}{dt}\bm{e}_\theta \tag{2.91}$$

$$\frac{d\bm{e}_\theta}{dt} = -\bm{e}_x\frac{d}{dt}\sin\theta + \bm{e}_y\frac{d}{dt}\cos\theta = \frac{d\theta}{dt}(-\cos\theta\bm{e}_x - \sin\theta\bm{e}_y) = -\frac{d\theta}{dt}\bm{e}_r \tag{2.92}$$

第 2 章 力学

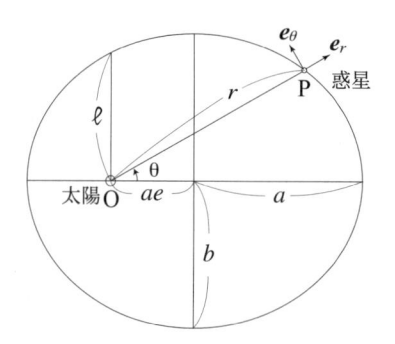

図 2.21 惑星の楕円軌道

であることに注意して，惑星の位置ベクトル

$$\boldsymbol{r} = r\boldsymbol{e}_r \tag{2.93}$$

を時間で微分すると

$$\boldsymbol{v} = \frac{d\boldsymbol{r}}{dt} = \frac{dr}{dt}\boldsymbol{e}_r + r\frac{d\boldsymbol{e}_r}{dt} = \frac{dr}{dt}\boldsymbol{e}_r + r\frac{d\theta}{dt}\boldsymbol{e}_\theta \tag{2.94}$$

となる．

もう一度時間で微分して整理すれば

$$\boldsymbol{a} = \frac{d^2\boldsymbol{r}}{dt^2} = \frac{d\boldsymbol{v}}{dt} = \left\{\frac{d^2r}{dt^2} - r\left(\frac{d\theta}{dt}\right)^2\right\}\boldsymbol{e}_r + \left\{\frac{2}{r}\frac{d}{dt}\left(\frac{1}{2}r^2\frac{d\theta}{dt}\right)\right\}\boldsymbol{e}_\theta \tag{2.95}$$

となる．これを用いて運動方程式を $\boldsymbol{e}_r$ に沿った動径成分と $\boldsymbol{e}_\theta$ に沿った方位成分とにわけると

$$m\left\{\frac{d^2r}{dt^2} - r\left(\frac{d\theta}{dt}\right)^2\right\} = -G\frac{Mm}{r^2} \tag{2.96}$$

$$m\left\{\frac{2}{r}\frac{d}{dt}\left(\frac{1}{2}r^2\frac{d\theta}{dt}\right)\right\} = 0 \tag{2.97}$$

が得られる．

力が中心力なので，運動方程式の方位成分である式 (2.97) には力が現れない．実はこの式 (2.97) が，ケプラーの第 2 法則，すなわち面積速度一定の法則に対応している．以下でそれを説明しよう．微小時間 Δt の間に図 2.22 のように位置ベクトル $\boldsymbol{r}$ が $\boldsymbol{r}' = \boldsymbol{r} + \Delta \boldsymbol{r}$ に変化したとすると，位置ベクトルが描いた微小面積 ΔS は

$$\Delta S = \frac{1}{2}|\boldsymbol{r}'||\boldsymbol{r}|\sin\Delta\theta \simeq \frac{1}{2}(r^2 + r\Delta r)\Delta\theta \simeq \frac{1}{2}r^2\Delta\theta \tag{2.98}$$

である．ただし，ここで $\boldsymbol{r}$ と $\boldsymbol{r}'$ のなす角度を $\Delta\theta \ll 1$ として $\sin\Delta\theta \simeq \Delta\theta$ の近似を使い，また $\Delta r\Delta\theta$ は微小量の 2 次の項なので無視した．これを用いて，面積速度は

$$\frac{dS}{dt} = \lim_{\Delta t \to 0}\frac{\Delta S}{\Delta t} = \lim_{\Delta t \to 0}\frac{1}{2}r^2\frac{\Delta\theta}{\Delta t} = \frac{1}{2}r^2\frac{d\theta}{dt} \tag{2.99}$$

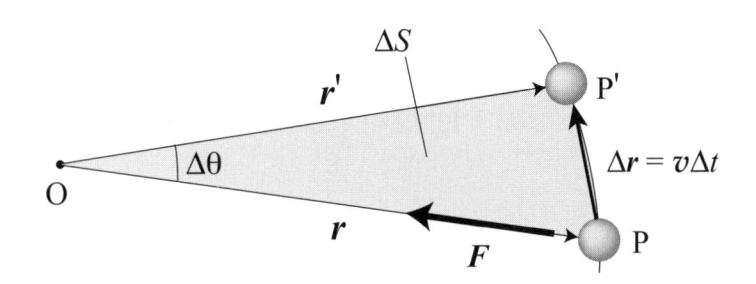

2.6 万有引力の法則と惑星の運動

図 2.22 面積速度の説明

であることがわかる．これと式 (2.97) を比べれば，面積速度一定の法則

$$\frac{dS}{dt} = \frac{1}{2}r^2\frac{d\theta}{dt} = 一定 \tag{2.100}$$

が導かれる．この導出には力が中心力であることしか使っていないので，面積速度一定の法則は中心力全般に対して広く成り立つことがわかる．後の 2.9.1 項で学ぶように，面積速度一定の法則は角運動量保存則とよばれる法則の特別な場合である．

次に，動径方向の運動方程式 (2.96) を使って，楕円軌道が解の軌道になっていることを確かめよう．まず，楕円軌道を表す方程式 (2.90) を時間で微分することにより，$\frac{d^2r}{dt^2}$ を求める．その際，面積速度を c とおけば式 (2.99) は

$$\frac{d\theta}{dt} = 2\frac{c}{r^2} \tag{2.101}$$

なので，計算途中に現れる $\frac{d\theta}{dt}$ はこれを使って置き換える．得られた結果を動径方向の運動方程式 (2.96) に代入して整理すると，最終的に

$$c = \frac{\sqrt{GM\ell}}{2} \tag{2.102}$$

が得られる．つまり，半直弦 ℓ と面積速度 c が式 (2.102) で表される関係にあるときには，たしかに楕円軌道が運動方程式の解になることが確かめられたことになる．

また，楕円の面積は $S = \pi ab$ であるから，惑星の公転周期と面積速度を掛けたものが楕円の面積に等しいことを用いて

$$cT = \pi ab \tag{2.103}$$

と表される．式 (2.103) と (2.102) より

$$T^2 = \frac{\pi^2 a^2 b^2}{c^2} = \frac{4\pi^2 a^2 (a\ell)}{\ell GM} = \frac{4\pi^2}{GM}a^3 \tag{2.104}$$

第 2 章 力学

が得られ，ケプラーの第 3 法則が成り立っていることが確かめられる．ここで楕円の性質である $b^2 = a\ell$ の関係式を使った．なお，地球の運行は正確にはケプラーの法則のごとく楕円であるが，円に極めて近く，$a : b = 10000 : 9999$ である．

例題１０ 地球の公転周期が 365.2422 日，また軌道の長半径 $a = 1.50 \times 10^{11}$ m であることを用いて，式 (2.104) から太陽の質量を求めよ．

解
$$M = \frac{4\pi^2 a^3}{GT^2} = \frac{4 \times 3.1415^2 \times (1.50 \times 10^{11})^3}{6.673 \times 10^{-11} \times (365.2422 \times 3600 \times 24)^2} = 2.00 \times 10^{30} \text{ kg}$$

2.7 運動座標系

2.7.1 並進座標系

電車が動き出し加速する際，つり革が後ろに向かって傾くのが観測される．あるいは，カーブを走っている電車に乗っていると，カーブの外側へ引っ張られるような力を感じる．これらは，座標系が加速度運動していることによって，見かけ上物体に力がはたらいているかのように観測されるものである．これらの見かけの力は**慣性力**とよばれる．この節では運動している座標系で観測される慣性力について考えよう．

O-xyz 座標系をこれまで考えてきた慣性系とし，簡単のため静止座標系とする．静止座標系から見て動いている電車の中に観測者がいるとして，観測者と一緒に動く座標系を O'-$x'y'z'$ とする．対象とする質点の位置を P とし，$\overrightarrow{\mathrm{OP}} = \boldsymbol{r}, \overrightarrow{\mathrm{O'P}} = \boldsymbol{r}', \overrightarrow{\mathrm{OO'}} = \boldsymbol{r}_0$ とすれば

$$\boldsymbol{r} = \boldsymbol{r}_0 + \boldsymbol{r}' \tag{2.105}$$

となる．これを時間で微分すれば，2つの座標系での速度と加速度それぞれの関係として

$$\boldsymbol{v} = \boldsymbol{v}_0 + \boldsymbol{v}' \tag{2.106}$$
$$\boldsymbol{a} = \boldsymbol{a}_0 + \boldsymbol{a}' \tag{2.107}$$

が得られる．

質点の質量を m，これにはたらく力を $\boldsymbol{F}$ とすると，静止座標系での運動方程式は

$$m\boldsymbol{a} = \boldsymbol{F} \tag{2.108}$$

である．これを運動座標系での加速度で書き直すと

$$m\boldsymbol{a}' = \boldsymbol{F} + (-m\boldsymbol{a}_0) \tag{2.109}$$

が得られる．つまり，加速度 $\boldsymbol{a}$ を持って運動する運動座標系上では，本来の力 $\boldsymbol{F}$ に加えて，$-m\boldsymbol{a}_0$ という力が余分にはたらくように見える．この見かけの力 $-m\boldsymbol{a}_0$ がこの場合の**慣性力**である．

例として，図 2.23 に示すように一定加速度 $\boldsymbol{a}$ で動く電車の中につるした質量 m の質点の運動を考えよう．(a) 図のように質点を静止座標系から観測すれば，質点は電車と同じ加速度 $\boldsymbol{a}$ で運動している．質点にはたらく力は糸の張力 $\boldsymbol{T}$ と重力 $-mg\boldsymbol{e}_z$（$\boldsymbol{e}_z$ は z 方向の単位ベクトル）であるから，それを合成した力が $m\boldsymbol{a}$ である．一方，(b) 図のように同じ質点を電車の中で観測すると静止して見えるので，質点にはたらく力はつり合っているはずである．これは $\boldsymbol{a}' = 0$ の場合に相当する．すなわち，糸の張力 $\boldsymbol{T}$ と重力 $-mg\boldsymbol{e}_z$ の合力に対し，それと反対方向で同じ大きさの力 $-m\boldsymbol{a}$ がはたらいているように見える．

例題11 図 2.23(b) で，おもりのつり糸が鉛直と角度 θ なしたときの電車の加速度を求めよ．

解 $T\sin\theta = ma$，$T\cos\theta = mg$ より $a = g\tan\theta$

第 2 章 力学

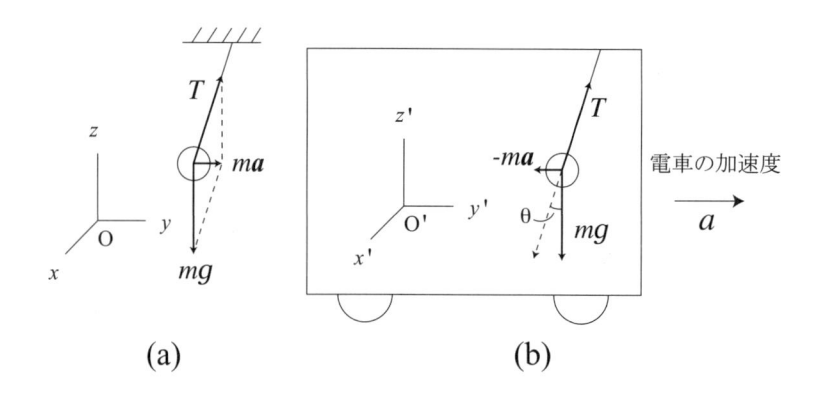

図 2.23 加速度 a で運動する電車の中に吊るされたおもりの運動を (a) 静止座標系と (b) 運動座標系で観測する

例題 1 2 加速度 a で上昇するエレベーターにのった質量 m の人に対する運動を，静止座標系と慣性座標系で説明せよ．

解 エレベーターの床が人に及ぼす垂直抗力を N とする．静止座標系では $ma = N - mg$ となる．一方，エレベーターと一緒に動く運動座標系では加速度とは逆向きの ma という慣性力が加わってつり合う．つまり

$$N = mg + ma$$

である．あるいは式 (2.109) で表現すると

$$ma' = 0 = N - mg - ma$$

となる．

2.7.2 回転座標系

糸の先に質量 m のおもりをつけ，なめらかな台の上で半径 r，角速度 ω で回転させたとする．おもりは等速円運動をしているのであるから，向心力 $mr\omega^2$ がはたらいているはずである．その力を与えているのは，この場合，糸の張力 T である．一方，おもりとともに動く回転座標系で見ればおもりは静止しているから，図 2.24 に示すように，おもりには張力 T とは反対向きで大きさの等しい力がはたらいて T とつり合っているように見える．この見かけの力も慣性力の一種であり，特に**遠心力**とよばれる．

遠心力は回転する座標系で生じる力であるから，自転する地球の表面上の物体にもはたらいている．図 2.25 に示すように，遠心力の大きさは緯度によって異なり，その分だけ重力加速度が異なる．地球の半径を R，自転の角速度を ω，極での重力加速度を g_0，赤道での重力加速度を g_e とすれば，$mg_e = mg_0 - mR\omega^2$ となる．つまり $g_e = g_0 - R\omega^2$ の関係がある．実際の数値をいれて計算すると，$R\omega^2 = 3.4 \, \text{cm/s}^2$ と予想されるが，測定による極と赤道での重力加速度の差は約 $5 \, \text{cm/s}^2$ である．この違いは地球が完全な球でなくわずかに扁平な楕円体であることによる．

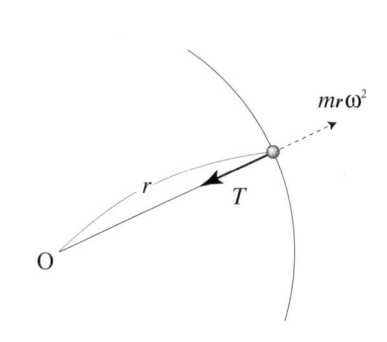

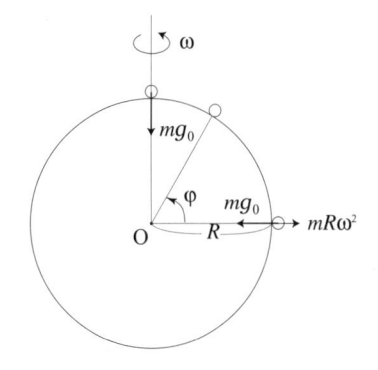

図 2.24 糸の張力 $\boldsymbol{T}$ と遠心力 $m\boldsymbol{r}\omega^2$ のつり合い

図 2.25 極と赤道での重力加速度

以下では，回転する座標系上の質点にはたらく慣性力を考えてみよう．O-xyz 座標系を慣性系とし，O'-$x'y'z'$ は図 2.26 に示すように z 軸を一致させながらそのまわりに一定の角速度 ω で回転する回転座標系とする．図 2.27 に示す点 P の座標をそれぞれの座標系で (x, y, z) 及び (x', y', z') とすると

$$
\begin{aligned}
x' &= x\cos\omega t + y\sin\omega t \\
y' &= -x\sin\omega t + y\cos\omega t \\
z' &= z
\end{aligned}
\tag{2.110}
$$

である．時間で微分して速度，加速度を求めると

$$
\begin{aligned}
v'_x &= v_x\cos\omega t + v_y\sin\omega t + \omega y' \\
v'_y &= -v_x\sin\omega t + v_y\cos\omega t - \omega x' \\
v'_z &= v_z
\end{aligned}
\tag{2.111}
$$

及び

$$
\begin{aligned}
a'_x &= a_x\cos\omega t + a_y\sin\omega t + \omega^2 x' + 2\omega v'_y \\
a'_y &= -a_x\sin\omega t + a_y\cos\omega t + \omega^2 y' - 2\omega v'_x \\
a'_z &= a_z
\end{aligned}
\tag{2.112}
$$

が得られる．a_x, a_y, a_z は慣性系での加速度の各成分なので，質点にはたらく力 $\boldsymbol{F}$ の各成分は

$$
F_x = ma_x, \qquad F_y = ma_y, \qquad F_z = ma_z \tag{2.113}
$$

である．一方，回転座標系での力の成分を (F'_x, F'_y, F'_z) とすれば，

$$
F_x\cos\omega t + F_y\sin\omega t = F'_x, \qquad -F_x\sin\omega t + F_y\cos\omega t = F'_y
$$

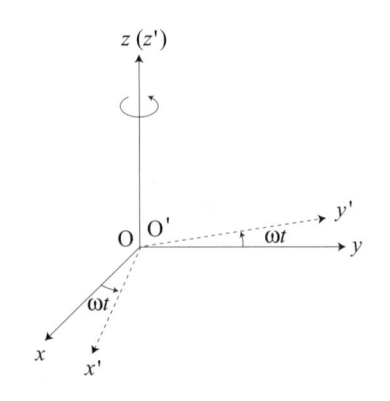

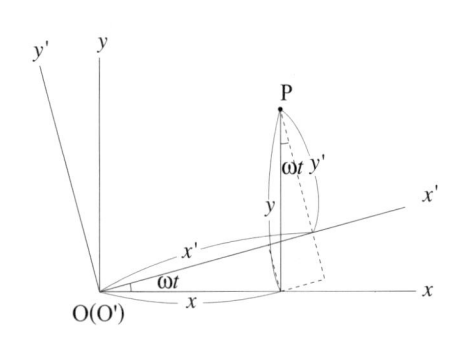

図 2.26 静止座標系 O-xyz と回転座標系 O'-$x'y'z'$

図 2.27 静止座標系と回転座標系でみた点 P の座標

がなりたつ．これを用いると，式 (2.112) は

$$\begin{aligned}
ma'_x &= F'_x + m\omega^2 x' + 2m\omega v'_y \\
ma'_y &= F'_y + m\omega^2 y' - 2m\omega v'_x \\
ma'_z &= F_z = F'_z
\end{aligned} \tag{2.114}$$

と書き換えられる．ベクトルで表現すれば

$$m\boldsymbol{a}' = \boldsymbol{F}' + m\omega^2 \boldsymbol{r}' + 2m(\boldsymbol{v}' \times \boldsymbol{\omega}) \tag{2.115}$$

である．ただし，$\boldsymbol{\omega}$ は角速度ベクトルで，z 軸を中心とする回転については $\boldsymbol{\omega} = (0, 0, \omega)$，つまり大きさは ω で，方向は z' 軸を向いているものと定義される．詳しくは付録 B を参照されたい．また，記号 × はベクトルの外積を表す（付録 A1.1 参照）．

図 2.28 に示すように，式 (2.115) の第 2 項は遠心力を表している．一方，第 3 項はここで初めて登場した力である．これは回転座標系に対して相対速度 $\boldsymbol{v}'$ で動く物体に生じる慣性力であり，**コリオリの力**とよばれる．コリオリの力は次のように考えれば理解できる．図 2.29 に示すように，水平面上で回転するなめらかな円板上で，中心 O から半径 OA 方向に物体を滑らせたとする．静止座標系で見れば，物体には何の力もはたらいていないので物体はそのまま O から A に直線運動する．しかし，物体が円盤の端に到達するまでのあいだに円盤は回転するので，滑り始めたときには点 B だった部分がかつての点 A だった位置まで移動してくる．したがって，円板と一緒に回転する観測者から見ると，OB のように，物体は円盤の回転と逆方向に湾曲した軌道を描いて運動するのが観測されるはずである．つまり，回転座標系では，運動する物体に力がはたらいているように見える．この見かけの力がコリオリの力である．地球は自転しているので，地球の上空を動いている飛行機にも，大気にも，動くものすべてにコリオリの力ははたらいている．自転によるコリオリの力は弱いので日常生活でこれを実感できることはまずないが，地球規模の運動ではこれが大きな効果をおよぼす．たとえば台風が決まった方向に渦を巻くのはコリオリの力のためである．

例題 13 図 2.25 を参考にして地球を完全な球とみなし，緯度 φ での重力加速度を求めよ．

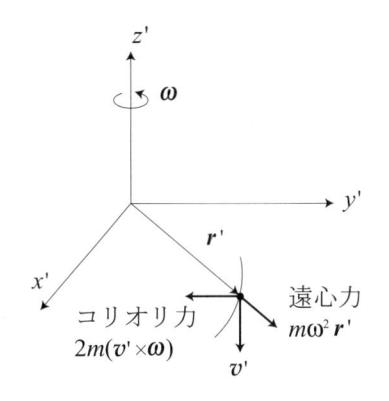

図 2.28 遠心力とコリオリの力 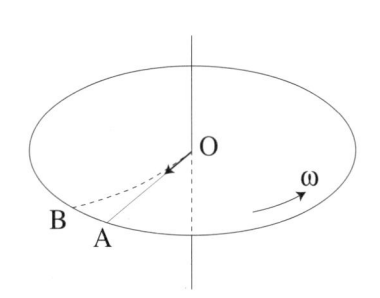　　図 2.29 回転する円板上でのコリオリの力

解　自転の遠心力を考えないときの重力加速度を g_0 とする．自転の効果を考慮して，緯度 φ の地点での重力加速度 g を求めよう．質量 m の物体にはたらく力 mg は mg_0 と遠心力 $mr\omega^2$ の合力と考え三平方の定理を使って

$$(mg)^2 = (mg_0)^2 + (mr\omega^2)^2 - 2(mg_0)(mr\omega^2)\cos\varphi$$

$$r = R\cos\varphi \qquad (R：地球の半径)$$

となる．したがって

$$g = g_0\left\{1 - 2\left(\frac{R\omega^2}{g_0}\right)\cos^2\varphi + \left(\frac{R\omega^2}{g_0}\right)^2\cos^2\varphi\right\}^{1/2}$$

を得る．この式に数値を代入すれば，任意の緯度での重力加速度が求められる．

地球では $\frac{R\omega^2}{g_0} \simeq 3.4 \times 10^{-3} \ll 1$ と小さいので，それを利用してテーラー展開すれば，便利な近似式として

$$g \simeq g_0\left(1 - \frac{R\omega^2}{g_0}\cos^2\varphi\right)$$

が得られる．

2.8　2質点の相対運動と運動量保存則

2.8.1　2つの質点からなる系の運動量保存則

1つあるいは複数の物体からなる系の運動を調べていくと，系を構成する物体の位置や速度は時々刻々変化しているにもかかわらず，全く変化せず一定に保たれる量がいくつか見出される．このような物理量を**保存量**とよび，背後にある法則を**保存則**とよぶ．以下では，運動方程式から**運動量保存則**を導き，それを利用して2つの質点の衝突を議論しよう．

第 2 章　力学

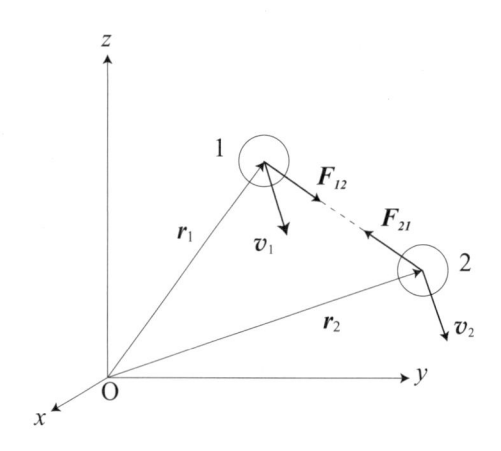

図 2.30 2 個の質点間にはたらく力とその運動

運動量は物体の質量と速度の積として定義されるベクトル量である．すなわち，これを $\bm{p}$ とすれば

$$\bm{p} = m\bm{v} \tag{2.116}$$

である．運動方程式を運動量によって書くと

$$\frac{d\bm{p}}{dt} = \bm{F} \tag{2.117}$$

となる．速度を用いる表現よりもこのように運動量を用いた表現のほうが実は本質的なのだが，本書の範囲ではどちらでもかまわない．この式の両辺を時刻 t_1 から t_2 まで積分すると，その間の運動量変化として

$$\bm{p}(t_2) - \bm{p}(t_1) = \int_{t_1}^{t_2} \bm{F} dt \tag{2.118}$$

を得る．右辺は物体にはたらく力を時間について積分したものであり，**力積**とよばれる．この式は，質点の**運動量の変化**はその間に**与えられた力積**に等しいことを意味する．外力がはたらかず $\bm{F} = 0$ なら，運動量は一定に保たれるが，これはニュートンの第 1 法則にほかならない．

次に質量 m_1 と m_2 の 2 つの質点がある場合を考えよう．これらの質点系に外からの力は作用せず，図 2.30 に示すように 2 つの質点間でのみ互いに力 $\bm{F}_{12}$ と $\bm{F}_{21}$ を及ぼしあっているとする．このような質点系としては，たとえば 2 つの星が互いに万有引力で引き合いながら互いの周囲を回る連星系や，空中で 2 つのボールが衝突して互いに力を受ける場合などが考えられる．

2 質点それぞれに対する運動方程式は次の通りである．

$$m_1 \frac{d^2 \bm{r}_1}{dt^2} = \bm{F}_{12} \tag{2.119}$$

$$m_2 \frac{d^2 \bm{r}_2}{dt^2} = \bm{F}_{21} \tag{2.120}$$

ここで，2 質点の重心の座標の位置ベクトルを $\boldsymbol{R}$ とすると

$$\boldsymbol{R} = \frac{m_1 \boldsymbol{r}_1 + m_2 \boldsymbol{r}_1}{m_1 + m_2} \tag{2.121}$$

である．運動方程式 (2.119) と (2.120) を足して整理し，作用・反作用の法則より $\boldsymbol{F}_{12} = -\boldsymbol{F}_{21}$ であることを使うと

$$M \frac{d^2 \boldsymbol{R}}{dt^2} = 0 \tag{2.122}$$

が導かれる．ただし，$M = m_1 + m_2$ は全質量である．この式は，外力がはたらかないとき，重心は等速直線運動することを表している．これは，2 質点の運動量 $\boldsymbol{p}_1$, $\boldsymbol{p}_2$ を用いて

$$\frac{d}{dt}(\boldsymbol{p}_1 + \boldsymbol{p}_2) = 0 \tag{2.123}$$

とも書ける．つまり，外力がはたらかないとき，2 質点の運動量の和は時間が経過しても変化しない量である．これを**運動量保存則**とよぶ．

重心の運動がわかったので，次は重心と一緒に動く座標系で見た 2 質点の運動を考える．重心を座標原点とした 2 質点の位置ベクトルをそれぞれ $\boldsymbol{r}'_1$, $\boldsymbol{r}'_2$ とすれば

$$\boldsymbol{r}'_1 = \boldsymbol{r}_1 - \boldsymbol{R} = \frac{m_2}{M}(\boldsymbol{r}_1 - \boldsymbol{r}_2) \tag{2.124}$$

$$\boldsymbol{r}'_2 = \boldsymbol{r}_2 - \boldsymbol{R} = -\frac{m_1}{M}(\boldsymbol{r}_1 - \boldsymbol{r}_2) \tag{2.125}$$

であることは簡単に確かめられるから，2 質点の**相対座標**

$$\boldsymbol{r} = \boldsymbol{r}_1 - \boldsymbol{r}_2 \tag{2.126}$$

の運動を調べれば，2 質点の運動が完全にわかることになる．そこで，運動方程式 (2.119) に m_2 を式 (2.120) 式に m_1 をそれぞれかけて両辺を引けば，相対座標に関する運動方程式として

$$\mu \frac{d^2 \boldsymbol{r}}{dt^2} = \boldsymbol{F}_{12} \tag{2.127}$$

が得られる．ただし

$$\mu = \frac{m_1 m_2}{M} \qquad \left(\frac{1}{\mu} = \frac{1}{m_1} + \frac{1}{m_2} \right) \tag{2.128}$$

は**換算質量**とよばれる．つまり，外力がはたらかないとき，相対座標はあたかも質量 μ の質点に力 $\boldsymbol{F}_{12}$ がはたらいているかのように運動する．

2 つの質点の場合だけではなく，多数の質点からなる系についても，互いに及ぼしあう**内力**以外には系の外から外力が作用しないならば，それぞれの質点がどのように運動しようとも質点系の全運動量が保存される．この場合も，質点の運動を重心の運動と重心のまわりでの運動に分けて考えればよい．また，この考え方は大きさを持つ物体にもあてはめることができる．物体と物体が衝突して物体の形が変化するような場合であっても，物体を小さな質点の集合体と考えてみれば，物体全体の運動量は変化しないことがわかる．また，質点間で質量のやりとりがあるような場合も同様の考えが適用できる．

第 2 章　力学

例題 14　質量 m のボールが壁に垂直に v の速さで衝突し，v' の速さではねかえされた．壁がボールに与えた力積はいくらか．

解　このように，物体にごく短時間に力をおよぼして運動を変化させるとき，物体には**撃力**がはたらいたという．このとき，どの瞬間にどれくらいの力がはたらいたかを正確に言うことはできないが，運動前後の運動量の変化を調べれば力積は知ることができる．ボールのはねかえされた方向を正とすると，与えられた力積はボールの運動量の差に等しいので

$$mv' - m(-v) = m(v' + v)$$

Coffee Break

それでも地球は太陽の周りを回る

　宗教裁判で天動説を強いられたガリレオがこっそりとつぶやいたと言われる伝説の言葉を，皆さんは良く知っていますね．万有引力の作用で地球は太陽の周りを回って（公転して）いるということです．私たちも以前の節で，太陽が静止しているものとして惑星の運動を調べました．しかしよく考えてみると何かしっくりしないものを感じませんか．作用・反作用の法則を考えれば万有引力により太陽は地球に，地球は太陽に互いに力を及ぼし合っているのだから，相対的に見て「太陽が地球の周りを回っている」と考えても良いのではないでしょうか．

　太陽と地球は 2 つの質点とみなせるので，その運動は重心運動と相対運動とに分けることができます．太陽系内のできごとを考えるには，重心運動つまり太陽系全体としての運動を考える必要はなく，相対運動だけを問題にすればいいでしょう．すると，正確には「太陽と地球はそれらの重心の周りを回っている」というべきです．ところが，太陽質量は地球の質量に比べて 33 万倍も大きく，両者の重心は太陽の中心から太陽の半径の 100 分の 1 程の太陽の奥深いところにあります．また，逆に両者の換算質量はほとんど地球質量と同じとみなすことができます（2 質点の全質量は，太陽だけの質量とほぼ同じだからです）．そのため，この 2 者の相対運動は近似的に，静止した太陽の周りを地球が回っているとみなせるのです．

　一方，地球の周りを回る月は地球に比べて破格に大きな衛星で，地球の 100 分の 1 程もの質量を持っています．両者の重心は地球の中心から地球半径の 2/3 程の所にあり，月とのバランスで地球の位置は大きく振られることになります．地球はいわば太陽の周りを「千鳥足」で公転しているのです．

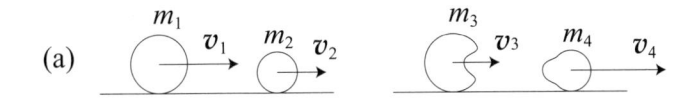

2.8 2質点の相対運動と運動量保存則

図 **2.31** (a) 2つの質点の衝突で質量のやりとりがある場合，(b) 衝突した2質点がくっついて一緒に動き出す場合

2.8.2 質点の衝突

運動量保存則が活躍する場合として，2つの質点の衝突を考えよう．図 2.31(a) に示すように，直線上をそれぞれ運動量 $\boldsymbol{p}_1 = m_1\boldsymbol{v}_1$, $\boldsymbol{p}_2 = m_2\boldsymbol{v}_2$ で運動している2つの質点が衝突し，その後それぞれ運動量 $\boldsymbol{p}_3 = m_3\boldsymbol{v}_3$, $\boldsymbol{p}_4 = m_4\boldsymbol{v}_4$ になったとする．ただし，質点間で質量のやりとりも許すものとした．衝突に際しては2つの質点間にのみ撃力がはたらくので，運動量保存則から

$$\boldsymbol{p}_1 + \boldsymbol{p}_2 = \boldsymbol{p}_3 + \boldsymbol{p}_4 \tag{2.129}$$

つまり

$$m_1\boldsymbol{v}_1 + m_2\boldsymbol{v}_2 = m_3\boldsymbol{v}_3 + m_4\boldsymbol{v}_4 \tag{2.130}$$

が得られる．

極端な例として，図 2.31(b) に示すように，衝突した2質点が合体する場合もある．そのときは

$$m_1\boldsymbol{v}_1 + m_2\boldsymbol{v}_2 = (m_1 + m_2)\boldsymbol{v}_3 \tag{2.131}$$

となるから，くっついた2つの質点は速度

$$\boldsymbol{v}_3 = \frac{m_1\boldsymbol{v}_1 + m_2\boldsymbol{v}_2}{m_1 + m_2} \tag{2.132}$$

で運動を続ける．

例題１５ 滑らかな氷の上に立っていた 49 kg の人が，10 m/s で飛んできた 1 kg のボールを受けとめた．その人は，どれだけの速さで動きはじめるか．

解　式 (2.132) より　　$v = \dfrac{49 \times 0 + 1 \times 10}{49 + 1} = 0.2 \, \text{m/s}$

2.9 角運動量保存則

2.9.1 角運動量とは

コマは回転しているうちは倒れないが，回転が止まると倒れる．また，自転車は走っていれば安定なのに停止すると倒れる．フィギュアスケートの選手は回転に入る前に大きく手を広げてゆっくり回り始め，体を縮めていくにつれて速く回転するようになり，最後に手を広げて回転を終える．これらの現象には**角運動量**とその保存則が関わっている．

角運動量は回転と関係するので，基準となる中心点を決めて，そのまわりでの回転に対して定義する．質点の位置を r，速度を v，あるいは運動量を $p(=mv)$ とすれば，原点 O のまわりでの質点の角運動量 L は

$$L = mr \times \frac{dr}{dt} = mr \times v \tag{2.133}$$
$$= r \times p \tag{2.134}$$

とベクトルの外積を用いて定義される．これらの物理量の間の関係は図 2.22 を参考にすればわかるだろう．直交座標系を使い，角運動量をベクトルの成分で表すと以下のようになる．

$$L_x = m\left(y\frac{dz}{dt} - z\frac{dy}{dt}\right) = yp_z - zp_y \tag{2.135}$$

$$L_y = m\left(z\frac{dx}{dt} - x\frac{dz}{dt}\right) = zp_x - xp_z \tag{2.136}$$

$$L_z = m\left(x\frac{dy}{dt} - y\frac{dx}{dt}\right) = xp_y - yp_x \tag{2.137}$$

角運動量ベクトル L の方向は位置ベクトル r と速度ベクトル v によって決まる平面に垂直，すなわち回転軸に沿った方向を向き，大きさは $mrv\sin\theta = rp\sin\theta$ である．ただし，θ は r と v のなす角度である．ここで，前に出た面積速度と角運動量とが

$$|L| = 2m\frac{dS}{dt} \tag{2.138}$$

の関係にあることは容易に確かめられる．したがって，面積速度一定の法則は**角運動量保存則**の特別の場合に相当する．

回転中心から離れて早く回っている質量の大きな物，例えば，ハンマー投げにおける投てき前のハンマーなどは大きな角運動量を持っている．自転車の車輪も中心部は軽く周囲のタイヤの部分が重い．車輪をいくつものハンマーが中心からのスポークに引かれて連続的に回っていると思えば，これも大きな角運動量を持ちそうである．

例題 16 質量 m の質点が半径 r，角速度 ω で等速円運動をしているとき，角運動量を求めよ．

解 $L = r(mv) = mr^2\omega \quad (v = r\omega)$

あるいは $\quad x = r\cos\omega t, \ y = r\sin\omega t, \ p_x = -mr\omega\sin\omega t, \ p_y = mr\omega\cos\omega t$

$L = L_z = xp_y - yp_x = mr^2\omega$

2.9.2 2つの質点からなる系の角運動量保存則

外力が作用しない2つの質点からなる系では**角運動量保存則**が成り立つことを運動方程式から導こう．2つの質点の角運動量をそれぞれ $\boldsymbol{L}_1 = m_1 \boldsymbol{r}_1 \times d\boldsymbol{r}_1/dt$, $\boldsymbol{L}_2 = m_2 \boldsymbol{r}_2 \times d\boldsymbol{r}_2/dt$ とする．これら2つの質点の角運動量の和 $\boldsymbol{L}(= \boldsymbol{L}_1 + \boldsymbol{L}_2)$ の時間微分は

$$\frac{d\boldsymbol{L}}{dt} = \frac{d\boldsymbol{L}_1}{dt} + \frac{d\boldsymbol{L}_2}{dt} \tag{2.139}$$

$$= m_1 \frac{d\boldsymbol{r}_1}{dt} \times \frac{d\boldsymbol{r}_1}{dt} + m_1 \boldsymbol{r}_1 \times \frac{d^2\boldsymbol{r}_1}{dt^2}$$
$$+ m_2 \frac{d\boldsymbol{r}_2}{dt} \times \frac{d\boldsymbol{r}_2}{dt} + m_2 \boldsymbol{r}_2 \times \frac{d^2\boldsymbol{r}_2}{dt^2} \tag{2.140}$$

$$= \boldsymbol{r}_1 \times m_1 \frac{d^2\boldsymbol{r}_1}{dt^2} + \boldsymbol{r}_2 \times m_2 \frac{d^2\boldsymbol{r}_2}{dt^2} \tag{2.141}$$

となる．最後の等号を導くには，同一ベクトル同士の外積がゼロであることを使った．2つの質点に対しては，運動方程式 (2.119) と (2.120) が成り立つので，これらをを代入し

$$\frac{d\boldsymbol{L}}{dt} = \boldsymbol{r}_1 \times \boldsymbol{F}_{12} + \boldsymbol{r}_2 \times \boldsymbol{F}_{21} = (\boldsymbol{r}_1 - \boldsymbol{r}_2) \times \boldsymbol{F}_{12} = 0 \tag{2.142}$$

を得る．ここで作用・反作用の法則により，$\boldsymbol{F}_{12}$ と $\boldsymbol{F}_{21}$ は大きさが等しく逆向きであり，また相対座標 $\boldsymbol{r}_1 - \boldsymbol{r}_2$ と平行（または反平行）であることを使った．したがって，角運動量は時間変化しない一定の値となり，角運動量保存則が成立する．

この節のはじめに述べたスケーターの回転の様子は角運動量保存則によって理解できる．最初に両手を伸ばして回転を始めたスケーターはある量の角運動量を持っている．両手を縮めていくのは，角運動量 $\boldsymbol{L}$ の定義式 (2.134) で r の大きさを小さくすることに相当している．しかし，角運動量保存則により $\boldsymbol{L}$ は一定に保たれるのだから，$\boldsymbol{v}$ が大きくならざるをえず，その結果回転が速くなるのである．

例題17 2.11節の図 2.39 に示される「やじろべえ」（あるいはダンベル）において，中心から質量 m のおもりまでの腕の長さを r_1, この「やじろべえ」の回転の角速度を ω_1 とする．回転半径を r_2 に変化させると，そのときの角速度を ω_2 はどのように変化するか．ただし，変化に際しては角運動量保存則がなりたつとする．

解 例題16より $L_1 = 2mr_1^2 \omega_1 = L_2 = 2mr_2^2 \omega_2$ が成り立つ．したがって $\omega_2 = \omega_1 \left(\dfrac{r_1}{r_2}\right)^2$ となり，回転半径が長いと回転数は小さくなり，半径が短いと回転数は大になる．

> ### Coffee Break
>
> ### あのピッチャーの直球は「よく走ってます」ね
>
> 　野球中継を見ているとよく耳にするこの言葉，スポーツでよく用いられる感覚的表現ながら投手が満身の力を込め，手首のスナップをきかせ，バッターに投げ込んでくる直球のイメージをよく表現しなかなか感じがでています．これと対をなす表現に，「彼のフォークボールはバッターの手許で"すとん"と落ちますね」があります．既に習った物理の運動に関する法則からこれらの表現はどのように読み解けるでしょうか．
>
> 　最近の研究から「よく走っている」直球には，1秒間に30～40回もの逆回転がかかっており，空気の流れがボールの上側で速く下側で少し遅くなっているということが解ってきました．いわば，飛行機の翼の所での空気の流れのように浮力がはたらきボールがバッターの所に来るまでにあまり落ちないと言うことのようです．また，いわゆる「重い球」も強い回転のかかった力強い直球への賛辞の表現で，大きな角運動量と回転エネルギーの分実際の速さよりも「重い」と表現されるようです．
>
> 　一方，フォークボールは逆回転があまりなく，真横からの撮影では「自由落下している様子」が観測されるのですが，見た目には手許で落ちると感じられるようです．それならすごい投手がいて順回転の球を投げたら，高い高いボール球が「バッターの手許でどすんと落ちました」という放送が聞かれるかもしれないなどと想像してしまいます．
>
> 　テニスや卓球では，ボールの回転が重要な意味を持ちます．大きくバックアウトするかと思われるボールをそれこそ「すとん」と落とし，かつ「重い球」にするようにするために一流選手はラケットを思い切り振り抜き，ボールに強いスピン（順回転）をかけて大きな角運動量を与えているのです．

2.10　仕事とエネルギー保存則

2.10.1　仕事と運動エネルギー

　力学では，物体に力を作用させて移動させたときに仕事をしたという．作用した力が大きいほど，また移動距離が大きいほどその物体になされた仕事の量は大きい．図 2.32 のように力の方向と物体の移動方向が異なるときは，力のうちで物体の移動方向と平行な成分だけが物体を動かすのに寄与したと考えられる．そこで，仕事 W は力のベクトル $\boldsymbol{F}$ と移動距離のベクトル $\boldsymbol{s}$ の内積で定義されるものと

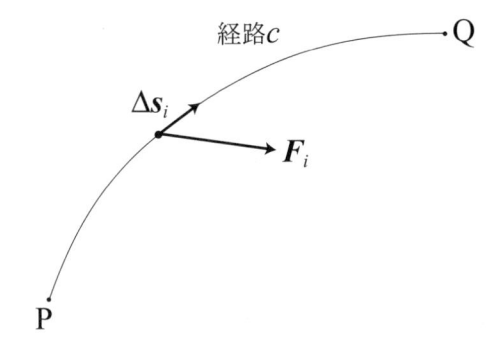

図 2.32 仕事とは質点の移動距離と移動方向に加えた力の積を経路に沿って加えたものである．

する．

$$W = \boldsymbol{F} \cdot \boldsymbol{s} \tag{2.143}$$
$$= Fs\cos\theta \tag{2.144}$$

運動会のタイヤ引き競争では，斜め前方に向かって力をかけてタイヤを引っぱるが，その力のうちで実際に仕事をするのは前方に引っ張る成分だけである．タイヤを上に引上げるような成分は，タイヤが実際に上に持ち上がらないかぎり，仕事をしない．

物体が移動している間に力の方向や大きさ，あるいは物体の移動の向きが変化することもあり得る．図2.32のように物体が曲線状に移動する場合を扱うには，始点Pと終点Qの間の経路cを小さな変位$\Delta \boldsymbol{s}$に分割し，その小さな変位の間では力は一定とみなしてその間の仕事を求めた上で，最後にそれをすべての分割について足し合わせればよい．つまり，点PからQまでをN個の変位$\Delta \boldsymbol{s}_i (i=1,2,3,\ldots,N)$に分割したとすれば，その間を移動する際に力がなした仕事は

$$W_{\mathrm{PQ}} = \sum_{i=1}^{N} \boldsymbol{F}_i \cdot \Delta \boldsymbol{s}_i \tag{2.145}$$

と書ける．この分割をどんどん細かくしていけば，正確な仕事が得られるはずである．分割を細かくした極限では和が積分に移行し，仕事はベクトルの線積分

$$W_{\mathrm{PQ}} = \int_{\mathrm{P}}^{\mathrm{Q}} \boldsymbol{F}_s \cdot d\boldsymbol{s} \tag{2.146}$$

によって求められる．線積分（または経路積分）については付録 (A7.2) を参照されたい．

物体が直線上を移動する場合には線積分が簡単に求められる．図2.33に示すように，質量mの質点を落下させる場合を考えてみよう．質点は下向きにmgの重力で引かれる．落とした地点を原点Oとして，鉛直下向きをx軸とする．原点からxだけ落ちたとすると，力の方向と進行方向は同じであるから重力のした仕事は

$$W = \int_0^x mg\,dx = mgx \tag{2.147}$$

第 2 章　力学

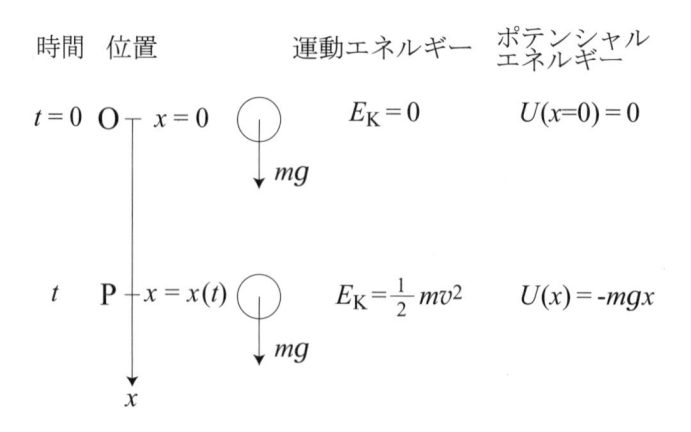

```
時間    位置              運動エネルギー      ポテンシャル
                                          エネルギー
t = 0   O ─ x = 0        E_K = 0          U(x=0) = 0
              ↓ mg

t       P ─ x = x(t)     E_K = (1/2)mv²   U(x) = -mgx
              ↓ mg
        ↓
        x
```

図 **2.33** 重力のした仕事と質点に蓄えられる運動エネルギー

である．

この場合について，重力のする仕事と質点の運動との関係をさらに考えてみよう．運動方程式は

$$m\frac{dv}{dt} = mg \tag{2.148}$$

で与えられる．鉛直下向きを x 軸の正の向きと決めたので，下向きの力が正符号となることに注意する．両辺に v をかけて変形すると

$$\text{左辺} \times v = mv\frac{dv}{dt} = \frac{d}{dt}\left(m\frac{1}{2}v^2\right) \tag{2.149}$$

$$\text{右辺} \times v = mgv = \frac{d}{dt}mgx \tag{2.150}$$

より

$$\frac{d}{dt}\left(\frac{1}{2}mv^2 - mgx\right) = 0 \tag{2.151}$$

となる．これを時刻 $t=0$ から t まで積分すると

$$\frac{1}{2}mv(t)^2 = mgx(t) \tag{2.152}$$

が得られる．左辺に現れる量 $E_K = \frac{1}{2}mv^2$ を**運動エネルギー**とよぶ．右辺は $x=0$ から $x(t)$ まで落下するあいだに重力が物体に対してした仕事であるから，上式は**物体の運動エネルギーの増加分はその間に物体が重力から受けた仕事に等しい**ことを意味している．つまり，物体は重力がする仕事を運動エネルギーに変換することによって速度を得て落下していると解釈できる．

2.10.2　ポテンシャルエネルギーと力学的エネルギー保存則

図 2.33 において，原点 O から測定して適当な位置 $x_0(>0)$（たとえば地表）を基準点とすると，位置 $x(<x_0)$ にある物体は，基準点まで落下するあいだに重力による仕事を受けて $mg(x_0-x)$ だけ運動エネルギーを増加させる．なんらかの方法で位置 x に保持されている物体であったとしても，仮に

基準点まで落下したとすれば同じだけ運動エネルギーが増加するはずである．そこで，重力の作用のもとで位置 x にある物体は，x_0 にある物体より運動エネルギーに変換できる量を $mg(x_0 - x)$ だけ多く潜在的に持っているのだ，とみなすこともできる．この潜在的な量は，質点のいる位置の関数になっていることから**位置エネルギー**とよばれる．これは，一般にポテンシャルエネルギーとよばれるエネルギーの一例である．

同じことを別の観点で考えなおしてみる．基準点 x_0 にあった物体をなんらかの方法で $x(< x_0)$ までゆっくりと運び上げたとしよう．十分にゆっくりであれば，各瞬間には質点にはたらく力がつりあっているとみなせるから，質点は重力 mg と同じ大きさで逆向きの力をうけていることになる．したがって，運びあげるまでにその力が質点に対してなす仕事は

$$-\int_{x_0}^{x} mg\, dx = mg(x_0 - x) \tag{2.153}$$

である．これは位置エネルギーの値にほかならない．つまり，位置 x での位置エネルギーとは，重力中で基準点からそこまで物体を持ち上げるために必要な仕事であり，物体はそれを蓄えているのだという解釈ができる．

さて式 (2.151) は

$$E = \frac{1}{2}mv^2 - mgx \tag{2.154}$$

という量が，運動のあいだ一定に保たれることを意味している．mgx_0 はいったん基準点を決めてしまえば一定値なので，定数 E に含めた．運動エネルギーと位置エネルギーの和を**力学的エネルギー** E とよび，式 (2.151) は**力学的エネルギー保存則**を表す．上の説明で明らかなように，基準位置をどこにとるかによって位置エネルギーには定数だけの違いが生じ，力学的エネルギーにも同じだけの違いができる．しかし，式 (2.152) を見直してみれば，**2 点間を落下するあいだに**増加する運動エネルギーはその **2 点間の位置エネルギーの差に等しい**のであるから，どこを基準点にとろうと変わらない．つまり，運動に影響するのは位置エネルギーや力学的エネルギーの差だけであり，定数の違いは問題とならない．したがって，首尾一貫して同じ場所を基準点とするかぎり，計算が便利になるように基準点を設定してかまわない．$x < x_0$ という制約も実は不要であった．

式 (2.152) を別な形に書き換えておこう．図 2.34 のように，地面を原点 O にとり，$-x$ を h と置き換えると，h は地面からの高さを表す．そして

$$\frac{1}{2}mv^2(t) + mgh(t) = 一定 \tag{2.155}$$

が得られる．応用上はこの形のほうが便利なことが多い．

仕事とエネルギーは同じ単位をもち，ジュール (J = N·m) が用いられる．地上で質量 1 kg の物体を持ち上げるのに必要な力は g [N] であるから，重力に逆らって物体を 1 m 持ち上げるための仕事量は g [J] であり，同時にこの物体の位置エネルギーは g [J] 増加したことになる．

重力は物体に対して仕事をして位置エネルギーを変化させるが，その仕事は物体を移動させた経路にはよらない．仮に物体が水平方向に移動したとしても，垂直方向の成分のみを持つ重力は仕事をし

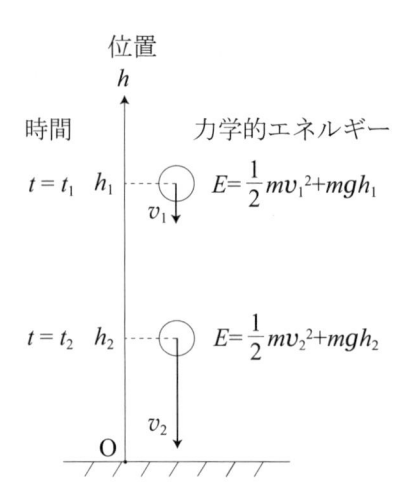

図 2.34 重力の作用の下での質点の力学的エネルギー保存

ない．したがって，物体の移動が水平方向への動きを含むとしても，重力がする仕事は垂直方向にどれだけ移動したかだけで決まる．また，重力以外の力で垂直方向にはたらくものがあったとしても，物体が受ける仕事全体のうちで重力がした分については，質点の最初の位置（高さ）と最後の位置（高さ）だけで決まってしまうこともわかるだろう．つまり，どのような移動に対しても，重力がする仕事は物体の持つ位置エネルギーの変化分に等しい．

このように，力のした仕事が最初と最後の位置だけで決まり，移動の途中経路によらないという性質を持つとき，その力を**保存力**とよぶ．一般に，力 $\boldsymbol{F}$ が保存力であれば

$$\boldsymbol{F} = -\nabla U(\boldsymbol{r}) \tag{2.156}$$

という関係を満たす**ポテンシャルエネルギー**（単にポテンシャルともいう）$U(\boldsymbol{r})$ が存在する．ただし，∇（ナブラ記号）については付録 A を，また，ポテンシャルエネルギーの正確な表現式とその導出は付録 B を参照されたい．

逆に，2 点 P，Q 間でのポテンシャルの差 $U_Q - U_P$ は，その間を移動する際に力がなした仕事から求められる．すなわち，線積分を用いて

$$U_Q - U_P = -\int_P^Q \boldsymbol{F} \cdot d\boldsymbol{r} \tag{2.157}$$

で与えられる．以上のことからポテンシャルは次のように定義される．「質点が基準点から点 P に移るとき，保存力にさからってなされる仕事をその点 P でのポテンシャルとする」，あるいは同じことだが，「保存力場において質点が任意の点 P から基準点まで移るとき，保存力のなす仕事をその点 P でのポテンシャルという」．このことを式で表現すると次の通りである．

$$U_P = -\int_{基準点}^{P} \boldsymbol{F} \cdot d\boldsymbol{r} = \int_P^{基準点} \boldsymbol{F} \cdot d\boldsymbol{r} \tag{2.158}$$

質点にはたらく力がこのような保存力だけのときには，運動エネルギーとポテンシャルエネルギーを合わせた全力学的エネルギーは保存することが示される．すなわち

$$\frac{1}{2}m\boldsymbol{v}^2 + U(\boldsymbol{r}) = 一定 \tag{2.159}$$

が成り立つ．この式は，式 (2.151) の導出をベクトルに拡張すれば導ける．詳細は付録 B を参照されたい．

具体的にポテンシャルを求めよう．重力のポテンシャルは図 2.33 のように x を下向きにとり，原点 O を基準点 $(x=0)$ とすると点 P でのポテンシャルは

$$U_{\mathrm{P}} = U(x) = -\int_0^x mg\,dx = -mgx \tag{2.160}$$

となる．あるいは逆にポテンシャルが $U(x) = -mgx$ と与えられたときは，力として

$$F = -\frac{dU(x)}{dx} = mg \tag{2.161}$$

を得る．重力のポテンシャルエネルギーと運動エネルギーの関係が図 2.33 に示されている．

次に，座標原点に質量 M の物体が置かれているときに，そこから距離 r の位置にある質量 m の物体が受ける万有引力のポテンシャルエネルギーを求めよう．この場合は基準点を $r = \infty$ にとるのが便利である．つまり

$$U_{\mathrm{P}} = U(r) = -\int_\infty^r \left(-G\frac{mM}{r^2}\right)dr = -G\frac{mM}{r} \tag{2.162}$$

である．

調和振動子についても，力が保存力であり，エネルギー保存則がなりたつことを図 2.35 を参考にして確かめよう．そのために調和振動子の運動方程式

$$m\frac{d^2x}{dt^2} = -kx \tag{2.163}$$

から出発する．両辺に速度 $v(=dx/dt)$ をかけて変形すると

$$mv\frac{dv}{dt} = -kx\frac{dx}{dt} \tag{2.164}$$

$$\frac{d}{dt}\left(\frac{1}{2}mv^2 + \frac{1}{2}kx^2\right) = 0 \tag{2.165}$$

を得る．したがって，調和振動子が振動するときには

$$E = \frac{1}{2}mv^2 + \frac{1}{2}kx^2 \tag{2.166}$$

が一定に保たれる．右辺第 1 項は質点の運動エネルギーである．一方，右辺第 2 項は x だけの関数であり，しかもこれを x で微分すれば，たしかに質点にはたらく力 $-kx$ が得られるから，調和振動子のポテンシャルエネルギー $U(x)$ は

$$U(x) = \frac{1}{2}kx^2 \tag{2.167}$$

第 2 章 力学

$$運動エネルギー \quad E_K = \frac{1}{2}mv_{max}^2 \quad E_K = 0$$

$$ポテンシャルエネルギー \quad U(x=0)=0 \quad U(x=x_{max})=\frac{1}{2}kx_{max}^2$$

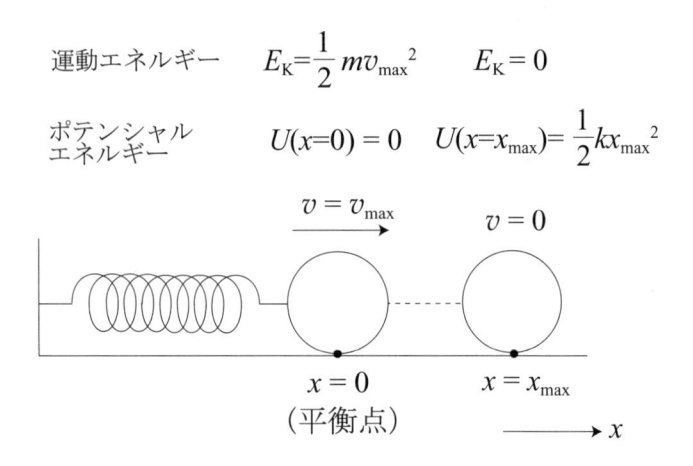

図 2.35 バネの運動と力学的エネルギーの保存

である．ただし，ポテンシャルの基準点は $U(x) = 0$ となる点，すなわち原点にとっている．したがって，式 (2.166) が調和振動子の力学的エネルギーであり，力学的エネルギー保存則が成り立っている．

保存力に対して，**非保存力**の代表は**摩擦力**である．物体を摩擦のある面上で移動させると，その途中の移動距離が長いほど外部からより多くの仕事をしなくてはならない．つまり，摩擦の場合，仕事は経路に依存する．このとき，物体の力学的エネルギーにならなかった余分の仕事は摩擦熱として外部へ逃げてしまう．実は，力学的エネルギーに加えて熱のエネルギーまでを考えにいれれば，ふたたびエネルギー保存則が成立する．熱まで含めたエネルギー保存則を熱力学第 1 法則とよぶが，それについては第 4 章で取りあげる．

例題 18 原子核を構成する中性子と陽子の間のポテンシャルが $U = -U_0 \frac{r_0}{r} e^{-\frac{r}{r_0}}$（湯川ポテンシャル）で与えられるとき，力の式を導出せよ．

解 $F = -\frac{\partial U}{\partial r} = \frac{\partial}{\partial r}\left(U_0 \frac{r_0}{r} e^{-\frac{r}{r_0}}\right) = -\frac{U_0}{r^2}(r_0 + r)e^{-\frac{r}{r_0}}$ （引力）

例題 19 地球（質量 M）の万有引力の下で，速度 v で運動する物体（質量 m）の力学的エネルギーを求めよ．地上から打ち上げた物体が地球引力圏を脱出するための初速度はいくらか．ただし地球の半径を 6400 km とする．

解 力学的エネルギーは

$$E = \frac{1}{2}mv^2 - G\frac{mM}{r}$$

である．万有引力は無限遠方まで届くので，引力圏を脱出するとは，無限遠方へ到達できることをいう．地上を出発するときの速度を v_0 とし，$r \to \infty$ での速度を v_∞ とすると

$$\frac{1}{2}mv_0^2 - G\frac{mM}{r} = \frac{1}{2}mv_\infty^2$$

となる．$v_\infty = 0$ のときの v_0 が地球引力圏から脱出する最小速度である．

$$v_0 = \sqrt{\frac{2GM}{r}} = \sqrt{2gr} = 11\,\text{km/s}$$

ここで $mg = G\frac{mM}{r^2}$ より $GM = gr^2$ を使った．

2.10.3 2つの質点からなる系の運動エネルギー保存則

2つの質点間にはたらく力の大きさが質点間の距離 r だけで決まる場合は

$$F(r) = -\frac{dU(r)}{dr} \tag{2.168}$$

を満たすポテンシャル関数 $U(r)$ を作ることができる．ポテンシャルは位置の関数ではなく距離の関数であるが，このような場合も **保存力** とよぶ．

外力 の作用がない簡単な場合を考えよう．前に見たように，運動は重心運動と相対運動に分離でき，相対座標 $\boldsymbol{r} = \boldsymbol{r}_1 - \boldsymbol{r}_2$ の運動方程式は

$$\mu \frac{d^2 \boldsymbol{r}}{dt^2} = -\frac{dU(r)}{dr} \boldsymbol{e}_r \tag{2.169}$$

と書ける．ただし，$\boldsymbol{e}_r$ は $\boldsymbol{r}$ に沿った方向の単位ベクトルである．これは中心力のもとでの運動方程式と全く同じ形をしているので，同様に考えて，相対運動に関する力学的エネルギー保存則

$$\frac{1}{2}\mu \left(\frac{d\boldsymbol{r}}{dt}\right)^2 + U(r) = \text{一定} \tag{2.170}$$

が導かれる．

一方，重心 $\boldsymbol{R}$ の運動方程式は

$$M \frac{d^2 \boldsymbol{R}}{dt^2} = 0 \tag{2.171}$$

である．両辺に $\frac{d\boldsymbol{R}}{dt}$ をかけて積分すれば

$$\frac{1}{2}M \left(\frac{d\boldsymbol{R}}{dt}\right)^2 = \text{一定} \tag{2.172}$$

を得る．これは便利な関係で **運動エネルギー保存則** とよばれるが，あくまでも力学的エネルギー保存則から派生して出てきたものである．この関係は，抵抗を考える必要のない電子と光子の衝突（第6章練習問題参照）のような場合の運動エネルギーのやりとりを考えるのに役立つだけでなく，硬い鋼球同志の衝突のような場合にもほぼ成り立つ．衝突に際して運動エネルギー保存則が成り立つ場合を **弾性衝突** とよぶ．

例題20 速さ v で質量 m の鋼球 A が止まっている同じ質量の鋼球 B に衝突した．弾性衝突を仮定し，鋼球 A, B の衝突後の速さを求めよ．

解 運動量保存則より $mv = mv_A + mv_B$．運動エネルギー保存則より $\frac{1}{2}mv^2 = \frac{1}{2}mv_A^2 + \frac{1}{2}mv_B^2$．これを解いて $v_A = 0$, $v_B = v$，または $v_A = v$, $v_B = 0$ を得る．鋼球 A を鋼球 B が乗り越えないので前者が解である．つまり衝突した鋼球 A が止まり，衝突された鋼球 B が鋼球 A の運動量と運動エネルギーを引き継ぐ．

2.11 剛体の運動

2.11.1 剛体の重心と並進運動

これまで扱ってきたのは，質点または複数の質点からなる質点系に作用する力とそれらの運動であった．しかし，現実の物体には大きさがあり，単に移動（**並進運動**）するだけでなく，**回転運動**しながら移動するといったことが観測される．このような大きさのある物体を力学で扱うには，物体を多くの質点の集合体であるとし，それぞれの質点についての運動を考えればよい．質点 1 個あたり，x, y, z 軸の 3 方向への運動の**自由度**があるから，質点が N 個あれば運動方程式は $3N$ 個の連立方程式になる．しかし，変形しない物体については，実際はもっと単純である．大きさがあり，かつ変形しない物体を**剛体**とよぶ．剛体が形を保つのは，それを構成する質点間の相対位置が変化しないからである．この条件によって，剛体の運動の自由度は $3N$ よりはるかに少なくなる．

では，剛体の運動にはいくつの自由度があるだろうか．剛体全体としての並進運動には 3 方向への自由度がある．並進のほかに剛体の回転運動があり，剛体の運動はこの 2 つが組み合わさったものである．実は，剛体のあらゆる回転は x, y, z の 3 軸それぞれのまわりでの回転を組み合わせることによって表現できる．したがって，回転運動の自由度も 3 である．結局，剛体運動の**自由度**は 6 となる．

そこで，まず剛体の**質量中心**あるいは**重心**とよばれるものを定義しよう．剛体を質量 $m_i (i = 1, \cdots, N)$ の N 個の小部分に分ける．各部分は質点とみなせるとすれば，図 2.36 に示すように，重心 $\boldsymbol{r}_\mathrm{G}$ は

$$\boldsymbol{r}_\mathrm{G} = \frac{\sum_i m_i \boldsymbol{r}_i}{\sum_i m_i} = \frac{\sum_i m_i \boldsymbol{r}_i}{M} \tag{2.173}$$

となる．ただし M は剛体の全質量，$\boldsymbol{r}_i$ は i 番目の小部分（質量 m_i）の位置ベクトルである．剛体の密度を ρ，各部分の体積を ΔV として和を書き直し，$\Delta V \to 0$ の極限をとれば，和は剛体の全体積にわたる積分に移行し次式を得る．

$$\boldsymbol{r}_\mathrm{G} = \frac{\int \rho \boldsymbol{r} dV}{\int \rho dV} \tag{2.174}$$

また，N 個の質点に対する運動方程式を立てて，それらの和をとることにより

$$\sum_i m_i \frac{d^2 \boldsymbol{r}_i}{dt^2} = \sum_i \boldsymbol{F}_i \tag{2.175}$$

$$\frac{d^2}{dt^2}\left(\sum_i m_i \boldsymbol{r}_i\right) = \sum_i \boldsymbol{F}_i \tag{2.176}$$

$$M \frac{d^2 \boldsymbol{r}_\mathrm{G}}{dt^2} = \sum_i \boldsymbol{F}_i \tag{2.177}$$

を得る．すなわち，以前に議論した 2 質点系の場合と同様，重心の並進運動は，剛体の全質量が重心に集まったとみなした仮想的な質点の運動として議論できる．ただし $\sum_i \boldsymbol{F}_i$ は剛体全体にはたらく力の和である．

2.11 剛体の運動

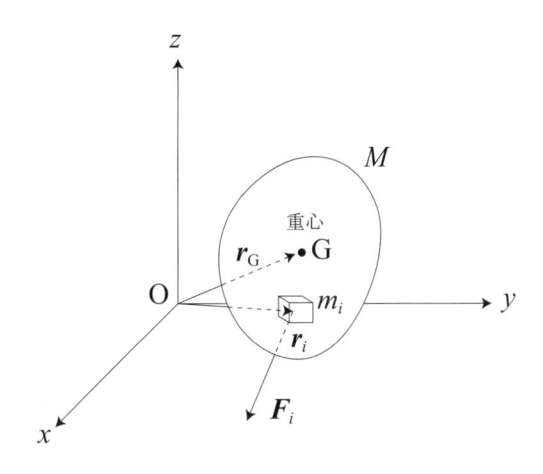

図 2.36 剛体の重心

例題 2 1 半径 a, 密度一様な半球の重心の位置を求めよ．

解 厚み dz, 半径 x の円盤の体積 dV は

$$dV = \pi x^2 dz = \pi(a^2 - z^2)dz$$

半球の体積 $= V = \int dV = \int_0^a \pi(a^2 - z^2)dz = \frac{2}{3}\pi a^3$

また

$$\int z dV = \int_0^a \pi z(a^2 - z^2)dz = \frac{\pi}{4}a^4$$

一様な密度を ρ とすると

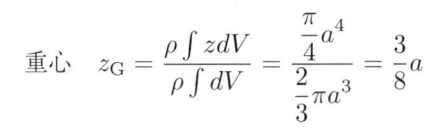

重心　$z_G = \dfrac{\rho \int z dV}{\rho \int dV} = \dfrac{\dfrac{\pi}{4}a^4}{\dfrac{2}{3}\pi a^3} = \dfrac{3}{8}a$

となる．

2.11.2 力のモーメントと回転の運動方程式

剛体運動が質点と際立って違う点は回転運動にある．剛体には大きさがあるので，**力の作用点の位置の違いで回転運動の様子が違ってくる**．簡単のために，円盤状の剛体が原点 O の回りを回転する場合を考えてみよう．図 2.37(a) と (b) では，はたらく力の方向と大きさは同じが，力の作用点が違っており，回転の方向が互いに逆向きになる．また，同じ力であっても，もし原点と作用点を結ぶベクトルが力のベクトルと平行であれば，回転が起きないことは明らかだろう．つまり，回転運動には力のベクトル $\boldsymbol{F}$ と回転中心から作用点までのベクトル $\boldsymbol{r}$ との関係が重要である．その関係を表すものと

第 2 章　力学

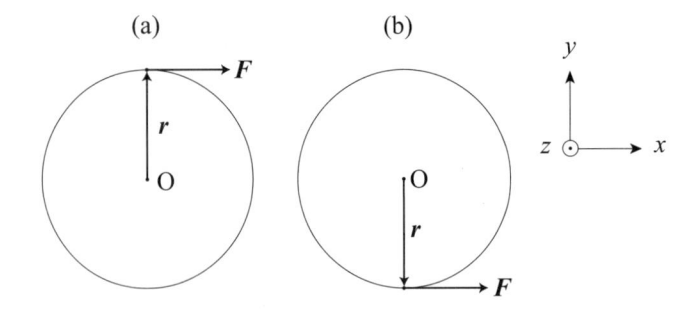

図 2.37 剛体にはたらく力と回転の違い

して

$$N = r \times F \tag{2.178}$$

で定義される **力のモーメント** という量が使われる．外積の定義から，これは回転軸と平行なベクトルであり，その大きさは力 F と r が平行ならゼロ，またそれらが直交していれば最大値の $\pm rF$ となる．

剛体の複数の場所にそれぞれ力 F_i がはたらく場合，剛体全体にはたらく力のモーメントの大きさはそれらの総和で

$$N = \sum_i r_i \times F_i \tag{2.179}$$

である．以下では，座標原点のまわりでの **剛体の回転運動** を考えることにより，この力のモーメントと回転運動の関係を導こう．

並進運動のときと同様に剛体を N 個の質点に分ける．個々の質点に対する運動方程式の各項と位置ベクトルとのベクトル積を作り，それを全質点について加えると

$$\sum_i r_i \times m_i \frac{d^2 r_i}{dt^2} = \sum_i r_i \times F_i \tag{2.180}$$

を得る．ここで互いに平行な 2 つのベクトルのベクトル積はゼロになるという性質から

$$\frac{d}{dt}\left(r_i \times m_i \frac{dr_i}{dt}\right) = \frac{dr_i}{dt} \times m_i \frac{dr_i}{dt} + r_i \times m_i \frac{d^2 r_i}{dt^2} \tag{2.181}$$

$$= r_i \times m_i \frac{d^2 r_i}{dt^2} \tag{2.182}$$

が成り立つから，式 (2.180) を変形して

$$\frac{d}{dt}\left(\sum_i r_i \times m_i \frac{dr_i}{dt}\right) = \sum_i r_i \times F_i \tag{2.183}$$

$$\frac{d}{dt}\left(\sum_i r_i \times m_i v_i\right) = \sum_i N_i \tag{2.184}$$

を得る.ただし,N_i は各質点にはたらく力のモーメントである.一方,左辺のかっこの中の各項が i 番目の質点の角運動量であることに注目すると,剛体の全角運動量 L は

$$L = \sum_i L_i = \sum_i r_i \times m_i v_i \tag{2.185}$$

となり,式 (2.184) より

$$\frac{dL}{dt} = \sum_i N_i \tag{2.186}$$

が得られる.つまり,回転運動については,**ある点を中心とする全角運動量の時間変化は,同じ点を中心とする外力のモーメントの和に等しい**ことが導かれた.式 (2.186) で外力のモーメントの和がゼロのばあいには,L の値の時間変化がない.つまり 2.9 節で述べた**角運動量保存則**は,大きさを持つ剛体についても成立する.なお,第 1 節でとりあげたアルキメデスのてこの原理は,てこの支点のまわりで力のモーメントの和がゼロになる条件にほかならない.

この導出では,回転の中心を剛体の重心には限っていないことに注意する.特に重心のまわりの外力のモーメントの和がゼロであっても,外力の和がゼロでないことがあり,その場合には重心の並進運動のみがおこる.逆に外力の和がゼロであっても,外力のモーメントの和がゼロでない場合もある.この場合には並進運動はせず回転運動のみがおこる.

例題22 図 2.38 のように,長さ ℓ_0 のゴム糸の一端を天井にとりつけ,他端を長さ L の棒 AB の A 端につないだ.ゴムの弾性定数(バネでのバネ定数に対応する定数)を k とし,棒 AB の質量を M とする.今,棒 AB の B 端に水平な力 F を加えてゴム糸と棒がつり合ったとする.ゴム糸,棒 AB の鉛直となす角を α, β としたとき,α, β を求めよ.またゴム糸ののびも求めよ.

解 ゴム糸の張力を T とすると x, y 方向の力のつり合いは

$$F - T\sin\alpha = 0$$

$$Mg - T\cos\alpha = 0$$

となる.したがって

$$\tan\alpha = \frac{F}{Mg}$$

となる.点 A まわりの力のモーメントはゼロであることから

$$(L\cos\beta)F - \left(\frac{L}{2}\sin\beta\right)Mg = 0$$

となる.したがって

$$\tan\beta = \frac{2F}{Mg}$$

を得る.$T = k(\ell - \ell_0)$ であり,糸ののびは

$$\ell - \ell_0 = \frac{1}{k}\sqrt{F^2 + (Mg)^2}$$

となる.

第 2 章　力学

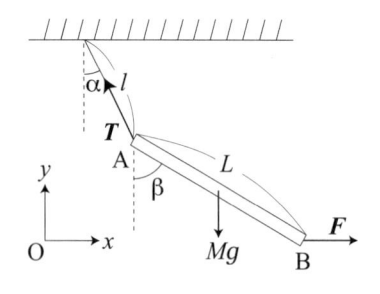

図 2.38

2.11.3　固定軸のまわりの回転

回転の軸が決まっている場合の剛体の回転を考えよう．図 2.37 のように回転軸を座標系の z 軸とすれば，回転はそれに垂直な xy 面でおこる．このとき，剛体の任意の部分の位置ベクトル $\boldsymbol{r}$ は，同じ部分の速度 $\boldsymbol{v}$ と直交する．また回転角 θ を xy 平面内での x 軸からの角度とすると，この剛体が z 軸のまわりを回る角速度は $\omega_z = d\theta/dt$ であり，角速度ベクトルは $\boldsymbol{\omega} = (0, 0, \omega_z)$ となる．このとき，$\boldsymbol{v}_i$, $\boldsymbol{\omega}$, $\boldsymbol{r}_i$ の間には $\boldsymbol{v}_i = \boldsymbol{\omega} \times \boldsymbol{r}_i$ という関係がある．この式の導出は付録 B を参照されたい．

この場合には，式 (2.186) の z 成分だけが残り

$$\frac{dL_z}{dt} = \sum_i N_{iz} \tag{2.187}$$

となる．ここで L_z を定義から始めて具体的に計算してみよう．

$$\begin{aligned} L_z &= \sum_i \bigl(\boldsymbol{r}_i \times m_i \boldsymbol{v}_i\bigr)_z \\ &= \sum_i m_i \bigl(\boldsymbol{r}_i \times (\boldsymbol{\omega} \times \boldsymbol{r}_i)\bigr)_z \\ &= \sum_i m_i \bigl(x_i(\boldsymbol{\omega} \times \boldsymbol{r}_i)_y - y_i(\boldsymbol{\omega} \times \boldsymbol{r}_i)_x\bigr) \\ &= \sum_i m_i \bigl(x_i(\omega_z x_i - \omega_x z_i) - y_i(\omega_y z_i - \omega_z y_i)\bigr) \\ &= \sum_i m_i (x_i^2 + y_i^2)\omega_z \tag{2.188} \end{aligned}$$

最後の等号で $\boldsymbol{\omega}$ には z 成分しかないことを使った．さらに z 軸のまわりの回転についての**慣性モーメント** I_z を

$$I_z = \sum_i m_i (x_i^2 + y_i^2) \tag{2.189}$$

と定義する．すると

$$L_z = I_z \omega_z \tag{2.190}$$

となる．これらを式 (2.187) に代入すると

$$I_z \frac{d\omega_z}{dt} = \sum_i N_{iz} \tag{2.191}$$

となり，$N_z = \sum_i N_{iz}$ とすると，最終的に z 軸のまわりの剛体の**回転を表す方程式**として

$$I_z \frac{d^2\theta}{dt^2} = N_z \tag{2.192}$$

が得られる．$d\omega_z/dt = d^2\theta/dt^2$ を**角加速度**とよぶ．この式が，1 次元運動の運動方程式と同じ形をしていることに注目しよう．つまり 1 次元の運動方程式から

質量　 → 　慣性モーメント

位置　 → 　角度

速度　 → 　角速度

加速度　 → 　角加速度

力　 → 　力のモーメント

という置き換えをすることによって，回転を表す方程式が得られる．同じ力のモーメントを加えても，慣性モーメントが大きいと回転しにくい．

さらに式 (2.186) または (2.187) から

運動量　 → 　角運動量

という対応もわかる．

2.11.4 慣性モーメント

慣性モーメントが比較的平易に計算できる例を示そう．

1) やじろべえの慣性モーメント

　　図 2.39 のような「やじろべえ」（あるいはダンベル）で，軽い棒の先に質量 m の球が中心から a だけ離れてついている場合と，中心から $2a$ 離れてついている場合の 2 通りを考えて，比較しよう．慣性モーメントの定義式 (2.189) で，$x_i^2 + y_i^2$ は回転中心からの距離の 2 乗であるから，a だけ離れてついている場合は

$$I = \sum_i m_i a^2 = 2ma^2$$

であり，一方，中心から $2a$ 離れてついている場合には

$$I = \sum_i m_i (2a)^2 = 8ma^2$$

である．つまり腕の長さが 2 倍の「やじろべえ」は 4 倍の慣性モーメントを持ち，それだけ回転しにくくなる．

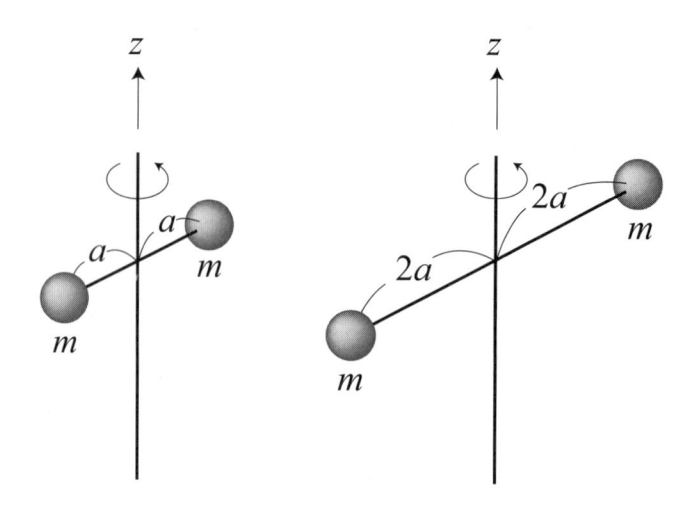

図 2.39 「やじろべえ」(あるいはダンベル) の回転. 同じ重さでも腕の長さにより慣性モーメントの大きさが異なる.

2) 円板の慣性モーメント

半径 a, 質量 M の円板の中心を通り, 円板に垂直な z 軸のまわりの慣性モーメントを求めてみよう. まず単位面積当たりの質量(面密度)を ρ とすると $M = \pi a^2 \rho$ である. ここで図 2.40 のように半径 r の位置に微小幅 Δr のドーナツ状の部分を考えると, その部分の質量は $\rho(2\pi r \Delta r)$ であり, この部分の z 軸のまわりの慣性モーメントは式 (2.189) から $r^2 \rho(2\pi r \Delta r)$ である. 円板全体の慣性モーメントは, r を変えてこれを 0 から a まで加算すればよい. 最後に $\Delta r \to 0$ の極限を取れば, 和は積分に移行し, 結局

$$I_z = \int_0^a r^2 \rho(2\pi r)dr$$
$$= 2\pi \frac{a^4}{4}\rho = \frac{a^2}{2}M$$

を得る.

3) 円筒の慣性モーメント

円筒は z 軸に垂直な薄い円板の重ね合わせと考えればよい. z 軸回りの慣性モーメントには, z 座標の値は関係しないので, 実は円筒の慣性モーメントは, z 方向の厚みをつぶして一枚の円板とみなしたときの慣性モーメントの値に等しい. 円筒の全質量が M なら, 慣性モーメントは上で導いたのと同じ

$$I_z = \frac{a^2}{2}M$$

である.

例題 2 3 回転軸が長さ ℓ, 質量 M の棒に垂直で重心を通るときの慣性モーメントを求めよ. また, 回転軸が棒の一端を通るときも求めよ.

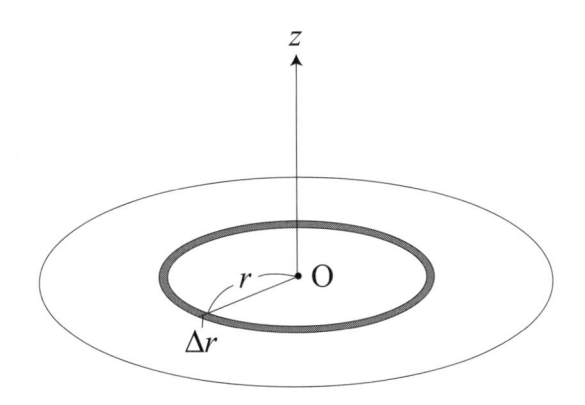

図 2.40 半径 a の円板と半径 r の同心円のドーナツ状部分

解 重心では

$$I = \int_{-\frac{\ell}{2}}^{\frac{\ell}{2}} x^2 (\rho dx) = \frac{\rho}{12}\ell^3 = \frac{\ell^2}{12}M \quad (\rho\ell = M)$$

また，端のときは

$$I = \int_0^\ell x^2 (\rho dx) = \frac{\ell^2}{3}M$$

となる．一般に，剛体に設定したある回転軸と，剛体の重心 G を通りこれと平行な軸とをそれぞれ P 軸，G 軸とする．これらの軸に関する慣性モーメントをそれぞれ I_P, I_G とし，剛体の質量を M，両軸の間隔を h とすると

$$I_P = I_G + Mh^2 \qquad \text{(平行軸の定理)}$$

の関係がある．

2.11.5 斜面を転がる円筒の運動

水平となす角度 θ の斜面を，半径 a，質量 M の円筒が，滑らずに斜面に沿って転がり落ちる運動を調べ，滑り落ちる場合と比較してみよう．上で述べたように，円筒の中心軸まわりでの回転運動は，同じ質量を持つ円板の回転運動と同じであるから，以下円筒の高さについては考えないことにする．

図 2.41 に示すようにこの円筒にはたらく力は重力 Mg，斜面からの垂直抗力 $\boldsymbol{N}$，それに摩擦力 $\boldsymbol{F}$ である．斜面に沿って下方向に x 軸をとる．ある時刻での円筒の重心の位置を x，回転の角速度を ω とすると，並進運動と回転運動を表す運動方程式はそれぞれ

$$M\frac{d^2x}{dt^2} = Mg\sin\theta - F \tag{2.193}$$

$$I\frac{d\omega}{dt} = aF \qquad \left(I = \frac{a^2}{2}M\right) \tag{2.194}$$

第 2 章 力学

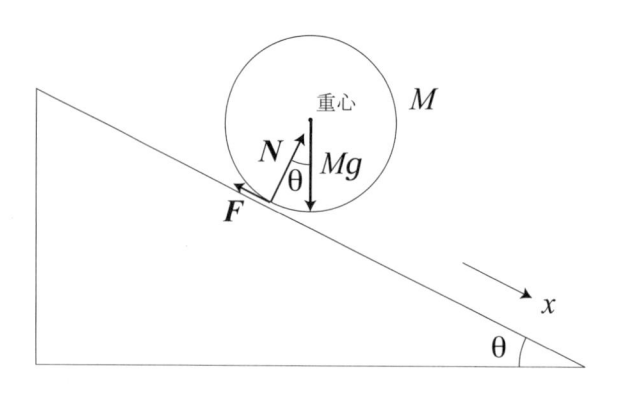

図 2.41 斜面を転がる円筒

である.

ここで重力と垂直抗力はどちらも作用線が回転軸がある重心を通るので，重力と垂直抗力による力のモーメントはゼロである．したがって，回転を表す式 (2.194) の右辺で力のモーメントを作るのは摩擦力 F だけである．また滑らないという条件により，単位時間に斜面に接する弧の長さと単位時間に円筒の重心が移動する距離は等しい．つまり

$$v = \frac{dx}{dt} = a\omega \tag{2.195}$$

となる．この両辺を微分して

$$\frac{d^2x}{dt^2} = a\frac{d\omega}{dt} \tag{2.196}$$

となる．式 (2.193)，(2.194)，(2.196) から F, ω を消去して

$$\frac{d^2x}{dt^2} = \frac{g\sin\theta}{1 + I/(a^2 M)} = \frac{2}{3} g\sin\theta \tag{2.197}$$

を得る．物体が斜面を滑り落ちる場合の加速度は $g\sin\theta$ であるから，それに比べて，加速度が 2/3 倍だけ小さくなることがわかる．これは，重力の一部が回転運動を引き起こすのに使われたからである．

加える力が同じなら，慣性モーメントが大きい物体ほど回転運動に多くの力をとられ，その分だけ並進運動の加速度は小さくなる．競争用の自転車はまさにこの逆を目指していて，物理の道理にかなっている．タイヤを細く，軽くして慣性モーメントを小さくし，同じ力でも大きな加速度が得られるよう工夫されているのである．

例題 2 4 剛体の振り子を考えよう．ここでは剛体として例題 2 3 の棒であるとし，棒の端を回転軸とする．この棒が振り子となったときの周期を求めよ．

解

$$I\frac{d^2\theta}{dt^2} = -\left(\frac{\ell}{2}\sin\theta\right)Mg$$
$$\simeq -\frac{\ell}{2}Mg\theta$$
$$\therefore \frac{d^2\theta}{dt^2} = -\frac{\ell Mg}{2I}\theta = -\omega^2\theta$$

周期 $T = \dfrac{2\pi}{\omega} = \dfrac{2\pi}{\sqrt{\dfrac{\ell Mg}{2I}}} = 2\pi\sqrt{\dfrac{2\ell}{3g}}$

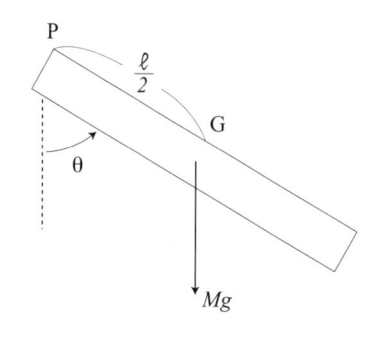

Coffee Break

緩やかな斜面で，缶コーラを転がしてみよう

　コーラを3缶用意しよう．まず1缶目は，のどの渇きを癒すために飲み干しましょう．さてさて，空のコーラ缶と中味の詰まっているコーラ缶では，どちらが早く斜面を転がり落ちるでしょうか．

ヒント1 中味が詰まっている，いないに関わらず，はたらく外力は重力だけです．重力は缶コーラに加速度と回転を与える両方のはたらきをしています．

ヒント2 お椀の中の味噌汁は，お椀を回したとき一緒に回るでしょうか．回りませんね．

　実験してみましょう．中味の詰まっているコーラ缶の圧倒的な勝利！中味の詰まっているコーラ缶の中で，中味のコーラはあまり回転しておらず，中味のコーラにはたらく重力は，もっぱら缶コーラに加速度を与えるはたらきをします．一方コーラ缶にはたらく重力は，加速度と回転を与える両方のはたらきをしなくてはなりません．重力が加速度と回転の両方を与える空コーラ缶は，ゆっくりと転がり落ちるわけです．
　さて第二ラウンドは，中味の詰まっているコーラ缶同士の対決です．一方を強く振ってください．振ったコーラ缶は，絶対に開けないで！中味が吹き出て，辺り一面コーラの海になります．さて，振ったものと，振ってない缶コーラはどちらが早いでしょうか．振ったものが少し遅くなります．どうも缶の中でコーラから遊離した二酸化炭素のガスが抵抗となり中味の液体も回り始め，その分重力の作り出す加速度が小さくなっているようです．

第 2 章 力学

Coffee Break

単位はどのように決まっているのだろう

国際単位系 (SI 単位系) ではいくつかの量の単位を基本単位と定義し，他の量の単位はその組み合わせで表わします．長さの単位 m と時間の単位 s はどちらも基本単位です．

では，1m はどのような長さと定義されているのでしょう．もともと，1m は地球の子午線の長さに基いて決められました．その後，1m の基準を表わすメートル原器という棒が作成され，長くそれが基準とされてきました．しかし，測定技術の進歩とともにメートル原器では精度が足りなくなり，基準が変更されました．1983 年に長さの定義は根本的に変更され，1m は光が真空中で 1 秒間に進む距離の 1/299792458 ということになりました．この定義はアインシュタインが相対性理論の基礎とした「光速度一定の原理」に基いています．つまり，真空中の光速度はどの慣性系で測定しても変わらないので，この値を一定値に決め，それを基準として長さを測ることにしたのです．以前は長さの基準をもとにして光速度を測定していたのですから，主役と脇役が交代したわけです．

1s の長さのほうもかつては太陽の運行を基に定義されていましたが，現在では ^{133}Cs 原子から放出される特定の電磁波の 9192631770 周期分の長さが 1s です．

力やエネルギーの大きさを表現するには，さらにほかの基本単位が必要です．運動方程式より $F = ma$ の関係がありますが，加速度の単位はすでに決まっていますから，力と質量のいずれか一方の単位を定義すれば，他方の単位は決まります．SI 単位系では質量の単位 kg を基本単位とします．メートル原器が作られたとき，質量の基準となるキログラム原器も作られました．そして，メートル原器が長さの基準の座から降りたのちも，質量の基準は変更されることはなく，今も 1kg はキログラム原器の質量と定義されています．

なお，力の単位 N やエネルギーの単位 J などは基本単位ではありませんが，SI 単位系で名前が与えられているものです．(参考文献：『理科年表』，『物理学辞典』)

力学における物理量，単位

質量 m, M [kg]	力 F [N]=[kg·m/s^2]
距離（位置），長さ x, ℓ, s [m]	角運動量 L [kg·m^2/s]
時間 t [s]	仕事 W [J]=[N·m]
速度（速さ） v [m/s]	エネルギー E [J]=[N·m]
加速度 a [m/s^2]	ポテンシャルエネルギー U [J]=[N·m]
運動量 p [kg·m/s]	力のモーメント（トルク） N [N·m]

第 2 章　練習問題

問題 1　(1) 床の上を時刻 $t=0$ で $10\,\mathrm{m/s}$ で動いていた物体が 5 秒後に停止した．床と物体の間の動摩擦係数を求めよ．

(2) 図のような水平な床の上に質量 M の板 A があり，その上に質量 m の物体がある．A と B の間の動摩擦係数を μ' とする．B が A の上を直線運動しているとき，板 A と床との間に摩擦がなければ板 A はいくらの加速度で動くか．

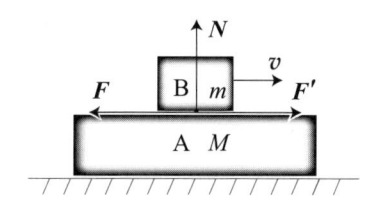

問題 2　単振り子の運動について，エネルギー保存則が成り立っていることを示せ．

問題 3　半径 a，質量 M の円板状の滑らかに回転する定滑車に軽いひもを滑らないように巻き付け，ひもの端に質量 m のおもりをつるす．ただし重力加速度を g とする．

(1) 定滑車の慣性モーメントを I，回転の角速度を ω，ひもの張力を T，おもりの加速度を α として滑車，おもりの運動方程式を書け．

(2) 定滑車の慣性モーメントは $I=(1/2)a^2 M$ とする．ひもの張力 T と，おもりの加速度 α を求めよ．

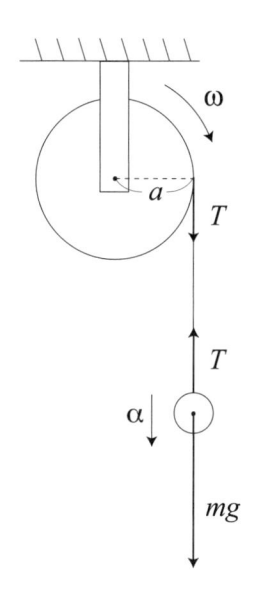

問題 4 空気中や液体中をゆっくり運動する物体には速度に比例し速度と逆むきの抵抗力がはたらく．このような抵抗力を受けながら重力中を落下する物体の運動を考えよう．

(1) 質量 m の質点に重力 mg と抵抗力 $-\gamma v$ がはたらいているとして運動方程式を書け．あとの便利のために，運動方程式を速度 v に関する微分方程式として表せ．

(2) $u = v + mg/\gamma$ と置きなおし，まず u に関する微分方程式を解いた後，v に対する一般解を求めよ．

(3) 初期条件を $t = 0$ で $v(0) = 0$ とし，$v(t)$ を求めよ．

(4) $t = \infty$ で速度は一定値 $v(\infty)$ に近づく．これを**終端速度**とよぶ．この値を求めよ．

問題 5 中性子の質量

イギリスのチャドウィック (J. Chadwick, 1891-1974) は 1932 年に中性子を発見したことで知られている．当時，ポロニウムから放出される α 粒子をベリリウム箔にあてると，物質を通り抜ける能力の高い放射線が発生することが発見され，注目を集めていた．有名なマリー・キュリー夫人の娘，イレーヌ・キュリー夫妻 (Irene Curie and Frederic Joliot) は，この放射線は高エネルギーのガンマ線だと考えた．イレーヌらは，この「ガンマ線」をパラフィンに照射すると高エネルギーの陽子が飛び出すという重要な発見をしたが，これはガンマ線が原子内の電子をはじき飛ばすのと同じ現象（コンプトン散乱）だと解釈した．しかし，陽子のエネルギーや散乱される確率が予測と全く合わなかった．

チャドウィックは，ベリリウムから放出されるものはガンマ線ではなく「粒子」だと考えた．しかも，それは透過力が強く通常の検出器では観測されにくいことから，電荷を持たない粒子ではないかと考えた．チャドウィックの考えでは，パラフィンから陽子が飛び出したのは，パラフィン中の水素が「中性の粒子」によってはじき飛ばされたためである．チャドウィックは「中性の粒子」を様々な物質にあて，はじき飛ばされた粒子の速度を測定することによって「中性の粒子」の質量を測り，「中性の粒子」の正体を突き止めた．はじき飛ばされた粒子は電荷を持っているので，その速度を測ることは比較的容易である．ここで，チャドウィックの方法を振り返ってみよう．

質量 m の粒子が，静止している質量 M の粒子に弾性的に正面衝突する．粒子 M は，始め粒子 m が運動していた方向に走り出すとする．

(1) 粒子 m の衝突前の速度 v を用いて，衝突後の粒子 M の速度 V' を求めよ．

(2) チャドウィックは，「中性の粒子」をパラフィンにあてたときに飛び出してくる陽子を，当時の最新鋭の放射線検出器「電離箱」を用いて観測した．そして，陽子の速度を測定することに成功した．その速度は 3.3×10^9 cm/s であった．次に，「中性の粒子」を窒素にあてた時に出てくる粒子の速度を測ったところ 0.47×10^9 cm/s であったという．このことから，「中性の粒子」の質量を，陽子の質量を 1 とする単位で求めよ．この単位では窒素の質量は 14 である．

チャドウィックはこの「中性の粒子」を"中性子(neutron)"と名付けた．誰もが納得出来るやり方で，明白に「中性の粒子」の存在を証明して見せたチャドウィックの優れた功績に対して，ノーベル賞が授けられた．当時，物理学会の大御所，アーネスト・ラザフォード（E. Rutherford, 1871-1937）は，中性子発見へのジョリオ夫妻の貢献度の大きさを誰かが言った時，「中性子についてはチャドウィックだけだ．ジョリオたちはあのとおりの切れ者だから，大丈夫近いうちに何か他のことでもらうことになるよ．」と答えたという（文献[1]）．実際，ジョリオ夫妻は人工的に放射性原子核を作ることに初めて成功した功績（^{30}P，1934）でノーベル賞を授けられた．

こうして，ラザフォードが1911年に見いだした非常に小さな原子核の内部には陽子と中性子があることがわかった．電荷を持った陽子を陽子同士の反撥力にうち勝って，また電荷を持たない中性子をこの様な小さな空間に閉じこめる力は何かという新たな謎が生じた．それは「核力」であり，原因は湯川秀樹によって解明された．

参考文献

1. E. セグレ著，久保亮五・矢崎裕二共訳『X線からクォークまで』みすず書房（1982）．

(問題5作成　　下田 正)

第3章　波　動

　「波」と言われていったい何を連想するだろう．広い海原を伝わる波を思い浮かべる人は多いだろう．ロープを振って伝わる波を思い浮かべる人もいるかもしれない．音も波の一種だということを知っている人も多いだろう．フルートや笛が音色を出すのも，瓶に口をあてて吹くと音が出るのも気体の振動が波として伝わっていることによるのだから．バイオリンやギターの弦が振動することも波に入れることができる．さらに私たちにとって身近な光もまた波である．このように考えてみると私たちは波に囲まれて暮らしているといっても良いくらいだ．最近では，サッカーの試合やポップコンサートなどに行くと，「ウェーブ（波）」を頻繁に体験する．このように，一見全く違うように見えることがらが「波」というキーワードで結びついているのは大変おもしろい．

　この章では，「波」とは何だろう，「波」とはどんな性質を持っているのだろう，「波」を使ったことがらにはどんなものがあるのだろう，こうした疑問に答えながら，「波」の本質を探っていこう．

3.1　波とは

　コンサートの「ウェーブ」を例にとって波を考えてみよう．「ウェーブ」は物理学でいう波には当たらないかもしれないが，「波」とは何かということを考えるには良い題材である．あなたは今観客の一人として多くの観客のなかにいるとしよう．コンサートは盛り上がってきて，そのうち遠くの方から何やら人の動きが見られるようになる．観客は立ったり座ったりして「ウェーブ」を行っている．「ウェーブ」が自分に近付いてきたら，タイミング良く立ちあがろう．そのタイミングは隣の人の動きが合図である．隣の人が動き始めたら，少しタイミングをずらして立ち上がってみよう．「ウェーブ」はうまい具合に通り過ぎていくだろう．ほっとしたのもつかの間，また次の「ウェーブ」がやってくる．そのうちだんだん慣れてきて，「ウェーブ」はうまく伝わるようになる．遠くから見ると本当に波のように人の動きが伝わっているのが分かる．

　ここでちょっと考えてみると，波は横方向に伝わっていくが，人は横方向には全く移動していないことに気が付く．伝えているのは人が立ち上がって座るという動作だけである．そういえば，海に浮かぶ水鳥だって波に浮かんで上ったり下ったりしているのは見かけるが，ちっとも陸地まで運ばれているようには見えない．このように波はそれを伝えるもの（媒質）は運ばずにその動きだけを伝えていくのである．光は真空中でも伝わるので，光を伝える媒質が真空中にもきっとあるに違いないと考えて，物理学者たちは20世紀初めにその仮想的な媒質に「エーテル」という名前をつけた．その存在を示そうと数々の実験が行われてきたが，ついに見つけることができなかった．光は波としては特別なものだが，波としての一般的な性質はすべて示す立派な波である．

第 3 章 波 動

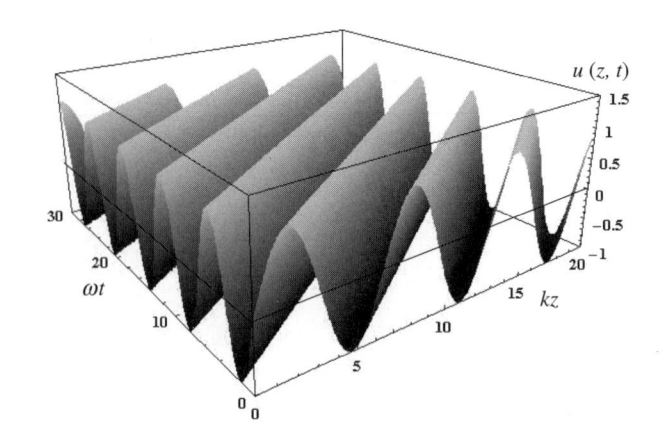

図 3.1 $\sin(kz - \omega t)$ の波の 3 次元グラフ

3.2 波を式で表す

「ウェーブ」を例にとり，波の性質を表すいくつかの用語を導入しよう．「ウエーブ」を行う人が隣の人の動きに合わせて精一杯立ち上がってから座ることにしよう．それに釣られてあなたも精一杯立ち上がるとそれが伝わり，全体にメリハリのついた「ウェーブ」ができるだろう．もし，中腰ほどしか立ち上がらないとするとあまりはっきりした「ウェーブ」はできないかもしれない．波を伝える動きの大きさのことを**振幅**とよぶ．

一方，隣の人の動きに素早く反応して立ち上がると波は速く伝わっていく．この伝わる速さが波の速さになる．こんなことはあまりしないだろうが，もし立ち上がる代わりに隣の人の座席に移動してまた戻るような動きをすると，はっきりしないかもしれないが，やはり「ウェーブ」は見られるだろう．波の伝わる方向は同じだが，人の動く方向がまったく異なっている．波の伝わる方向に動く場合を**縦波**といい，気体や液体中の音波がそれに当たる．一方，直角な方向に動く場合を**横波**と言う．横波にも立ったり座ったりする動きと体を前後に動かす場合がある．気体や液体中を伝わる光の場合は横波だが，動きの方向を特に**偏光**方向といっている．太陽や電球の光はいろいろな方向に振動する横波の集まりで偏光方向が定まっていない（無偏光）が，水面からの反射光や青空などは少し偏った光となっている．また，レーザーの光はたいてい偏光している．波の性質を組み合わせると，きっといろいろなタイプの「ウェーブ」ができるだろう．

繰り返される波は一般に次のような三角関数で表される．[1]

$$u(z,t) = u_0 \sin(kz - \omega t + \phi) \tag{3.1}$$

この式がどのような波を表しているかは図 3.1 をみると分かる．まず，時間をとめて，時刻 $t = 0$ での波形を見てみよう．図 3.1 は $\phi = 0$ の場合を示すが，$\phi \neq 0$ の場合は，原点 ($z = 0$) で波が少しずれる．$kz - \omega t + \phi$ を位相といっている．したがって，ϕ は原点における位相のずれを表す．上の式は

---

[1] $u(z,t) = u_0 \cos(kz - \omega t + \phi)$ と書いても構わない．$\phi = \phi' + \pi/2$ とおくと同じになる．

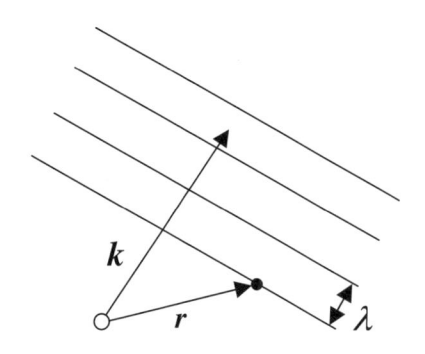

図 3.2 k 方向に進む平面波

三角関数だから，z 軸に沿って，周期が $2\pi/k$ で繰り返される波を表す．この周期を $\lambda(=2\pi/k)$ と書いて，**波長**とよんでいる．このとき，波の振幅は最大 u_0 から $-u_0$ の間を振動する．波の周期が $2\pi/k$ で表されるので，単位長さあたりの波の数は $k/(2\pi)$ となり，k のことを**波数**とよんでいる．

次は場所を決めて，時間を変化させてみよう．このため，$z=0$ の場所に着目すると，今度は時間とともに振動する三角関数になるので，周期が $2\pi/\omega$ で繰り返される振動を表す．単位時間にどれだけ振動するかは，その逆数 $\nu(=\omega/2\pi)$ から求められる．ν のことを**振動数**といって，1 秒間あたりに振動する回数を表し，その単位を Hz（ヘルツ）で表す．一方，$\omega(=2\pi\nu)$ のことを**角振動数**とよび，すでに第 2 章で学んだ．

今，時刻 $t=0$ で波のある一点に（たとえば山のピーク）に注目して，この点がどのように動いていくか調べてみよう．図 3.1 を見ると，時間とともに山は右の方，つまり z 軸の正の方向に少しずつ動いていく様子が分かる．ちょうど 1 周期分，つまり λ だけ動くのにかかる時間は $k\lambda-\omega t=0$ から求められ，$t=1/\nu$ となる．これから，波の動く速さは，$v=\lambda\nu=\omega/k$ となる．

同様に左側（z 軸の負の方向）に動く波は

$$u(z,t)=u_0\sin(kz+\omega t+\phi) \tag{3.2}$$

と書ける．z 軸の方向ではなく，空間の任意の方向に向かう波は

$$u(\boldsymbol{r},t)=u_0\sin(\boldsymbol{k}\cdot\boldsymbol{r}-\omega t+\phi) \tag{3.3}$$

のように表すことができる．$\boldsymbol{k}$ と $\boldsymbol{r}$ はベクトルで，それぞれ波数ベクトルと位置ベクトルとよんでいる．この波がどちらを向いて動いていくかは図 3.2 を見ると分かるが，波は波数ベクトル $\boldsymbol{k}$ の方向に進んでいく．内積 $\boldsymbol{k}\cdot\boldsymbol{r}$ が一定の面を波面とよんでいる．この波は空間全体に広がっていて，波面が平面なので**平面波**とよんでいる．それに対して波面が球状になる波もあり，**球面波**とよんでいる．

波は媒質を伝えずその動きだけを伝えていく．このとき伝わるのはエネルギーである．波のエネルギーは振幅の自乗に比例している．単位時間あたりに単位面積を伝わる波のエネルギーを**波の強さ**という．このように光や音の強さも伝わるエネルギーの量で表現する．

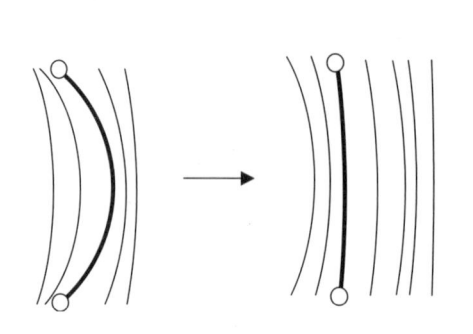

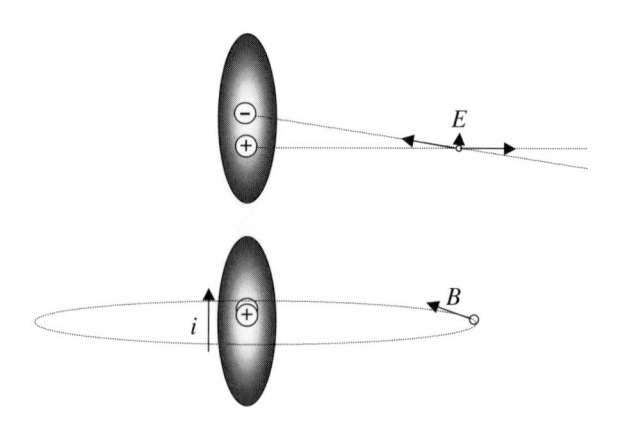

図 3.3 太鼓をたたくことによる空気の振動の様子

図 3.4 電子の振動により光の発生する原理

3.3 いろいろな波

　波はどのようにしてできるのだろう．また，どのように伝わっていくのだろう．これを説明するために，代表的な波である音と光について述べていきたい．音は物体の振動が空気や水などの媒質中を伝わっていく現象である．図 3.3 は太鼓をたたくことにより太鼓に張られた膜が振動し，その振動が空気に伝わっていく様子を描いている．膜が変形すると膨らんだ面では空気が押し付けられるために膜のすぐ脇の空気は圧縮される．一方膜がへこんだ面では膨張して空気は薄くなる．膜は時間とともに元の形に戻ってきて，今度は逆側に膨れていく．当然空気も今度は逆側が圧縮され，それまで圧縮していた側が膨張するが，はじめに圧縮していた空気は太鼓から遠いほうの空気を押し付けるので，圧縮された部分は空気中を伝わっていく．反対側も同じで膨張していた空気の隣の空気は太鼓側に引き寄せられるので，膨張していた部分は太鼓から遠い方向に伝わっていく．太鼓の膜が振動するとこれが繰り返され，膨張・圧縮を繰り返した空気が伝わっていく．空気の動きを見ると，進行方向に平行な動きとして見られるので，音波は上で述べた縦波として空気中を伝わっていく．

　媒質が空気以外でも音波は伝わる．むしろ，水や固体などでは空気よりもかなり速く伝わり，金属などでは空気中より 10 倍以上大きい速度で伝わる．空気中で伝わる音の速さがそれほど速くはないので，私たちは身近ないろいろなことがらから音が伝わる速さを感じとることができる．1 つは雷で，雷鳴と稲妻は空気中で起きる放電現象によるが，発生する場所が同じであるのにもかかわらず光と音の速さが異なるため，光ってからしばらくしないと雷が聞こえないことはよく知られている．この時間の差から雷が起きている場所までの距離を計算することができる．音速を 340 m/s とし，時間差を t 秒とすると，雷までの距離はおよそ $340t$ m となる．また，遠くの山に向かって叫ぶと「こだま」が聞こえるが，これも山に当たって戻ってきた音が聞こえていることによっている．野外で行われたポップコンサートでも面白い光景が見られることがある．前方の歌手の歌に合わせて観客が手を振っているのだが，観客は歌に合わせているつもりでも，あまりに観客数が多いため，遠くの人は音の伝わる速さだけ遅れてしまう．それで上空から見ると手を振る動作がまるで波のように近くから遠くへ伝わっている様子が見られるのである．

音の速さを基準とした単位にマッハというのがあり，航空機の速さをあらわすのによく使われている．マッハ1というのは音速と等しく，航空機がマッハ1で直線的に飛んでいると，航空機から発生された音は航空機といっしょに伝わっている．航空機は常に大きな音を出しているから，以前に出した音と新たに発生した音が重なり非常に大きな音となって航空機と共に伝わっていることになる．航空機が何らかの都合で向きを変えると，音はそのまま直線的に伝わっていくので，地上にぶつかったときはかなりの被害を出すことがある．これを**衝撃波**といっている．

音は物体の振動が伝わったものだが，光は何から発生するのだろう．実は，光は荷電粒子の運動から発生しているのである．物体は原子からできているが，原子は原子核と電子から成り立っている．いま，図3.4のように何らかの原因で電子が原子核の周りで振動をはじめたとする．遠くでその振動を見ていると電子のもつ負電荷と原子核のもつ正電荷の影響で図のような電場を感じる．この電場が振動にあわせて向きを変える．一方，電子が動くと電流が流れ，電流が流れると周辺に磁場を生じるので，観測点で磁場も感じることになる．磁場の向きは電場に直角である．また，電子がもっとも大きく変位したときに電場は最大になるが，磁場の大きさはゼロになる．一方，原子核と電子の重心が重なったときが磁場がもっとも大きくなるが，このとき電場はゼロになる．このように振動する電子を遠くから眺めると，電場と磁場が交互に振動しながら発生していることが分かる．このとき，電子の動きによって発生する電場と磁場の振動が光速cで伝わっていくとすると，振動が波のように光速で伝わっていく．これが光の発生である．このように光は真空中で媒質がないにもかかわらず伝わっていく．それでは初めに電子を振動させていたものは何なのだろう．これには2つの原因がある．1つは外からきた光の電場により振動させられる現象で，これを誘導放出とよんでいる．もう1つは原子がエネルギーをもらって自発的に振動する現象でこれを自然放出とよんでいる．われわれの身の回りのほとんどの光は自然放出により光を発しているが，この現象の説明には量子力学の登場を待つよりほかはないのである．

3.4 波の屈折

波が1つの物質から別の物質に入ったときの振る舞いについて考えてみよう．上で述べたように物質中での波の速さは$v = \lambda \nu$で表される．2種類の物質中を伝わる波の速さの比を表す量を**屈折率**といってnという記号で表す．たとえば，AとBという物質中の波の速さをv_aとv_bで表すと

$$v_\mathrm{a}/v_\mathrm{b} = n_\mathrm{ab} \tag{3.4}$$

と表される．物質中を伝わる波の振動数は別の物質に入っても変化しないので，速さの変化はまた波の波長の変化として考えることもできる．つまり

$$\lambda_\mathrm{a}/\lambda_\mathrm{b} = n_\mathrm{ab} \tag{3.5}$$

となる．光に対しては真空中での速さや波長を基準にして物質の屈折率を決め，単に屈折率とよんでいる．例えば，25℃での水の屈折率が1.333というのは，水中での光の速さが真空中の1/1.333であることを示している．

第 3 章 波 動

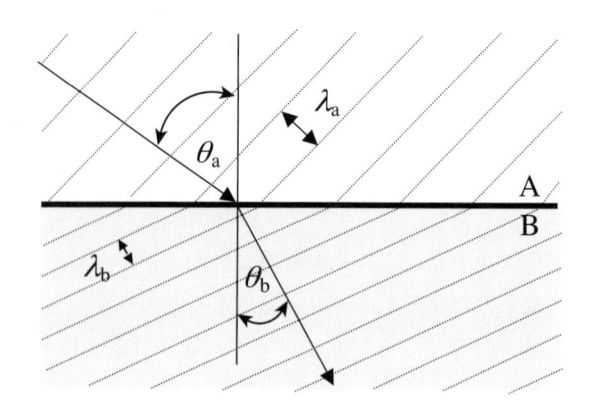

図 3.5 波面が界面で一致することを用いた波の屈折現象の説明

物質中で波長が変化することを用いると，波の屈折現象を簡単に説明することができる．図 3.5 に示すように，物質 A 中を伝わってきた（平面）波が角度 θ_a で物質 B と接している界面にやってきたとしよう．物質 B 中では波長が変化するから，界面でちょうど波面が一致するためにはどうしても B の中で波面の向きを変えて伝わる必要がある．このときは図からも分かるように

$$\sin\theta_a = n_{ab}\sin\theta_b \tag{3.6}$$

という関係が成り立つ．これを**スネルの法則**(W. Snel, 1580–1626) という．図 3.5 から分かるが，B 中で波長が長いと屈折の方向は浅くなる方向になる．もし，図 3.5 の B から A に光が入ってきたとして，入射角を増していくと，A 中の波長ではどうしても界面で波面を合わせることができないときがある．このときは波は A 中を伝わることができずに，結局界面で反射されてしまう．これを**全反射**という．全反射されるぎりぎりの入射角は A で波が界面に沿って進む場合として求めることができる．この角度を臨界角 θ_c といい，

$$\sin\theta_c = 1/n_{ab} \tag{3.7}$$

で求められる．全反射は波長が短い物質から長い物質に入るときに起きる現象である．

屈折の法則は波の波長が変化するとして説明できるほかに，波の伝わる速さが異なる点に着目して説明することもできる．このときは少し想像力をたくましくして，波が媒質を伝わるのは，伝わってきた波が空間のある点に作用してそこから新たに波を発生する現象を使っているのだと考えるのである．これを**ホイヘンスの原理**（C. Huygens, 1629–1695）という．真空中を光の平面波が伝わる場合も，空間の 1 つ 1 つの点から新たに発生した波が球面波として発生しているのだと考えるのである．いくつもの点から発生した球面波は重なりあってあたかも平面波のようになり伝わっていく．

界面でも同じ様なことが起こる．物質 A から物質 B へ入ってきた波は界面の 1 つ 1 つの点で球面波をつくるのだが，B の中では波の進む速さが異なるので，A の中とは大きさの異なる半球を描いて波紋が広がる．平面波が界面に対して斜めに入ってきたときには界面に到達する時間が少しずつずれるので，その分だけ界面から発せられた球面波の波紋の大きさは異なる．この半球が重なり合って 1 つ

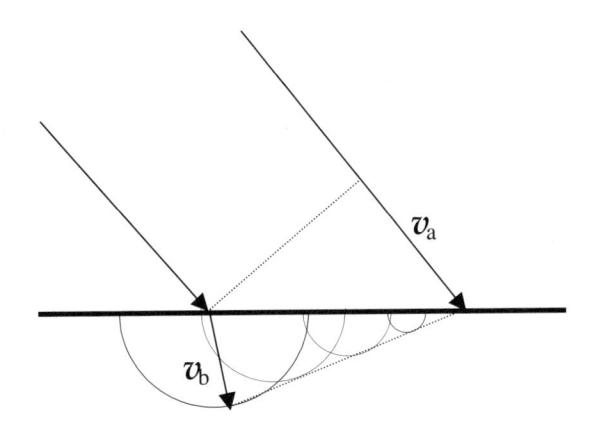

図 3.6 ホイヘンスの原理を用いた波の屈折現象の説明

の波面を作り出すと考えるのである．波の速さが媒質で異なると，図 3.6 のように発生した波の方向が波の入ってきた方向とずれていくことが分かる．このときの波の進む方向については上で述べたスネルの法則が成り立つ．この 2 つの考えは，上の例では波長が異なることを用い，下の例では速さが異なることを用いているが，どちらも同じ考え方によっている．屈折や全反射が一番良く分かるのは，光の場合である．風呂の湯につかって自分の手を見ると指が短くなっているような気がする．これは光の屈折を用いて説明することができる．短く見えるのは人の目には光がまっすぐ進んでくると感じてしまうからである．全反射を体験するにはプールに入って一度潜ってみよう．そうして遠くの水面を見上げると，水面が鏡のように見えるのを体験することができる．これは全反射によって水の中を伝わってきた光が外に出られず水面で反射しているためである．自然現象の中でも屈折が関係した現象は多い．しんきろうや逃げ水といった現象がそれである．しんきろうは砂漠の中で遠くの景色が浮かび上がって見える現象だが，これは太陽により暖められた空気が地表近くでは膨張して屈折率が小さくなるので，遠くからの景色は屈折し，あたかも浮かび上がっているように見えるのである．このほかにも，太陽が沈むときに形がゆがんで見えることやかげろうが立っているときにゆらゆら揺れて見える現象なども空気の屈折率が場所によって異なることによる屈折現象として説明することができる．

　屈折を利用したものにレンズがある．レンズは主に光線を集めたり広げたりするのに使われるが，超音波のような音波に対しても使われることがある．凸レンズは中心部が厚いレンズだが，平面波が入射すると中心部を通る波は屈折率の大きいレンズの媒質を通るため遅れてしまう．一方，周辺部ではレンズは薄いので波は遅れずに来る．したがって凸レンズを通った後は，中心の波面は遅れ，周辺の波面は進んだ球面波になる．球面波は次第に半径を小さくしてついには**焦点**を結ぶことになる．どれだけ中心部分で波面が遅れるかはレンズの厚さによるが，厚いほど波面の遅れは大きく，その結果，球面波の半径は小さくなり，早く焦点を結ぶ．薄いレンズの場合，平面波を入れたときにレンズから焦点までの距離を**焦点距離**といい f で表す．

　レンズでどのような像ができるかは，幾何学的に求めることができる．図 3.7 のように凸レンズから a だけ離れた所においた像から発せられた光はレンズから b だけ離れた場所に逆向きの像をつく

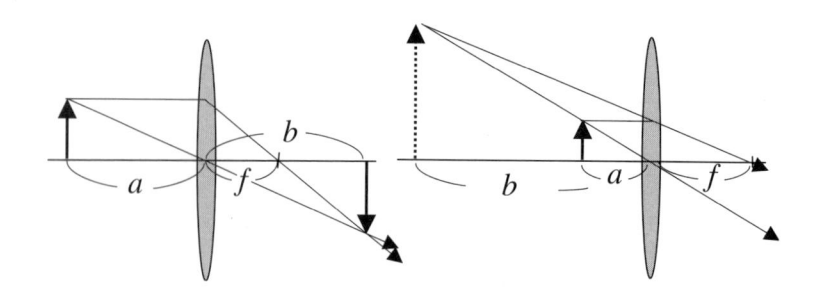

図 3.7 凸レンズによる結像

る．このとき
$$\frac{1}{a} + \frac{1}{b} = \frac{1}{f} \tag{3.8}$$
という関係が成り立つ．これを**レンズの公式**という．もとの光源の大きさに対する像の大きさを倍率というが，図 3.7 より $M = b/a$ として求められる．像が凸レンズから f 以内の距離に置かれた場合には像をつくることができない．このとき，レンズに目を近づけてみると実物より大きな像を見ることができる．これはあたかも大きな像が b の位置に置かれているように目では感じてしまうためである．このように実際にはないが目では見えてしまう像を**虚像**といっている．これに対して，最初に述べたような像はそこにスクリーンを置けば見ることができるので**実像**といっている．このときの元の像と虚像の位置の間には $1/a - 1/b = 1/f$ の関係が成り立つが，凸レンズでできる像の位置を正にとり，逆向きを負にとることで凸レンズと同じレンズの公式で表すことができる．焦点距離の外に光源をおいたときの凹レンズも虚像をつくる．顕微鏡や望遠鏡は対物レンズでつくられた実像を接眼レンズで虚像として見ることで，像を拡大して見ることができる装置である．

3.5 波の反射

次に壁による波の反射を考えてみよう．反射を考えるにはまずロープを伝わる波を考えると良いだろう．ロープの端を結わえてからロープをちょっと揺らせて波を起こしてみよう．波はロープの一時的なたわみ（パルスということにする）として伝わっていき，パルスがちょうど結わえた所にたどり着くと，今度は逆にたわんで跳ね返されてくる．このようにロープの端を固定する場合を**固定端での反射**という．反射を考えるときは進んでいく波と反射されてくる波の 2 つの波を考える必要がある．この 2 つは重なり合ってロープを伝わっているが，条件が 1 つある．それは固定端の位置では 2 つの波が重なり合ってもロープは動かないというものである．この条件が入ると，反射されるパルスの膨らむ方向と位置は自ずと決まってしまう．図 3.8 で表したように進んで行くパルスとそっくり同じパルスが振幅を逆にして逆方向から伝わってきたと考えることで，上の条件が満足される．一方，端を結わえていないとどうなるだろう．この場合を**自由端での反射**というが，自由端では固定端のような制限はないのでパルスは位相を反転する（位相が π だけずれる）ことなくちょうど端で折り返されるように反射されてくる．やはり固定端と同じように，進むパルスと反射されるパルスは重なり合うので，

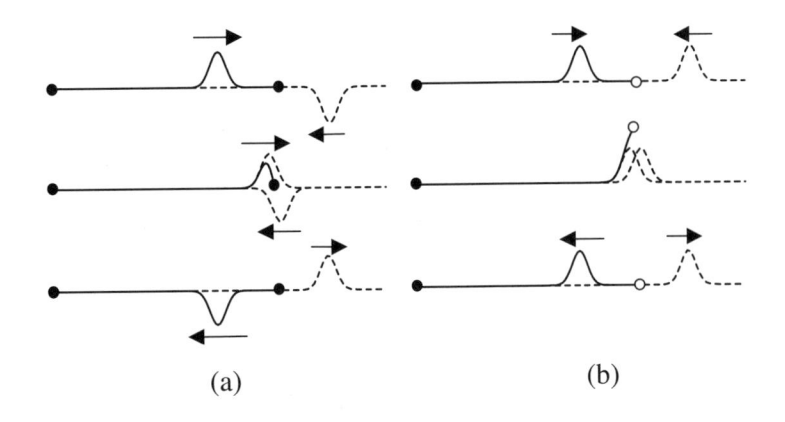

図 3.8 (a) 固定端，(b) 開放端でのパルス波の反射

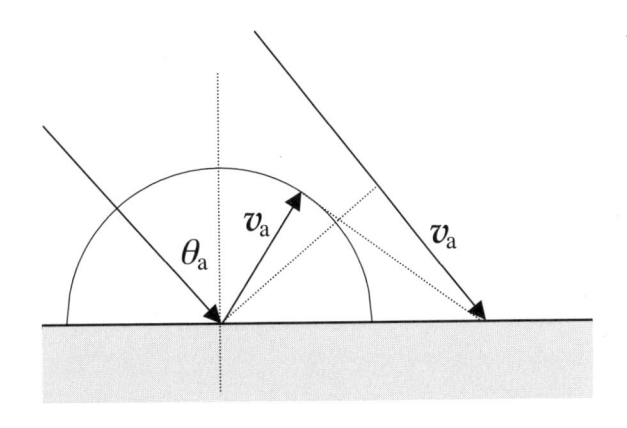

図 3.9 ホイヘンスの原理を用いた波の反射の説明

自由端では2倍の振幅で振れることになる．

ロープではなしに音や光の波が異なる物質に当たって反射されるときはどうなるだろう．このときは反射と同時に屈折も起きる．反射される波の方向は上で出てきたホイヘンスの原理を用いて表すことができる．図3.9に示すように，屈折の場合と同じように界面の各点から発せられた球面波は重なり合って，反射する波の波面を作り上げている．屈折と異なるのはその半径が物質Aの中での速さに従うという点である．したがって，その方向は界面に垂直な法線に対して対称に入射角θ_aと同じ角度で反射していく．

反射される波の位相はどうなるだろう．このときはちょうどロープと同じような現象が起きる．もし，物質Aより物質Bの方が波の速さが遅い場合，つまり，屈折率$n_{ab} > 1$の場合には位相が反転して反射される．これに対して，波の速さが速い場合には位相は反転されない．光が反射される現象には屈折率の異なる物質に入った場合のほか，上で述べた全反射，および，金属表面での反射などがある．それぞれ入射した光のうち反射される光の割合（反射率）や反射される波の位相の変化などに違いがある．

3.6 定常波と共鳴

反射のときにこれまでに述べたようなパルスではなしに，三角関数で表されるような波が定常的に伝わっている場合はどうなるだろう．この場合は進む波と反射される波が重なり合って，時間的に振動する一定の形の波を作り出す．これを**定常波**，または，**定在波**という．波のある一点だけに着目すると前に説明したようにロープ上の点は伝わることなく上下に振動するだけだが，定常波が違う点は場所によって大きく振動するところと全く振動しないところがあることである．前者を**腹**といい，後者を**節**と言っている．腹と節があることは最近の地震での高いビルの揺れ方でも見られている．特定の階では大きく揺れたのに中央付近ではあまり揺れなかったということがいわれている．節の所は安全かというとそこには大きな力が加わってビルが途中で崩れてしまった例も見られる．

定常波は同じところが振動しているだけなのであまり波らしくはないが，この場合は2つの逆方向に進む波が重なりあっていると考える．式を用いて定常波を書き表すと，z軸に沿って互いに逆方向に進む2つの波の重ね合わせとして

$$u_0 \sin(kz - \omega t + \phi) + u_0 \sin(kz + \omega t + \phi) = 2u_0 \sin(kz + \phi) \cos \omega t \tag{3.9}$$

と書ける．定常波の形は$\sin(kz+\phi)$で与えられ，時間的な変化は$\cos \omega t$で表される．$\sin(kz+\phi)$の項が0となるところは$kz+\phi = m\pi$（mは整数），つまり，$z = (m\pi - \phi)/k$を満足するところで節ができる．節と節との間隔は$\pi/k(=\lambda/2)$となる．このように波と波が重なり合ったときにそれぞれの振幅の足し算で書き表されることを**重ね合わせの原理**といっている．

波が一定の長さのところを行ったり来たりする場合には定常波は特に重要になる．両端を結わえたロープを周期的に揺らすことを考えてみよう．先ほどと同様に波はロープを伝わっていき，固定端Pで反射される．反射された波は別の固定端Qで再び反射され，往復する波は重なり合うので定常波になる．この場合は両端で振幅がゼロになるという条件を加えるので，先ほどより条件がきつくなっている．この条件で許される波は，図3.10で表されるように，両端で節になるような定常波をつくる場合のみである．今，ロープの長さをLとすると$m\pi = kL$となる．すなわち，$2L = m\lambda$を満足する波だけがロープの振動として存在することになる．自由端の場合も同様で，このときは両端が腹になるような波だけが存在することになる．その条件は同じく$2L = m\lambda$で表される．このように周期的に振動させると特定の波だけがつくられることを，**共振**あるいは**共鳴**とよんでいる．また，mで定められた波のことを**モード**とよんでいる．

バイオリンなどの弦楽器で指を押さえる場所を変化させると音が変化するのも，Lを変えることで共振する波の振動数を変えているのが原因である．音の場合は気柱の振動がそれにあたり，両端があいた笛で特定の音が鳴るのもこの共振現象を用いている．光の場合は両端に鏡を置いて光を反射させ，光を何度も往復させることで共振状態を得ることができる．レーザー発振で決まった波長の光が発せられるのはこれを用いた現象である．

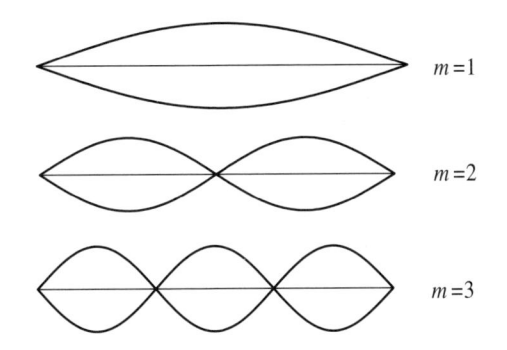

図 3.10 両端が固定されたロープにできる定常波

3.7 波の回折

3.4 節で出てきたホイヘンスの原理によると，波が伝わるのは入射した波が空間の各点に作用して球面波を作りだし，それらが重なり合って新しい波がつくられるとして説明される．この原理を用いて，**波の回折**を考えていこう．いま，空間を上に向かって平面波が伝わっているとする．ある場所に縦にスリット（溝）の入った薄い板をおいてこの波が伝わるのを邪魔することにする．波はスリットのわずかな隙間を除いて板によって完全に遮られてしまう．スリットを通り抜けた波はスリットの形のままでまっすぐ進んでいくだろうか．実は波はスリットがあるためにかえって広がって進んでいくのである．この現象を**回折**といっている．回折により波がどのように広がっていくかは，図 3.11 のように理解することができる．十分に細長いスリットを考え，角度が θ 方向に進む波はスリットの中に幅が Δx の場所を考えて，いろいろな場所から発せられた球面波の和として伝わっていく．従って，波の振幅の和を求めると

$$\int_{-a/2}^{a/2} dx u_0 \sin(kr_\theta + kx\sin\theta - \omega t + \phi)$$
$$= -u_0\{\cos(kr_\theta + ka\sin\theta/2 - \omega t + \phi) - \cos(kr_\theta - ka\sin\theta/2 - \omega t + \phi)\}/(k\sin\theta)$$
$$= 2u_0 \sin(ka\sin\theta/2)\sin(kr_\theta - \omega t + \phi)/(k\sin\theta)$$

となる．ここで，r_θ は θ 方向にとった座標を表す．この関数は複雑だが，$\sin(kr_\theta - \omega t + \phi)$ の項は θ 方向に進む波を示しているから，残りの項 $2u_0 \sin(ka\sin\theta/2)/(k\sin\theta)$ が振幅を表す．いろいろな方向に対して，振幅の大きさを計算してみると図 3.12 のようになる．光は直進方向がもっとも強いが，必ずしも直進ばかりではなく斜めの方向にも見られる．m をゼロ以外の整数とすると，$ka\sin\theta/2 = m\pi$ のところで光が全く消えてしまう点が見られる．この点はいろいろな場所から発せられた光がすこしずつ位相をずらして重なり合い，ちょうどうち消し合った点として理解することができる．この式からも分かるが，スリット幅 a が大きいほど，光はより直進しやすくなり，小さいほど光は広がってしまう．a の幅のスリットによる光の広がり角 θ は，およそ $\sin\theta \simeq \lambda/a$ と表される．スリットを狭くして光の位置を決めると方向が広がってしまい，逆に，スリットを広くして位置を広げると方向が定まってくるのは，光の位置と方向との間の**不確定性関係**として理解することができる．

第3章　波動

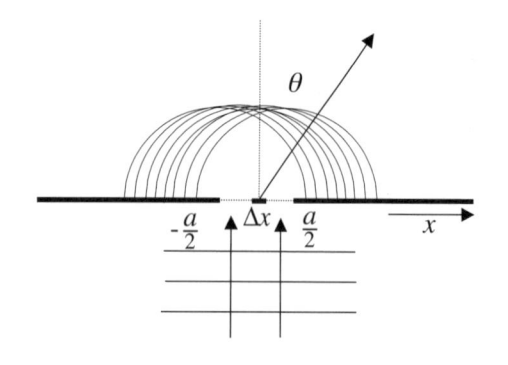

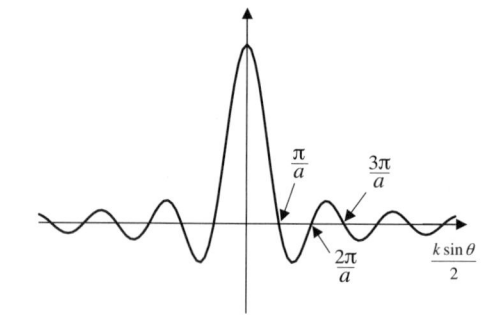

図 3.11 ホイヘンスの原理を用いた波の回折現象の説明

図 3.12 スリットによる波の回折. グラフは θ 方向の波の振幅を表す.

スリットの出口にレンズをおいてレンズの焦点距離 f の位置にスクリーンをおいて観察すると, スリットにより回折された光の回折方向の違いをスクリーン上の位置の違いとしてみることができる. これは同じ方向に進む光は焦点面上の一点に焦点を結ぶというレンズの作用を利用したものである. 入射角が θ の場合の焦点の位置が中心から x だけ離れているとすると, $x = f \tan\theta \approx f \sin\theta$ の関係がある.

回折はいかにも波らしい性質で, 我々の身近にも多くの現象が関係している. 例えば, 鉛筆を2本接近させて光の方を見ると, 隙間に縞模様が見えたり, 雨戸の小さな隙間から漏れてくる光が広がって見えたりするのは回折のためである. また, ラジオが山の陰の隠れた場所でも聞こえるのは直進する電波が山の端で回折されたためと考えられる. 月に光を反射するコーナーキューブを置き, 地球からレーザーの光を打ち上げてその反射から月と地球との距離が測定されているが, このために地球上から打ち上げるレーザービームは口径の大きな光ビームが必要である. これも回折をできるだけ防ぎ光を直進させる工夫の1つである.

例題1 月にレーザー光線を打ち上げようと思う. 月の表面上で光の広がりが 10 m にするためには, レーザーのビーム径はいくらにすればよいか. ただし, 月面までの距離は 3.8×10^7 m, レーザーの波長は 5×10^{-7} m とする.

解 レーザー光線を考える代わりに, 上で述べたように平面波が幅 a のスリットに入射しているとして考えよう. すると, 回折の式から, スリットによる光の回折広がりは $k \sin\theta = 2\pi/a$ で表される. スリット幅はかなり広いとすると, $\sin\theta \simeq \theta$ が成り立つ. そこで, 月面までの距離を L, 光の波長を λ とすると, 月面での光の広がりは, $L\lambda/a$ で表される. 実際の値, $L = 3.8 \times 10^7$ m と $\lambda = 5 \times 10^{-7}$ m を代入すれば, $a = 1.9$ m が得られる.

3.8　波の干渉

向きの異なった2つの平面波が進行して波同士が重なり合っている. このとき, 波の山どうしが重なると山が高くなり, 逆に谷同士が重なると谷が深くなる. このように波同士が重なると重ね合わせの

3.8 波の干渉

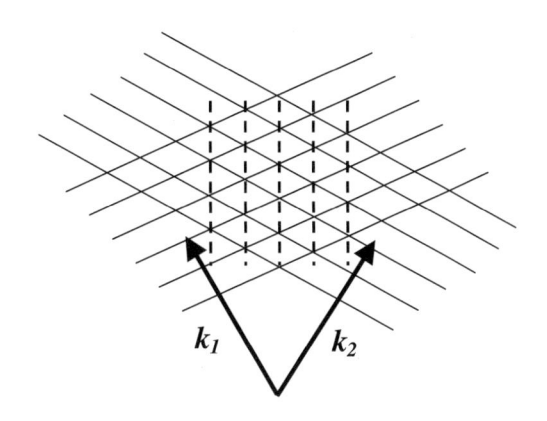

図 3.13 向きの異なる平面波の干渉

原理により，それぞれの和によって全体の波を形成することになる．これを**波の干渉**という．図 3.13 に示すように向きの異なる波同士が重なった場合には，波面が進行していても常に山同士が重なる部分があって，筋状に干渉模様ができる．この筋と筋との間隔は $\lambda/\{2\sin(\theta/2)\}$ となり，2 つの波の交差角 θ によって決まる．式からも分かるが，交差角が大きいと筋の間隔は小さくなる．交差角がちょうど $180°$ になった場合が，上で取り扱った定常波になる．こうした波の模様は池に石を 2 つ投げて波紋をつくった場合などによく見られる．

波同士を干渉させる実験にはいろいろなタイプがあるが，もっとも簡単なのは**ヤングの干渉実験**(T. Young，1773-1829) とよばれる光の干渉を用いた実験である．図 3.14 のように平面波が進む方向に，極めて幅の狭いスリットが 2 つ刻んである薄板を置く．スリットを通過した波は回折により広がるが，十分に狭いスリットだと前面にほぼ一様に光は広がるので，スリット A で広がった波と B で広がった波はスクリーン上で重なり合って干渉する．この重なり合いはスリットを出た波の進む方向により異なり，干渉模様をスクリーン上に作り出す．細長いスリットだと干渉模様も筋状に何本も見ることができる．この様子を式で表してみよう．2 つのスリットの間隔を d として，また，スリットの幅は十分に狭いとする．このとき，θ 方向に進む波の振幅は

$$u_0 \sin(kr_\theta - kd\sin\theta/2 - \omega t + \phi) + u_0 \sin(kr_\theta + kd\sin\theta/2 - \omega t + \phi)$$
$$= 2u_0 \cos(kd\sin\theta/2)\sin(kr_\theta - \omega t + \phi)$$

で表される．左辺第 1 項は A を通過した波，第 2 項は B を通過した波を表している．右辺の $\sin(kr_\theta - \omega t + \phi)$ の項は θ 方向に伝わる波を表しているから，残りの項 $2u_0\cos(kd\sin\theta/2)$ は振幅を表している．この式からも分かるが，$kd\sin\theta/2 = \pm\pi/2, \pm 3\pi/2, \cdots$ のとき，振幅は 0 となり**暗線**が見られる．これは，スリット A と B から発せられた波が $\pi, 3\pi, \cdots$ だけ位相がずれて重なり合うことに対応している．

スリットが規則正しく何本もある場合の振幅を図 3.15 に表す．スリット 2 本の場合と異なる点はスリットの数が増えるに従って，明るい部分がより先鋭化していく点である．つまり，スリット 1 本だけ

第 3 章 波 動

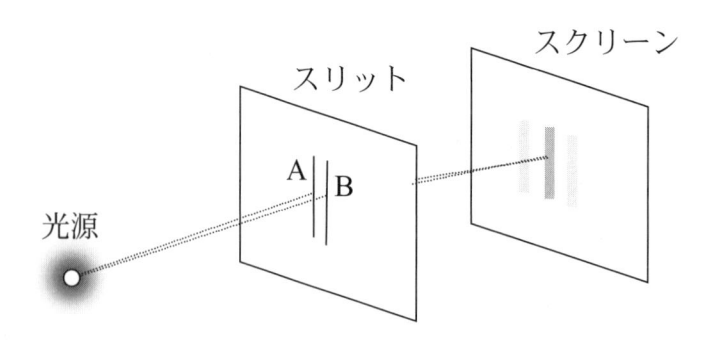

図 3.14 ヤングの干渉実験の実験配置

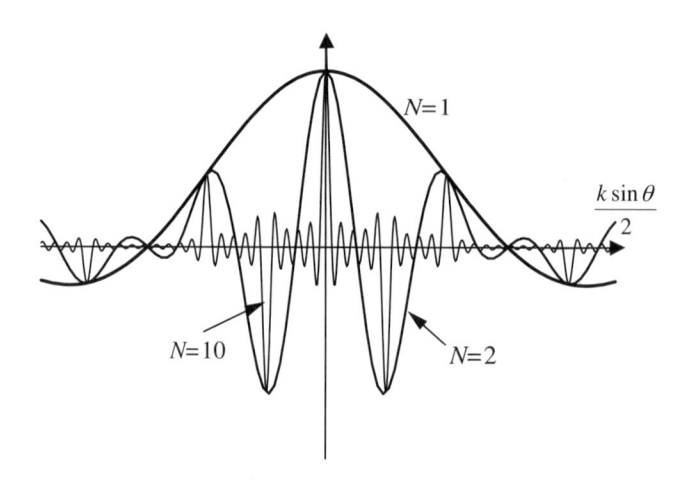

図 3.15 1, 2, 10 本のスリットが等間隔に並んでいたときの干渉による θ 方向への波の振幅

の時は回折によりぼんやりとしていた像が，2 本になると縞模様が生じ，数が増えるに従って**明線**がはっきりしてくるのである．それぞれの明線の位置や暗線の位置はスリットの数が増えても変わらない．明線の位置は $kd\sin\theta/2 = 0, \pm\pi, \pm 2\pi, \cdots$ となる．$k = 2\pi/\lambda$ だから，波の波長により，明線の現れる角度がずれてしまうことが分かる．この現象を用いると，波の中にどんな波長の波が含まれているかを調べることができる．このような素子は光の分野では多く使われていて，**回折格子**という名前でよばれている．回折格子は分光器などに入れられて，光を色に分解（分光）するのに用いられている．

波の干渉を利用した機器として**マイケルソンの干渉計**がある．この干渉計はマイケルソン（A. A. Michelson, 1852–1931）とモーレイ（E. Morley, 1838–1923）が真空に満ちているかもしれない「エーテル」が本当に存在するのかどうかを確かめるために用いたので特に有名である．マイケルソンの干渉計は 1 枚の半透鏡（光を半分通過させ，半分反射させる鏡）と 2 枚の鏡から成り立っている．図 3.16 の左から入ってきた光は半透鏡 H で反射され鏡 A で再び反射される．半透鏡で光の一部が通過して，図の D に行く．一方，初めに半透鏡を通過した光は鏡 B で反射され，今度は半透鏡で反射

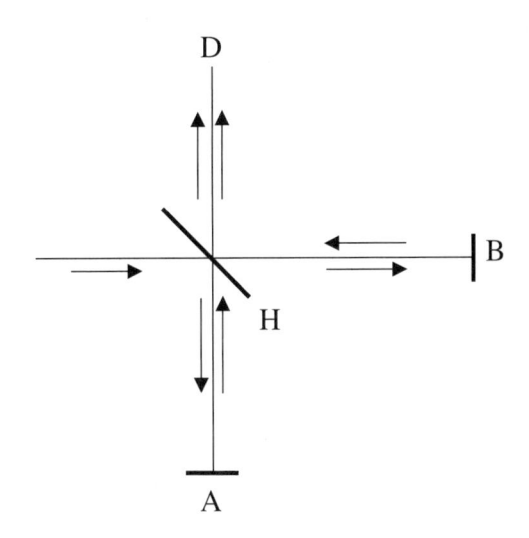

図 **3.16** マイケルソンの干渉計の原理

されDに向かう．AとBを反射された光はそれぞれ半透鏡で1回ずつ反射と透過を行っているので，強さは同じになる．実際の実験では机の振動や空気の流れなどがあるためかなり難しいが，鏡Aを前後に動かすと，Dで光が干渉して強くなったり弱くなったりするのが見られる．2つの行路の差をΔzとして，式で表すと

$$u_0 \sin(kz - \omega t + \phi) + u_0 \sin(kz + k\Delta z - \omega t + \phi)$$
$$= 2u_0 \cos(k\Delta z/2) u_0 \sin(kz + k\Delta z/2 - \omega t + \phi)$$

となり，$2u_0 \cos(k\Delta z/2)$ が振幅になる．強度は振幅の自乗に比例するので，Δz が $k\Delta z/2 = m\pi$（m は整数）を満足するたびに光は強くなる．光が1つの振動数の波だけでできている場合には光の強弱は永遠に続くが，多くの振動数の光が混じっているときには鏡を少し動かすと振動が見られなくなってしまう．これは，光の強弱の間隔が波長によって異なるので，1つの波長ではうち消しあっても別の波長では逆に強めあったりするためで，距離の差が大きくなると結果として光の強度は一定になってしまう．どの位ずらすと干渉が見えなくなるかを調べるとどのくらい違った波長の光が混じっているかが分かるので分光器として用いられる．

例題2 マイケルソン干渉計で2つの鏡を反射してきた光が干渉して打ち消しあったとき，入射した光はどこへいったのだろうか．

解 半透鏡Hの（振幅）透過率をt，（振幅）反射率をrとする．鏡A，鏡Bからきた光の振幅は共にtru_0となる．一方，半透鏡Hを透過，鏡Bで反射して再び半透鏡Hを透過した光の振幅は$t^2 u_0$，半透鏡Hを反射，鏡Aで反射して再び半透鏡Hを反射した光の振幅は$r^2 u_0$となり，入射方向に戻っていく成分をもっている．したがって，Dの場所で干渉のため光が消えてもその分は入射方向に戻る光が増加することになる．

第3章　波動

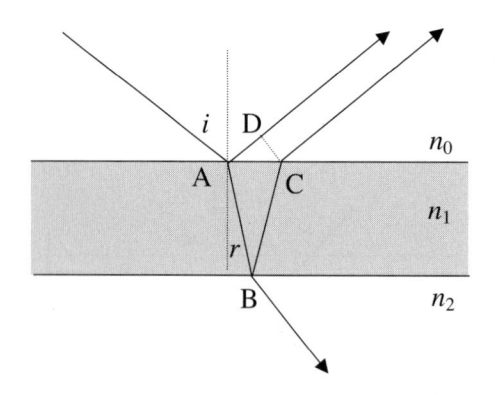

図 3.17 薄膜干渉の原理

　干渉でもう1つ触れておきたいのは薄膜による干渉である．眼鏡を斜めから見ると薄く色がついていることに気がつくと思うが，この色はレンズに無機物の薄膜がついていることによる干渉色なのである．図 3.17 に示すように，空気中でレンズに入ってきた光は薄膜の表面で屈折して進むが，一部は反射される．屈折した光は薄膜とレンズ媒質との間で再び屈折と反射を行う．2つの面で反射した光は互いに干渉しあう．このとき反射した光の位相を考えてみよう．薄膜の表面で反射した光の位相ともう一方の面で反射した光の位相の差は，幾何学的には距離の差が AB+BC−AD となるが，位相の変化を計算するときは距離に屈折率をかけた光路長で計算する．したがって，薄膜の屈折率を n_1 として $2n_1 d/\cos r - 2n_0 d \tan r \sin i$ となる．光が屈折率の小さいものから大きなものに入るときに π だけ位相がずれるが，$n_0 < n_1 < n_2$ のときは，両方の面での反射で位相が π だけずれるので、結局、位相差は $4\pi n_1 d \cos r / \lambda$ となる．m を整数とすると，位相差が $2m\pi$ のときは反射光は強めあい，$(2m+1)\pi$ の時は弱めあうことが分かる．眼鏡のレンズ表面での反射を防ぐには，弱めあうように薄膜の屈折率と厚さを決めればよい．

例題3　ガラスの表面に屈折率 1.38 の MgF_2 の薄膜のコーティングをつけ反射を防止しようと思う．波長 500 nm の光が垂直に入射するとし，厚さをどの程度にすればよいか．

　解　$m = 0$ として，光が垂直に入射し，波長 500 nm の光の場合，厚さを $d = \lambda/4n$ とすれば，薄膜は反射を防ぐ役割を果たす．屈折率 1.38 の MgF_2 の薄膜の場合には，厚さは 90 nm にすれば良いことが分かる．

　次に，2つの振動数の異なる波が重なり合ったらどうなるだろう．同じ方向に進む波に対し振幅が等しく振動数の異なる波が重なった場合を考えてみよう．波の重なりは

$$u_0 \sin(k_1 z - \omega_1 t) + u_0 \sin(k_2 z - \omega_2 t)$$
$$= 2u_0 \sin\left(\frac{k_1 + k_2}{2} z - \frac{\omega_1 + \omega_2}{2} t\right) \cos\left(\frac{k_1 - k_2}{2} z - \frac{\omega_1 - \omega_2}{2} t\right)$$

のように書ける．k_1 と k_2，ω_1 と ω_2 の平均をそれぞれ k，ω とおくと

$$2u_0 \sin(kz - \omega t) \cos\left(\frac{k_1 - k_2}{2}z - \frac{\omega_1 - \omega_2}{2}t\right) \tag{3.10}$$

となる．$\sin(kz - \omega t)$ は z 方向に進む波を表すので，残りの項が振幅になるはずだが，ここにも z や t が含まれているのに気がつく．そこで，初めにやったように，場所を $z = 0$ に固定して時間的な変化を見てみると，振幅が角振動数の差 $\omega_1 - \omega_2$ で変化するのが分かる．これは，**うなり**という現象で，音の高さのわずかに違う楽器をならしたときに音が強くなったり弱くなったりすることで体験できる．一方，時間を $t = 0$ でとめてみると，波の進む方向に強いところと弱いところができているのがわかる．時間を動かしてみると，この模様は時間と共に少しずつ動いていくのがわかる．

3.9 波のドップラー効果

救急車が近付いてくるときと遠去っていくときで音の高さが変わってしまうのを聞いたことがあるだろう．救急車の場合は音を発するもの（音源）が移動しているときに見られるが，逆に観測者が速く動いているときにも音の高さが変わる．光の場合でも，遠い宇宙にある銀河系外星雲が地球からものすごい速さで遠ざかっている場合には，その星雲にある原子の放つ光が赤い方にずれる（赤方偏移）ことが知られている．これらの現象は波源と観測者が動いているときには常に起こる現象で，**ドップラー効果**（J. C. Doppler, 1803–1853）とよばれている．

それではドップラー効果はなぜ起こるのだろうか．音の場合を例にとって考えてみよう．音を鳴らしながら観測者の方向に近付いてくる車を考えてみよう．図 3.18 に示すように，車から出された音が1秒間に ν 個の波を出し始め，また，音が1秒間かかって観測者に届いたとする（音速を V）．車の速さを u_s とすると，この間に車も u_s だけ動いている．1秒間だけ鳴り続いた音波を考えてみると，波の最初の部分は観測者に到達して，終点部分は車のところにあるのがわかる．波の個数は ν 個だから，結局，波の波長は変化して $\lambda' = (V - u_s)/\nu$ となり，観測者に観測されることになる．音の速さは V のままだから，$V = \nu'\lambda'$ の関係を用いて，振動数が $\nu' = \nu V/(V - u_s)$ の波として観測されることがわかる．音源が遠ざかっている場合は u_s の代わりに $-u_s$ を置くことで，$\nu' = \nu V/(V + u_s)$ となり振動数が低くなるので，音は低く聞こえるようになる．

一方，観測者が動いた場合はどうなるだろう．止まっている音源から1秒間に ν 個の割合で波を出して，音速と等しい V だけ離れた地点でその音波の先頭が観測者に届いたとする．1秒たつと観測者は u_o の速さで音源に近付くので，$(V + u_o)/V$ だけ余分に波を感じることになる．この場合，音源は動いていないので波長は変化しないが，振動数は $\nu' = \nu(V + u_o)/V$ となり高い振動数の音として感じることができる．このように，観測者が動く場合と音源が動く場合で異なるのは，音を伝える媒質である空気が静止しているからで，静止している媒質に対してどちらが動くかで結果が異なるのである．もし，両方が動いたなら，両方の効果が重なり，$\nu' = \nu(V + u_o)/(V - u_s)$ と表されることになる．光のドップラー効果の場合は媒質がないので音の場合と異なり，相対論を用いた説明が必要となる．光の速さは光源や観測者の速さに比べて充分速いので，$V \gg u_o, u_s$ の条件が成り立ち，光源と

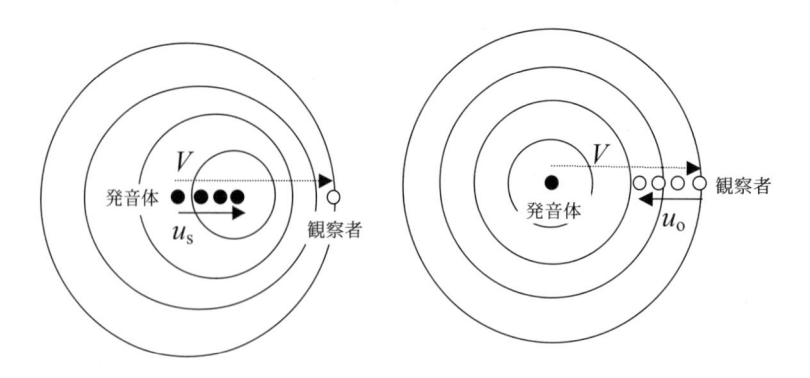

図 3.18 (a) 音源と (b) 観測者が動いたときのドップラー効果

観測者が互いに近づくときには $\nu' = \nu(1 + u/c)$ で表される．ここで，u は観測者から見た光源の速さ，c は光速である．

ドップラー効果は物体の速さを測るのに用いられている．例えば，野球やテニスで用いられているスピードガンは超音波のドップラー効果でボールのスピードを求めている．電波のドップラー効果は，自動車のスピード違反を取り締まりに使われている．同じように，血流や管の中の流れの速さを測定するのに光のドップラー効果を用いることも行われている．

第 3 章　練習問題

問題 1

繰り返される波は一般に三角関数

$$u(z,t) = u_0 \sin(kz - \omega t + \phi) = u_0 \sin\{k(z - vt) + \phi\}$$

で表されることを学んだが，図 3.8 に示されているようなロープを伝わるパルス的な波はどのように表されるのであろうか．上記の三角関数は $z - vt$ の関数になっている．そこで，ロープの z 軸からのずれが

$$u(z,t) = f(z - vt)$$

という関数で表されるとしてみよう．この関数の最大値（パルスのピーク）が $f(z_0)$ で与えられるなら，z および t がどのように変化しようとも，$z - vt = z_0$ の関係が保たれる限り，z がピークであり続ける．時刻 $t = 0$ の瞬間には，ピーク位置は z_0 である．時間が Δt だけ経過すると，ピーク位置は $z = z_0 + v\Delta t$ に移動することになる．すなわち，ピークが速さ v で $+z$ 方向に進むことを意味する．したがって，$z - vt$ を引数とする関数は $+z$ 方向に進行する波を表すことがわかる．

では，具体的に見てみよう．

(1) ロープを伝わるパルスが，位置 z [m]，時間 t [s] の関数として

$$u(z,t) = \frac{1}{(z+5t)^2 + 1}$$

と表される時，$t = 0\,\text{s}$，$t = 1\,\text{s}$，$t = 2\,\text{s}$ における $u(z,t)$ を z の関数として，それぞれグラフに描け．これらは，各時刻においてロープの写真を撮ったようなものである．

(2) このパルスはどの方向にどれだけの速さで移動しているか．

（問題作成　下田　正）

第4章　熱とエネルギー

　風邪をひけば「熱が出る」，料理をするときは「加熱する」のように，私たちは日頃から**熱**という言葉をなにげなく使っている．この"熱"とはいったいなんだろうか．なんとなくあいまいに使っている"熱"という言葉にも，物理学ではきちんとした定義が与えられている．この章でとりあげるのは，そういった熱の物理学である．熱に関する現象を扱う物理学の分野は「熱力学」とよばれる．大学で学ぶ熱力学のハイライトは，熱力学第2法則の理解とエントロピー概念の導入である．本章でもそれを目標として，あまり詳細には立ち入らず，考え方の基本を学んでゆく．

4.1　熱のはたらき

　私たちは熱に関わる多くの現象を日常のさまざまな場所で目にしたり利用したりしている．それではまず，そういった熱現象のいろいろを見てみよう．

　熱によって発生させた水蒸気の力を利用して動く機械を**蒸気機関**とよぶ．熱を**仕事**に変換するしかけとしてはギリシア時代に作られた**ヘロンの自動ドア**など古代の例も知られているが，歴史を変えたといってもいいほど大きな影響を社会に与えたのは，産業革命の牽引力の1つとなった蒸気機関の発明だった．"熱"の物理学もまた，蒸気機関をいかに効率よくしてゆくかという問題と密接に結びついて発展したのである．動力機械といえば今は**ガソリン・エンジン**や**モーター**で動くものが主流だが，これら現代のエンジンもまた同じ熱の物理学で理解される．

　では，今や私たちの生活に欠かせない電気はどうか．電気をおこすために，発電所ではタービンを回す．この点は発電方式が水力であれ火力であれ原子力であれ風力であれ同じである．太陽電池のように根本的に違う発電方式もあるが，それを除けば，違いはどうやってタービンを回すかにある．水力や風力は水や風が及ぼす力学的な力を使って直接タービンを回す．一方，火力や原子力では熱によって蒸気を発生させ，そこからタービンを回す力を得ている．つまり，タービンを回すという力学的な仕事を熱から得ているわけだ．

　かつては夏祭の夜店で回り灯籠（走馬灯）というものをよくみかけた．蝋燭の熱で暖められた空気が上昇気流となり，それを受けて羽根が回転するという仕組みのおもちゃである．ここでも熱が力学的な力に変換されている．同じ上昇気流でも規模が大きくなれば気候にも影響を及ぼす．たとえば，太陽熱によって熱帯地方の海水面が暖められ，発生した上昇気流がコリオリ力によって渦を巻いてできるのが台風である．

　ところで，外部から動力を与えなくても動き続けるエンジンがあれば，それこそ究極的に効率のよいエンジンと言えるだろう．そのような機械を**永久機関**とよぶ．しかし，外からまったくエネルギーを加えることなしに動く機械は明らかに**エネルギー保存則**に反するので実現不可能である．また，外からエネルギーを与える代りにそれよりも大きなエネルギーを機械から取り出そうとしても，やはり

エネルギー保存則がそれを禁止している．このようにエネルギーを無から生み出すような永久機関は**第1種永久機関**とよばれ，エネルギー保存則に反するので，どうがんばっても決して実現できない．では，いったんエネルギーを与えれば，それを消費することなく動き続ける装置は可能だろうか．そのような永久機関を**第2種永久機関**とよぶ．実は第2種永久機関はエネルギー保存則には反しないにもかかわらず，どのようにしても実現できないのである．つまり，そこにはエネルギー保存則とは別の法則がはたらいていることになる．これを**熱力学第2法則**という．エネルギー保存則は**熱力学第1法則**ともよばれ，この2つの法則があるために，いかなる形であれ永久機関は実現できないのである．永久に動き続ける機械が存在しない以上，あらゆる機械は必ずなんらかの意味でのエネルギーの損失を伴う．こうして，熱力学の法則は現代の**環境問題**や**エネルギー問題**と深く関わってくる．

さて，熱が仕事を生み出すのと反対に，仕事が熱に変わる現象もある．身近な例としては摩擦熱があげられる．両手をこすり合わせると手の平が熱くなるのはおなじみだろう．自動車が急停車するときにタイヤの焦げるにおいがするのは，タイヤと地面の間の摩擦で熱が生じるからだ．

このように力学的仕事が熱に変わる現象を近代科学の目で初めて確かめたのは，アメリカ人のランフォード伯 (C. Rumford, 1753–1814) だと言われている．大砲の砲身を作るために鉄の棒をくりぬくと，大量の熱が発生する．ランフォードはそれを目の当たりにして，実際にその熱で水を沸騰させる実験を行った．

また，熱には物質を変化させるはたらきがある．身近な例としては水が思い浮かぶ．水を 0 ℃ 以下に冷やせば氷ができるし，加熱すれば 100 ℃ で沸騰して水蒸気になる．また逆に氷を暖めても水蒸気を冷やしても，元の水に戻すことができる．水も氷も水蒸気も同じ H_2O という分子がたくさん集まったものなのに，これらは明らかに違った性質を持っている．このように同じ物質の異なる状態のことを**相**とよぶ．水蒸気，水，氷はそれぞれ H_2O の**気相**，**液相**，**固相**である．また，ドライアイスは二酸化炭素を凍らせてできた固体だが，こちらはドライといわれるだけあって，加熱すると液体にならずに直接気体に変化する．液体から気体に変化する現象が**気化**とよばれるのに対して，こちらの現象は**昇華**とよばれる．

> **Coffee Break**
>
> ### タンパク質の変性
>
> 　熱によって物質の状態が変化することを積極的に利用するもっとも身近な例は調理だろう．卵を茹でたり焼いたりすると固まるのは，加熱によって卵に含まれるタンパク質の状態が変化するためである．牛乳をあたためると表面に膜ができるのも牛乳に含まれるタンパク質が熱で固まるからだし，牛乳ではなく大豆を絞った豆乳でも同じように膜ができる．京料理でおなじみの湯葉にはこの豆乳の膜を使う．このように熱によってタンパク質が変化する現象は特に **変性** とよばれている．
>
> 　風邪をひくと体温が高くなるのは，タンパク質の変性現象を人間の体が自己防衛のために利用しているかららしい．風邪の原因となるウィルスはタンパク質でできた殻に遺伝子が包まれたものなので，体温が高くなると，このタンパク質が壊れやすくなるのである．つまり，このような防御機構を我々は進化の過程で身につけてきたわけだ．もちろん，人間の体もまたタンパク質でできているのだから熱には弱い．あまり高熱が続くと自分自身のからだのほうが危なくなってしまうので，極端な高熱は我慢せずに薬で体温を下げたほうがよい．
>
> 　ちなみに，生物の中には超好熱性細菌など，極端な高温条件で生息するものもいる．そういった生物は高い温度まで変性しないタンパク質をもっている．

4.2　圧力と仕事

　熱から仕事を取り出すための装置として，一番基本的なものがピストンとシリンダーの組合わせである．ニューコメンやワットの蒸気機関から現代のガソリン・エンジンにいたるまで，熱機関にはピストンとシリンダーという構造が共通に使われている．

　以下では簡単のために，ピストンとシリンダーのあいだに摩擦ははたらかず，互いに滑らかに動くものと考えておく．シリンダーの中が真空なら，内部からはなんの力もはたらかないはずだから，ピストンに外からの力を加えれば端まで押し込まれてしまう．一方，シリンダーに気体や液体がはいっているときにピストンを押しこもうとすれば，それに応じて内部から押し返す力がはたらく．ピストンを外部から力 F_{ext} で押した状態でピストンが静止しているなら，作用・反作用の法則によって，F_{ext} とつりあうだけの力がピストン内部からはたらいているはずである．

　では，気体が及ぼす力とはなんだろうか．現代人である私たちはすでに **分子** の存在を知っているのだから，その観点で考えよう．たとえば，私たちの回りの空気を構成しているのは，ほとんどが窒素分子（N_2）と酸素分子（O_2）である．もし，分子が平均として特定の方向に動いていれば私たちはそれを"風"と感じるだろうから，今の場合，シリンダー内の気体分子はさまざまな方向へまんべんなく

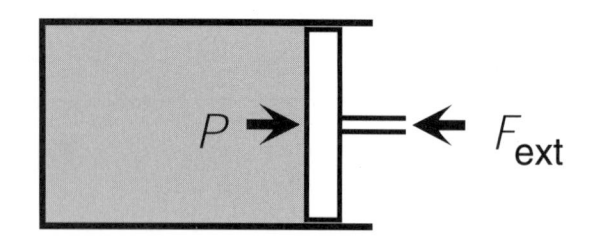

図 4.1 ピストンとシリンダー．ピストンには外力 F_ext とシリンダー内部の気体がおよぼす圧力 P がはたらく．なお，外部に大気が存在すればそれによる大気圧も F_ext に含まれる．

飛び回っていると思ってよい．分子がピストンにぶつかって跳ね返ると，ピストンはその運動量の差に相当する力積を受ける．分子の数は膨大なので，ピストンには絶え間なく分子がぶつかり，常に一定の力を受けるとみなしてよいだろう．これがピストンを押し返す力の正体である．気体分子は均一に分布していると考えてよいから，ピストンのどの場所をとっても，同じ面積であればはたらく力の大きさは同じはずだ．そこで，力を単位面積あたりで考えるのが便利である．単位面積あたりにはたらく力を**圧力**とよび，記号 P で表す．ピストンが気体から受ける外向きの力 F は，シリンダーの底面積を S とすれば

$$F = PS \tag{4.1}$$

である (図 4.1 参照)．

さて，つりあいの状態からほんのわずかだけ外力を強めればピストンがゆっくりと動くはずである．ピストンを一定の外力 F_ext でわずかな距離 Δx だけ押し込んだとすれば，その間に外力が行なった力学的仕事 ΔW_ext は

$$\Delta W_\text{ext} = F_\text{ext} \Delta x \tag{4.2}$$

である．これだけの仕事が気体に対してなされたことになる．ピストンをゆっくり動かすかぎり，外力 F_ext はシリンダー内の気体がピストンに及ぼす力 PS とほとんど等しい大きさだから

$$\Delta W_\text{ext} = PS \Delta x \tag{4.3}$$

となる．ところが $S\Delta x$ は実はシリンダー内にある気体の体積 V の減少分にほかならない．そこで，体積の増加を ΔV と書けば，$S\Delta x = -\Delta V$ なので

$$\Delta W_\text{ext} = -P\Delta V \tag{4.4}$$

と表わすことができる．気体は ΔW_ext と同じだけの仕事を外力から受けているので，気体が受けた仕事を ΔW とすれば，結局これは

$$\Delta W = -P\Delta V \tag{4.5}$$

となる．当たり前の書き換えに過ぎないと思うかもしれないが，P と V はそれぞれシリンダー内の気体の圧力と体積であるから，両辺とも気体に関する量だけで書かれていて，外界に関する量が含まれ

ていないことに注意しよう．つまり，外界がなんであれ，気体が外界から受ける仕事はこの式で表されるのである．右辺のマイナス符号は，気体の体積が増加するときにはむしろ気体が外界に対して仕事をする，という事実を表している．

圧力調整弁などを用いてシリンダー内の圧力を常に一定に保つ場合，体積変化 $V_1 \to V_2$ にともなってシリンダー内の気体が受ける仕事は

$$W = -P(V_2 - V_1) \tag{4.6}$$

と簡単に書ける．このような圧力一定の条件下での変化は**定圧過程**とよばれる．

定圧過程ではない一般の過程では，ピストンを押し込むにつれてシリンダー内部の圧力も変化するので，いつまでも一定の力で押しつづけられるわけではない．そのような場合は，圧力が一定とみなせる程度の充分に小さい体積変化を積み重ねて，望みの体積まで変化させると考えればよい．$V_2 - V_1$ を N 個の微小区間に等分し，各区間では圧力が変化しないものとみなす．i 番目の区間で気体が受けた仕事を ΔW_i とすれば，V_1 から V_2 までの全過程で受ける全仕事 W は

$$W = \sum_{i=1}^{N} \Delta W_i = \sum_{i=1}^{N} -P_i \Delta V \tag{4.7}$$

となる．ただし，$\Delta V = (V_2 - V_1)/N$，また P_i は区間 i での気体の圧力である．ところが，ここで微小区間の幅 ΔV を無限に小さくしてゆけば，右辺は積分の定義式そのものになる．つまり，全仕事は体積に関する積分によって

$$W = -\lim_{\Delta V \to 0} \sum_{i=1}^{N} P_i \Delta V = -\int_{V_1}^{V_2} P(V) dV \tag{4.8}$$

と表されることがわかる．

上で述べたように，気体分子の運動は平均的にはどの方向についても同じであると仮定すれば，一定時間内に壁の単位面積当たりに衝突する分子の数や平均の力は方向によらないと考えてよい．したがって，圧力はどの方向についても同じである．

ところで，私たちの回りは空気で充ちており，からだの表面は空気中の酸素分子や窒素分子が絶えずぶつかることによって力を受けている．このように大気から受ける圧力のことを**大気圧**あるいは単に気圧とよぶ．私たちのからだが受ける大気圧ももちろん全方向同じ大きさである．ただし，大気圧の大きさそのものが場所によらずどこでも同じなのかといえば，そういうわけではない．山に登れば気圧が低くなるように，大気圧の大きさは高度によって変化する．各地点で大気圧の大きさは等方的，すなわち方向によらないのである．空気の分子は地球がおよぼす万有引力によって地表付近に捉えられているのであるから，実は大気圧の由来は地球の引力であり，大気圧とはその地点より上にある空気全体がおよぼす圧力にほかならない．

圧力は単位面積あたりの力であるから単位は N/m^2 であるが，この単位を Pa (パスカル) ともよぶ．気象情報では気圧を hPa (ヘクトパスカル) で表すことが多い．1 hPa は 100 Pa である．また，大気

第 4 章　熱とエネルギー

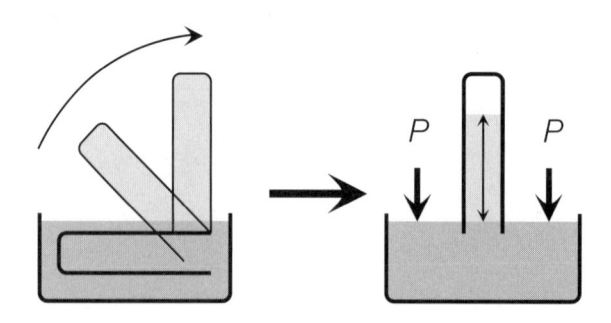

図 4.2 トリチェリの実験．一方の口を閉じた管を水銀を満たした容器に沈め，そのまま逆さまに立てる (左図) と，容器内の水銀は大気圧 P とつりあう高さまで下がる (右図)．容器の水銀表面よりも上にある水銀の高さ (矢印で示されている部分) が 0.76 m である．水銀が下がると管内には真空部分が生じる．厳密にはこの部分には水銀の蒸気が満ちているのだが，希薄なので真空とみなしてかまわない．

圧を表す慣習的な単位としては気圧（あるいは atm）も使われる．地表での標準的な大気圧が 1 atm である．

大気圧を利用した道具としては電気掃除器がある．掃除機はほこりを吸い込んでいるように見えるが，厳密に言うならそうではない．掃除器内部の気圧が外気圧より低くなると，その差の分だけ掃除器内へ向かって"押す"力が生じ，ほこりを掃除機内に押し込んでいるわけだ．仮に掃除機内部を完全な真空にしたとしても，真空が吸引力を持つわけではない．あくまでも気体分子が"押す"力だけがはたらくのである．

例題 1　図 4.2 のように一方の口を閉じた管に水銀を満たして，やはり水銀を満たした容器に逆向きに立てる．1 atm の大気圧のもとでは，水銀柱の高さは 0.76 m となることが知られている．水銀の密度を $1.4 \times 10^4 \, \text{kg/m}^3$ として，1 atm を Pa で表せ．

解　これはトリチェリ(E. Torricelli, 1608–1647) が行なった有名な実験である．水銀表面のうち，管が立てられていない部分には 1 atm の大気圧がはたらいている．一方，管が立てられている部分は管内の水銀の重量がかかっており，この両者による圧力が等しくなくてはならない．容器底面にかかる圧力が一様になるはず，と考えれば理解しやすいだろう．0.76 m の水銀柱が単位面積あたりに及ぼす力は

$$0.76 \, [\text{m}] \times 1.4 \times 10^4 \, [\text{kg/m}^3] \times 9.8 \, [\text{m/s}^2] = 1.0 \times 10^5 \, \text{Pa}$$

であるから，これが 1 atm に等しい．トリチェリはこの実験によって，気圧を発見したのである．ただし，現在は逆に，水銀の密度が $13595.1 \, \text{kg/m}^3$，重力加速度が $9.80665 \, \text{m/s}^2$ の条件下で水銀柱の高さが 0.76 m になるときの気圧を 1 atm と定義している．これを Pa で表せば

$$0.76 \, [\text{m}] \times 1.35951 \times 10^4 \, [\text{kg/m}^3] \times 9.80665 \, [\text{m/s}^2] = 1.01325 \times 10^5 \, \text{Pa}$$

である．

例題 2 真空ポンプで水を汲み上げられる高さの限界を求めよ．

解　真空ポンプは水を吸い上げるものだと思われがちだが，よく考えてみると，水を上に引っ張る方法はない．管の一端を水面につけて反対側の端を真空にすると，水面を押す大気圧によって水が押し上げられるのである．したがって，真空ポンプで水を汲み上げられる高さは大気圧の大きさで制限される．

例題 1 の水銀の代りに水を考えればよい．水の密度はおおよそ $1000\,\mathrm{kg/m^3}$ だから

$$\frac{1\times 10^5\,[\mathrm{Pa}]}{1000\,[\mathrm{kg/m^3}]\times 9.8\,[\mathrm{m/s^2}]}=10.2\,\mathrm{m}$$

となる．つまり，約 10 m が限度であることがわかる．実は，例題 1 のトリチェリの実験はもともと，真空ポンプでは水を 10 m 程度までしか汲み上げられない理由を調べるためのものだった．では，水を 10 m 以上の高さまで汲み上げるにはどうしたらよいのだろうか．大気圧より強い圧力を水面にかけて，下から押し上げればいいのである．

Coffee Break

大気圧と水圧

コップに水をいっぱいにいれ，ハガキ程度の厚紙でふたをする．紙を一方の手で押さえたまま，もう一方の手でコップを持ち上げて上下をひっくり返す．そこで，紙を押さえた手をゆっくりと離してみる．紙とコップの間に隙間ができないように気をつければ，手を離してもハガキは落ちないだろう．これは有名な物理手品のひとつで，大気圧の存在を実感できる手軽な実験である．コップの深さを 10 cm とすれば，コップが紙を下に押す圧力は

$$0.1\,[\mathrm{m}] \times 1000\,[\mathrm{kg/m^3}] \times 9.8\,[\mathrm{m/s^2}] = 980\,\mathrm{N/m^2}$$

($1\mathrm{cm}^2$ あたりでは約 0.1N) である．一方，大気圧は約 10^5 N/m^2 だから，大気圧のほうが約 100 倍大きく，この差によって紙が支えられるのである．大気圧が"下から"支えているというのは少々直感に反するかもしれないが，圧力が等方的であることを思い出せば納得できるだろう．

ところで，圧力の観点からすると宇宙空間と深海ではどちらが危険なのだろうか．かたや宇宙船かたや潜水艇とどちらも圧力差に耐える頑丈な乗り物を使わなくてはならない点ではよく似ている．しかし，宇宙空間はほぼ真空なので，宇宙船内と宇宙空間との圧力差はたかだか 1 atm にすぎないのに対して，深海の水圧は約 10 m 潜るごとに 1 atm ずつ増える (例題 2 を参照)．つまり，100m 潜るだけで水圧は 10 atm となり，潜水艇内との圧力差は 1 atm よりはるかに大きくなるのである．日本の有人潜水調査船「しんかい 6500」は深度 6500 m まで潜ることができる．単純計算で水圧は 650 atm にものぼる．ちなみに，人間が素もぐりで到達した深さの世界記録は 2002 年 2 月現在で 154 m，水圧約 15 atm の世界である．

4.3 温度

次に**温度**の概念をはっきりさせておこう．体温が高いことを"熱がある"と表現するように，日常は温度と熱という 2 つの言葉をあまり厳密に区別せずに使っている．しかし，物理学ではこの 2 つはまったく違う概念なので，きちんと使いわけなくてはならない．

私たちは**温度計**という便利な道具を日頃なんの気なしに使っている．しかし，温度計の発明は歴史上画期的なできごとだった．仮に温度計によって温度を数値で表せないとしたら，熱さや冷たさをどうやって人に伝えたらいいだろうか．同じ温度の風呂でも，夏場と冬場では感じかたがまったく違うことからも明らかなように，熱い・冷たいは相対的な概念である．そのような相対的なものを人に伝

えるのは難しい．大阪に住む人々なら寒いと感じる程度の気温でも，北海道に住む人々にとっては暖かいくらいかもしれない．その点，温度は数値で表される．セ氏20度といえば，どこに住む人にとっても同じ温度を意味する．

さて，私たちが日常使う温度の単位は ℃ (Cersius, セ氏) である．これはおおざっぱには，1 atm の元での氷の融点を 0 ℃，水の沸騰点を 100 ℃ とし，その間を等分したものである．ただし，現在の正確な定義はかなり複雑で，17 の温度定点が定められている．しかし，物理学ではセ氏ではなく絶対温度とよばれるものを用いるのが普通である．絶対温度の単位は K（ケルビン）で，絶対温度 T とセ氏温度 t の関係は

$$t = T - 273.15 \tag{4.9}$$

と定義されている．つまり，セ氏温度と絶対温度は温度の間隔が同じになるように設定されており，2つの温度の差だけを問題にするときはどちらでも同じ値である．$T = 0$ は絶対零度ともよばれ，これが温度の下限となっている．温度に下限が存在する理由は後に述べる熱力学第2法則によって説明されるが，本書では省略する．以下では，特にことわらない限り，温度として絶対温度を用いる．

例題3 現在の室温を絶対温度で表せ．

解 室温が 25 ℃ なら，絶対温度では $25 + 273.15 = 298.15 \, \text{K}$

つまり，室温とはおおむね 300 K のことだと思っておけばよい．

4.4 熱平衡と温度

では，なぜ温度計で温度を計ることができるのだろうか．広く使われているアルコール温度計や水銀体温計は，液体の**熱膨張**という性質を利用している．これは，一定質量の液体の体積が，温度が高くなるにつれて増えるという性質である．温度に対する物体の体積変化をはかり，それを単位体積当たりの量として表したものは**体膨張率**とよばれる．温度 T が微少量 ΔT だけ変化するとき，体積 V もまた微少量 ΔV だけ変化するとすれば，その間の平均変化率は次式となる．

$$\frac{(V + \Delta V) - V}{(T + \Delta T) - T} = \frac{\Delta V}{\Delta T} \tag{4.10}$$

しかし，この変化率自体も温度によって変化するので，温度区間での平均値ではなく "ある温度での体膨張率" を定義したい．そのためには，力学で速度を定義したときと同様に，$\Delta T \to 0$ の極限をとればいいだろう．すると，上の比は微分の定義式そのものになるので

$$k = \lim_{\Delta T \to 0} \frac{1}{V} \frac{\Delta V}{\Delta T} = \frac{1}{V} \frac{dV}{dT} \tag{4.11}$$

と表せる．体膨張率は物質固有の性質である．表 4.1 にいくつかの液体の 20 ℃ での体膨張率を示す．

しかし，厳密には体膨張率は温度だけではなく圧力によっても変化するので，正しくは上の微分には "一定圧力のもとで" という条件下が必要である．このような場合には単純な微分ではなく，**偏微分**

表 4.1 液体の 20 ℃での体膨張率 (『理科年表』より)

物質	体膨張率 [$\times 10^{-3}\,\mathrm{K}^{-1}$]
エチルアルコール	1.08
エチレングリコール	0.64
メチルアルコール	1.19
水	0.21
水銀	0.181

を使わなくてはならない．P を一定に保つという条件下での偏微分の定義は

$$\left(\frac{\partial V}{\partial T}\right)_P = \lim_{\Delta T \to 0} \frac{V(T+\Delta T, P) - V(T, P)}{\Delta T} \tag{4.12}$$

で与えられる．ここで $V(T, P)$ と書いたのは，一定質量の気体や液体の体積は温度と圧力の両方に依存するからである．左辺が偏微分の記号であり，右下の添字 P によって微分の際に P を一定に保つことを宣言している．これを用いて，体膨張率は

$$k = \frac{1}{V}\left(\frac{\partial V}{\partial T}\right)_P \tag{4.13}$$

と定義される．

　ところで，上の表に書かれた"温度"とは何の温度だろうか．水銀で温度計を作ったとすれば，これは温度を計りたい物体の温度だろうか，それとも水銀そのものの温度だろうか．水銀そのものの温度だとしたら，それで本当に物体の温度をきちんと計れるのだろうか．実はどちらでもいいのである．正確には，温度計に表示されている温度は温度計内部の液体自体の温度である．しかし，温度計を物体に充分長い時間接触させておくと，最終的に温度計の温度は物体の温度と一致する．水銀体温計で体温を測定するのに数分程度の時間がかかるのは，水銀の温度が即座には体温と一致しないからである．

　一般に，外界の条件を一定に保ってその中に気体や液体を充分に長い時間放置すれば，気体や液体はやがてそれ以上変化しない状態に落ち着く．温度計の例では物体が温度計に対して外界の役を果たしている．身近な例としてはほかに冷蔵庫などが思い浮かぶだろう．このように，外界を変化させない限りそれ以上変化しなくなった状態のことを**熱平衡状態**とよぶ．特別な場合として，外界の影響を完全に遮断した容器を考えることもできる．そのような容器に気体や液体をいれて長時間放置しても，やはりやがてはそれ以上変化しない状態に落ち着く．それもまた熱平衡状態である．熱平衡状態には一般に以下のような性質があることが，経験的に知られている

熱平衡状態の性質

　1. 均一な状態である．

2. 少数の変数だけで状態が指定される．たとえば，一定質量の気体や液体の熱平衡状態は温度 T, 圧力 P, 体積 V の 3 つの変数で指定される．

3. どのような過程をたどって熱平衡状態に到達したかの履歴によらない．
   つまり，(T, P, V) の値が同じ 2 つの熱平衡状態は，どのようにしてその状態に達したかにかかわらず，**同じ状態**である．

さらに，3 つの変数 (T, P, V) のうち，いずれか 2 つを指定すれば平衡状態は完全に決まることが知られている．つまり，(T, P, V) は独立な変数ではなく，そのあいだにはある関数 f が存在して

$$T = f(P, V) \tag{4.14}$$

という関係が成り立つ．このような関係式は**状態方程式**とよばれる．関数 f は実験で決められるべき関数であり，一般には物質ごとに異なる．たとえば，あとの式 (4.36) で説明されるように，希薄な気体の場合には状態方程式が

$$PV = nRT \tag{4.15}$$

と簡単な形になることが知られている．

これらはあくまでも熱平衡状態の性質であることを改めて強調しておこう．一般に，外界の条件を急激に変化させると熱平衡に達するまでに時間を要する．その間の非平衡状態は，一般に均一とは限らないし，(T, P, V) だけで状態を指定できるわけでもない．たとえば，温度計をいれても，場所によって違う温度を指すだろう．したがって，平衡状態は (V, T) か (P, T) か (P, V) を座標軸とする 2 次元図 (それぞれ V–T 図，P–T 図，P–V 図，あるいはまとめて**状態図**とよぶ) 中の一点として表すことができるのに対して，非平衡状態はそのような図の上には表せないことに注意しよう．ただし，圧力は音速で伝わり，温度に比べると急速に均一化するので，圧力については事実上瞬時に平衡が成り立つとしてよい場合が多い．前節で断りなしに体積の積分を持ち出したのはこのためである．もちろん，考える系の規模が大きくなればこの限りではない．

2 つの容器に同一成分の気体がはいっており，それぞれが熱平衡状態にあるとき，両者の温度と圧力が等しければ，2 つの気体は同じ熱平衡状態にある．このときには，2 つの容器をくっつけて，しきりを取り去っても，温度や圧力は変化しない．一方，体積や質量は両者の和になる．温度や圧力のように同じ熱平衡状態にある 2 つの系をくっつけても値が変わらない変数は**示強変数**とよばれる．一方，体積のように質量に比例して増える変数は**示量変数**とよばれる．もちろん，温度や圧力が変化すれば体積もそれにともなって変化するのに対し，全質量は決して変化しないから，同じ示量変数といっても体積と質量の性質は本質的に異なる．外界と物体という組み合わせに限らず，2 つの物体を接触させておけば，やがてはそれぞれの状態に変化が起きないような状態に落ち着く．このとき，2 つの物体は**互いに熱平衡にある**という．熱平衡にある系同士の関係をやはり経験的事実として述べたものが，次の熱力学第 0 法則である

第 4 章　熱とエネルギー

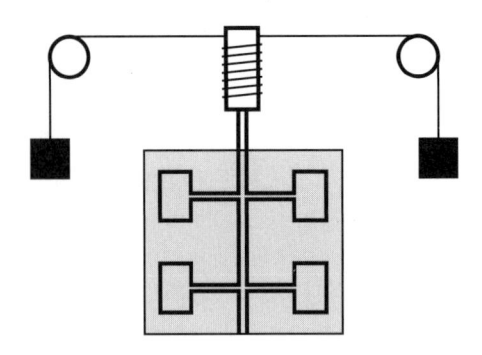

図 4.3 ジュールの実験の模式図．水を満たした容器に羽根車のついた軸が通っている．両側のおもりが落下するとひもが引かれて羽根車が回転する．

熱力学第 0 法則:
系 A と系 B が互いに熱平衡にあり，また系 B と系 C が互いに熱平衡にあれば，系 A と系 C はやはり互いに熱平衡にある．

温度計の目盛りが同じであれば 2 つの系の温度は等しいことを保証するのがこの法則である．

4.5　仕事と内部エネルギー

摩擦による熱の発生を考えよう．たとえば自動車が急ブレーキをかけると，タイヤと地面との摩擦によって車は停止し，熱が発生する．このとき，車が持っていた運動エネルギーがそのまま熱に変わったと考えてもいいのだろうか．つまり，熱は**エネルギー**と同じものなのだろうか．もし熱とエネルギーが同じものであるなら，一定量の力学的エネルギーは常に一定量の熱に変わるはずである．これを精密な実験で確かめたのがジュール(J. P. Joule, 1818–89) だった．

図 4.3 はジュールの実験装置の模式図である．おもりが落下すると羽根車が回転して水をかきまぜ，羽根車と水との間の摩擦によって水は力学的な仕事を受ける．おもりがする仕事の量はおもりが停止するまでに失った位置エネルギーに等しいから，測定できる．ジュールはこの実験を行って，一定量の力学的仕事は水の温度を決まった分だけ上昇させることを確かめた．

発生した熱の量を計る単位として cal (カロリー) がある．実はこの単位は定義も一通りではなく，SI 単位系では使用を推奨されていないのだが，日常の感覚で理解しやすいためによくお目にかかる．中でも，1g の水を圧力 1 atm の条件下で温度 14.5℃ から 15.5℃ に上げるのに必要な熱量を 1 cal とする単位がよく用いられる．以下では cal といえば，この 15℃ カロリー (単位を cal_{15} と書く) のこととしよう．これを用いると，現在知られている熱と仕事の換算率は

$$1\,\text{cal}_{15} = 4.1855\,\text{J} \tag{4.16}$$

である．この 4.1855 J/cal_{15} を**熱の仕事当量**とよぶ．cal の定義によって熱の仕事当量の値は微妙に変わるのだが，いずれにせよ，ジュールの実験で測定されたのがこの熱の仕事当量だった．以後は熱

もエネルギーと同じ単位 J ではかることにする．

同じことは力学的仕事ではなく，電気的な仕事によっても実現できるし，むしろそのほうが理解しやすいかもしれない．電気ヒーターで水をあたためるときにどれだけ**電気的仕事**がなされたかは，その過程で流れた電圧と電流を測定すれば求められる．この実験もやはりジュールが行なったので，電流によって発生する熱は**ジュール熱**とよばれる．

ジュールの羽根車の実験は金属製の容器を使って行われたらしく，熱が外へ逃げる効果も含めて計算されたようなのだが，容器全体を発泡スチロールなどの断熱材で囲って外部との熱の出入りを遮断してしまえば，結果の解析はより簡単になる．そのように，断熱材で囲まれた条件下で状態を変化させる**過程**を**断熱過程**とよぶ．ジュールの実験は結局，断熱過程での力学的仕事や電気的仕事によって一定体積の液体の温度を任意の値まで上げられることを示している．その際，液体の持つエネルギーの増加分は外部から与えた仕事の総量に等しい．もちろん，この方法でできるのは温度を上げることだけであり，逆はできない．

一方，体積を変化させたければピストンを使えばよく，任意の体積になったところで充分長時間待てば，その体積での熱平衡状態が得られる．したがって，任意の 2 つの熱平衡状態 (ここでは (V, T) で指定される) の間は，必ず断熱過程での仕事によって結ぶことができる．ただし，2 つの状態間の双方向の変化が自由に実現できるわけではなく，少なくともいずれか一方への変化は実現できる，ということである．

液体や気体などのマクロな物体が全体として保有するエネルギーを特に**内部エネルギー**とよぶ．以下では内部エネルギーの記号として U を用いることにする．ミクロに見れば液体や気体は多数の分子の集まりなのだから，内部エネルギーの実体は分子の力学的エネルギー，つまり個々の分子の持つ運動エネルギーと分子間のポテンシャルエネルギーの総和にほかならない．

さて，外部からの仕事 W によって，系の状態が熱平衡状態 $1(T_1, V_1)$ から熱平衡状態 $2(T_2, V_2)$ へ変化したとしよう．ほかに外部とのエネルギーのやりとりがなければ，エネルギー保存則より，内部エネルギー U_1, U_2 の差について

$$U_2 - U_1 = W \tag{4.17}$$

が成り立つ．逆に，2 つの平衡状態 1 と 2 があらかじめ与えられていたとすれば，上で述べたようにそれらの状態間を結ぶ断熱過程を必ず設定できるので，その断熱過程を行なうのに必要な仕事を測定することにより，$U_2 - U_1$ が求められる．つまり，熱平衡状態 $1(T_1, V_1)$ がなんらかの理由によって熱平衡状態 $2(T_2, V_2)$ に変化したのが観測されたとすると，この変化が途中にどのような過程をたどって起きたものだったにせよ，それら 2 つの熱平衡状態間の内部エネルギー差は，その間を断熱過程で結ぶことにより改めて測定できるのである．

さて，力学でポテンシャルエネルギーの原点を任意にとることができたのと同様，熱力学でも内部エネルギーの差だけが意味をもつ．そこで，適当な条件下での熱平衡状態を基準状態 0 と決め，内部エネルギー U を常にその基準状態からの内部エネルギー差によって表すものと決めることにする．つまり，基準状態の内部エネルギーを $U_0 = 0$ と決めることにより

第 4 章　熱とエネルギー

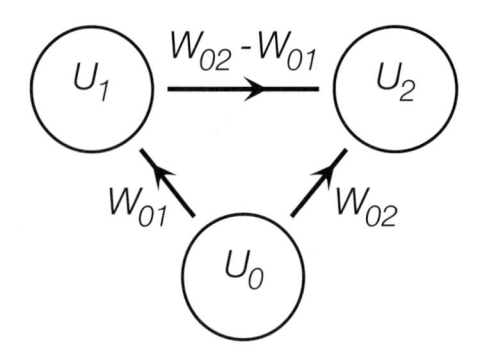

図 4.4 状態 1, 2 の内部エネルギー U_1, U_2 は基準状態 (内部エネルギー U_0) とそれぞれの状態の間を断熱過程で結ぶことにより測定でき，$U_2 - U_1$ はその差として求められる．各円は同じ 1 つの系の異なる状態を表す．

$$U_1 = U_1 - U_0 = W_{01} \tag{4.18}$$

$$U_2 = U_2 - U_0 = W_{02} \tag{4.19}$$

となる．ここで W_{01}, W_{02} は，それぞれ基準状態から状態 1 と 2 を結ぶ断熱過程に必要な仕事を表す．このとき，状態 1 と 2 の内部エネルギー差は

$$U_2 - U_1 = W_{02} - W_{01} \tag{4.20}$$

により求められる．

例題 4　15 ℃で 1 kg の水がはいった容器に向かって 1 kg の物体を 10 m の高さから落としたとすると，水の温度は何 K 上昇するか．

　解　物体の位置エネルギーがすべて熱に変わったとすると

$$\frac{1\,[\mathrm{kg}] \times 9.8\,[\mathrm{m/s^2}] \times 10\,[\mathrm{m}] \times 0.001\,[\mathrm{K/cal}]}{4.1855\,[\mathrm{J/cal}]} = 0.023\,\mathrm{K}$$

と，残念ながら人間が体感できるほど温度が上がるわけではない．逆に 1 kg の水の温度を 1 K 上昇させるだけの熱を得るには，1 kg の物体を約 400 m の高さから落とさなくてはならない．これは自分で計算して確かめてみよう．

例題 5　0.1 kg の水に太さ 0.2 mm 長さ 10 cm のニクロム線（電気抵抗率 $\rho = 1.1 \times 10^{-6}\,\Omega\mathrm{m}$）を入れて，両端に 1.5 V の電池をつなぐ．水の温度が 1 K 上昇するのにどれだけの時間を要するか．

　解　第 5 章で詳述されるが，ニクロム線の抵抗

$$R = \frac{1.1 \times 10^{-6}\,[\Omega\mathrm{m}] \times 0.1\,[\mathrm{m}]}{0.0001\,[\mathrm{m}]^2 \pi} = 3.5\,\Omega$$

ニクロム線の消費電力

$$P = \frac{1.5\,[\mathrm{V}]^2}{3.5\,[\Omega]} = 0.64\,\mathrm{J/s}$$

0.1 kg の水の温度を 1 K 上げるのに必要な仕事は約 420 J だから，必要な時間は

$$\frac{420\,[\mathrm{J}]}{0.64\,[\mathrm{J/s}]} = 660\,\mathrm{s}$$

4.6　さまざまな過程

前節で断熱過程を紹介したので，その他の過程をここでまとめて紹介しておこう．これらは以後の節で頻繁に使われることになる．

最初の区別は，変化が平衡状態を保ちつつ行われるかどうかである．

準静的過程　常に平衡状態を保ちながら変化させる．実際にこれを行おうとするなら，条件を無限小だけ変えては平衡になるまで待つ，という操作を繰り返さなくてはならないから，厳密な意味での準静的過程は現実にはありえない仮想的な過程である．一方，現実の過程であっても，充分にゆっくり行われるなら，近似的に準静的過程とみなせる．状態図上の任意の点は 1 つの平衡状態を表すから，状態図上に引いた任意の曲線は準静的過程を表す．T, V, P を無限小だけ変化させる過程は（変化に対して，充分長い時間待つことができるのだから）常に準静的であり，逆に，有限の準静的過程は無限小変化を積み重ねることで得られる．

急変過程　外部条件を急変させると，一般にはいったん非平衡状態になり，充分長い時間が経過した後に熱平衡状態に達する．この場合，過程の始点と終点は熱平衡なので状態図上の点で表せるが，その途中は非平衡であるから状態図上の曲線として表すことはできない．

どちらもそれぞれに極端な過程であり，現実世界で見られるさまざまな変化はこの 2 つの中間にある．

もう 1 つ重要な区別は，過程の結果をもとに戻せるかどうかである．

可逆過程　過程の終状態から，なんらかの過程 (行きとは別の過程でよい) によって始状態に完全に戻せるものをいう．ただし，物体が環境と接触している場合には，環境まで含めて完全に始状態に戻せなくてはならない．準静的過程は過程を逆にたどれば完全に元に戻せるので，可逆過程の特別な場合である．

不可逆過程　どのような過程をたどっても，終状態を始状態に戻せないような過程をいう．物体の状態だけを元に戻す適当な過程は設定できても，環境に影響を残さないようにはできない場合が多い．

また，どのような条件を一定として変化させるかによる区別も重要である．

断熱過程　物体を断熱材で囲って，外部と熱の出入りがないようにして行う過程．

第4章　熱とエネルギー

等温過程　温度一定の環境の中で，環境と熱のやりとりをしつつ行われる過程．現実の過程としては物体を冷蔵庫にいれたり多量の湯につけたりして行うものを念頭におけばよいだろう．このような温度一定の環境のことを**熱源**あるいは**熱浴**とよぶ．過程が準静的であれば，物体の温度は常に熱源の温度と一致する．一方，急変過程の場合，最終的な平衡状態の温度は熱源の温度と一致するが，過程の途中では一般に物体の温度自体が定義されないので，もちろん熱源と一致するとは限らない．なお，熱源は物体に比べて充分に大きく，物体と熱のやりとりをしても熱源の温度は変化しないものとするのが慣例である．したがって，熱源にとってはすべての過程は準静的である．

定積過程　物体の体積を一定に保って行われる過程．物体が固い容器を満たしている場合がこれにあたる．

定圧過程　一定圧力の環境下で，体積の変わりうる容器 (典型的にはピストンのついたシリンダー) 中の物体がたどる過程．等温過程と同様，急変過程の場合には必ずしも物体の圧力が環境の圧力と常に一致するとは言えないのだが，前に述べたように圧力平衡は急速に成立するので，物体と環境の圧力は常に一致するとみなしても差し支えない場合が多い．

4.7　熱量と熱力学第1法則

今度は断熱過程とは限らない任意の過程を考えよう．この過程によって熱平衡状態 $1(T_1, V_1)$ が熱平衡状態 $2(T_2, V_2)$ に変化し，過程全体で系が受けた力学的仕事 W は測定してあるものとする．断熱過程でない限り，問題とする過程の間に外部から受けた仕事と過程前後での内部エネルギー差は一致せず

$$U_2 - U_1 \neq W \tag{4.21}$$

である．一方，エネルギー保存則はこの場合も成り立っていなければならないのだから，その差を補う分のエネルギーが力学的仕事以外に出入りしたことになる．それを**熱**または**熱量**とよぶ．これが熱力学でいう熱の定義である．系にはいってきた熱量を Q とすると，エネルギー保存則は

$$U_2 - U_1 = W + Q \tag{4.22}$$

であることを主張している．ここで，W や Q はどちらも系のエネルギーを増やす方向を正符号と決めた．もちろん $W < 0$ や $Q < 0$ の状況も考えてよく，それぞれ，系が外部に力学的仕事をした場合と系の外に熱が流出した場合に対応する．このように熱の出入りまで考慮したエネルギー保存則が**熱力学第1法則**である．

熱力学第1法則:
　系の内部エネルギー変化は，その間に系が受けた仕事と系に流入した熱量の総和に等しい．

さて，内部エネルギー U_1 と U_2 はそれぞれの状態の (P, T, V) だけで決まる．一方，これまでの話で明らかなように，系に与えられる仕事 W や熱量 Q は2つの状態の間をどのような過程をたどって

変化させたかによって異なる．全内部エネルギー変化 $W+Q$ が経過によらず等しいのであって，そのうちどれだけが仕事 W として与えられたもので，どれだけが熱量 Q として与えられたものかは，実際に行なう過程の詳細を知らなければわからない．仕事と熱量は**エネルギー移動**の 2 つの形態なのである．内部エネルギーのように平衡状態を指定するだけで値が確定するような量を**状態量**とよぶ．当然，温度 T，圧力 P，体積 V も (状態を指定する量なのだから) 状態量である．それに対して，仕事や熱量は変化の道筋によって変わるので，状態量ではない．

4.8 準静的過程と内部エネルギー

(T, V) で指定される熱平衡状態から，体積 V を一定に保ったまま，温度を準静的に微小量 ΔT だけ変化させるとしよう．このとき，内部エネルギー U の変化は

$$\left(\frac{\partial U}{\partial T}\right)_V \Delta T + (\Delta T \text{ の 2 次以上の項}) \tag{4.23}$$

である．

さらにその状態から温度を一定に保って，体積を準静的に微小量 ΔV だけ変化させると，元の状態からの内部エネルギー変化 ΔU は

$$\Delta U = \left(\frac{\partial U(T,V)}{\partial T}\right)_V \Delta T + \left(\frac{\partial U(T+\Delta T, V)}{\partial V}\right)_{T+\Delta T} \Delta V + (\Delta T, \Delta V \text{ の 2 次以上の項}) \tag{4.24}$$

$$= \left(\frac{\partial U(T,V)}{\partial T}\right)_V \Delta T + \left(\frac{\partial U(T,V)}{\partial V}\right)_T \Delta V + (\Delta T, \Delta V \text{ の 2 次以上の項}) \tag{4.25}$$

となる．変化の順序を逆にして，体積・温度の順に変化させても結果が変わらないことは簡単に確かめられる．

さて，ここで無限小変化の極限を考えたい．$\Delta T \to 0$ や $\Delta V \to 0$ の極限では左辺もそれらに比例して $\Delta U \to 0$ に近づくので，意味のある極限としてはそれぞれ 1 次の項を残せばよい．ΔT や ΔV について 2 次以上の項はそれらより速くゼロに近づくから，この極限で無視できる．そこで，無限小の極限をとった量をそれぞれ dT，dV，dU と表記すれば，**微分形**として

$$dU = \left(\frac{\partial U}{\partial T}\right)_V dT + \left(\frac{\partial U}{\partial V}\right)_T dV \tag{4.26}$$

が得られる．ただし，$U(T,V)$ を単に U と書いた．

これは普通の意味での**微分**の分子分母を両辺に割り振っただけなのだが，こういう表記に初めて出会うとおそらくは戸惑いを感じるだろう．数学的にうるさいことを言わないなら

$$dT \equiv \lim_{\Delta T \to 0} \Delta T \tag{4.27}$$

の略記にすぎないのだと思っておいてもよい．ただし，どうしても極限をとらなくてはならない場合だけ，よく考えながら極限をとることにしよう．たいていの場合は，"非常に小さいがゼロではない量" のことだと思っておいて問題は生じないだろう．

第 4 章　熱とエネルギー

　一般の準静的過程は無限小変化の積み重ねで作られる．T_1 と T_2 の温度差は，この区間を N 等分して形式的に

$$\lim_{\Delta T \to 0} \sum_{i=1}^{N} \Delta T = \int_{T_1}^{T_2} dT = T_2 - T_1 \tag{4.28}$$

と書けるから，和を計算した後に極限操作を行うことにだけ注意すれば，上で導入した dT を使って普通の意味で積分できると思ってかまわない．

　熱平衡状態 $1(T_1, V_1)$ から熱平衡状態 $2(T_2, V_2)$ へ変化したときの内部エネルギー差は，この 2 つの状態のあいだで式 (4.26) の両辺を積分すればよく，形式的には

$$\int_{U_1}^{U_2} dU = \int_{T_1}^{T_2} \left(\frac{\partial U}{\partial T} \right)_V dT + \int_{V_1}^{V_2} \left(\frac{\partial U}{\partial V} \right)_T dV \tag{4.29}$$

と書ける．

　同様に，状態を (T, P) や (P, V) で指定するときの内部エネルギーの微分形はそれぞれ

$$dU = \left(\frac{\partial U}{\partial T} \right)_P dT + \left(\frac{\partial U}{\partial P} \right)_T dP \tag{4.30}$$

$$dU = \left(\frac{\partial U}{\partial P} \right)_V dP + \left(\frac{\partial U}{\partial V} \right)_P dV \tag{4.31}$$

で与えられる．

　準静的な変化だけを考えるのであれば，熱力学第 1 法則も微分形で書くことができて

$$dU = d'W + d'Q \tag{4.32}$$

を考えればよい．ここで，d' という記号を使ったのは，これらが道筋の取り方によって値が異なる量の微分であることを強調するための慣例である．有限の変化はこれを**過程に沿って**積分すればよいのだから

$$U_2 - U_1 = \int_{U_1}^{U_2} dU = \int_{過程} d'W + \int_{過程} d'Q \tag{4.33}$$

と書ける．右辺の 2 つの積分はどのような過程をたどったかによって値が変わるので，積分の始点と終点を指定しただけでは値が決まらない．

4.9　熱容量

　今度は，外部から仕事を与えずに熱量 Q だけを与えて物体の温度 T を変化させる場合を考える．物体の種類が違えば，同じ熱量を与えても温度変化の大きさは異なる．微小熱量 ΔQ によって温度 T が微小量 ΔT だけ変化するとき，その比率を**熱容量**とよぶ．式で表せば

$$\lim_{\Delta T \to 0} \frac{\Delta Q}{\Delta T} \tag{4.34}$$

である．熱容量はどのような外部条件であるかによって値が違い，体積一定の場合を**定積熱容量** C_V，圧力一定の場合を**定圧熱容量** C_P とよぶ．

熱容量は物質の量によって変化するので，物質の特性を表現するには単位質量当りで考えたほうがよい．物質の質量 1g あたりの熱容量を**比熱**とよぶ．また，質量よりも**分子数**を使うほうが便利なことも多い．といっても，日常的なスケールで現れる気体や液体の分子数は膨大なので，普通は分子数そのものではなく，それに比例する **mol(モル)** という単位を使う．1mol 中に含まれる分子数 N_A を**アボガドロ定数**とよぶ．N_A は ^{12}C 分子 0.012kg 中に含まれる分子数として定義されており，約 6.02×10^{23} 個である．1mol あたりの熱容量を**モル比熱**とよぶ．比熱やモル比熱の値も体膨張率と同様に物質固有の性質である．

表 4.2 にいくつかの物質の 1 atm, 298.15 K(25℃) での定圧モル比熱を示す．

表 4.2 298.15 K での定圧モル比熱 (『理科年表』より)

物質	定圧モル比熱 [J/K·mol]
エチルアルコール	111.4
メチルアルコール	81.6
水銀	27.98
鉄 (固体)	25.23

ところで，一定体積の条件下で準静的に温度を変化させれば，それがそのまま内部エネルギーの変化になるから，実は

$$C_V = \left(\frac{\partial U}{\partial T}\right)_V \tag{4.35}$$

であることがわかる．一方，一定圧力のもとで準静的に外部から熱量を加える場合には，物体が膨張するので，熱量の一部は膨張にともなって外部に行われる仕事に使われてしまう．したがって，同じだけ温度を上げるためには圧力一定条件のほうが大きな熱量が必要になるのが普通である．すなわち普通は $C_P > C_V$ である．

例題 6 水の定圧モル比熱を求めよ．

解　1cal$_{15}$ の定義から，288.15 K(15℃), 1 atm のもとでの定圧比熱は 1cal$_{15}$/K とほとんど等しい．これを J で表すには熱の仕事当量を使えばよく，4.1855 J/K·g である．水の質量は 1 mol あたり約 18 g だから，定圧モル比熱は

$$4.1855\,[\text{J/K} \cdot \text{g}] \times 18\,[\text{g/mol}] = 75.34\,\text{J/K} \cdot \text{mol}$$

4.10　理想気体

4.10.1　理想気体の状態方程式

具体的にいろいろな計算をするには状態方程式が必要である．前に述べたように，これは実験によって決めるべきものである．特に，希薄な (密度の低い) 気体については以下の形の状態方程式が広い温

第 4 章　熱とエネルギー

度範囲で成り立つことが知られている．
$$PV = nRT \tag{4.36}$$
ここで，n は気体分子の mol 数である．R は**気体定数**とよばれ，実験によって 8.3145 J/K·mol と求められている．この状態方程式が常に (希薄かどうかや温度に関らず) 成り立つとした仮想的な気体を**理想気体**とよび，思考実験のためのモデルとしてよく使われる．当然，希薄な気体については理想気体がよい近似になっている．

実は，状態方程式からは内部エネルギーの性質が決まらないので，具体的な系について熱力学の問題を考えるためには，状態方程式を決めただけでは不充分である．そこで，内部エネルギー U の定義も与えてしまうのが普通である．希薄気体の内部エネルギーは体積に依存せず，また定積モル比熱 c_v は一定であることが実験によって知られているので，理想気体の内部エネルギーとしては，その条件を満たすもっとも簡単な形である
$$U = nc_v T \tag{4.37}$$
を採用する．エネルギー原点はどこにとってもいいので，$T = 0$ で $U = 0$ となるように決めてある．もちろん，内部エネルギーが体積にまったく依存しないのは理想気体の特徴であって，他の物質では一般に体積にも依存する．

希薄な気体の定積モル比熱 c_v の値は気体の種類によって異なり，
$$c_v = \begin{cases} \frac{3}{2}R & (単原子分子からなる気体) \\ \frac{5}{2}R & (2原子分子からなる気体) \end{cases} \tag{4.38}$$
であることが知られている．一方，理想気体の定圧比熱 c_p は内部エネルギーと状態方程式とを用いて求めることができて
$$c_p = c_v + R \tag{4.39}$$
である．導出は章末の練習問題を参照されたい．

例題 7 床面積 $10\,\mathrm{m}^2$ (ほぼ六畳に相当する) で高さ $2.5\,\mathrm{m}$ の部屋の室温を $1\,°\mathrm{C}$ 上げるのに必要な熱量を求めよ．また，消費電力 $1\,\mathrm{kW}$ の電気ヒーターでこれを実現するには，どれほどの時間がかかるか．

解　室内に含まれる気体全体の熱容量を求めればよい．空気の組成はその大部分が窒素 (N_2) と酸素 (O_2) で，分子数の比は約 4:1 である．どちらも 2 原子分子であるから，理想気体とみなすと定積モル比熱 c_v は $\frac{5R}{2}$．部屋全体の熱容量 C は室内の分子の総モル数に c_v を掛けて得られる．理想気体の状態方程式により
$$C = nc_v = \frac{PV}{RT} \times \frac{5}{2}R = \frac{5PV}{2T}$$
温度 $300\,\mathrm{K}$，気圧 $1\,\mathrm{atm}$ とすれば
$$C = \frac{5 \times 101300\,[\mathrm{N/s^2}] \times 10\,[\mathrm{m}^2] \times 2.5\,[\mathrm{m}]}{2 \times 300\,[\mathrm{K}]} = 2.1 \times 10^4\,\mathrm{J/K}$$

したがって，必要な熱量は 2.1×10^4 J である．1 kW の電気ヒーターが発生するジュール熱は毎秒 1000 J なので，約 21 秒で室温が 1 ℃ 上昇する．ただし，この計算では室内の空気だけを考えている．現実には空気中の水蒸気や壁・天井・床などの熱容量，あるいは空気の対流の効果なども考慮する必要がある．

4.10.2 断熱線の方程式

1 mol の理想気体の体積を断熱条件のもとで準静的に変化させるときの温度変化を求めよう．断熱過程であるから，体積変化にともなう仕事の分だけ内部エネルギーが変化する．したがって微小体積変化 ΔV を考えると，それによる内部エネルギー変化は

$$\Delta U = -P\Delta V \tag{4.40}$$

である．理想気体では内部エネルギーと温度は比例しているので，これを温度変化 ΔT で書き直し，さらに 1 mol の理想気体の状態方程式を使うと次式となる．

$$c_v \Delta T = -P\Delta V = -\frac{RT}{V}\Delta V \tag{4.41}$$

これを整理して，微分形を作れば

$$\frac{c_v}{R}\frac{1}{T}dT = -\frac{1}{V}dV \tag{4.42}$$

となる．有限の準静的過程での変化はこれを過程に沿って積分すれば求められる．過程に沿ってとは言っても，左辺には温度だけが，また右辺には体積だけが現れており，どちらも状態量であるから，実際には積分の値は経路によらず始点と終点だけで決まる．過程の始点を (T_1, V_1)，終点を (T_2, V_2) とすると

$$\frac{c_v}{R}\int_{T_1}^{T_2}\frac{1}{T}dT = -\int_{V_1}^{V_2}\frac{1}{V}dV \tag{4.43}$$

となる．ここで，不定積分公式

$$\int \frac{1}{x}dx = \log x + 積分定数 \tag{4.44}$$

を使えば上の式は

$$T_1 V_1^{R/c_v} = T_2 V_2^{R/c_v} \tag{4.45}$$

となることがわかる．つまり，準静的断熱過程に沿っては

$$TV^{\gamma-1} = 一定 \tag{4.46}$$

が成り立つ．ただし $\gamma = c_p/c_v$ は比熱比とよばれ

$$\gamma = \begin{cases} \frac{5}{3} & (単原子分子からなる気体) \\ \frac{7}{5} & (2 原子分子からなる気体) \end{cases} \tag{4.47}$$

である．

第4章 熱とエネルギー

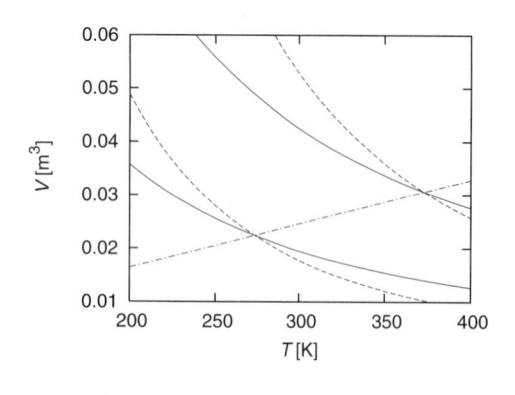

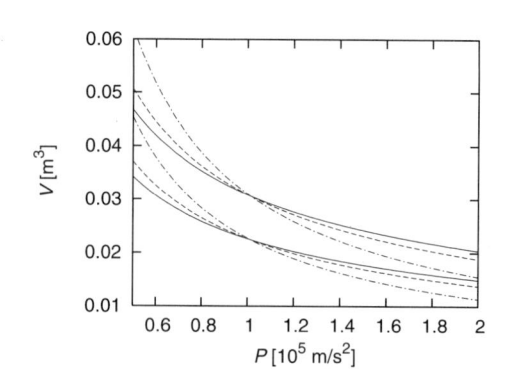

図 4.5 理想気体の断熱線. 1 atm のときに 273.15 K を通るものと 373.15 K を通るものの 2 つを T–V 図と P–V 図上にプロットした. 実線は単原子分子気体, 破線は二原子分子気体の場合である. T–V 図の一点鎖線は 1 atm の等圧線 (圧力一定状態を結んだもの). P–V 図の一点鎖線は 273.15 K と 373.15 K の等温線を表す.

断熱線の方程式を変形すれば, 断熱過程にともなう温度変化として

$$T_2 = T_1 \left(\frac{V_1}{V_2}\right)^{\gamma-1} \tag{4.48}$$

が得られる. つまり, 準静的断熱膨張 ($V_2 > V_1$) にともなって気体の温度が下がり, 圧縮 ($V_2 < V_1$) にともなって温度が上がる.

状態方程式を使えば, 断熱線の方程式を他の変数で表すこともできて

$$TP^{\frac{1-\gamma}{\gamma}} = 一定 \tag{4.49}$$

$$PV^\gamma = 一定 \tag{4.50}$$

が得られるこれらを**理想気体の断熱線の方程式**とよぶ.

等温変化の場合は, 状態方程式より

$$PV = 一定 \tag{4.51}$$

であり, こちらは**等温線の方程式**とよばれる. 図 4.5 に理想気体の断熱線と等温線および等圧線 ($V/T =$ 一定) を示した.

例題 8 太陽光のうち, 大気を直接暖めることのできる波長の成分は高空で大気に吸収されてしまい, 地表付近へ届かない. そのため地表付近での大気温は, まず太陽光によって地表が暖められ, その地表からの熱によって大気が暖められるというメカニズムで決まっている. 地表で暖められた大気は膨張して上昇する. 大気は熱の不良伝導体なので, この膨張は準静的断熱膨張とみなすことができる. 山に登ると上に行くほど (太陽には近づくにもかかわらず) 気温が下がるのはこのためである. 大気を理想気体とみなして, 気温の降下率を求めよ.

解 大気中の分子 1 mol あたりの質量を M [kg] とする. 大気中に単位面積の気柱を想定し, 高度 z [m] の位置から垂直上方に微小幅 Δz [m] の領域を切り出すと, その範囲に含まれる気体の全

質量は
$$\frac{M}{v(z)}\Delta z$$

である．ただし，$v(z)\,[\mathrm{m}^3]$ は高度 z で 1 mol の大気が占める体積を表すとする．1 mol の理想気体に対する状態方程式を用いると
$$v(z) = \frac{RT}{P}$$

である．右辺の T と P は高度に依存する．高度 $z+\Delta z$ と高度 z での大気圧の差は，この範囲に含まれる大気の重量に相当するので
$$\Delta P = P(z+\Delta z) - P(z) = -\frac{MgP}{RT}\Delta z$$

したがって，$\Delta z \to 0$ の極限をとれば，高度に対する大気圧の変化率が
$$\frac{dP}{dz} = -\frac{MgP}{RT}$$

と得られる．

一方，準静的断熱膨張であることから，断熱線の方程式の対数をとって
$$\frac{c_p}{R}\log T = \log P + 定数$$

となる．両辺を P で微分して整理すれば，断熱線に沿って圧力を変化させたときの温度変化は
$$\frac{dT}{dP} = \frac{R}{c_p}\frac{T}{P}$$

と求められる．これらを組み合わせると，高度に対する温度の変化率が得られて
$$\frac{dT}{dz} = \frac{dT}{dP}\frac{dP}{dz} = -\frac{Mg}{c_p}$$

である．

具体的な数値を代入しよう．前問にもあるとおり，大気は N_2 と O_2 が分子数比 4:1 で混合したものとみなせるから，大気中の分子 1 mol の平均質量は
$$M = 28\,[\mathrm{g}] \times 0.8 + 32\,[\mathrm{g}] \times 0.2 = 29\,\mathrm{g}$$

どちらも 2 原子分子であるから，定圧モル比熱 c_v は
$$c_p = \frac{7R}{2} = 29\,\mathrm{J/K}$$

したがって，温度の変化率は
$$\frac{dT}{dz} = -\frac{0.029\,[\mathrm{kg}] \times 9.8\,[\mathrm{m/s}^2]}{29\,[\mathrm{J/K}]} = 0.0098\,\mathrm{K/m}$$

つまり，約 100 m 上がるごとに約 1 K の割合で温度が下がると考えられる．

第 4 章　熱とエネルギー

> **Coffee Break**
>
> ### フェーン現象
>
> 例題 8 では高度に対する気温の降下率が 100 m につき約 1 K と求められた．実はこの値は現実のものよりだいぶ大きい．実際には，地表から高度 11.1 km までの**対流圏**とよばれる領域全体にわたって，高度 100 m につき約 0.65 K の気温降下が観測される．例題 8 の計算結果と現実の値との差は，大気中に含まれる水蒸気成分の効果として説明される．気温が下がるにつれて水蒸気が凝結して水となり，その際に放出される熱によって気温の低下が抑えられるのである．したがって，水蒸気をあまり含まない乾燥した大気についてはたしかに 100 m につき約 1 K の降下率になる．
>
> 湿った大気と乾燥した大気に見られるこのような気温変化率の違いが，**フェーン現象**を引き起こす．湿った空気が山の斜面に沿って上昇するとその間は 0.65 K/100 m の割合で気温が下がる．大気中の水蒸気が凝結して雲になり，それがさらに雨となって地表に落ちると，残った大気は乾燥大気となる．したがって，それが山の反対斜面を下るさいには今度は 1 K/100 m の割合で気温が上がる．これによって，地表に降りてきた大気の温度はもとの温度よりも高くなっているのである．おおざっぱには，1000 m の山を越えると気温が 3.5 K 上がる計算になる．

4.10.3 断熱自由膨張

図 4.6 のように管でつながれた 2 つのタンク (どちらも同じ体積 V とする) があり，一方は真空で他方には 1 モルの理想気体がつまっている．気体は体積 V を占めており，初期状態はこの条件での熱平衡状態にあるとする．コックを開くと気体は真空側に吹き出し，最終的には両方のタンク全体が熱平衡に達する．このとき，気体の占める体積は $2V$ である．全体は断熱材で囲まれているものとして，このときの気体の温度変化を考えよう．

前項で調べた準静的断熱過程とは違い，これは体積が急に 2 倍になる急変過程である．また，気体を元の状態に戻したければ一方のタンクに押し込んでやるほかなく，必ず外界にその影響が残る．したがって，この過程は不可逆過程である．この過程では外部からの仕事はいっさい行われておらず，しかも断熱なので外部との熱のやりとりもないから，熱力学第 1 法則より，これは内部エネルギー一定の過程であることがわかる．つまり

$$U_2 - U_1 = 0 \tag{4.52}$$

ここまでは理想気体に限らず一般の断熱自由膨張でなりたつことであるが，特に理想気体の場合は内部エネルギーが温度だけで決まるので，内部エネルギー一定の過程はすなわち温度一定の過程である．

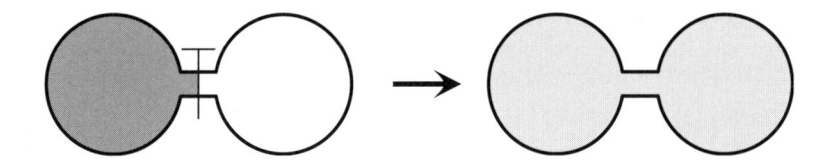

図 4.6 断熱自由膨張．初期状態では 2 つのタンクを結ぶパイプのコックは閉じられており，左側のタンクにだけ気体がつまった条件下での熱平衡状態にある．コックを開くと気体が右のタンクに流れこみ，最終的には全体としての熱平衡状態に達する．

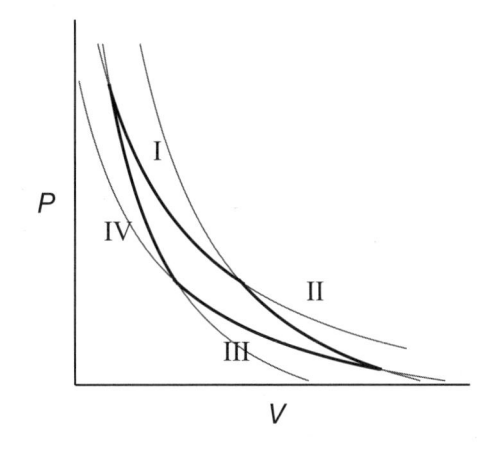

図 4.7 カルノー機関．温度 T_H と T_L の等温線，およびそれらと交わる断熱線を示す．太線がカルノー機関を構成する循環過程．過程 I は温度 T_H の等温過程，過程 III は温度 T_L の等温過程であり，過程 II と IV は断熱過程である．

つまり，断熱自由膨張に際して理想気体の温度は変化しない．また，体積は 2 倍になっているので，圧力は半分になる．

4.11 熱機関

熱機関とは，熱を使った**循環過程**（一回りして作業物質の状態がもとに戻るような熱力学的過程）を利用して，熱を仕事に変える装置をいう．物体の状態はもとに戻るので，この循環過程は何度でも繰り返すことができる．この過程を繰り返し動かして，各サイクルごとにそこから仕事を取り出すのが熱機関の目的である．その際，作業物質さえもとに戻せれば，環境はもとに戻らなくてもかまわない．現実のエンジンでは，運転にともなって燃料は減っていき，また熱が外部に放出されるので，当然，環境はもとに戻らない．このように熱機関を動かすと環境に影響が残ることが，公害をはじめとする環境問題やエネルギー問題の本質と深く関っている．以下では，まず理想的な**熱機関**として**カルノー機関 (カルノー・サイクル)** をとりあげる．

カルノー機関は，温度 T_H の高温熱源と T_L の低温熱源という 2 つの熱源 ($T_H > T_L$) を用いて，次の 4 つの準静的過程で構成される仮想的な循環過程である．

I 準静的等温膨張 $(V_1, T_H) \to (V_2, T_H)$

II 準静的断熱膨張 $(V_2, T_H) \to (V_3, T_L)$

III 準静的等温圧縮 $(V_3, T_L) \to (V_4, T_L)$

IV 準静的断熱圧縮 $(V_4, T_L) \to (V_1, T_H)$

熱源の温度 T_H および T_L と最初の体積 V_1 はあらかじめ与えられているものとしよう．すると，V_2 は自由に決めてよいが (ただし，$V_1 < V_2$)，V_3 は断熱線の方程式から決まってしまい，また，一回りして元に戻るためには V_4 も (V_1, T_H) につながる断熱線上に取らなくてはならないので，こちらも決まってしまう．あるいは，V_2 ではなく V_3 のほうを自由に与えることもできるが，その場合には V_2 が断熱線の方程式から決まってしまう．

この機関は過程 I と II で外部へ仕事をし，III と IV で外部から仕事を受ける．その間に I と III で 2 つの熱源とそれぞれ熱のやりとりをする．実は**カルノー** (S. Carnot, 1796–1832) がこの理想熱機関を考えた当時は，まだ熱とエネルギーの等価性は確立していなかったので，熱を担う熱素（カロリック）という概念を使って議論が行われた．これがいわゆる "熱の粒子説" である．もちろん，現代の我々は熱の実体がエネルギーであることを知っているのだから，以下ではエネルギーの立場で議論する．

具体的に理想気体 1 mol を作業物質とした場合について，外部とやりとりする仕事と熱量を求めてみよう．以後，作業物質へのエネルギーの出入りを表現するように W や Q に正負の符号をつけることにする．すなわち，正符号は仕事や熱量が外部から流入する場合，負符号は外部へ流出する場合を表す．ただし，W や Q の値自体は正にも負にもなりうる．たとえば $Q < 0$ であれば，$-Q$ は負の熱量が流入すること，すなわち熱量 $|Q|$ が流出することを意味する．

過程 I 等温過程なので外部へする仕事は

$$-W_I = \int_{V_1}^{V_2} P dV = RT_H \int_{V_1}^{V_2} \frac{1}{V} dV = RT_H \log \frac{V_2}{V_1} \tag{4.53}$$

である．また，内部エネルギーは変化しないので，仕事と同じだけの熱量が高温熱源から流入する．

$$Q_H = -W_I = RT_H \log \frac{V_2}{V_1} \tag{4.54}$$

過程 II 断熱なので，熱の出入りはない．断熱線の方程式より，V_3 は

$$V_3 = V_2 \left(\frac{T_H}{T_L}\right)^{c_v/R} \tag{4.55}$$

と決まる．また，同じく断熱線の方程式より，この過程に沿っては

$$P = P_2 \left(\frac{V}{V_2}\right)^{c_p/c_v} \tag{4.56}$$

が成り立つ．これを用いて，外部へする仕事は

$$-W_{II} = \int_{V_2}^{V_3} P dV = P_2 V_2^{c_p/c_v} \int_{V_2}^{V_3} V^{-c_p/c_v} dV = c_v(T_H - T_L) \tag{4.57}$$

となる．

過程 III 過程 IV が断熱過程であるから，断熱線の方程式より V_4 は

$$V_4 = V_1 \left(\frac{T_H}{T_L}\right)^{c_v/R} \tag{4.58}$$

と求められる．これより実は

$$\frac{V_4}{V_3} = \frac{V_2}{V_1} \tag{4.59}$$

であることがわかる．過程 III で外部から受ける仕事は上と同様にして，次式となる．

$$W_{III} = \int_{V_3}^{V_4} PdV = RT_L \log \frac{V_4}{V_3} = RT_L \log \frac{V_2}{V_1} \tag{4.60}$$

等温過程なので，W_{III} と等量の熱量を低温熱源へ排出する．

$$-Q_L = W_{III} = RT_L \log \frac{V_4}{V_3} \tag{4.61}$$

過程 IV 再び断熱なので熱の出入りはなく，外部から受ける仕事として次式を得る．

$$W_{IV} = \int_{V_4}^{V_1} PdV = c_v(T_H - T_L) \tag{4.62}$$

以上より，循環過程全体で外部に対して行う正味の仕事 $-W$ は

$$-W = -W_I - W_{II} - W_{III} - W_{IV} = R(T_H - T_L) \log \frac{V_2}{V_1} \tag{4.63}$$

となる．$V_2 > V_1$ および $T_H > T_L$ であるから，$-W > 0$，すなわちこの熱機関は全過程を通じて外部に対しては正の仕事をする．また，一回りすると作業物質の状態はもとに戻るので，内部エネルギーの値ももとに戻る．したがって，外部から流入する全熱量 Q は外部にした全仕事 $-W$ と等しく

$$Q = Q_H + Q_L = R(T_H - T_L) \log \frac{V_2}{V_1} \tag{4.64}$$

である．

この熱機関は，Q_H だけの熱量を高温熱源から得て仕事 $-W$ をし，$-Q_L$ だけの熱量を低温熱源に排出している．つまり，せっかく得た熱量 Q_H のうち $-Q_L$ は仕事に変えずにただ捨ててしまっているのである．その意味で，$-Q_L$ は**廃熱**である．熱機関の効率を高めたければ，この廃熱をできるだけ減らせばよい．そこで，高温熱源から得た熱量のうちで仕事に変換できた割合を効率 η と定義する．

$$\eta = \frac{-W}{Q_H} = 1 - \frac{-Q_L}{Q_H} \tag{4.65}$$

理想気体を用いたカルノー機関の場合は，上で求めた Q_H と $-W$ によって

$$\eta = \frac{T_H - T_L}{T_H} = 1 - \frac{T_L}{T_H} \tag{4.66}$$

つまり，効率は 2 つの熱源の温度だけで決まってしまう．結局，効率を高めたければ，高温熱源の温度を上げるか低温熱源の温度を下げればよい．ただし，$T_H \to \infty$ か $T_L \to 0$ が実現できないかぎり，

決して効率は 1 にならない．実は以下の節で見るように，この結論はカルノー機関に限らず全ての熱機関で成り立つのである．ところで，現実のエンジンでも 2 つの熱源が必要なのだが，高温熱源だけを用意して，低温熱源としては外部環境をそのまま使う場合が多い．このときは明らかに $T_L > 0$ なので，必ず廃熱が環境に放出される．

なお，カルノー機関は準静的過程だけで構成されているので**可逆機関**である．つまり，1 サイクル運転したあと，逆向きに 1 サイクル運転すれば，環境も含めて完全にもとの状態に戻せる．逆運転では，外部から受ける仕事 W を使って低温熱源から熱量 Q_L を吸い上げ，高温熱源に $-Q_H$ を排出する．つまり，逆運転のカルノー機関は**冷却器**としてはたらく．

4.12 熱力学第 2 法則

熱力学第 1 法則はエネルギー保存則であって，ことさらに "熱力学" とよぶまでもなく理解できるものといえるだろう．熱現象の際だった特徴は**不可逆性**にある．不可逆性はエネルギー保存則だけからは決して出てこないので，自然界にはエネルギー保存則とは別の法則がはたらいていることになる．これを述べた法則が**熱力学第 2 法則**である．

日常的に見られる典型的な不可逆現象としては，熱が高温から低温へしか流れない，というものがある．温度の違う液体や気体がはいった 2 つの容器を用意して，それを接触させて熱の移動を許すと，熱は必ず高温側から低温側へ流れ，やがて 2 つの容器内の温度が一致したところで熱平衡に達して，それ以上の変化は起こらなくなる．このような熱の移動は外から仕事や熱を加えなくても自発的に起こる．実際，上の 2 つの容器全体を断熱材で囲んでおいても熱の移動は起き，その場合は明らかに環境に何の影響も残らない．一方，逆に低温側から熱を奪ってそれを高温側に移動させようとするなら，冷却器などの装置を使わなくてはならない．しかし，そのためには冷却器を運転するのに必要なエネルギーを供給してやる必要があり，必ず環境に影響が残ってしまう．

以上は観測事実であるが，これに反する例はこれまで発見されたことがないので，自然界では決して自発的に熱が低温から高温へ移ることはない，と考えられる．そこで，これを自然界の基本法則として認めることにしたのが，熱力学第 2 法則である．これにはいくつかの異なる表現があるが，以下ではそのうちで**クラウジウス**(R. Clausius, 1822–88) によるものと**トムソン**(W. Thomson, 1824–1907) によるものをとりあげる．

> **熱力学第 2 法則 (表現その 1:クラウジウスの原理)**
> 低温物体から高温物体へ熱を移動させて，しかも他に影響を残さないような操作は実現できない

> **熱力学第 2 法則 (表現その 2:トムソンの原理)**
> 1 つの熱源から熱を得てその熱を仕事に変え，しかも他に影響を残さないような操作は実現できない

クラウジウスの原理を使って，トムソンの原理を証明することができる．証明には背理法を用いる．

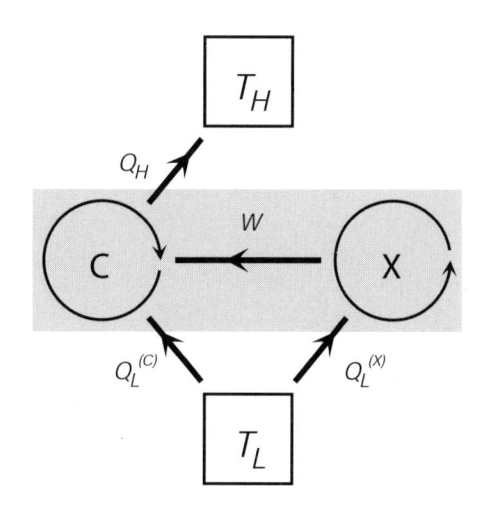

図 4.8 クラウジウスの原理からトムソンの原理を証明するための構成．矢印つきの円は循環過程，四角は熱源を表す．

すなわち，そのような熱機関 X が仮に実現できるとすれば，X とカルノー機関とを組み合わせることによってクラウジウスの原理に反する現象が起こせることを示す．

図 4.8 に示すような熱機関の組み合わせを考える．C がカルノー機関，X が問題の熱機関である．X は低温熱源 H_L から供給される熱 $Q_L^{(X)}$ によって動作し，それをすべて仕事 $-W$ としてカルノー機関 C に与える．カルノー機関 C は得た仕事 W を使って逆方向に運転され (カルノー機関は可逆であることを用いる)，低温熱源から熱 $Q_L^{(C)}$ を取り出して高温熱源に熱 $-Q_H$ を排出する．エネルギー保存則により，高温熱源が受取る熱量は C と X が低温熱源から得た熱量に等しい．すなわち

$$Q_H = Q_L^{(C)} + W = Q_L^{(C)} + Q_L^{(X)} \tag{4.67}$$

である．つまり，C と X をひとまとめにして 1 つの熱機関とみなすなら (図 4.8 の灰色部分)，この熱機関は外部にはまったく影響を残さずに，低温熱源から得た熱量をそのまま高温熱源に移動させることができる機関である．しかし，これはクラウジウスの原理に反するので，このような機関は実現できない．つまり，熱機関 X は実現できないことになり，トムソンの原理が証明された．

同様にして，逆にトムソンの原理からクラウジウスの原理を証明することもできる．つまり，この 2 つの法則は全く等価であって，それぞれが熱力学第 2 法則の 1 つの表現になっているのである．

熱力学第 2 法則からは，さらに熱機関の効率についての制限も導かれる

熱機関の効率の上限

2 つの熱源を用いる熱機関の効率は，同じ熱源を用いるカルノー機関の効率を越えない．

これもカルノー機関を使って証明できる．2 つの熱源の温度を T_H, T_L とすると，この間ではたらくカルノー機関 C の効率は $\eta_C = 1 - T_L/T_H$ である．問題の熱機関 X は効率 $\eta_X > \eta_C$ を持つ．2 つの熱機関を図 4.9 のように組み合わせる．熱機関 X は高温熱源から熱量 $Q_H^{(X)}$ を得て，カルノー機関 C

第4章 熱とエネルギー

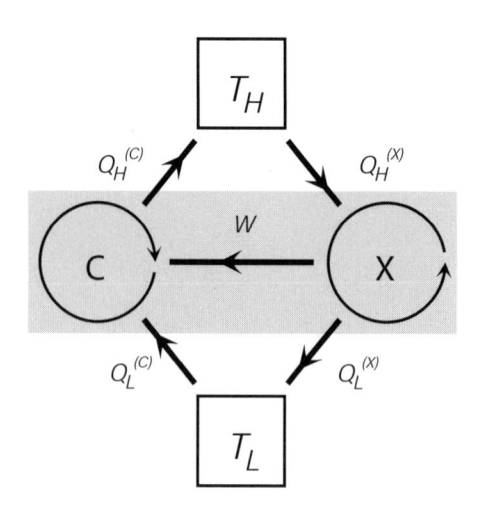

図 **4.9** 熱機関の効率がカルノー機関の効率を越えないことを証明するための構成. 矢印つきの円は循環過程, 四角は熱源を表す.

に対して仕事 $-W$ をし ($W>0$ である), 低温熱源に熱量 $-Q_\mathrm{L}^{(\mathrm{X})}$ を捨てる. カルノー機関 C は得た仕事 W を使って逆運転され, 低温熱源から熱量 $Q_\mathrm{L}^{(\mathrm{C})}$ を得て高温熱源に熱量 $-Q_\mathrm{H}^{(\mathrm{C})}$ を排出する. それぞれの熱機関でのエネルギー保存から

$$W + Q_\mathrm{L}^{(\mathrm{X})} = Q_\mathrm{H}^{(\mathrm{X})} \tag{4.68}$$

$$W + Q_\mathrm{L}^{(\mathrm{C})} = Q_\mathrm{H}^{(\mathrm{C})} \tag{4.69}$$

である. 一方, $\eta_X > \eta_C$ より

$$\frac{-W}{Q_\mathrm{H}^{(\mathrm{X})}} > \frac{W}{-Q_\mathrm{H}^{(\mathrm{C})}} \tag{4.70}$$

であるから,

$$Q_\mathrm{H}^{(\mathrm{C})} - Q_\mathrm{H}^{(\mathrm{X})} = Q_\mathrm{L}^{(\mathrm{C})} - Q_\mathrm{L}^{(\mathrm{X})} > 0 \tag{4.71}$$

が得られる. 結局, X と C をまとめて 1 つの熱機関とみなせば, これは他に影響を残すことなく低温熱源から得た熱量をそのまま高温熱源に移す熱機関である. しかし, これはクラウジウスの法則に反するので, このような機関は実現できない. つまり, 熱機関 X は実現できないことになり, 熱機関の効率はカルノー機関の効率を越えないことが示された.

したがって, 一般の熱機関については常に

$$\eta = 1 - \frac{-Q_\mathrm{L}}{Q_\mathrm{H}} \leq \eta_\mathrm{C} = 1 - \frac{T_\mathrm{L}}{T_\mathrm{H}} \tag{4.72}$$

であり, これを変形すると高温熱源から流入する熱量と低温熱源に排出される熱量の関係として

$$\frac{Q_\mathrm{H}}{T_\mathrm{H}} \leq \frac{-Q_\mathrm{L}}{T_\mathrm{L}} \tag{4.73}$$

が得られる．

　もし，X が可逆熱機関であれば，上の証明で使った熱機関を逆運転することにより，今度は可逆熱機関の効率はカルノー機関の熱効率を下まわらないことも証明できる．この2つが両立するのは等号がなりたつ場合だけであるから，可逆熱機関については以下が導かれる．

可逆熱機関の効率
　2つの熱源を用いる可逆熱機関の効率は，同じ熱源を用いるカルノー機関の効率に等しい．

つまり，可逆熱機関の効率は2つの熱源の温度だけで決まってしまう．また可逆熱機関については

$$\frac{Q_H}{T_H} = \frac{-Q_L}{T_L} \tag{4.74}$$

が成り立つ．これまではカルノー機関の効率を解析するのに，作業物質として理想気体を仮定してきたが，上の証明によって作業物質としてどんな物質を用いようとカルノー機関の効率は同じであることがわかる．

　結局，与えられた温度の熱源を使って動く熱機関の効率は，可逆機関の場合が最大で $\eta = 1 - T_L/T_H$ であり，それ以外の熱機関の効率は必ずそれより劣るのである．また，証明は省略するが，熱力学第2法則の帰結として，絶対零度には決して到達できないことが導かれる．それは同時に，熱機関の効率が決して1にはならないことを意味している ($\eta = 1$ とするには，低温熱源の温度 T_L をゼロにしなくてはならない)．したがって，あらゆる熱機関は必ず廃熱を出すことと，エネルギー保存則を破らなくてもやはり永久機関は実現できないこと (第2種永久機関の不可能性) がわかる．熱力学第2法則が環境問題やエネルギー問題と深く関ることが理解できるだろう．私たちは熱力学第2法則の制約のもとで，これらの問題を考えなくてはならないのである．

例題9 100℃の湯と0℃の氷水を熱源とする熱機関の効率の上限を求めよ．

　解

$$\eta = 1 - \frac{273.15}{373.15} = 0.27$$

　すなわち，高温熱源から取り入れた熱量のうち，最大でも27%しか仕事に変換できない．

4.13　エントロピー

　熱機関の効率の議論に $\frac{Q}{T}$ という量が登場したことをふまえて，微小準静的過程について

$$\frac{\Delta Q}{T} \tag{4.75}$$

という量を考えてみる．有限の準静的過程については，これを過程に沿って積分して得られる

$$\int_{全過程} \frac{d'Q}{T} \tag{4.76}$$

を考える.実は以下で見るように,この量は過程の始状態と終状態だけで決まる.いいかえれば,この積分の値はなんらかの状態量の差を表しているのである

ためしに 1 mol の理想気体について,この量を求めてみよう.始状態を (T_1, V_1),終状態を (T_2, V_2) とする.準静的過程に対する熱力学第 1 法則の微分形に理想気体の内部エネルギーと状態方程式を代入すれば

$$\frac{d'Q}{T} = \frac{dU}{T} + \frac{PdV}{T} = \frac{c_v}{T}dT + \frac{R}{V}dV \tag{4.77}$$

これを全過程について積分することにより

$$\int_{\text{全過程}} \frac{d'Q}{T} = c_v \int_{T_1}^{T_2} \frac{dT}{T} + R \int_{V_1}^{V_2} \frac{dV}{V} = c_v \log\left(\frac{T_2}{T_1}\right) + R \log\left(\frac{V_2}{V_1}\right) \tag{4.78}$$

が得られる.これはたしかに始状態と終状態の温度と体積だけで決まる量であり,途中の経路の取り方には依存していない.

一方,T で割らない Q だけの積分は

$$\int d'Q = c_v(T_2 - T_1) + R \int_{V_1}^{V_2} PdV \tag{4.79}$$

であるが,体積を先に変化させるか温度を先に変化させるかで右辺第 2 項の値は異なる(P は T と V の両方に依存するから).したがって,左辺の積分も経路に依存する量である.つまり,式 (4.78) の左辺が経路によらない量になったのは,温度で割ることが本質的だったわけである.

そこで,$\int \frac{d'Q}{T}$ がある**状態量**の差を表しているものと考えて,この状態量を**エントロピー**とよび,普通は S で表す.状態 1 と状態 2 のエントロピーをそれぞれ S_1 と S_2 とすれば

$$S_2 - S_1 = \int_{\text{全過程}} \frac{d'Q}{T} = \int_{U_1}^{U_2} \frac{dU}{T} + \int_{V_1}^{V_2} \frac{P}{T}dV \tag{4.80}$$

である.微分形で書けば

$$dS = \frac{1}{T}d'Q = \frac{1}{T}dU + \frac{P}{T}dV \tag{4.81}$$

となる.あるいは,書き直して

$$dU = TdS - PdV \tag{4.82}$$

という式が得られる.

理想気体に限らずどんな物体でもエントロピーという状態量が存在することを示すには,やはりカルノー機関を使う.簡単な場合として,温度 T_1 および T_2 の 2 つの熱源と熱のやりとりをする循環過程 X を考えよう.X は準静的と限らないが,循環過程なので過程の出発点と終点は同じ熱平衡状態でなくてはならない.また,準静的でなければ熱源の温度と循環過程を行う作業物質の温度とが一致するとは限らないので,以下では温度はすべて熱源の温度であることに注意する.

循環過程はひとまわりのあいだに 2 つの熱源と順次熱のやりとりをし,全体として外部に対して仕事 $-W$ をする.また,それぞれの熱源から流入する熱量を Q_1, Q_2 とする.エネルギー保存則から

$$W = Q_1 + Q_2 \tag{4.83}$$

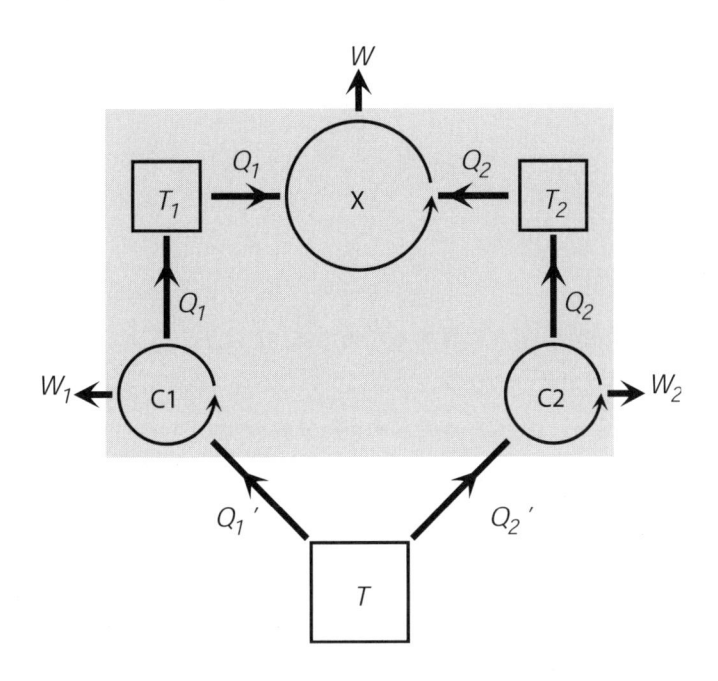

図 4.10 エントロピーが状態量であることを証明するための熱機関の構成．四角は熱源，矢印つきの円は熱機関を表す．特に C1 と C2 はカルノー機関である．

である．

このような循環過程 X に対し，さらに2つの熱源それぞれにカルノー機関 (C1 と C2) を1つずつ接続する．2つのカルノー機関は第二の熱源として温度 T の共通の熱源を使う (図 4.10 参照)．

C1 は 1 サイクルごとにちょうど $-Q_1$ だけの熱量を熱源 T_1 に排出するように調整することができる．C1 は熱量 Q_1' を共通熱源 T から得て仕事 $-W_1$ を外部に行うものとすれば

$$Q_1' = W_1 + Q_1 \tag{4.84}$$

となる．C2 も同様に調整できて次式となる．

$$Q_2' = W_2 + Q_2 \tag{4.85}$$

すると，1 サイクルの運転の後に熱源 T_1 と T_2 は排出した分とちょうど同じだけの熱量を供給されることになるので，熱源の状態は1サイクル後に完全にもとに戻る．そこで，X と C1, C2 の3つの循環過程に熱源 T_1 と T_2 を合わせた全体もやはり1つの熱機関とみなすことができる (図 4.10 の灰色の部分)．この熱機関は 1 サイクルのあいだに温度 T の 1 つの熱源から熱量 $Q_1' + Q_2'$ を取り入れて，外部に対して正味 $-W - W_1 - W_2$ だけの仕事をする．トムソンの原理によれば，このような熱機関が外部に対して正の仕事をすることはできないのだから

$$W + W_1 + W_2 = Q_1' + Q_2' \leq 0 \tag{4.86}$$

となる．すなわち，この熱機関は，外部から仕事を受けてそれと同じだけの熱量を熱源 T に排出するものでなくてはならない．これより

$$\frac{Q_1}{T_1} \leq \frac{Q_1'}{T} = -\frac{Q_2'}{T} \leq -\frac{Q_2}{T_2} \tag{4.87}$$

が導かれて，結局

$$\frac{Q_1}{T_1} + \frac{Q_2}{T_2} \leq 0 \tag{4.88}$$

が得られる．なお，上の熱機関が必ず動作するためには，$T < T_1, T_2$ としておけばよい．

明らかに，この議論は熱源が 2 つより多い場合についても全く同様に拡張できる．熱源の数を N 個とし，i 番目の熱源の温度を T_i，そこから流入する熱量を Q_i とすれば

$$\sum_{i=1}^{N} \frac{Q_i}{T_i} \leq 0 \tag{4.89}$$

が一般に成立する．ここでも，温度はすべて熱源の温度であって，作業物質の温度と一致するとは限らないことに注意する．式 (4.89) は**クラウジウスの不等式**とよばれ，不可逆性を記述する最も基本的な不等式である．この不等式が現れた理由は熱力学第 2 法則によって熱機関の方向性が決められたことによるのだから，**クラウジウスの不等式**は熱力学第 2 法則を数式で表現したものと言ってよい．

X が可逆熱機関であれば，全体も可逆であるから完全に逆運転が可能となり，逆の不等式

$$\sum_{i=1}^{N} \frac{Q_i}{T_i} \geq 0 \tag{4.90}$$

が成立する．2 つの不等式が両立するのは等号の場合だけなので，可逆熱機関については結局

$$\sum_{i=1}^{N} \frac{Q_i}{T_i} = 0 \tag{4.91}$$

が成り立つ．

さて，しばらく循環過程 X を準静的過程に限ることにする．熱源と熱のやりとりをする過程を前のように無限小過程の積み重ねと考えれば

$$\frac{Q_i}{T_i} = \int_{i と接触する過程} \frac{d'Q}{T_i} \tag{4.92}$$

と表される．ところで，過程が準静的であるためには，熱源の温度は過程に沿って急変してはならず，一方，式 (4.92) のように積分で書けば熱源の温度が徐々に変化するような場合も含めて表せてしまうから，準静的過程についてはひとまとめに

$$\sum_{i=1}^{N} \frac{Q_i}{T_i} = \oint \frac{d'Q}{T} = 0 \tag{4.93}$$

と書ける．右辺の積分記号は積分を循環過程全体について行うという意味である．循環過程の一部に断熱過程が含まれる場合も，その部分では $dQ = 0$ なので積分に含めてよい．結局，これはエントロ

ピーの定義式に現れた積分を準静的循環過程に沿って行ったものであり，途中にどういう経路をたどろうと，最初の状態に戻りさえすればエントロピー差はゼロであることを表している．つまり，エントロピーは状態を指定すれば値が確定する**状態量**であることが，これで証明された．

2つの平衡状態 1, 2 を考えて，その間を 2 通りの準静的過程 A, B で結ぶ．状態 1 から過程 A をたどって状態 2 に行き，過程 B をたどって状態 1 へ戻ると，この経路 $A \to B$ は循環過程を構成する．したがって，状態 1 のエントロピーももとの値に戻るから，このとき

$$\int_{A(1\to 2)} \frac{d'Q}{T} + \int_{B(2\to 1)} \frac{d'Q}{T} = 0 \tag{4.94}$$

である．これを書き換えて

$$\int_{A(1\to 2)} \frac{d'Q}{T} = -\int_{B(2\to 1)} \frac{d'Q}{T} = \int_{B(1\to 2)} \frac{d'Q}{T} \tag{4.95}$$

とすることができる．これは，2つの状態間のエントロピー差は経路の取り方によらず一定値になること，すなわちエントロピー差は任意の準静的過程を設定すれば測定できる量であることを示している．しかし，エントロピー差を定義するだけでは不便なので，内部エネルギーの場合と同様に適当な基準状態を設定して，その状態とのエントロピー差を S で表すことにしよう．実は内部エネルギーの場合と違って，温度 0 K でのエントロピーを基準として，物質によらない絶対的なエントロピー値を定義できることが知られている．これは**熱力学第3法則**とよばれる法則の帰結であるが，ここではこれ以上立ち入らない．

これで内部エネルギー U に次いで新たな状態量としてエントロピー S が導入された．状態量であるから，あくまでも熱平衡状態で定義できる量であることをあらためて強調しておく．

エントロピーのミクロな解釈

1 mol の理想気体のエントロピーは式 (4.78) の右辺で与えられる．n mol であれば，この n 倍である．右辺第 2 項は，容器の体積が 2 倍になるとそれに応じてエントロピーは $nR\log 2$ だけ増えることを示している．

さて，気体がはいった容器に同じ大きさの空の容器をくっつけて，しきりを取り去ることを想像してみよう．体積が倍になることによって，各気体分子にはもとの容器部分にいるか新たに増えた部分にいるか，という自由度ができる．2 つの部分はまったく同等とすれば，全分子を 2 つの部分に分配するやりかたは

$$2^{N_A \times n} 通り$$

である．ここで，N_A はアボガドロ定数である．この対数をとると

$$N_A \times n \log 2$$

となり，エントロピー増加分の定数倍になっている．これは偶然ではない．エントロピーのうちで体積に関する部分をミクロに解釈すれば，容器の中に分子をどのように配置するかという"配置のしかたの総数"の対数に比例する量なのである．

では，式 (4.78) のうち温度に関係する右辺第 1 項はどうだろうか．理想気体では温度はエネルギーに比例するので，この項は n モルについて

$$nc_v \log\left(\frac{U_2}{U_1}\right)$$

と書き換えられる．実はこちらのほうがエントロピーの表現としては本質的である．内部エネルギーが 2 倍になればエントロピーは $nc_v \log 2$ だけ増加する．では，こちらも内部エネルギーの分配のしかたと関係するのだろうか．温度は分配のしようがないが，エネルギーは分配できる．実際，エントロピーのミクロな解釈によれば，右辺第 1 項は，各分子にエネルギーをどれだけ割り当てるかという"エネルギーの割り当てかたの総数"の対数に比例する量である．内部エネルギーが大きくなるほど各分子への割り当てかたの自由度が増え，エントロピーも大きくなる．

このようにエントロピーを分子のレベルでミクロに解釈するのが**統計力学**という分野である．

4.14 不可逆過程

前節で導いたクラウジウスの不等式は循環過程の不可逆性を表現している．では，循環過程に限らない一般の不可逆過程についてはなにが言えるだろうか．

熱平衡状態 1 から 2 へ向かう不可逆過程 A を調べたいとしよう．これに対し，今度は 2 から 1 への準静的過程 B を仮想的に考える．すると，A→B は全体として循環過程を構成するので，前節の議論がそのまま使える．クラウジウスの不等式から

$$\sum_{i \in A(1 \to 2)} \frac{Q_i}{T_i} + \int_{B(2 \to 1)} \frac{d'Q}{T} \leq 0 \tag{4.96}$$

である．ところが第 2 項は状態 1 と 2 のエントロピー差だから

$$S_2 - S_1 \geq \sum_{i \in A(1 \to 2)} \frac{Q_i}{T_i} \tag{4.97}$$

となる．これが一般の過程に関するクラウジウスの不等式である．

さて，右辺に現れる温度は熱源のものなので，熱源の立場から右辺を見なおすのは教訓的だろう．熱源はいつでも熱平衡にあるとみなせるので，右辺は

$$-\int_A \frac{d'Q}{T} \tag{4.98}$$

と書けて (熱源の側から見ると熱量の符号が逆になることに注意)，これは不可逆過程にともなって熱源のエントロピーがどれだけ変化するか (の逆符号) を表している．物体のエントロピー変化を ΔS，熱源のエントロピー変化を ΔS_B と書けば (どちらも微小とは限らない)

$$\Delta S \geq -\Delta S_B \tag{4.99}$$

となる．つまり，熱源が失ったエントロピーよりも多くのエントロピーを物体が得るならば，その過程は不可逆過程である．逆に物体がエントロピーを失う不可逆過程の場合，熱源はそれより多くのエントロピーを獲得する．

特別な場合として断熱過程を考えると，熱源はないので

$$\Delta S \geq 0 \tag{4.100}$$

である．つまり，断熱過程に際してエントロピーは決して減少しない．また，特別な場合として，準静的断熱過程はエントロピー一定の過程であることがわかる．

さらに特別な場合として，**孤立系**を考える．孤立系とは文字通り外部と熱のやりとりも仕事のやりとりもないようなシステムである．この場合，もし系が初めから熱平衡にあったとすれば，その後に勝手にエントロピーが減少するといったできごとは決して起こらない．では，系が適当な外部条件のもとで熱平衡にあるときに外部条件を急変させ，直後に系を孤立させるとどうなるだろうか．このときには新しい熱平衡状態へ向かう自発的な過程が起きる．孤立系内部で自発的に起きる変化は，このような熱平衡へ向かう過程だけである．断熱系であるから

第4章　熱とエネルギー

孤立系で自発的に起きる過程では，エントロピーが増大する

と言うことができる．エントロピーが最大値となればそれ以上変化できないから，熱平衡状態はエントロピー最大に対応する．つまり

孤立系の熱平衡状態は，与えられた条件のもとでエントロピーが最大となる状態である．

例としては，前に調べた断熱自由膨張が適当だろう．2つのタンクをつなぐコックを開いた直後には，中の気体はコックを開く前の平衡状態にあり，その後，コックを開いた新しい条件下での熱平衡状態へ向かっての変化が起きる．その間，系は外部とのあいだで熱も仕事もやりとりしないので，断熱自由膨張は孤立系内部で自発的に起きる変化であり，したがって，最終状態でのエントロピーは始状態より増えているはずである．計算は章末の練習問題としよう．

これがいわゆる**エントロピー増大則**であるが，この法則ほど誤用される法則も珍しいかもしれない．これはあくまでも孤立系での自発的変化に関する法則であって，たとえば同じ自発的変化でも系が孤立していなければ必ずしもエントロピーが増大するとは限らない．また，孤立系であっても，初めから平衡状態にあればそれ以上の変化は起きないので，"必ず増大する"わけでもない．どんな場合にも成り立つ一般的な法則はあくまでも熱力学第2法則，すなわちクラウジウスの不等式 (4.97) である．そこで，不可逆過程であってもエントロピーが増えない例をやはり章末の練習問題に示した．

Coffee Break

不可逆性と時間の矢

熱力学第2法則は"不可逆性"によって現象の進む方向を規定しているという意味で，物理法則の中でも際だって特異なものだと前にのべた．我々の時間は未来へ流れるばかりで，決して過去へ遡ることはできない．これは，空間を好きな方向に移動できるのとは対照的である．このような時間の一方向性を"時間の矢"とよんで，その根本的な原因がどこにあるのかは物理学における巨大な謎の1つである．当然，その理由を熱力学第2法則に求める立場もある．熱力学第2法則があるから時間は一方向に流れるのだろうか，それとも時間の矢があるから熱力学第2法則が成り立つのだろうか．

ところで，現象の方向性を規定するものとして，実はもう1つ，量子力学に見られる"波動関数の収縮"とよばれる現象がある．こちらは，"量子力学の観測問題"という別の巨大な謎と強く関係している．

熱力学第2法則と波動関数の収縮の間に関係があるのかどうか，まだまだ議論のわかれるところである．

4.15 自由エネルギー

4.15.1 さまざまな自由エネルギー

ここまでで，準静的過程で系に流入する熱量はエントロピーを用いて状態量だけの微分形に表せることがわかった．すなわち

$$d'Q = TdS \tag{4.101}$$

である．これより，内部エネルギーの微分形は

$$dU = TdS - PdV \tag{4.102}$$

と書ける．この式は，エントロピーと体積を操作すれば内部エネルギーが変化することを表している．言い換えると，内部エネルギーを (S, V) の2変数関数とみていることに相当する．これまでは熱平衡状態を指定するのに (T, V, P) のうちいずれか2つの値を用いてきたが，この式によれば，平衡状態を指定するための変数としてエントロピー S を使ってもよい．

ところで，U を (S, V) の関数とみなすなら，以前にやったように内部エネルギーの微分形は

$$dU = \left(\frac{\partial U}{\partial S}\right)_V dS + \left(\frac{\partial U}{\partial V}\right)_S dV \tag{4.103}$$

と表せるはずである．これと式 (4.102) とを比較すれば，温度と圧力が内部エネルギーの微分によって

$$T = \left(\frac{\partial U}{\partial S}\right)_V \tag{4.104}$$

$$P = -\left(\frac{\partial U}{\partial V}\right)_S \tag{4.105}$$

のように求められることがわかる．

今度は等温過程を考えよう．一定温度 T の1個の熱源と熱のやりとりをするのだから

$$S_2 - S_1 \geq \frac{Q}{T} \tag{4.106}$$

である．熱力学第1法則を使ってこれを変形すると

$$(U_2 - U_1) - T(S_2 - S_1) \leq W \tag{4.107}$$

が得られる．ここで，新しい状態量として**ヘルムホルツの自由エネルギー** F (H. F. v. Helmholtz, 1821–1894) を

$$F = U - TS \tag{4.108}$$

と定義する．すると等温過程では

$$\Delta F = F_2 - F_1 \leq W \tag{4.109}$$

が成り立つ．等号は可逆過程の場合だから，等温可逆過程で物体が外部から受ける仕事はヘルムホルツ自由エネルギーの差に等しい．また，等温不可逆過程では，物体が獲得するヘルムホルツ自由エネ

ルギーは外部から与えられた仕事よりも少ない．逆に外部に対して仕事をする場合，その仕事の量は物体が失うヘルムホルツ自由エネルギーよりも少ない．

特別な場合として，等温定積過程を考えると

$$\Delta F \leq 0 \tag{4.110}$$

が成り立つ．熱源の温度と物体の体積をともに一定に保つ条件下で物体に自発的な変化が起きるとすれば，それは熱平衡へ向かう変化だけであるから，孤立系の場合と同様に

> 等温定積の系で自発的に起きる過程では，ヘルムホルツ自由エネルギーが減少する．熱平衡状態は，与えられた条件のもとでヘルムホルツ自由エネルギーが最小となる状態である．

が導かれる．

F の定義から，その微小変化は

$$\Delta F = \Delta(U - TS) = \Delta U - T\Delta S - S\Delta T \tag{4.111}$$

である．無限小変化を考えて微分形で表し，それに内部エネルギーの微分形を代入すれば

$$dF = (TdS - PdV) - TdS - SdT = -SdT - PdV \tag{4.112}$$

となり，これは F を (T, V) の関数とみなしたことを意味する．そこで，前と同様に今度は $F(T, V)$ の微分形を作ると

$$dU = \left(\frac{\partial F}{\partial T}\right)_V dT + \left(\frac{\partial F}{\partial V}\right)_T dV \tag{4.113}$$

であるから，2つの式を比較して，エントロピーと圧力がヘルムホルツ自由エネルギーを微分によって

$$S = -\left(\frac{\partial F}{\partial T}\right)_V \tag{4.114}$$

$$P = -\left(\frac{\partial F}{\partial V}\right)_T \tag{4.115}$$

と求められることがわかる．

同様に等温定圧過程を考えれば

$$F_2 - F_1 \leq W = -P(V_2 - V_1) \tag{4.116}$$

が成り立つ．ここで，新しい状態量として，**ギブスの自由エネルギー** G (J. W. Gibbs, 1839–1903) を

$$G = F + PV = U - TS + PV \tag{4.117}$$

と定義する．すると等温定圧条件下について

$$\Delta G = G_2 - G_1 \leq 0 \tag{4.118}$$

が得られる．これより，等温定圧条件下で起きる自発的な変化については

> 等温定圧の系で自発的に起きる過程では，ギブス自由エネルギーが減少する．熱平衡状態
> は，与えられた条件のもとでギブス自由エネルギーが最小となる状態である．

が導かれる．

G の微分形にヘルムホルツ自由エネルギーの微分形を代入すれば

$$dG = dF + PdV + VdP = (-SdT - PdV) + PdV + VdP = -SdT + VdP \tag{4.119}$$

となる．これは G を (T, P) の関数とみなしていることになり，上と同様にエントロピーと体積がギブス自由エネルギーの微分によって

$$S = -\left(\frac{\partial G}{\partial T}\right)_P \tag{4.120}$$

$$P = \left(\frac{\partial G}{\partial P}\right)_T \tag{4.121}$$

と求められる．

ヘルムホルツ自由エネルギーやギブス自由エネルギーは既知の状態量からそれぞれ式 (4.108) と (4.117) によって定義されたものなので，特に新しい情報を含むわけではない．F や G を用いなくても，U と S（および，T, V, P）だけでも熱力学の議論には充分である．その意味では，内部エネルギー以外の状態量としてエントロピーが導入されたことだけが本質的であって，F や G は本質的ではない．しかし，どのような条件下での変化を考えるかによって自由エネルギーを使い分けたほうが便利である．これまでの議論からもわかるように，具体的には，断熱定積条件では U，等温定積条件では F，等温定圧条件では G を使えばよい．すると，もう1つ，断熱定圧という条件も考えられるはずで，その場合には

$$H = U + PV \tag{4.122}$$

で定義される**エンタルピー**を用いるのが便利である．

4.15.2 自由エネルギーと相転移

1 atm の一定圧力下で水を約 100 ℃ まで熱すると，液体の水が水蒸気に変わる．これはもっとも身近な**相転移現象**の例といっていいだろう．現在の正確な定義にしたがうなら，1 atm 下での水の沸点は約 99.974 ℃，すなわち 373.12 K である．この現象は結局，同じ 1 atm の圧力下であっても，373.12 K より低い温度では**液相**が熱平衡状態であり，逆にこれより高い温度では**気相**が熱平衡状態であることを意味している．

圧力と温度を与えたときの熱平衡状態の問題だから，ギブスの自由エネルギーを使って議論するのが便利である．液相のギブス自由エネルギーを $G_l(T, P)$ とする．沸点以上の温度でも仮想的に液相が存在するものとしよう．一方，気相のギブス自由エネルギーを $G_g(T, P)$ とし，こちらも沸点以下の温度でも仮想的に気相が存在するものとしよう．

熱平衡状態はギブス自由エネルギーが最小となる状態であるが，今は気相と液相の2つの状態だけを考えているので，ギブス自由エネルギーの小さいほうの状態が熱平衡状態である．つまり，373.12 K

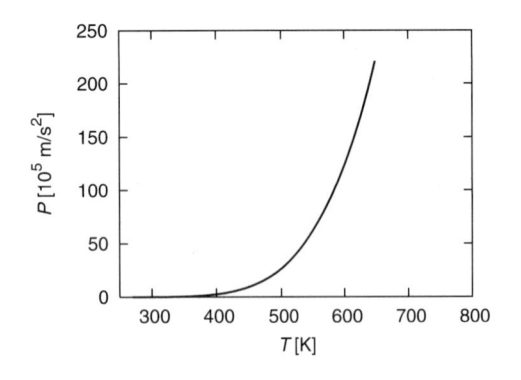

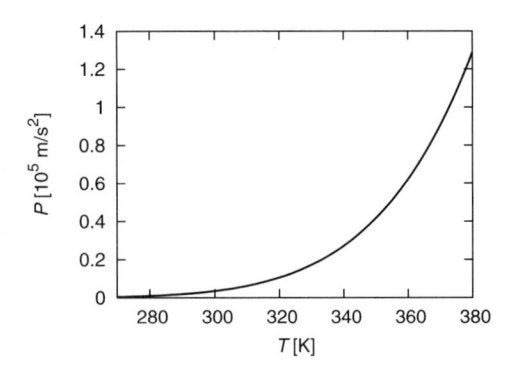

図 4.11 水と水蒸気の相共存線．右図は日常的な温度範囲のみを拡大したもの．相共存線より高圧または低温側では液相が熱平衡状態，低圧または高温側では気相が熱平衡状態である．

を境に熱平衡状態が変わるという事実は，$P = 1.013 \times 10^5 \, \mathrm{N/m^2}$ の条件下でギブス自由エネルギーの関係が

$$G_l(T, P) > G_g(T, P) \quad (T > 373.12) \tag{4.123}$$

$$G_l(T, P) < G_g(T, P) \quad (T < 373.12) \tag{4.124}$$

であることを意味する．したがって，この入れ替わりが起きる温度でちょうど両者のギブス自由エネルギーが一致するはずである．すなわち，ちょうど相転移の起きる $T = 373.12\,\mathrm{K}$ では

$$G_l(T, P) = G_g(T, P) \tag{4.125}$$

が成り立つ．この条件では気相と液相が同時に熱平衡状態として存在しうる．もっとも，普段目にする沸騰現象では蒸発した水蒸気は大気中にどんどん拡散していくので，1atm の気相と液相が平衡状態として共存する現象は観察されず，液相中の水分子は最終的にすべて気相に変化する．

ところで，気圧の低い山の上では水の沸点が 100℃よりも低くなる．上の議論はこのような場合にも使えて，P が変われば，その圧力での水の沸点に対応する T の値でやはり式 (4.125) がなりたつはずである．結局，式 (4.125) は T と P のあいだに 1 つの関係を与えるものと思うことができる．そのように気相と液相のギブス自由エネルギーが等しいという条件から，T–P 図上に 1 つの曲線が得られる．この曲線は気相と液相の**相共存線**とよばれる．同様の議論は水と氷 (液相と固相) のあいだの相転移についても成り立つ．

図 4.11 に水と水蒸気の相共存線を示す．水と水蒸気だけが存在する状況下では，この線上で両者の共存が観察される．$T = 647\,\mathrm{K}$, $P = 221 \times 10^5 \, \mathrm{N/m^2}$ にある相共存線の終端は臨界点とよばれ，これより高温・高圧では気相と液相の区別がなくなる．

熱力学における単位

温度	T	[K]
圧力	P	[N/m^2]=[Pa]
体積	V	[m^3]
内部エネルギー	U	[J]
仕事	W	[J]
熱量	Q	[J]
エントロピー	S	[J/K]
熱容量 (定積, 定圧)	C_V, C_P	[J/K]
比熱 (定積, 定圧)	c_v, c_p	[J/K·g]
モル比熱 (定積, 定圧)	c_v, c_p	[J/K·mol]

第 4 章　練習問題

問題 1 理想気体の体膨張率を求めよ．

問題 2 理想気体の定圧モル比熱を求めよ．

問題 3 1 mol の理想気体を温度一定の熱源に接触させて，熱源と平衡を保ちつつ，体積を増加させるとき (準静的等温膨張)，系の外部から流入する熱量を求めよ．

問題 4 高度 11.1 km から 20.0 km までの成層圏下部では大気温が一定で，その値は 216.65 K である．この領域で高度に対する気圧の変化率を求めよ．なお，高度 11.1 km での気圧は 223.46 N/m^2 である．

問題 5 1 mol の理想気体を断熱自由膨張させたときのエントロピー変化を求めよ

問題 6 不可逆過程でもエントロピーが増加するとは限らない例として温度急変過程を調べよう．温度 T_1 での平衡状態にある 1 mol の理想気体を別の温度 T_2 の熱源に接触させる．体積は一定に保たれるとする．

(1) 気体が平衡に達するまでの過程で気体のエントロピーが減少する条件を求めよ．

(2) 同じ過程で，気体のヘルムホルツ自由エネルギーは減少していることを確かめよ．

問題 7 (1) エンタルピーの微分形を導出せよ．

(2) 温度と体積をエンタルピーの微分によって求めるための式を導け．

問題 8 理想気体の状態方程式は，気体分子は大きさを持たず分子間に力がはたらかないと仮定して導かれた．しかし，現実には気体分子同士が適当に離れている場合には引力，非常に近づいた場合には斥力がはたらく．このことを考慮したのがファン・デル・ワールス (J.D. van der Waals, 1837–1923) によって提案された状態方程式

$$P = \frac{nRT}{V-bn} - \frac{an^2}{V^2} \tag{1}$$

である．a, b は気体に特有な定数である．この式を

$$\left(P + \frac{an^2}{V^2}\right)(V-bn) = nRT \tag{2}$$

と変形してみよう．理想気体の状態方程式と比較してみると，理想気体の場合より圧力が少し増加し，体積が少し減少しているとするのがファン・デル・ワールスの状態方程式であると考えられる．a の項は，分子間に引力がはたらいている効果をあらわしている．すなわち，容器に閉じこめられた気体分子は互いに引き合っているが，容器の中の方にいる分子は四方八方から引力を受け，平均として力はゼロになる．つまり，理想気体の近似が良く成り立っている．しかし，容器の壁付近の分子は内側方向へより力を受ける．このため分子が壁に及ぼす力（私た

ちが測定する圧力 P)は少し小さくなる．つまり，容器の内部の分子に作用する圧力は実際に測定される圧力 P より少し大きくなるはずである．この差は，単位体積あたりの分子数 N/V と，1つの分子が周囲から受ける引力の大きさとの積に比例する．個々の分子が受ける引力も単位体積あたりの分子数に比例するから，圧力に対する補正は

$$\left(\frac{N}{V}\right)^2 = \left(\frac{nN_\mathrm{A}}{V}\right)^2 \propto \left(\frac{n}{V}\right)^2 \tag{3}$$

となる．こうして式 (2) の左辺の初めの括弧の意味が説明される．気体分子間にはは互いに接近すると強い斥力がはたらく．これは大きさを持った球が衝突して跳ね返されるというイメージだが，微視的世界を記述する言語「量子力学」では「パウリ原理」のせいであると説明される．この効果のおかげで世界は潰れないでいる．球の体積分空間が狭くなったはずだから，その分体積 V から引いておこうというのが二番目の括弧の意味である．b は 1 mol の分子を隙間なく詰めた時の体積と考えられる．では，パラメーター a, b を実験データを最も説明するように決めてやれば，およその分子の大きさが求まるではないか！

(1) 1 mol の窒素ガスおよび炭酸ガスをそれぞれ 1 ℓ の容器に閉じこめて温度を 100 °C にした．それぞれの気体の圧力を，理想気体の状態方程式およびファン・デル・ワールスの状態方程式を用いて計算すると，それぞれ何気圧となるか．窒素ガスに関しては $a = 0.137$ J·m³/mol², $b = 38.7 \times 10^{-6}$ m³/mol, 炭酸ガスでは，$a = 0.366$ J·m³/mol², $b = 42.9 \times 10^{-6}$ m³/mol である．

(2) ガス分子が球形であると仮定して，それぞれの分子の直径を推定せよ．

問題 9 音波とは，気体などの媒質中に生じた密度の不均一さが伝播する疎密波である．媒質は圧縮と膨張を行い，密度変化の方向と波の進行方向は等しい（縦波）．ここで，気体中を伝わる音波の速度について考えよう．気体に加わる圧力が P から ΔP だけ増加した場合に，気体の体積が V から ΔV だけ変化したとしよう（$\Delta V < 0$）．バネの伸びに関するフックの法則のように，ΔP は気体のひずみ率 $\Delta V/V$ に比例すると近似して良いであろう．すなわち

$$\Delta P = -B\frac{\Delta V}{V} \tag{1}$$

である．比例係数 B は体積弾性率とよばれ，$\Delta P \to 0$, $\Delta V \to 0$ の極限で

$$B \equiv -V\left(\frac{dP}{dV}\right) \tag{2}$$

と定義される．気体中の音速は，体積弾性率を用いて

$$v = \sqrt{\frac{B}{\rho}} \tag{3}$$

で与えられる．ここで ρ は気体の密度である．音波の振動数は高く，気体の圧縮・膨張は断熱的に起こると考えて良いであろう．このとき断熱過程での関係式

$$PV^\gamma = 一定 \tag{4}$$

が成り立つ．ここで γ は気体の比熱比 $\gamma \equiv c_p/c_v$ である．

(1) 式 (4) を V で微分することによって
$$B = \gamma P \tag{5}$$
が成り立つことを示せ．

(2) 気体を理想気体と見なせる場合，気体中の音速は
$$v = \sqrt{\frac{\gamma R T}{M}} \tag{6}$$
とあらわされることを示せ．ここで，R は気体定数，T は気体の温度，M は気体の分子量である．音速が気体の温度の平方根に比例することに注目せよ．

(3) 窒素や酸素などの二原子分子では，$\gamma \simeq 7/5$ という近似が良く成り立つとして，0 °C 1 気圧の大気中での音速を求めよ．

(4) ヘリウムのような一原子分子の場合には $\gamma \simeq 5/3$ と近似出来る．このことからヘリウムガスを口に含むと，ドナルドダックのような甲高い声になる理由を考察せよ．

ヒント：人間は気柱振動によって発声していると考えて良い（ある音程を出そうとするとき，気柱の長さ，すなわち波長をある値に保とうとしている）．

深海での潜水作業では，潜水病を予防するためにヘリウムガスを主体とする混合気体を酸素ボンベに充填する．このために，ダイバーの音声はドナルド・ダックのような声（ヘリウム・ボイス）となり，聞き取ることが難しい．これでは通信に支障をきたす．そこで，音声信号処理を行って，大気中での音声に近いものに変換する技術が開発されている．

ヘリウム・ボイスを試そうとヘリウムを大量に口に含むと，窒息の危険がある．少量のヘリウムを大気と混合し，注意深く吸引すること．

問題 10 ディーゼルエンジン

効率の高いエンジンとして知られているディーゼル・エンジンは，ドイツのルドルフ・ディーゼル（Rudolf Diesel, 1858–1913）によって 1894 年に原理が発表され，1897 年に実用化された．図にディーゼル・エンジンのサイクルを示す．まず E → A において，新鮮な空気を吸入する．A → B において空気は高い圧縮比で断熱圧縮され，500 〜 600°C の高温になる．圧縮が最大となる B 点でシリンダー中に燃料が散布され，自然着火させる．燃焼過程はほぼ等圧過程であると近似できる．サイクルの残りの部分はガソリンエンジンと同じである．すなわち，C → D は燃焼ガスの断熱膨張，D → A は排気バルブの解放による排気過程，排気ガスを完全に外に出し，次の吸気に備える A → E である．

(1) この理想化されたディーゼル・サイクルで作動する熱機関の効率は次式で与えられることを示せ．
$$\eta = 1 - \frac{1}{\gamma}\left(\frac{T_\mathrm{D} - T_\mathrm{A}}{T_\mathrm{C} - T_\mathrm{B}}\right) \tag{1}$$

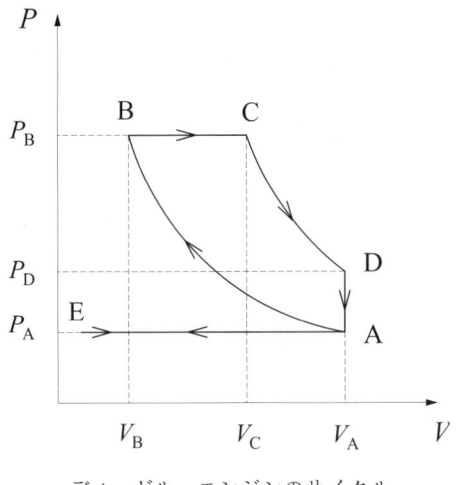

ディーゼル・エンジンのサイクル

ここで T_i (i = A, B, C, D) は状態 i での温度である.

(2) 圧縮比および膨張比をそれぞれ $\epsilon_1 \equiv V_A/V_B$, $\epsilon_2 \equiv V_A/V_C$ とすると,熱効率は以下の式で表されることを示せ.

$$\eta = 1 - \frac{1}{\gamma}\left(\frac{\epsilon_2^{-\gamma} - \epsilon_1^{-\gamma}}{\epsilon_2^{-1} - \epsilon_1^{-1}}\right) \quad (2)$$

実際の自動車用ディーゼル・エンジンでは,圧縮比 ϵ_1 は 15 ~ 25 であり,ガソリン・エンジンよりはるかに高い.そのため,熱効率はガソリン・エンジンよりずっと高い.しかし,圧縮比が高いためエンジンの強度や工作精度が要求される.また,一般に振動や騒音が大きくなる.ディーゼル燃料(軽油)はガソリンに比べて 30 % 以上も安価で,しかも大きな馬力が出るなどの理由から,1973 年の石油危機以後ディーゼル車が急増した.しかし,馬力の大きな直接噴射式の大型トラックの場合,排出される窒素酸化物はガソリン乗用車 30 台分と言われ,大都市とその周辺では,二酸化窒素の環境基準を超過する区域が拡大した.また,ベンツピレンなど数種の発ガン物質を含み,喘息や花粉症の増加にかかわりがあると見られるディーゼル微粒子も排出されるため,窒素酸化物とあわせて問題になっている.

問題 11 マクスウェルの速度分布則

熱平衡状態にある気体分子の速さ v は,マクスウェル・ボルツマンの速度分布則に従って分布する.すなわち,速度ベクトルの大きさが v と $v + dv$ の間にある分子の数は

$$\rho(v)dv = 4\pi N\left(\frac{m}{2\pi k_B T}\right)^{3/2} v^2 \exp\left(-\frac{mv^2}{2k_B T}\right) dv \quad (1)$$

で与えられる.ここで N は分子数,T は気体の温度,k_B はボルツマン定数,m は分子の質量,$\exp(x) \equiv e^x$ である.ρ をグラフに示すと,図のように非対称な分布であり,温度が高い方が大きな速度を持つ分子の数の割合が多いことがわかる.以下の問いに答えよ.

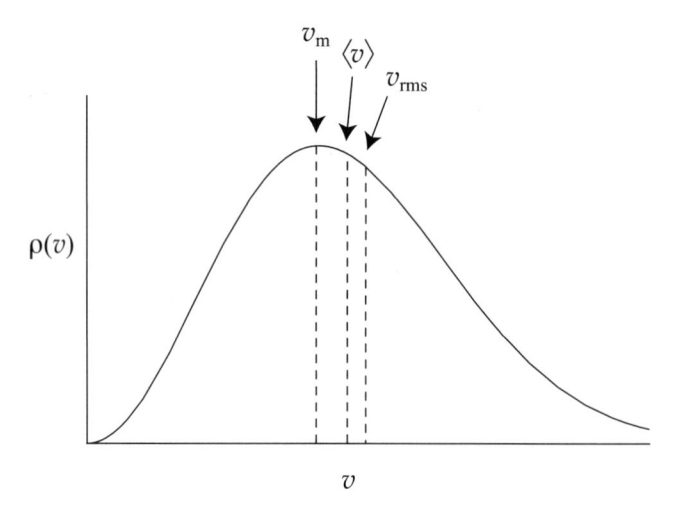

分子の速さの分布

(1) 温度が一定の場合，分布が最大となる速度，すなわち最も多くの粒子が持つ速度 v_m を求めよ．

(2) 温度が一定の場合，二乗平均速度，すなわち速度の二乗を平均したものの平方根 $v_{\rm rms} \equiv \sqrt{\langle v^2 \rangle}$ を求めよ．ここで $\langle \ \rangle$ は速度分布にわたって平均をとったものであることを意味する．具体的には

$$\langle v^2 \rangle = \frac{1}{N} \int_0^\infty \rho(v) v^2 dv \tag{2}$$

である．必要なら，以下の積分公式を証明なしに用いて良い．$(\alpha > 0)$

$$\int_{-\infty}^\infty \exp(-\alpha x^2) dx = \sqrt{\frac{\pi}{\alpha}} \tag{3}$$

$$\int_{-\infty}^\infty x^2 \exp(-\alpha x^2) dx = \frac{1}{2}\sqrt{\frac{\pi}{\alpha^3}} \tag{4}$$

$$\int_0^\infty x^4 \exp(-\alpha x^2) dx = \frac{3}{8}\sqrt{\frac{\pi}{\alpha^5}} \tag{5}$$

(3) これより，分子の平均運動エネルギー $\frac{1}{2}m(v_{\rm rms})^2$ を求めよ．

(4) (3) の結果は，どのような物理法則を意味しているか説明せよ．

（問題 8〜11 作成　　下田　正）

第5章 電磁気学

電磁気学はマクスウェル方程式としてまとめられている．それを理解するために，科学史をひもときながら，あるいは基本に立ちもどって具体的に1つ1つ学んでゆく．それは実はコンデンサー，抵抗，コイルのはたらきを理解することに対応する．私達の身近な生活で触れる機器，あるいは第一線の研究の最前線も，原理は実は簡単な電磁気学の応用例である．

5.1 電磁気学とは

電磁気学はマクスウェル方程式として

$$\nabla \cdot \boldsymbol{D} = \rho \tag{5.1}$$

$$\nabla \cdot \boldsymbol{B} = 0 \tag{5.2}$$

$$\nabla \times \boldsymbol{H} = \boldsymbol{J} + \frac{\partial \boldsymbol{D}}{\partial t} \tag{5.3}$$

$$\nabla \times \boldsymbol{E} = -\frac{\partial \boldsymbol{B}}{\partial t} \tag{5.4}$$

の4つの式でまとめられている．これらの式の意味をまず述べる．物理量や記号の1つ1つの意味は主として5.3節以降で説明される．

式(5.1)の意味するところは，「任意の閉曲面Sを考え，その面を通って出て行く**電束**の値は，その閉曲面の内部に含まれる**総電荷**の**全電気量に等しい**」というガウスの法則を微分形で表現したものである．すなわち，**ガウスの法則**を式で表すと

$$\int_S \boldsymbol{D} \cdot \boldsymbol{n} dS = \int_V \rho dV \tag{5.1}'$$

となる．ここで，$\boldsymbol{D}$は**電束密度(電気変位)** とよばれ，真空中のときは**電場（電界）の強さ**E，真空の**誘電率**ε_0を用いて，$\boldsymbol{D} = \varepsilon_0 \boldsymbol{E}$で表される．$\rho$は**電荷密度**であり，式(5.1)'の右辺は分極の電荷ではない真電荷の全電気量を意味している．

同様にして，式(5.2)は「電荷に対応する量である"単磁極"は磁場（磁界）には存在しないので，ある体積中に出入する**磁束**の総和はゼロである」ことを意味する．これは**磁力線**が閉じていることを意味し

$$\int_S \boldsymbol{B} \cdot \boldsymbol{n} dS = 0 \tag{5.2}'$$

である．ここで$\boldsymbol{B}$は**磁束密度**とよび，真空中では**磁場（磁界）の強さ**H，真空の**透磁率**μ_0を用いると$\boldsymbol{B} = \mu_0 \boldsymbol{H}$である．

式 (5.3) はアンペールの法則の微分形であり，もとの形は

$$\oint_c \boldsymbol{H} \cdot d\boldsymbol{s} = I \tag{5.3}'$$

である．「電流 I によって**磁場（磁界）** $\boldsymbol{H}$ が作られ，電流線を囲むような任意の閉じた経路 c に関する磁場の大きさの積分が，電流 I に等しい」ということを表わしている．式 (5.3) の右辺では**電流密度** $\boldsymbol{J}$ と**電束電流（変位電流）** $\partial \boldsymbol{D}/\partial t$ の和で電流が表現されている．

電流によって磁場が生じるのとは逆に，「磁場の変化によって**起電力** V が生じて**誘導電流**が流れる」という，ファラデーの電磁誘導の法則が式 (5.4) である．この式は，次のようにも表現される．

$$V = -\frac{d\Phi}{dt} \tag{5.4}'$$

磁束密度 $\boldsymbol{B}$ に垂直な断面積 S を考え，BS をこの面を貫く**磁束** Φ と定義すると，式 (5.4)' は「磁束が変化すると，磁束の変化を妨げる向きに電流が流れるように，誘導起電力 V が発生する」という**レンツの法則**となる．

理工系の大学の初年度では式 (5.1)'〜(5.4)' の各式の物理的な意味を学びながら，式 (5.1)〜(5.4) のマクスウェル方程式に至る過程をたどる．3 年生以降は，マクスウェル方程式を実際の諸問題に適用することになる．本章では (5.1)'〜(5.4)' の各式の意味をもっと平易に学ぶことにしよう．電磁気学は，いわば法則の発見者の科学史であり，これを次にたどる．本格的な電磁気学の内容は 5.3 節からであり，5.2 節は電磁気学を概観するつもりで気楽に読もう．

5.2　電磁気学の歩み

古くから知られていたのは磁気のはたらきである．天然に存在する**磁鉄鉱** (マグネタイト magnetite) が鉄を引きつけることは，古くから知られていた．ギリシアのマグネシア地方で多く産出したことからこの名の由来となり，**磁石** (マグネット magnet) の語源となっている．また，中国では紀元前の古くから，磁鉄鉱は知られていて，特に磁州で多く産出したことから磁気という名が付けられたと言われている．これが 12 世紀の宋代の羅針盤 (磁針) の発明につながる．また，琥珀色とは例えばウイスキーの色を指すが，琥珀 (こはく，ギリシャ語でエレクトロン) は植物の樹脂の化石であり，毛皮などでこすると塵やわらぎれのような軽いものを引きつけることが古代ギリシャの時代から知られていた．

以上のような現象を科学として研究を始めた人が 16 世紀イギリスの医者**ギルバート** (W. Gilbert, 1540-1603) である．彼は天然磁石で地球に見立てた球を作り，その周りに磁針を置くことによって地球が一大磁石であることを明らかにし，同時代のガリレオ・ガリレイに絶賛されたという．地球の北極 (north pole) を指すのが磁石の N 極とし，南極 (south pole) を指すのが S 極とした．地球は大きい磁石であり，磁石の同じ極は反撥する．したがって，地球の北極近くに地球磁石の S 極，南極近くに N 極があることになる．また，摩擦によって電気を起こす方法も研究し，電気に electricity という名を初めて与えた．

摩擦電気というのは今日次のように考えられる．もともと物体は原子から構成されている．次章で学ぶように原子は正電荷を持つ**原子核**とそのまわりの負の電荷を持つ**電子** (electron) からなり，電気

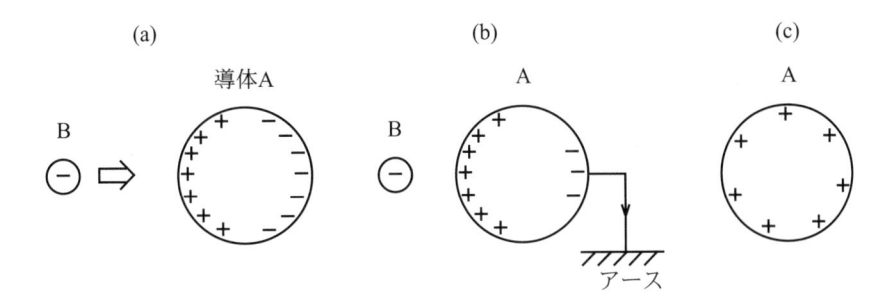

図 5.1 静電誘導

的には中性である．ある物体が他の物体に接触することによって摩擦されると，摩擦を受けた物体の表面付近の電子が片方 (例えば毛皮) から他方 (琥珀) に移動し，その結果，琥珀の表面は負に帯電し，毛皮は正に帯電する．上記の毛皮や琥珀は電気を通さない絶縁体であるが，電気の良導体である金属の場合には，自由に動ける電子，すなわち**自由電子**が多数存在する．つまり，金属も原子から構成されるが，各原子から電子が放出されて原子はイオンとなる．金属はほとんど動くことができないイオンと，金属中を自由に動ける多数の電子から構成される．そこで金属の帯電の仕組みを考えてみよう．図 5.1(a) のように導体 A に負電荷で帯電した物体 B を近づけると，瞬時に電子は反対側の金属表面に移動する．その結果，電子が過剰にたまった側は負に帯電し，向かい合う側には電子が不足し，その結果，正イオンによる正の帯電となる．この現象を**静電誘導**という．ここで生じた正と負の電荷は互いに等しく，B を遠ざけるとこの電荷分布は消えて再び電気的には中性となる．しかし，図 5.1(b) の状態で，導体 A の反対側を導線でアースをとると (大地に接続する)，負電荷 (電子) は大地に流出する．その後に導線を取り除き B を遠ざけると，図 5.1(c) のように導体 A には正電荷のみが残る．このことを**充電**（**蓄電**）という．この導体 A に生じた電荷も導線でアースをとると電子が大地から供給されて再び中性となる．このように帯電体が電荷を失うことを**放電**という．

さて，ギルバート以後，**摩擦起電機**が作られ，その電気を大量に蓄えられる**蓄電器**(コンデンサー)がオランダのライデン大学のムッシェンブルク (P. van Musschenbroek, 1692-1761) によって発明された．これは図 5.2 に示すようにガラスびんの内外両面にスズはくをはりつけた装置（コンデンサー）であり，**ライデンびん**とよばれた．日本では 1776 年に**平賀源内**(1728-1779) が蘭学から学んだエレキテルとよばれる起電機を製作して紹介した．

コンデンサーに電気を蓄えることができるようになったため，電気の研究が促進された．すなわち，これを放電すると爆音と火花を生じる．この放電の極端な現象が雷電であることを確認したのがアメリカの政治家**フランクリン**(B. Franklin, 1706-1790) である．40 歳頃から電気の研究を始め，雷電が実験室で起こす放電と同じであるとすれば，電気を空中から導くことができるはずだと考えた．これが，かの有名な凧を揚げて雷を招く実験である．雷雲は激しい上昇気流で発生する．1 つの雷雲の直径はおよそ 5 km で，それが多数できる．1 つの雷雲の発電能力は約 10^5 kW と言われ，雷雲の内部では間欠的に放電が起きている．雷雲下層部が例えば負電荷に誘起されて地表面が正に帯電し，この間

で放電現象が起きたときを**落雷**と言う．この落雷のときは強力な電場が加わって空気中の酸素，窒素はイオンと電子に電離し，それによって電気が流れる．人体は電気の良導体とみなすことができ，強力な電流が人体に流れることによって落雷で死亡することになる．フランクリンの凧の実験は，雷雲による静電誘導を観察したものである．もしも凧に雷が落ちると，雨にぬれた糸を通じて電気が流れ，フランクリンは感電死したかも知れない．フランクリンはこの実験を基に**避雷針**を考案した．屋上高く金属棒を立て，これを導線で地中に結ぶことによって，雷の電気を家屋の中を通さずに屋外から地中に導くものである．

　フランスの物理学者**クーロン**(C. A. de Coulomb, 1736-1806) は電気力の逆2乗則を発見した．図5.3は細い金属線のねじれを利用したクーロンが用いたねじれ秤であり，水平にバランスを保った棒の一端に正の電荷で電気量 q_2 を帯びた球 A がつり下げられ，もう1つの正電荷で電気量が q_1 の球 B を近づけて，球 B は固定する．クーロンは互いに同種の電荷のときは反撥し，異種のときは引き合うことを実験的に明らかにした．図5.3のように正電荷同志のときは反撥するので球 A は角度 θ だけ回転する．上部のつまみ C によってもとの位置に戻すときの力 F は回転角 θ と比例関係にある．この関係式より，両球の距離 r と電気力 F とは

$$F = k\frac{q_1 q_2}{r^2} \tag{5.5}$$

の関係式で結ばれることを見出した．この式は万有引力と同じ形をしている．万有引力の式は第2章で学んだように，ニュートンの運動方程式を基にしてケプラーの法則を取り入れて導出されたので，式(5.5)のクーロン力も同様な計算を通して導出されるのだろうかと思うかもしれない．万有引力は実は導出された訳ではなく1つの基本法則であり，クーロン力もそのまま自然界で成り立つ基本法則の1つである．そこで式(5.5)の関係式を**クーロンの法則**とよぼう．このような電磁力学の法則が更に発見されるのである．

　さて同じ頃，イタリアの生理学者**ガルバーニ**(L. Galvani, 1737-1798) は，カエルの足にメスを触れると足の筋肉がけいれんすることを観測した．さらに研究を進め，カエルの筋肉に銅と亜鉛の針を刺し，これらを外部で接触させるとけいれんはもっと激しくなることから，けいれんが起こるのは金属線に電気が流れたためであろうと考えたようである．この研究はイタリアの**ボルタ**(A. Volta, 1745-1827) の興味をひき，ついには銅と亜鉛の間に希硫酸をしみこませた厚紙をはさみ，これを何枚も重ねてボルタは電池を発明した．電池の両端を導線でつなぐと電流が流れる．しかも瞬間的な電流でなく，継続して電流を流せるようになった．水の流れが生じるためには水位の差が必要なのと同様に，電気の流れを生じるためには**電位**に高低の差が必要である．この差を**電圧**とよぼう．図5.4に示すごとく，ボルタの電池の電位差を基準として電圧が決められた．つまり，ボルタの電池を1ボルト(V) とした．

　同種の電荷は反撥し，異種の電荷は引き合う．同様に磁石のN極とN極は反撥するが，N極とS極は引き合う．電気と磁気の類似性を示唆している．電気と磁気が結びついていることを最初に示したのがデンマークの**エールステッド**(H. C. Oersted, 1777-1841) である．図5.5に示すように，1本の導線があり，それに平行に磁針を置く．導線に電流を流すと，磁針は図のように 90° 回転することから，磁針に一定の力がはたらくことを発見した．この後間もなくフランスの**アンペール**(A. M. Ampère,

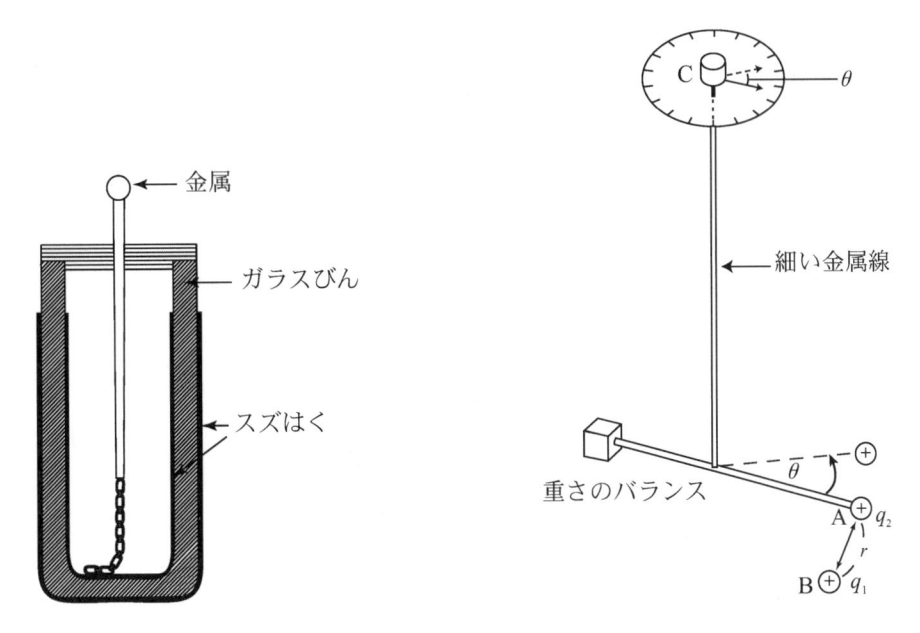

図 5.2 ライデンびん

図 5.3 クーロン力を測定するねじれ秤の原理図

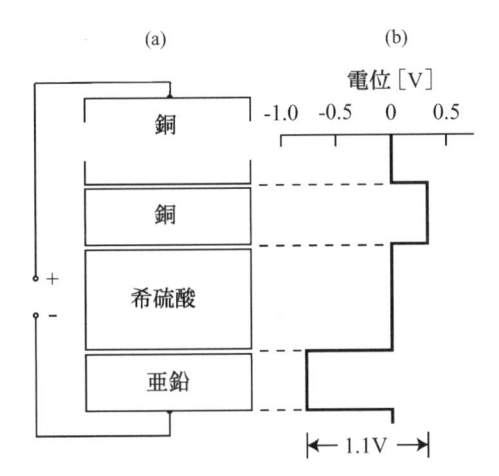

図 5.4 ボルタの電池と電位．溶液の電位をゼロとしたときの銅板と亜鉛板の間の電位は 1.1 V である．

図 5.5 電流が磁場（磁界）をつくる

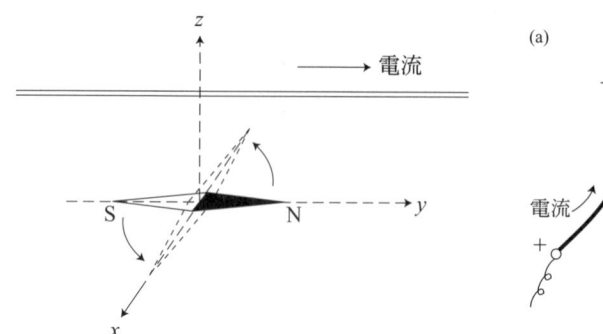

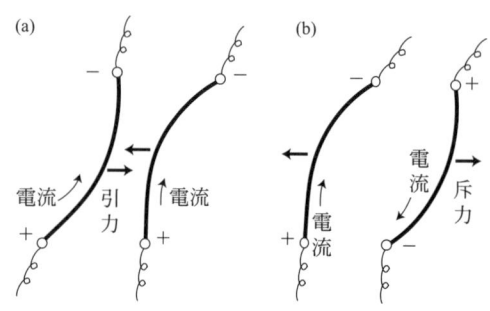

図 5.6 電流が (a) 同方向と (b) 互いに反対方向に流れる場合の, 2 本の導線間に作用する力.

1775-1836) は磁石と電流の間に力がはたらくことを知るや, 電流と電流の間にも力がはたらくことを見出した. 図 5.6 に示すように, 2 本の導線に流れる電流の向きが同じなら, 2 本の導線間は引き合い, 電流の向きが互いに異なるときは反撥することを明らかにした. さらにアンペールは導線をバネ状に巻いてコイルを形成し, これに電流を流すと磁針にはたらく力は磁石と同じであることを示し, 磁石の本質は電流であることを示唆した (図 5.7). 更に, 導線を流れる電流 I がつくる磁場の強さ H が, フランスのビオ(J. B. Biot, 1774-1862) とサヴァール(F. Savart, 1791-1841) によって定式化された. 図 5.8 に示すように微小長さ Δs を流れる電流 I がつくる磁場の強さ ΔH は, 電流の強さ I と観測点 P までの距離 r, I と r のなす角を θ とすると

$$\Delta H = \frac{1}{4\pi} \frac{I \sin \theta \Delta s}{r^2} \tag{5.6}$$

あるいは長さ l の導線がつくる磁場の強さ H は上式を積分して

$$H = \int_0^l \frac{1}{4\pi} \frac{I \sin \theta}{r^2} ds \tag{5.6}'$$

で表される. アンペールは, ビオ・サヴァールの法則とよばれる式 (5.6) をもとに研究を進め, アンペールの周回積分の法則とよばれる式 (5.3)' を導出した.

英国のファラデー(M. Faraday, 1791-1867) は, 更にもう一歩進めて「電気から磁気が得られたのだから, 何とかすれば磁気から電気が得られるであろう」と考えて種々の実験を行った. 図 5.9 に示すように鉄の環に 2 組の導線を巻き付け, 一組は両端を検流計 (電流計) につなぎ, もう一組は電池の両端につないだ. このままでは検流計に振れは生じない. しかし, 電池をつないだ瞬間, あるいは導線を電池からはずした瞬間に検流計の激しい振れが生じた. 電流が流れたのである. その流れの方向は, 電池をつないだときとはずしたときとで逆向きであった. ここで, 鉄の環にコイルを巻いたのは, 電流の流れているコイルに鉄の棒を入れると鉄が磁石になることから, 1 次コイルでつくられた磁場 (磁界) の強さがそのまま鉄の環を通して 2 次コイルに伝わると考えたからである. コイルの上下に広がる磁気をこの鉄 (芯) に閉じこめたと考えて良い. 更にファラデーは次のような実験からも同じ実験結果を得た. すなわち, 図 5.10 に示すような棒状のコイル (ソレノイドコイル) の中に棒磁石を挿入してみた. すると磁石を挿入すると検流計に振れが生じた. 挿入したままでは検流計に何の変化も生

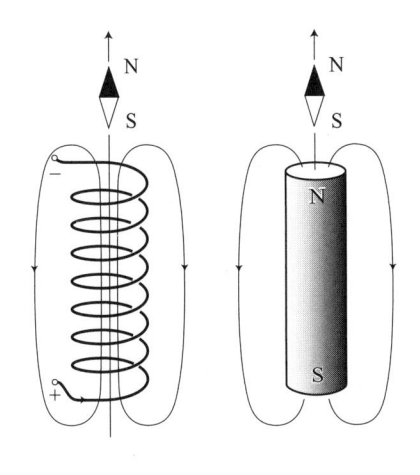

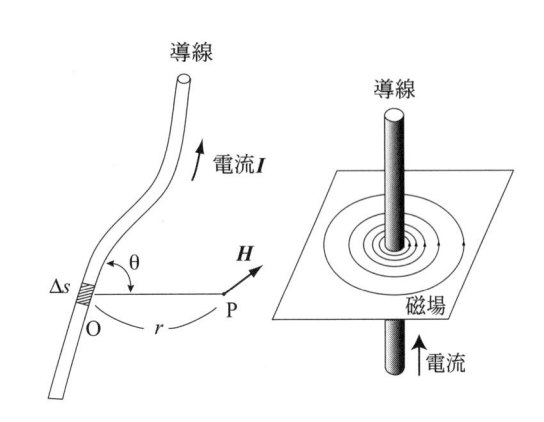

図 5.7 ソレノイドコイルと棒磁石　　　　　　図 5.8 ビオ・サヴァールの法則

じないが，棒磁石を引き出すと再び振れを見た．しかも挿入するときとは反対向きの振れを生じることが分かった．

　これら 2 つの実験は，磁場の強さの変化に伴ってコイルに**誘導電流**が流れたことを意味している．もしも 2 次コイルに検流計をつながず，電圧を測定すればコイルの両端には起電力が生じることになる．ファラデーは非常に直観力の優れた人で，磁場の強さの変化と言う変わりに磁束の変化という言葉でこの現象を表現した．また，磁石があると N 極から S 極へ向かって図 5.7 のように**磁力線**が走っていると考えた．棒磁石の周りに鉄粉をふりかけてみると磁力線は目で見ることができる．更に，正電荷と負電荷があるときには，正電荷から負電荷に向かって**電気力線**が通っていると考えた (図 5.11)．ただし，1 つの帯電体の場合には図 5.11(a) のごとく無限遠へ向かって放射状に電気力線が走る．図 5.11(b) と (c) のごとく，異種電荷では両方の電荷から生じた電気力線は引きつけ合い，同種電荷では反撥することになる．そうして，ソレノイドコイルへ棒磁石を挿入する場合には，コイルの中を通る磁力線が増加し，棒磁石を引き出す場合には減少すると考え，磁力線の数の変化を磁束の変化と表現したのである．鉄の環の 1 次コイルに電池をつなぐと 2 次コイルに磁力線の数が急激に増大するので，棒磁石を 2 次コイルに挿入したことと同等であると推測するのは自然であろう．このような**電磁誘導**の法則は後にマクスウェルによって式 (5.4)′ あるいは (5.4) のように定式化された．

　さて，図 5.10 の実験では棒磁石を動かしたが，棒磁石を固定し，コイルを動かしても電磁誘導が起きるのではないかとファラデーは考えた．磁石の近傍でコイルを動かすことによって誘導電流が生じることから，コイルを回転させることによってファラデーは，連続的な電流を得る**発電機**を作った．その電流はソレノイドコイルに棒磁石を出し入れする実験からも類推できるように向きの相反する電流 (正と負の電流) が繰り返す，いわゆる**交流**が得られることになる．発電機の出現が今日の我々の生活に与えた影響がいかに大きいかは言を要さないであろう．

　ファラデーが考えた電気力線と磁力線によって力が及ぼされるという考えは，同国の**マクスウェル**(J. C. Maxwell, 1831-1879) によって定式化され，場という考えを生み出すことになる (場については，本章の結びのコーヒーブレークを参照されたい)．まず，ファラデーの考えにしたがい，電気力と磁気

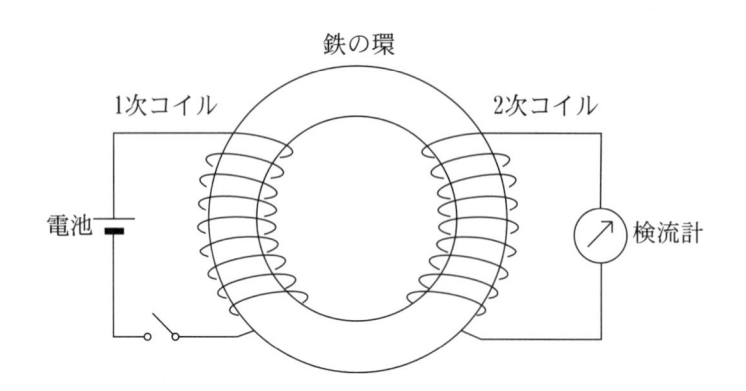

図 5.9 ファラデーの電磁誘導を示す実験

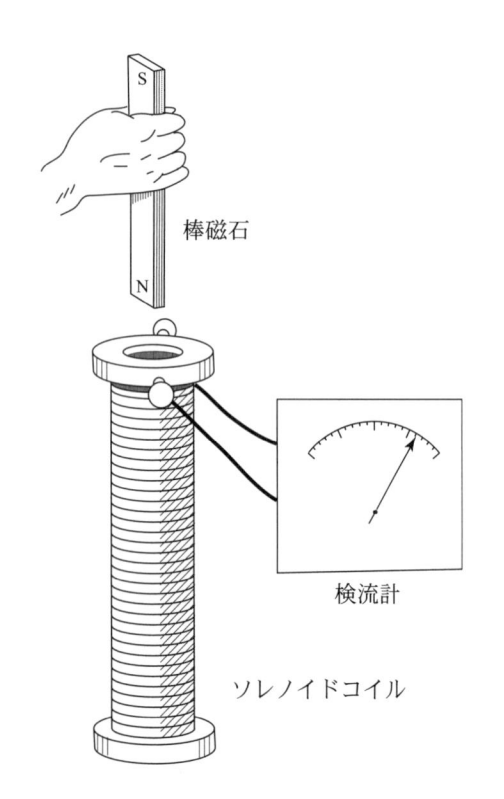

図 5.10 ファラデーの電磁誘導を示す別な実験

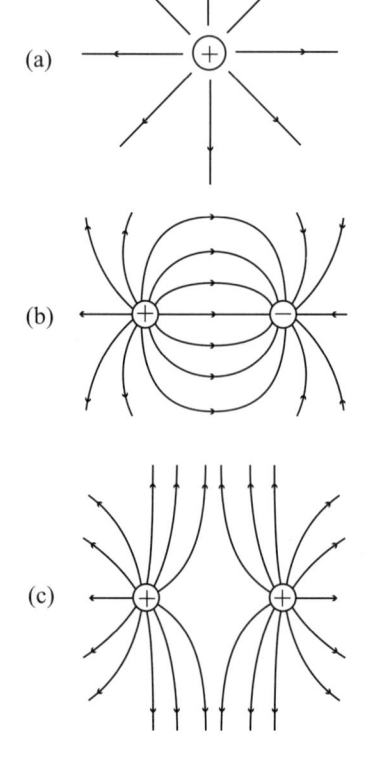

図 5.11 電気力線

力の大きさは力線の数に比例すると考える．式 (5.5) のクーロン力 F は $F = q_2 E$ と表し，**電場（電界）の強さ** E として

$$E = k\frac{q_1}{r^2} \tag{5.7}$$

を導入する．図 5.3 の電荷 q_1 によって E が空間中に生じると考える．この電場の中に電荷 q_2 を置くと，q_2 は E によって力 F を受けるのである．磁力線についても同様に考えることができる．ただし，磁気の原因は電流であるから，磁力線は途切れることがなくそれ自身が閉じている．

図 5.9 のファラデーの**電磁誘導**の実験は次のように考えることもできるだろう．磁場 (磁束) が時間的に増大すると，2 次コイルに誘導電流が流れることを意味するので，コイルの導線に沿って電場が生じたと考えることもできる．それが式 (5.4) の意味である．また，1 次コイルに注目し，電池につなぐと 1 次コイルに沿って時間的に電場の強さが増大し，それに応じてコイルの内部に沿って磁場 (磁束) が生じることが，式 (5.3) の意味することである．ファラデーは電気力線や磁力線を，強く張ったゴムひものようなイメージでとらえたが，もしも図 5.11(b) の $+$ と $-$ の電荷を急激に振動させると，電気力線が変化し，それに伴って磁力線も変化し，その変化が波となって空間を伝わっていくことは想像できるだろうか．マクスウェルは理論解析から**電磁波**が放射され，その電磁波は光と同じ横波で，その伝播速度も光速度に一致することを導出し，光そのものが電磁波の一種類であると主張した．電磁波の存在を実験的に証明したのがドイツの**ヘルツ**(H. Hertz, 1857-1894) である．ヘルツは一種のコンデンサーとコイルを使った共振回路を使用して電磁波を発振させ，アンテナで受信した．**電磁波(電波)** の発見はマクスウェル理論の確かさを改めて認識させると同時に，電磁波が今日の生活に及ぼす影響も計り知れないものがある．電線を使わないで電波を空中に送信する**無線通信**はマルコーニ(G. Marconi, 1874-1937) によって英国で事業化された．直進する電波が地球の裏側に届くのは，地球を取り囲むイオン化層，つまり**電離層**によって電波が反射されるからである．我国の物理学者**八木秀次**(1886-1976) の開発した指向性アンテナは，テレビなどの受信アンテナとして世界中で利用されている．

5.3 静電気とコンデンサー

5.3.1 クーロン力とガウスの法則

図 5.3 のクーロン力の測定を考えよう．真空中で電荷の大きさ，すなわち**電気量**が 1 クーロン (C) の電荷が互いに 1m 隔ててあるとき，その間にはたらく式 (5.5) の力は実測によれば 9.0×10^9 N である．この大きさが k の値であり，これを便宜上 $k = 1/4\pi\varepsilon_0$ とおき，$\varepsilon_0 (= 8.9 \times 10^{-12}$ C^2/Nm^2) を真空の誘電率とよぶ．実際はこのような関係式から逆に電荷の大きさの基準値が決められている．電磁気学の単位はボルタの電池でも触れたように発見者の名前で単位がよばれる．式 (5.5) を書き改めるとクーロン力 F は次のごとくなる．

$$\begin{align} F &= 9.0 \times 10^9 \frac{q_1 q_2}{r^2} \\ &= \frac{1}{4\pi\varepsilon_0}\frac{q_1 q_2}{r^2} \end{align} \tag{5.8}$$

第5章 電磁気学

このように電荷が力を受けるような電場 E を考えよう．電場は方向を持つベクトル量でありその大きさ，強さ $E\,[\mathrm{N/C}]$ は単位電荷当たりにはたらく力で定義する．つまり上述の場合，電荷 q_1 によってつくられた電場（電界）E の中に電荷 q_2 を置くと，電荷 q_2 にはたらく力 F は

$$F = q_2 E \tag{5.8}'$$

となる．したがって，電場の強さは $E = q_1/4\pi\varepsilon_0 r^2$ である．点電荷のまわりの電場 E は，図 5.11 に示すように電荷から放射状に外側に向かい，その大きさは距離の 2 乗に反比例する．電場を直感的に表した線を電気力線とよぶ．

例題 1 絹布でガラス棒をこすったりして生じる電気量はおよそ 10^{-8} C である．一方，雷雲に蓄積されている電気量は非常に大きくおよそ 10 C である．地上から 100 m の高さに $+10$ C の電荷があったとき，地上の 100 kg の物体は何クーロン (C) の電荷を持てば地上から引き上げられるか．

解 (5.8) 式より $100 \times 9.8 = 9.0 \times 10^9 \dfrac{10q}{100^2}$　　$q = 1.1 \times 10^{-4}$ C

（答）-1.1×10^{-4} C 以上の電気量を持つ電荷

例題 2 図 5.11(c) は正に帯電した 2 個の点電荷であるが，この点電荷が負の電荷を持つ電子（電子の電気量の絶対値は電気素量とよばれる，$e = 1.60 \times 10^{-19}$ C）を考えよう．2 個の電子間には反撥するようなクーロン力がはたらく．一方，電子は質量（大きさ $m_\mathrm{e} = 9.11 \times 10^{-31}$ kg）を持つので，2 電子間には第 2 章で学んだ万有引力が生じる．この 2 つの力は不思議なことに両方とも距離 r の逆 2 乗則である．両者の力の比を有効数字 1 桁で求めよ．

解
$$\dfrac{9.0 \times 10^9 \times \dfrac{(1.6 \times 10^{-19})^2}{r^2}}{6.7 \times 10^{-11} \times \dfrac{(9.1 \times 10^{-31})^2}{r^2}} = \dfrac{2.3 \times 10^{-28}}{5.5 \times 10^{-71}} = 4.2 \times 10^{42}$$

（答）4×10^{42}

クーロン反撥力は万有引力よりはるかに大きい．詳しくは R.P. ファインマン著 (江沢洋 訳)『物理法則はいかに発見されたか』(岩波現代文庫) を読まれたい．

電場（電界）と電荷の関係についてもう一歩考えを押し進めよう．水道管を流れる流量は水の速度と管の断面積の積で与えられる．電場を水の速度に対応させて，電場の強さ E と断面積 S の積を考える．図 5.12(a) に示すように，微小面積 ΔS の法線方向の単位ベクトルを $\boldsymbol{n}$，そこでの電場を $\boldsymbol{E}$ とし，電場の方向は法線方向に対して角度 θ 傾いているとする．この場合の図 5.12(a) の実線で描いた斜めの円筒の体積は，破線で示す法線方向の円筒の体積 $(E\cos\theta)\Delta S (= \boldsymbol{E} \cdot \boldsymbol{n}\Delta S)$ に等しい．そこで，真空中で図 5.12(b) に示すような点電荷 $+Q$ を内部に含む任意の閉曲面 S から外に向かって出て行く

電気力線を考え，$(E\cos\theta)\Delta S$ を閉曲面の全面にわたって加える（積分する）と，点電荷から r 離れた点 P での電場の強さは $E = Q/4\pi\varepsilon_0 r^2$ であるから

$$\begin{aligned}
\int_S \boldsymbol{E} \cdot \boldsymbol{n} dS &= \int_S (E\cos\theta) dS \\
&= \frac{Q}{4\pi\varepsilon_0} \int_S \frac{\cos\theta}{r^2} dS \\
&= \frac{Q}{\varepsilon_0}
\end{aligned} \tag{5.9}$$

あるいは

$$\int_S \varepsilon_0 \boldsymbol{E} \cdot \boldsymbol{n} dS = Q \tag{5.9}'$$

となる．式 (5.9) の計算において，図 5.12(c) に示すように，単位長さ 1 m での円錐のメッシュの入った微小面積が $(\cos\theta)\Delta S/r^2$ であること，半径 1 m の球の表面積が $4\pi [\mathrm{m}^2]$ であることから求められる．

式 (5.9) の導出を，厳密性は欠くが理解を助けるために次のように考えてみよう．強さ $E\,[\mathrm{N/C}]$ の電場では，電場に垂直な面の単位面積（$1\,\mathrm{m}^2$）あたり $\varepsilon_0 E$（本）の電気力線が貫くと考える．そこで，任意の閉曲面を考えて良いが，簡単化のため図 5.12(d) に示すような半径 r の球面を考え，その球面上の任意の点 P での電場の強さを $E\,(= Q/4\pi\varepsilon_0 r^2)$ として，球面上を貫く電気力線の総数を求めると

$$4\pi r^2 \varepsilon_0 E = Q \tag{5.9}''$$

となる．したがって $+Q\,[\mathrm{C}]$ の電気量を持つ電荷からは Q 本の電気力線が出て行くことになる．式 (5.9)″ あるいは式 (5.9)′ の左辺を**電束**，単位面積あたりの電束である $\varepsilon_0 E = D$ を**電束密度**とよぶ．D の単位は $\mathrm{C/m}^2$ である．つまり，球面から出て行く電束は，球面の内部にある電荷の電気量 Q に等しいことを意味する．

式 (5.9) の導出にあたり 1 個の点電荷を考えたが，一般的に複数個あったときはその総和を考えれば良い．面積 S の平板上に電荷の面密度 $\omega\,[\mathrm{C/m}^2]$ で帯電しているなら全電気量は $\omega S (= Q)$ である．また，半径 a の球面上に電荷が帯電しているときは，**面密度**が ω であるなら全電気量は $4\pi a^2 \omega (= Q)$ である．したがって，式 (5.9)′ の意味は「任意の閉曲面 S を考え，その面を通って出て行く電束の値は，その閉曲面の内部に含まれる総電荷の全電気量に等しい」となる．これを**ガウスの法則**とよぶ．ここでの電荷はこれまで述べた正の電荷，負の電荷などと分離された真電荷であって，後述する分極効果で生じる電荷ではない．

電荷が真空以外の油とか紙とかの電気の不導体である**誘電体**の中にあるときは，ε_0 をその誘電体の**誘電率** $\varepsilon (= \varepsilon_\mathrm{r} \varepsilon_0)$ で置き換える．ここで，ε_r を**比誘電率**と言う．様々な物質の ε_r を表 5.1 に示す．誘電体については 5.3.3 項で学ぶ．誘電体中でのガウスの法則は $\varepsilon \boldsymbol{E} = \boldsymbol{D}$，$Q$ を真の電荷の全電気量として次式となる．

$$\int_S \boldsymbol{D} \cdot \boldsymbol{n} dS = Q \tag{5.10}$$

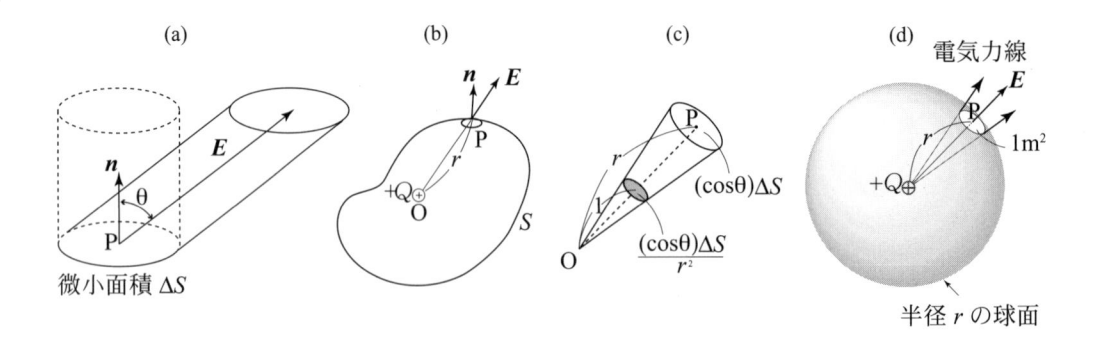

図 **5.12** ガウスの法則の説明

表 **5.1** 物質の比誘電率

物質	ε_r
空気	1.0006
紙	$2 \sim 2.5$
鉱油	2.2
ウンモ	$5 \sim 8$
ガラス	$5 \sim 9$
チタン酸バリウム	$3000 \sim 5000$

5.3.2 電場と電位

ガウスの法則を使って真空中での電場の強さを求めよう．図 5.13(a) に示すように**面密度** $\omega[\mathrm{C/m^2}]$ の電荷が一様に帯電している充分大きな導体平板を考える．同じ符号の点電荷の集合体を考えれば，図 5.11(c) から類推できるように平板に垂直な向きの**電場** E のみが残り，他の方向は互いに相殺されてしまう．さて，この電場の強さを求めるのに図 5.13(b) のような円筒の閉曲面でガウスの法則を適用しよう．この円筒から外に出る電気力線は，面 S_1 と S_2 からのみ出て行き側面からは出て行かない．S_1 と S_2 の面積は等しいのでこれを S とすると，円筒内にある全電気量は $\omega S(=Q)$ なので

$$\int_{円筒} E dS = \int_{S_1} E dS + \int_{S_2} E dS \qquad (5.11)$$
$$= ES + ES$$
$$= \frac{Q}{\varepsilon_0}$$

より，E は次式であらわされる．

$$E = \frac{Q}{2\varepsilon_0 S} = \frac{\omega S}{2\varepsilon_0 S} = \frac{\omega}{2\varepsilon_0} \qquad (5.12)$$

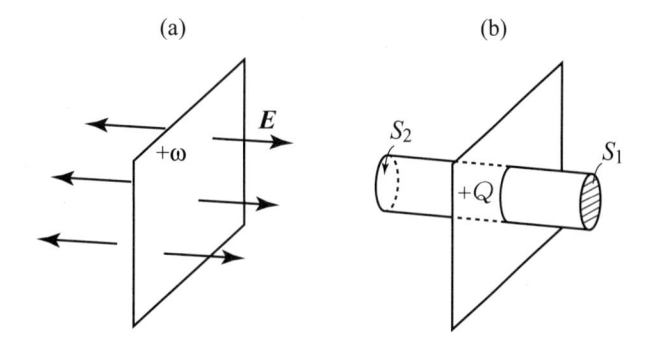

図 5.13 充分に大きな平板に帯電した電荷による電気力線

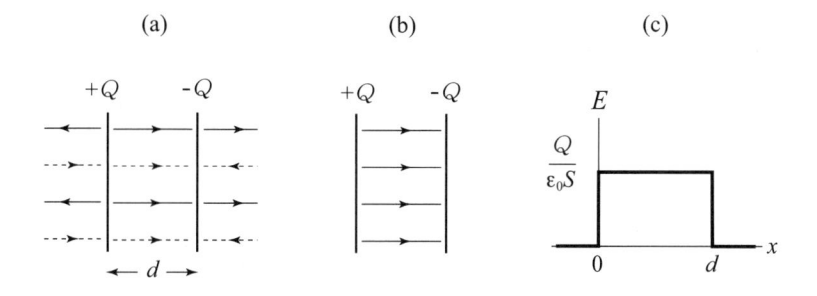

図 5.14 $+Q[\mathrm{C}]$ と $-Q[\mathrm{C}]$ の電荷を持った板の平行平板における電気力線と電場の強さ

次に $+Q[\mathrm{C}]$ と $-Q[\mathrm{C}]$ に帯電した充分大きな面積 $S[\mathrm{m}^2]$ をもつ 2 枚の平板が図 5.14 に示すように互いに平行に距離 $d[\mathrm{m}]$ 離れて向かい合っているときの電場の強さ E を求めよう．平行平板の外側では電気力線の向きが互いに逆なので相殺されてゼロであり，図 5.14(b) に示すように内側のみで電場が存在する．その強さ E は式 (5.12) の 2 倍であり

$$E = \frac{Q}{\varepsilon_0 S} \tag{5.13}$$

となり，その大きさの様子を図 5.14(c) に示す．

クーロンの法則を示す式 (5.8) は万有引力と同様に距離に関して逆 2 乗則になっている．万有引力は第 2 章の力学で学んだように保存力であった．したがってクーロン力も保存力であり，**ポテンシャル**を持つ．これを**電位**とよぼう．1 クーロンの正電荷を点 P から基準点まで移動したときの電場 $\boldsymbol{E}$ のなす仕事を電位と定義する．1 クーロンには力 $\boldsymbol{E}$ がはたらくので

$$U_\mathrm{P} = \int_\mathrm{P}^{基準点} \boldsymbol{E} \cdot d\boldsymbol{s} = \int_\mathrm{P}^{基準点} E_s ds \tag{5.14}$$

となる．ここで E_s は s 方向の $\boldsymbol{E}$ の強さである．電場 $\boldsymbol{E}$ の中で，1 クーロンの正電荷を点 A から B

第5章　電磁気学

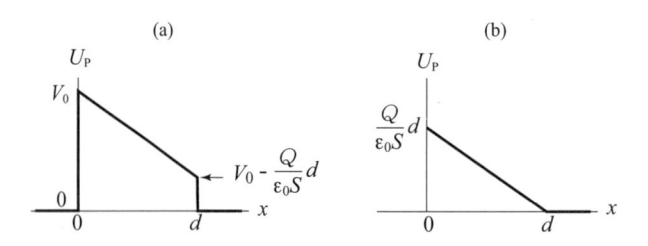

図 5.15 $+Q$ と $-Q$ に帯電した2板の平行平板におけるポテンシャル．(a) では基準点でのポテンシャルを V_0 とした．(b) では $-Q$ の平板のポテンシャルがゼロであるように，V_0 を決めた．

に移動したときの仕事は次式となる．

$$
\begin{aligned}
\int_A^B \boldsymbol{E} \cdot d\boldsymbol{s} &= \int_A^{\text{基準点}} E_s ds + \int_{\text{基準点}}^B E_s ds \\
&= \int_A^{\text{基準点}} E_s ds - \int_B^{\text{基準点}} E_s ds \\
&= U_A - U_B = -(U_B - U_A)
\end{aligned} \tag{5.15}
$$

つまり，仕事は2点間の電位差として与えられる．この電位差を**電圧**（voltage）とよぶ．そこで，1クーロン (C) の正電荷の移動に対して電場 E [N/C=N·m/C·m=J/C·m] のなす仕事が 1 ジュール (J) のとき，このときの電圧を 1 ボルト (V) と改めて定義する．つまり

$$ 1\,\mathrm{V} = 1\,\mathrm{J/C} $$

である．したがって，電場 E の単位は N/C=J/C·m = V/m となる．

点電荷 Q によるクーロン力のポテンシャルは，点 P を考えている点から距離 r だけ離れた点にとり，基準点を無限遠 ∞ にとると

$$ U_P = \int_r^\infty \frac{Q}{4\pi\varepsilon_0 r^2} dr = \frac{Q}{4\pi\varepsilon_0 r} \tag{5.16} $$

となる．また，図 5.14 の場合のポテンシャルは

$$ U_P(x) = \int_x^{\text{基準点}} \frac{Q}{\varepsilon_0 S} dx = V_0 - \frac{Q}{\varepsilon_0 S} x \tag{5.17} $$

となり，その様子を図 5.15 に示す．V_0 は基準点でのポテンシャルである．なお，電場とポテンシャルの詳細な関係については，付録 C.2 を参照されたい．

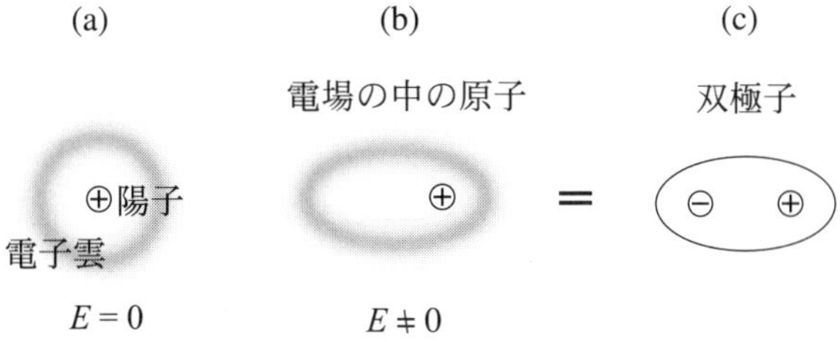

5.3 静電気とコンデンサー

(a) ⊕陽子 電子雲 $E=0$

(b) 電場の中の原子 ⊕ $E \neq 0$

= (c) 双極子 ⊖ ⊕

図 5.16 双極子

5.3.3 誘電体とコンデンサー

電気を通す導体以外を**誘電体**と総称することにする．これらは電気的には不導体あるいは絶縁体である．このような誘電体はシリコンのように単原子から構成される場合もあるが，通常は大きな分子から構成されている．原子あるいは分子は，図 5.16(a) に示すように陽子とそれを取り巻く電子の数は同数であり，電気的には中性である．誘電体中には電気を伝える自由電子がほとんど存在しない，あるいは全くないというのが特徴である．図 5.16(a) では電子を粒子ではなく拡がりをもつ**電子雲**で表現している．そこに電場 E が加わると，図 5.16(b) に示すように電場に引かれて負の電荷を持つ電子雲が少し移動し，電子雲の中心が正電荷を持つ陽子 (原子核) の中心からずれを起こす．これを**分極**という．その結果，原子あるいは分子は中性でなくなり，図 5.16(c) に示すような正と負の電荷から成る**双極子**を形成することになる．このような性質を持つ誘電体がコンデンサーには挿入されている．

電場の中に誘電体を置くと，その電場によって誘電体に分極効果が電場方向に起こる．これから述べるコンデンサーは誘電体の分極効果を利用している．その分極の強さを示す**電気分極** P は多くの誘電体で電場の強さに比例するので

$$P = \chi E \tag{5.18}$$

となる．χ は比例定数で**電気感受率**とよばれる．このとき，真空中での $\varepsilon_0 E$ の電気分極，つまり電束密度に対して，誘電体中での電束密度 D は誘電体の電気分極 P が加算され

$$\begin{aligned} D &= \varepsilon_0 E + P \\ &= (\varepsilon_0 + \chi) E \\ &= \varepsilon_0 (1 + \frac{\chi}{\varepsilon_0}) E \\ &= \varepsilon_0 \varepsilon_r E = \varepsilon E \end{aligned} \tag{5.19}$$

となり，誘電体の分極効果により比誘電率 $\varepsilon_r (= 1 + \chi/\varepsilon_0)$ 倍だけ大きくなる．電場を加えなくても双極子が一方向にそろった誘電体があり，これを**強誘電体**という．表 5.1 のチタン酸バリウム $BaTiO_3$ は代表的な強誘電体の 1 つである．

分極によって生じる電荷を分極電荷とよび，これまでの正や負の電気量を持つ分離された電荷，すなわち真電荷と区別される．誘電体中でのガウスの法則，式 (5.10) の右辺はこの真電荷である．した

がって，誘電体中の電場の強さ E はこれまでの式の ε_0 を ε で置きかえれば良いことになる．クーロン力や電位も同じである．つまり，誘電体中での電場の強さ，クーロン力及び電位は真空中より比誘電率 ε_r 倍小さくなる．

図 5.17 は 2 枚の平行平板導体で電圧 V_0 の電池を接続して電場 $\boldsymbol{E}$ を加えたときの誘電体の様子を示している．電池をつなぐと極板の中の自由電子は導線を伝わって極板 A から極板 B に移動する．その結果，極板 A では自由電子が不足してくるので正に帯電することになり，極板 B は負の電荷を持つ自由電子が過剰に存在することになって負に帯電する．AB 間の電圧が電池の電圧 V_0 に等しくなると自由電子の移動は止む．

さて，図 5.17(a) のごとく最初は 2 つの極板間は真空であるとする．極板の表面積を $S[\mathrm{m}^2]$，極板間の距離を $d[\mathrm{m}]$，極板 A, B に蓄えられる電荷の大きさを $+Q_0[\mathrm{C}]$, $-Q_0[\mathrm{C}]$ とする．電場の強さ E は式 (5.13) であり，電圧 $V_0(=Ed)$ は図 5.15(b) より，あるいは式 (5.17) で与えられているので

$$E = \frac{Q_0}{\varepsilon_0 S}, \quad V_0 = \frac{Q_0}{\varepsilon_0 S} d \tag{5.20}$$

となり，したがって

$$Q_0 = \varepsilon_0 S \frac{V_0}{d} \tag{5.21}$$

を得る．そこで

$$C_0 = \frac{Q_0}{V_0} = \varepsilon_0 \frac{S}{d} \tag{5.22}$$

を**電気容量** C_0 [ファラド F=C/V] と定義し，1 F は導体に電気量 +1 C の電荷を分離して蓄えるのに 1 V の電位差を要するような電気容量の大きさである．電気容量 C_0 は 2 つの導体の幾何学的条件 (S や d) で決定される．断面積 S を大きく，極板間の距離 d を小さくすれば C_0 は大きくなる．d をあまり小さくすると放電の恐れがある．

次に，図 5.17(b) のように極板間に誘電率 ε の誘電体を挿入すると電気容量 C は ε_0 を ε で置きかえれば良く

$$C = \varepsilon \frac{S}{d} = \varepsilon_0 \varepsilon_r \frac{S}{d} = \varepsilon_r C_0 \tag{5.23}$$

となり，真空中より比誘電率 ε_r だけ大きくなる．これは電場の強さ $E = D/\varepsilon = Q/\varepsilon S$ は電池をつないでいるので変わらずもとの $E = Q_0/\varepsilon_0 S$ に等しいことから，電荷の電気量が $Q = \varepsilon_r Q_0$ と ε_r 倍大きくなるからである．なお，誘電率の単位は式 (5.23) から F/m である．電気容量の大きさは $1\,\mu\mathrm{F} = 10^{-6}\,\mathrm{F}$, $1\,\mathrm{pF} = 10^{-12}\,\mathrm{F}$ で表現することが多い．

この比誘電率 ε_r は次のように考えることもできる．図 5.17(a) で最初電圧 V_0 の電池をつなぎ，コンデンサーに電気量 Q_0 の電荷を蓄え，次に電池をはずす．このコンデンサーに誘電体を入れて，コンデンサーの両端の電圧を測定すると真空中での電圧 V_0 より，ε_r 倍減少する．したがって，電荷の電気量は Q_0 で変わらないので誘電体を入れたときの電気容量は $C(=Q_0/(V_0/\varepsilon_r)=\varepsilon_r C_0)$ となり，電気容量 C は真空中での C_0 より ε_r 倍大きくなる．

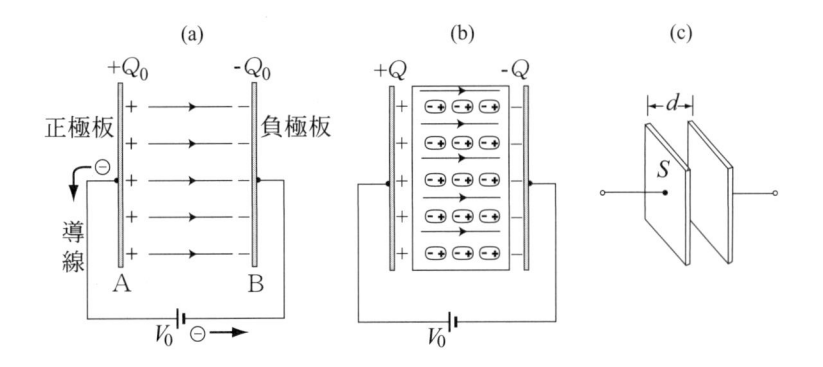

図 5.17 (a) 真空, (b) 誘導体を入れた場合のコンデンサー, 及び (c) 実際の様子

例題 3 大気中で断面積が $25\,\text{cm} \times 40\,\text{cm}$ の 2 枚のアルミフォイルが 1mm の間隔で平行に配置されたときのコンデンサーの容量を求めよ. このコンデンサーに 1.5 V の電池をつないだときのアルミフォイルの極板に蓄えられる電荷は何クーロンか.

解 極板の断面積 $S = 0.25 \times 0.4 = 0.1 \text{m}^2$, $d = 10^{-3}$ m

$$C = 8.9 \times 10^{-12} [\text{F/m}] \times \frac{0.1\,[\text{m}^2]}{10^{-3}\,[\text{m}]} = 8.9 \times 10^{-10}\,\text{F} = 890\,\text{pF}$$

$$Q = 8.9 \times 10^{-10} \times 1.5 = 1.3 \times 10^{-9}\,\text{C}$$

5.3.4 コンデンサーに蓄えられるエネルギー

コンデンサーを含む回路において, 電源のつまみをゼロにしてもアースがとられていないと, コンデンサーには電気が蓄えられていて, 不用意にコンデンサーに手を触れて人身事故を起こすことがある. 充電したコンデンサーには電荷が蓄えられていることが分かる. コンデンサーに蓄えられる電荷の電気量 Q は式 (5.21) から印加電圧 V に比例して増大し, 図 5.18(a) に示すごとく傾きが電気容量 C を表す. 今, 図 5.17 において, ある電圧での 2 枚の極板の電荷の電気量が $+q$, $-q$ であったとする. そのときの極板間の電圧は $q/C (= V(q))$ である. 微小電気量 Δq を電場にさからって図 5.17 に示す配置で B から A に移動させるに要する仕事 ΔU は $V(q)\Delta q$ で与えられる. したがって q が 0 から Q になるまでになされた仕事 U は

$$U = \int_0^Q V(q)dq = \int_0^Q \frac{q}{C}dq = \frac{Q^2}{2C} = \frac{1}{2}QV = \frac{1}{2}CV^2 \tag{5.24}$$

である (図 5.18(b) 参照). これがコンデンサーに蓄えられるエネルギーである. 上式は V の単位が J/C であることからも理解されよう.

例題 4 例題 3 において, 蓄えられるエネルギーを求めよ.

解 $U = \frac{1}{2} \times \left(8.9 \times 10^{-10}\right) \times 1.5^2 = 1.0 \times 10^{-9}\,\text{J}$

第 5 章　電磁気学

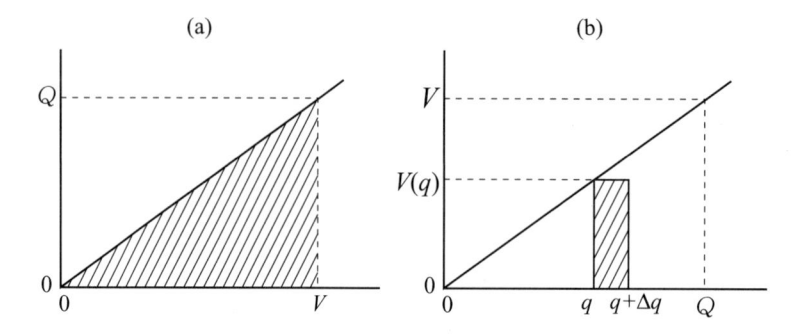

図 5.18 電荷 Q と電圧 V の関係

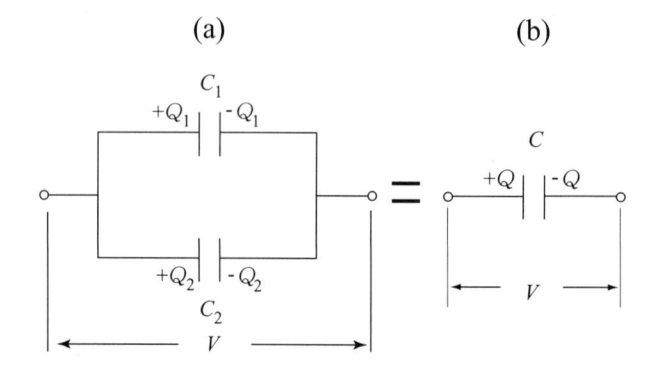

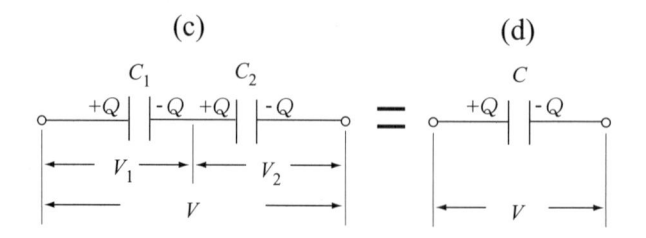

図 5.19 コンデンサーの並列接続と直列接続

5.3.5 コンデンサーの並列接続と直列接続

電気容量 C_1 と C_2 を図 5.19(a) に示すように並列に接続したときの全容量 C は，この回路が図 5.19(b) に相当するとして次のようにして求められる．両端に電圧 V を加え，蓄えられる電荷の電気量をそれぞれ Q_1, Q_2 及び Q とすれば

$$Q_1 = C_1 V, \quad Q_2 = C_2 V, \quad Q_1 + Q_2 = Q = CV \tag{5.25}$$

より

$$C = C_1 + C_2 \tag{5.26}$$

となる．多数のコンデンサーの場合にも同様に次式となる．

$$C = \sum_{i=1}^{n} C_i \tag{5.26}'$$

また，C_1 と C_2 を図 5.19(c) のように直列に接続すると，C_1 と C_2 に蓄えられる電荷の電気量 Q は等しいが，それぞれの両端にかかっている電圧 V_1, V_2 は異なり

$$Q = C_1 V_1, \quad Q = C_2 V_2, \quad Q = CV, \quad V = V_1 + V_2 \tag{5.27}$$

より

$$\frac{1}{C} = \frac{1}{C_1} + \frac{1}{C_2} \tag{5.28}$$

を得る．同様にして多数の場合は次式となる．

$$\frac{1}{C} = \sum_{i=1}^{n} \frac{1}{C_i} \tag{5.28}'$$

第 5 章　電磁気学

Coffee Break

エッ,「電気」で水が曲がるの？

水は中性．念のため，酸，アルカリの意味での中性ではなく，電気的な観点から中性ということです．電気的に中性の水が電場の作用で曲がるなんて信じられないと思う人は早速実験してみましょう．この実験にはお日柄が重要です．雨の日や，夏の蒸し暑い日にはうまくいきません．湿気で静電気が放電するからです．乾燥注意報が出ていて，カーペットを敷いた床を歩いたあと，また自動車から降りようとしてドアの取っ手をさわったとたんにピシャリと指先に電気放電の軽い痛みを感ず，女性ならスカートがまとわりついて困ってしまう，そんな静電気が溜まりやすい日がバツグンです．

水道の蛇口から水をほそーく出します．プラスチック製品を手当たりしだいティッシュペーパーでこすり近づけてみましょう．下敷き，ファイルホルダー，それにストローが水を曲げる曲者なのです．ほーら，大きく曲がってしぶきになるぐらいですよ．曲がらない？　蛇口近くの流速の遅い所に近づけてますか？

水は正，負どちらに帯電したものを近づけても，必ず引き寄せられる向きに曲がります．水分子 (H_2O) の持つ電気双極子の性質と，クーロンの法則を組み合わせて理由を考えてみましょう．水分子は自由に回転できる小さな二等辺三角形を形成していて，その頂点に酸素，底辺の両端に水素が位置します．全体としては中性ですが，酸素原子は負に，水素には正になりたがる性質があります．つまり水分子が大きさを持ち，かつ電気的偏りがある電気双極子の性質を持っていることが第一のポイントです．一方，クーロンの法則で引力，斥力のどちらも「距離の2乗に反比例する」がポイントとなります．

さあ図でも書いて考えてみましょう．

5.4 オームの法則と抵抗

5.4.1 オームの法則

5.2 節で述べたように金属などの導体に電場 E を加えると，自由電子が速度 v で移動することによって電荷が運ばれ電流が流れることになる．$-e$ の電気量を持つ電荷，質量 m を持つ1個の電子に注目し，次式のようなニュートンの運動方程式を立ててみよう．

$$m\frac{d\boldsymbol{v}}{dt} = -e\boldsymbol{E} - \frac{m\boldsymbol{v}}{\tau} \tag{5.29}$$

5.4 オームの法則と抵抗

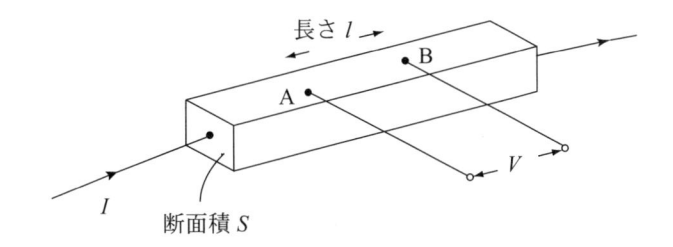

図 5.20 試料に電流を流すオームの法則を示す実験

式 (5.29) の右辺第 1 項は電子に加えられる電場による力である．第 2 項は，電子がイオンの間を移動するとき様々な散乱を受けることによる抵抗力の摩擦項であり，速さ v に比例するとした．τ は，式 (5.29) の左辺から分かるように時間の次元を持ち，電子が散乱を受け，次の散乱を受けるまでの平均の時間，散乱の緩和時間である．しばらく経って定常的な電流が流れるようになると電子の速度の変化はなくなって一定の速度になるので，式 (5.29) の左辺はゼロとおいて良い．すなわち

$$\bm{v} = -\frac{e\tau}{m}\bm{E} \tag{5.30}$$

である．図 5.20 に示すように，導体に流れる電流を $I\,[\mathrm{A}]$，導体の断面積を $S\,[\mathrm{m}^2]$，端子 AB 間の電圧を $V\,[\mathrm{V}]$，端子間の距離を $l\,[\mathrm{m}]$ とする．また，導体中には $1\,\mathrm{m}^3$ 当たり n 個の自由電子があるとすると，電流 I は単位時間当たりの断面積 S を通過する電気量で定義されるので

$$\bm{I} = -en\bm{v}S = \frac{ne^2\tau}{m}S\bm{E} \tag{5.31}$$

である．したがって電流の単位は C/s であり，これをアンペア (A) とよぶ．AB 間の電圧 V は

$$V = lE \tag{5.32}$$

である．式 (5.30)〜(5.32) より，電圧 V は電流 I に比例し，その比例定数を R とすると

$$V = RI \tag{5.33}$$

$$R = \rho\frac{l}{S} \tag{5.34}$$

$$\rho = \frac{m}{ne^2\tau} \tag{5.35}$$

を得る．抵抗 $R\,[\Omega]$ は導体の寸法に関係のない導体自身の電気抵抗率 $\rho\,[\Omega\cdot\mathrm{m}]$ と断面積 $S\,[\mathrm{m}^2]$ と長さ $l\,[\mathrm{m}]$ で決まる．式 (5.33) を**オームの法則** (C. S. Ohm, 1787-1854) とよぶ．

ここで電子の速さ v について述べよう．ここまでの議論では電子を電荷 $-e$(電気素量 $e = 1.602 \times 10^{-19}$ C)，質量 $m (m = 9.109 \times 10^{-31}\,\mathrm{kg})$ を持つ粒子と考えた．例えば金属の銅を考えてみると，銅の元素の電子配置は $1\mathrm{s}^2 2\mathrm{s}^2 2\mathrm{p}^6 3\mathrm{s}^2 3\mathrm{p}^6 3\mathrm{d}^{10} 4\mathrm{s}^1$ であり，最外殻の 4s 電子が自由電子となる．他の電子は対応する原子核を中心として電子雲を形成し，1 価の陽イオンとして振る舞う．その陽イオンの

第 5 章　電磁気学

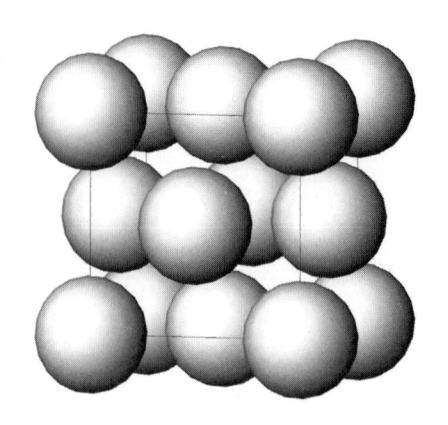

図 5.21 銅のイオンがつくる面心立方格子

半径は 0.96Å である．金属の銅を形成すると，**面心立方格子**とよぶ図 5.21 に示すように銅イオンは規則正しく配列し，これが繰り返して有限の大きさとなっている．立方体の 1 辺の長さであるイオン間の格子定数は 3.62Å である．1 個の銅原子当たり，1 個の自由電子が生まれているので電子は 8.4×10^{28}(個/m^3) と計算される．これが上述の n であり，金属中には多数の自由電子が存在することになる．するとこのような結晶構造をなす金属において，電子がその隙間をすいすい進めるだろうかという疑問が生じるであろう．必ずやイオンに衝突し，電圧の方向にある速さ v で進むことはほとんど絶望的である．これは電子を単純な粒子と考えたからである．第 1 章で触れた量子力学に従う波だと考える．そうすると電子はイオンが規則正しく配列している周期性を取り込んだ波となって，規則正しいイオンの周期性に対しては，抵抗にならない．したがって抵抗はゼロである．実際にはイオンの周期性を乱す不純物の存在により，また有限の温度ではイオン自身がわずかに振動しているので，ある程度の散乱は受ける．したがって電子の速さ v というのは波の平均の速さを意味している．電子をこのように考えれば，再び電子を粒子と考えてもいっこうに差し支えない．

　これまでの議論は，電子をお互いに独立な粒子と考えた．つまり電子同志は相互作用しない，いわば理想気体のように考えたわけである．ところが，気体は低温で液体になるごとく，電子も互いに干渉し合う．その典型例が導体で出現する超伝導である．波としての電子の位相がそろった状態が低温で出現する．そうなると，電気抵抗は有限温度でもゼロになり，その他様々な特徴ある性質がある．その一例として，抵抗ゼロの超伝導線材でソレノイドコイルを作れば大量の電流を流すことができ，その結果大きな磁場を発生することができる．**超伝導マグネット**として利用されている．

例題 5　断面積 1mm^2 の銅線に 1A の電流が流れているとき，式 (5.31) から伝導電子の速さ v を求めよ．

解　$I = 1$ A, $e = 1.60 \times 10^{-19}$ C, $n = 8.4 \times 10^{28}$ 個/m^3, $S = 10^{-6}$ m^2 を代入すると

$$v = \frac{1}{(1.60 \times 10^{-19}) \times (8.4 \times 10^{28}) \times 10^{-6}} = 7.5 \times 10^{-5} \text{ m/s}$$

5.4.2　ジュール熱と電力

　導体に流す電流を次第に大きくしていくと，次第に導体は熱くなり，やがては灼熱していく．このとき発生する熱をジュール熱とよび，私達が家庭で使用する電気ストーブ，電気トースター，電気アイロンなどは電気抵抗率の比較的大きな物質を使用してそこから発生するジュール熱を利用したものである．導体を流れる電流を I [C/s=A]，導体の両端の電圧を V [J/C=V] とすると，時間 t [s] の間に It [C] の電気量を持つ電荷が導体中を移動する．このとき導体中の電場は It [C] の電荷に対して

$$U = VIt = RI^2 t = \frac{V^2}{R} t \tag{5.36}$$

の仕事をしたことになる．この仕事がジュール熱に変わるのである．つまり電子はイオンと散乱し，イオン振動を高めてそれが熱となるのである．温度が上昇すると導体の抵抗 R は

$$R = R_0 (1 + \alpha T) \tag{5.37}$$

と温度 T に比例して増大する．α は導体固有の定数であり，例えばニクロム線は $\alpha = 0.0001$ [1/K] である．電気器具などによって単位時間に消費されるエネルギーは**電力** P [J/s=W ワット] とよび

$$P = \frac{U}{t} = VI = RI^2 = \frac{V^2}{R} \tag{5.38}$$

と定義される．

例題6　太さ 1 mm のニクロム線（電気抵抗率 $\rho = 1.1 \times 10^{-6}$ Ω·m）に 100 V の電圧を加えて 1 kW の電力を作りたい．このとき必要なニクロム線の長さは何メートルか．また，ニクロム線に流れる電流は何アンペアか．

解
$$\begin{aligned}
P &= \frac{V^2}{R} \quad \text{より} \quad R = \frac{V^2}{P} = \frac{100^2}{10^3} = 10 \, \Omega \\
R &= \rho \frac{l}{S} \quad \text{より} \quad l = \frac{RS}{\rho} = \frac{10 \times 3.14 \times (0.5 \times 10^{-3})^2}{1.1 \times 10^{-6}} = 7.1 \text{ m} \\
I &= \frac{V}{R} = \frac{100}{10} = 10 \text{ A}
\end{aligned}$$

5.4.3　抵抗の接続

　図 5.22(a) のごとく抵抗 R_1 と R_2 を直列接続したとき，両者に流れる電流 I は共通なのでそれぞれの電圧降下を V_1, V_2 とすると

$$\begin{aligned}
V_1 &= R_1 I, \quad V_2 = R_2 I \\
V &= V_1 + V_2
\end{aligned} \tag{5.39}$$

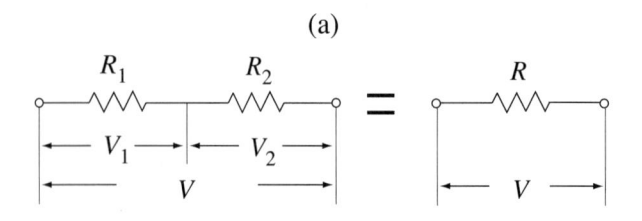

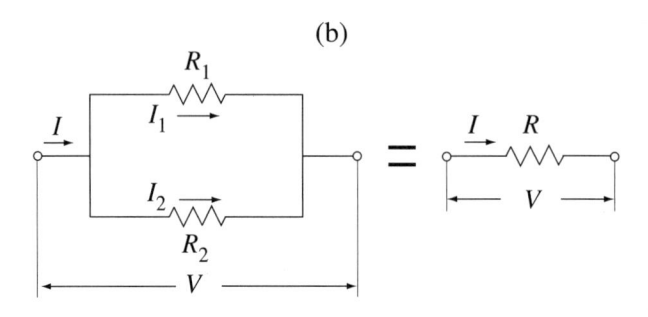

図 5.22 抵抗の (a) 直列接続と (b) 並列接続

より $V = (R_1 + R_2)I$ を得る．したがって合成抵抗 R は

$$R = R_1 + R_2 \tag{5.40}$$

となる．多数の抵抗を直列接続したときは次式となる．

$$R = \sum_{i=1}^{n} R_i \tag{5.40}'$$

一方，R_1 と R_2 を並列に接続すると，それぞれにかかる電圧は共通に V であり，それぞれに流れる電流を I_1, I_2 とすると

$$\begin{aligned} R_1 I_1 &= V \\ R_2 I_2 &= V \\ I &= I_1 + I_2 \end{aligned} \tag{5.41}$$

より，合成抵抗 R は

$$\frac{1}{R} = \frac{1}{R_1} + \frac{1}{R_2} \tag{5.42}$$

となる．同様にして多数の抵抗を並列接続したときは次式となる．

$$\frac{1}{R} = \sum_{i=1}^{n} \frac{1}{R_i} \tag{5.42}'$$

5.5 磁場，電磁誘導の法則とコイル

5.5.1 直流電流のつくる磁場の強さ

5.2 節で学んだように，直流電流の周りには**磁場（磁界）**が形成される．棒磁石から出入りする磁場と本質的に同じであり，磁場はベクトル量であって磁力線の向きが磁場の向きを表す．その**磁場の強さ**は，ビオ・サヴァールの式 (5.6) を用いて積分を実行すれば求めることはできる．例えば図 5.23(a) のような半径 r の円電流のときの中心の磁場の強さ H は，この場合 $\theta = 90°$ であり，積分を円周に沿って実行し

$$H = \frac{1}{4\pi} \oint \frac{I}{r^2} ds = \frac{1}{4\pi} \frac{I}{r^2} \cdot 2\pi r = \frac{I}{2r} \tag{5.43}$$

と計算される．しかし，図 5.23(b) の長い直線電流の周りの磁場や図 5.23(c) のソレノイドコイルの内部磁場を求めることは容易ではないので (付録 C.3 参照)，ここではアンペールの周回積分の式 (5.3)′ を適用してみよう．ここで式 (5.6) は実験から得られた関係式（法則）であり，これを用いて式 (5.3)′ は導かれるが，ここではその導出は省略し，式 (5.3)′ が成り立つとして議論を進めよう．

さて，図 5.23(b) の場合の積分の経路 c は半径 r の円をとる．円周に沿う微小な長さを Δs とすると，円周上で $\boldsymbol{H}$ は $\Delta \boldsymbol{s}$ 方向を向き，かつ一定の強さなので H は積分の外に出る．アンペールの周回積分は

$$\oint_c \boldsymbol{H} \cdot d\boldsymbol{s} = H \int_0^{2\pi r} ds = 2\pi r H = I$$

となり

$$H = \frac{I}{2\pi r} \tag{5.44}$$

を得る．磁場は電流の向きに対して右ねじを回す向きに形成される．

同様にして，銅線を円筒状に多数巻いたソレノイドコイルを考えよう．銅線を流れる電流が I [A] で，単位長さ当たりの巻数を n [T/m, T:ターン (回)] とする．経路 ABCD に関する周回積分はソレ

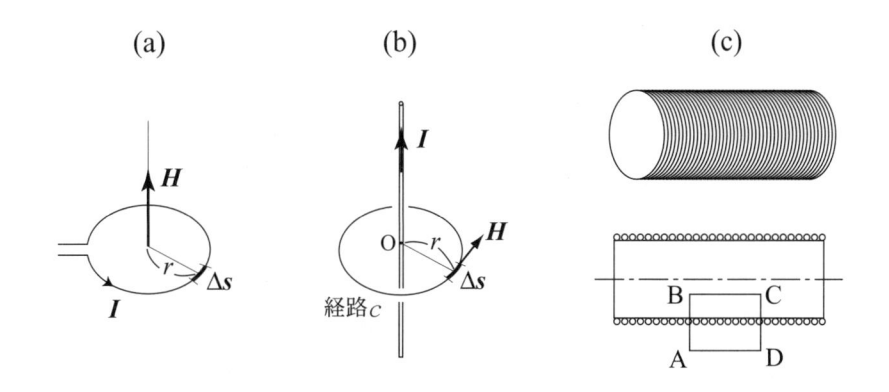

図 **5.23** (a) 円電流，(b) アンペールの周回積分，(c) ソレノイドコイル

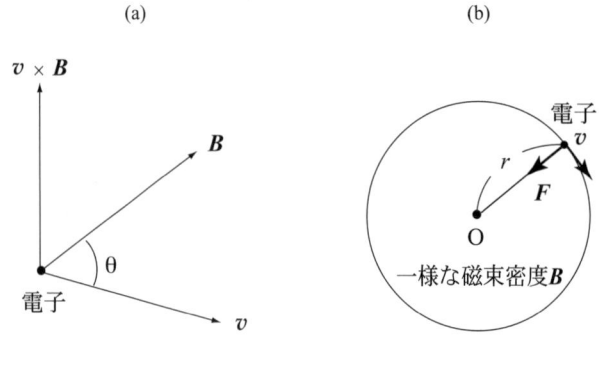

図 5.24 ローレンツ力

ノイドコイルが充分長いため，ソレノイドコイルの外側では磁場 H はゼロと考えて良いので，内部のコイルの軸方向を向いた磁場を一様に H とすると

$$\int_{ABCD} \boldsymbol{H} \cdot d\boldsymbol{s} = H\overline{BC} = (n\overline{BC})I$$
$$H = nI \tag{5.45}$$

となる．ここで一本の導線に流れる電流が I[A] なので，経路 ABCD を貫く全電流は $n\overline{BC}I$ である．ここで $\overline{BC}$ は BC の長さである．磁場の強さ H の単位はこの式から A·T/m であり，巻数 T は普通省略され A/m となる．例えば地球磁場の強さは赤道付近で約 25 A/m である．0.2m の円筒に一様に 1000 回巻いたソレノイドコイルを地球磁場の方向に向けて，ソレノイドコイルの中心で地球磁場を打ち消すためには $25 = (1000/0.2)I$ より $I = 5 \times 10^{-3}$A $= 5$mA の電流を流せばよいことになる．

5.5.2 直流電流が磁場から受ける力

電場 $\boldsymbol{E}$ に対して $\varepsilon\boldsymbol{E}$ の電束密度 $\boldsymbol{D}$ を考えたのと同様に，磁場 $\boldsymbol{H}$ に対して $\mu\boldsymbol{H}$ の磁束密度 $\boldsymbol{B}$ を考える．μ は**透磁率**とよばれ，次節で述べる．今，一様な磁束密度 $\boldsymbol{B}$ の中を電荷 $-e$，質量 m を持つ電子が図 5.24 のように速度 $\boldsymbol{v}$ で走ると，ローレンツ (H. A. Lorentz, 1853–1928) は電子が次のような力 $\boldsymbol{F}$ を受けることを発見した．

$$\boldsymbol{F} = -e\boldsymbol{v} \times \boldsymbol{B} \tag{5.46}$$

式 (5.46) の力の大きさ，すなわち**ローレンツ力**は

$$F = evB\sin\theta \tag{5.46}'$$

であり，θ は $\boldsymbol{v}$ と $\boldsymbol{B}$ のなす角である．$\theta = 90°$ のとき，すなわち，図 5.24(b) に示すように $\boldsymbol{v}$ と紙面に向かって垂直に印加された $\boldsymbol{B}$ が，垂直のときを考えよう．ローレンツ力 $\boldsymbol{F}$ が向心力となり電子の進路は $\boldsymbol{v}$ 方向に対して右へ，右へと曲げられ円運動となる．円運動の半径を r とすると

$$evB = m\frac{v^2}{r} \tag{5.47}$$

より $r = mv/eB\,[\mathrm{m}]$,角速度 $\omega = v/r = eB/m\,[\mathrm{rad/s}]$,回転周期 $T = 2\pi/\omega = 2\pi m/eB\,[\mathrm{s}]$ を得る.この運動を**サイクロトロン運動**とよび,**質量分析計**や**加速器**などに利用されている.

次に電子が導体の中を流れているとしよう.断面積 $S\,[\mathrm{m}^2]$ の導体を流れる電流を $I\,[\mathrm{A}]$,そのときの電子の速度を $\boldsymbol{v}$,電子の密度を $n\,[\text{個}/\mathrm{m}^3]$ とすると

$$\boldsymbol{I} = -enS\boldsymbol{v} \tag{5.48}$$

である.一様な磁束密度 $\boldsymbol{B}$ があると導線の長さ Δs の部分に含まれる電子全体にはたらく力 $\Delta \boldsymbol{F}$ は

$$\Delta \boldsymbol{F} = (-e\boldsymbol{v} \times \boldsymbol{B})nS\Delta s = \boldsymbol{I} \times \boldsymbol{B}\Delta s \tag{5.49}$$

となる.その大きさは式 (5.48) の電流の強さ I を使って

$$\Delta F = IB\sin\theta\Delta s \tag{5.49}'$$

で与えられ,方向は $\boldsymbol{I} \times \boldsymbol{B}$ の方向である.

次に式 (5.49) の具体例を考えよう.長さ l の直線電流 I が,I と垂直に印加された磁束密度 B によって受ける力は

$$F = \int dF = IB\int_0^l ds = IBl \tag{5.50}$$

である.

更に,図 5.25 に示すような平行な長さ l の 2 本の直線電流にはたらく力の大きさ F を求めてみよう.電流 I_1 が点 B につくる磁場の強さは式 (5.44) から $H = I_1/2\pi d$ であり,次項で述べる透磁率を μ とすると I_1 が I_2 に及ぼす磁束密度は $B = \mu I_1/2\pi d$ となる.したがって,式 (5.50) より F は

$$\begin{aligned} F &= I_2 \frac{\mu I_1}{2\pi d} l \\ &= \frac{\mu I_1 I_2 l}{2\pi d} \end{aligned} \tag{5.51}$$

となる.この力は引力であり,作用・反作用の法則より直線電流 I_1 も同じ大きさの引力を受けることになる.これはまさにアンペールが論じたことであり,この様子は 5.2 節の図 5.6 に示した.

式 (5.51) を使って電流の強さが改めて定義される.真空中で 1 m の間隔で平行に張られた非常に長い 2 本の直線導線を考える.導線 1 m あたり受ける力 F は

$$F = \frac{\mu_0 I_1 I_2}{2\pi d} = 2 \times 10^{-7} I_1 I_2 \quad \text{(真空中での透磁率 } \mu_0 = 4\pi \times 10^{-7}\,\mathrm{H/m}) \tag{5.52}$$

となる.この 2 本の導線にともに等しい大きさの電流を通したとき,2 本の導線間にはたらく力が導線 1 m あたり 2×10^{-7} N となるとき,実はこの電流の強さを 1 A と定義する.

例題 7 2 本の平行な長さ 2 m の導線が 10 cm 離れていて,それぞれ 10 A の電流が反対向きに流れているとき,この導線にはたらく力を求めよ

解
$$F = 2 \times 10^{-7} \times \frac{10 \times 10 \times 2}{0.1} = 4 \times 10^{-4} \quad \mathrm{N}$$

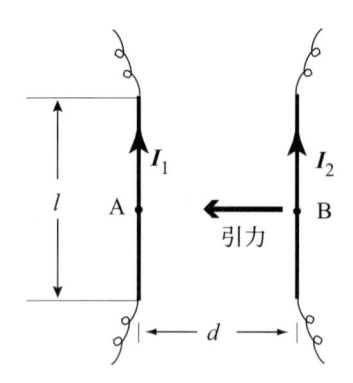

図 5.25 電流が流れる 2 本の平行導線間に作用する力

5.5.3 磁石

　磁場を発生させるものは，ソレノイドコイルと**永久磁石**である．ソレノイドコイルの中心に鉄芯を入れて，その鉄芯の先端の直径を徐々に細めると強い磁場を得ることができる．そういうものを 2 つ向かい合わせて，一方の先端を N 極に，他方を S 極にして，磁場を得る装置を**電磁石**とよぶ．最近では電磁石に取って代わって前述の超伝導マグネットが使用されている．

　永久磁石は，一般には**強磁性体**とよばれる材料でつくられる．その材料は，3d 電子を含む遷移金属元素か 4f 電子を含む希土類 (ランタノイド) 元素を含んでいる．マグネタイト (磁鉄鉱) は 3d 電子を含む鉄の酸化物である．磁性材料を形成する 1 つ 1 つの原子がいわば小さな磁石を形成している．つまり，3d 電子や 4f 電子は原子核の周りに旋回運動している．例えば，円電流は磁場を発生する 1 つの磁石であると思えば，そういう電子の軌道運動によって磁場がつくられることになる．電子自身の自転運動 (スピン運動) によっても，磁場はつくられる．3d 電子や 4f 電子を含む原子そのものが小さな磁石なのである．このような原子磁石の向きが一方向にそろったものを強磁性体とよび，ソレノイドコイルが作る磁束密度と本質的には同じ磁束密度を発現する．それを**磁化 M** とよぶ．純粋な金属鉄そのものも強磁性体である．

　このような磁性体内部での磁束密度 B [Wb/m^2 =T, Wb:ウェーバ, T:テスラ] は，外部から加えた磁場 H による磁束密度 $\mu_0 H$ と磁性体の磁化 M [Wb/m^2] の和で与えられ

$$\begin{align} \boldsymbol{B} &= \mu_0 \boldsymbol{H} + \boldsymbol{M} \\ &\simeq \mu_0 \boldsymbol{H} + \chi \boldsymbol{H} \\ &= \mu_0 \mu_\mathrm{r} \boldsymbol{H} \\ &= \mu \boldsymbol{H} \end{align} \tag{5.53}$$

で近似的に表される．$\mu_0 [= 4\pi \times 10^{-7}$ N/A^2，あるいは H/m, H:ヘンリー] は真空中の透磁率，μ はその材料の透磁率である．強磁性体の**比透磁率** $\mu_\mathrm{r} (= \mu_0(1 + \chi/\mu_0) = \mu/\mu_0)$ はおよそ 1000 ある．χ は磁化率とよばれる．磁性材料は通常図 5.26 に簡略して示すように磁区を形成していて，全体で向

きを打ち消し合っている．これに外部から磁場を加えると一方向に向きをそろえることができる．外部からの磁場をゼロにすると磁石の強さを表す磁化 M はゼロにはならず，残留磁化 M_r を残す (図5.27)．残留磁化が大きい値で残るような工夫をして，永久磁石はつくられる．

なお，式 (5.51) と (5.52) から μ_0 の単位は N/A^2 であり，これを H/m でよぶことが多い．後述の式 (5.56) から $H = Vs/A = Wb/A$ の関係が成り立つ．1 A/m の強さの磁場に，ある磁石の磁極をおいたとき，その磁極に 1 N の力が作用するならば，その磁極の大きさを 1 Wb と定義する．すなわち，A/m Wb = N なので磁束密度 B の単位は $(N/A^2)(A/m) = Wb/m^2 = T$ である．

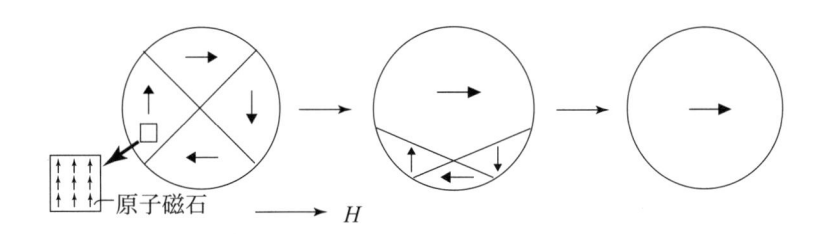

図 5.26 外部から磁場の強さを増大した場合の強磁性体の磁区の変化

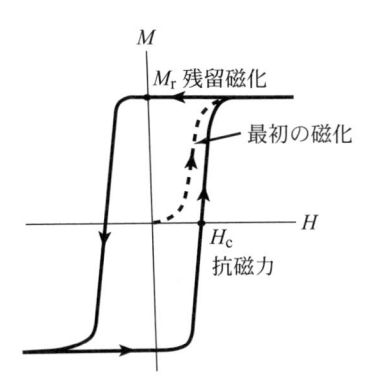

図 5.27 強磁性体の磁化履歴曲線

Coffee Break

磁気浮上

2つの磁石を向かい合わせるとき，同じ極同志にすると反撥しあい，その力で上の磁石は浮く(図a)．ソレノイドコイルに電流を流すとソレノイドコイルは磁石と同じ作用をして，磁石を浮かせることができる(図b)．超伝導体の上に磁石を置いても磁石は浮く(図c)．超伝導体の表面には磁石からの磁場の侵入を防ぐように電流が流れ，ちょうど図bのソレノイドコイルのようになっている．この電流はマイスナー電流とよばれ，超伝導体が持つ性質の1つである．

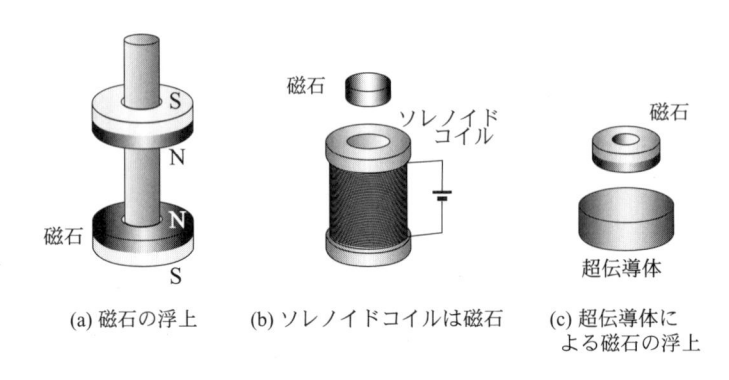

(a) 磁石の浮上　　(b) ソレノイドコイルは磁石　　(c) 超伝導体による磁石の浮上

5.5.4 電磁誘導の法則

導線を流れる電流は磁場をつくり，電流は磁場と互いに力を及ぼし合うことを学んだ．逆に磁場を変化させることによって導線に電流が生じること，すなわち**誘導起電力**が発生することを発見したのがファラデーと**ヘンリー**(J. Henry, 1797-1878)であった．また**レンツ**(E. K. Lenz, 1804-1865)はコイルのそばで磁場を変化させると，この変化を妨げる向きに誘導起電力が発生することを見出した．これを**レンツの法則**という．ローレンツ力を使った簡単な例を用いて，**電磁誘導**の法則の式(5.4)′を次に導出しよう．

図5.28のように長さl[m]の導体abが，コの字形の導線上を速度v[m/s]で一様な磁束密度Bの中を運動する場合を考えよう．ある時点からΔt[s]後に導体abが破線で示すようにΔx移動し，その結果誘導電流Iが流れ，そのときの誘導起電力をV[V]とする．導体abには式(5.50)の大きさ$F = IBl$の力が左向きにはたらく．したがって，導体abを右へΔxだけ移すとき$IBl\Delta x$の仕事をしたことになる．この間の導体で発生するジュール熱は$VI\Delta t$なので$VI\Delta t = IBl\Delta x$が成り立つ．

5.5 磁場，電磁誘導の法則とコイル

磁束密度 $B[\mathrm{Wb/m^2}]$ の方向に垂直な断面積を $S[\mathrm{m^2}]$ としたとき，BS を**磁束** $\Phi[\mathrm{Wb}]$ と定義する．$Bl\Delta x$ は Δx だけ移動したことによる磁束の増加分なので，これを $\Delta\Phi$ とすると，式 (5.4)′ の**電磁誘導の法則**

$$V = -\frac{d\Phi}{dt} \tag{5.54}$$

を得る．符号のマイナスはレンツの実験事実による．式 (5.54) は，磁束が変化すると磁束の変化を妨げる向きに電流が流れるように，誘導起電力が発生することを意味している．式 (5.54) から V = Wb/s の関係式が得られる．

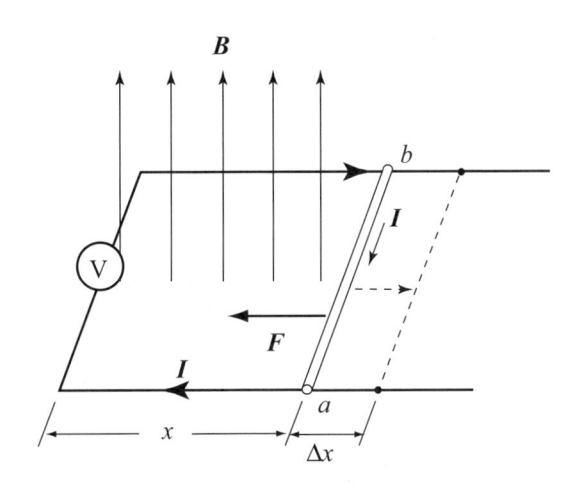

図 5.28 電磁誘導を説明するための図

例題 8 図のような一辺の長さ a の正方形で抵抗 R，重さ m の導線のコイルが鉛直下向きの x 方向に落下していく．コイルを貫く z 方向の磁束密度 $B(x)$ は x の関数 $B(x) = kx$ (k: 正の定数) で与えられるとする．ある時刻でのコイルの AB 端の位置が x であったとして，時間が経ったときのコイルの落下の速さを求めよ．

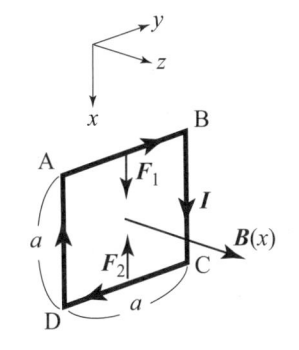

解 コイルが落下すると磁束密度が大きくなるので，コイルを貫く磁束は増大する．その結果，磁束の増大を打ち消すように時計回りの誘導電流 I が流れることになる．ある時刻でのコイルの辺 AB は下向きの力 $F_1 = I(kx)a$，辺 CD は上向きの力 $F_2 = Ik(x+a)a$ を受ける．辺 CD の方が磁束密度が大きいので，結果としてコイルは上向きの力を受け，これがコイルの重力とつり

合う．なお，辺BCとADは力がつり合っている．したがって

$$Ik(x+a)a - I(kx)a = mg \quad \text{より} \quad I = \frac{mg}{ka^2}$$

を得る．次に磁束を求めると次式となる．

$$\Phi(x) = a^2\bar{B} = a^2\frac{\int_x^{x+a} kx dx}{a} = ka^2\left(x + \frac{a}{2}\right)$$

$\bar{B}$ はコイルの平均の磁束密度である．磁束の時間変化が誘導起電力であり，それはRIとなる．したがって

$$\frac{d\Phi(x)}{dt} = RI \quad \text{つまり} \quad ka^2\frac{dx}{dt} = RI$$

となる．したがってコイルの落下速度vは

$$v = \frac{dx}{dt} = \frac{RI}{ka^2} = \frac{Rmg}{(ka^2)^2}$$

となる．

次に，ファラデーが考えたソレノイドコイルに鉄芯を入れたコイルを考えよう．始めに図5.9の1次コイル側だけを取り上げる．ただしコイルは図5.10に示すような単純なものとし，そのソレノイドコイルの長さを$l[\mathrm{m}]$，断面積を$S[\mathrm{m}^2]$，N_1巻きであるとする．また，鉄の透磁率をμとする．ソレノイドコイルに電流Iを流すとすると，コイルの中に生じる磁場の強さは$H = (N_1/l)I$なので，磁束Φは

$$\Phi = BS = \mu HS = \mu \frac{N_1}{l} SI \tag{5.55}$$

となる．もしもIが時間的に変化すると，磁束も変化するのでコイル自身に誘導起電力V_1が生じる．このコイルは全体でN_1巻きなので，磁束はコイルをN_1回貫くことになり

$$V_1 = -N_1\frac{d\Phi}{dt} = -\mu N_1^2 \frac{S}{l}\frac{dI}{dt} = -L\frac{dI}{dt} \tag{5.56}$$

を得る．このLをソレノイドの自己インダクタンスとよぶ．1 A/sの電流変化に対して生じる誘導起電力が1 Vのときの回路のLを1 H(ヘンリー)と定義する．つまり，1 Hとは毎秒1 Aの割合で電流が変化するとき発生する自己誘導起電力が1 Vであるような回路の自己インダクタンスの大きさである．

例題9 断面積$1\,\mathrm{cm}^2$，長さ$10\,\mathrm{cm}$の鉄芯（比透磁率$\mu_\mathrm{r} = 1000$）に一様に導線を1000回巻いたとき，このソレノイドコイルの自己インダクタンスはいくらか．このソレノイドコイルを流れる電流が1秒間に0から2 Aに増大したとき，ソレノイドコイルに生じる自己誘導起電力の大きさは平均して何ボルトか．

解

$$\begin{aligned} L &= 1000 \times 4\pi \times 10^{-7} \times 1000^2 \times \frac{10^{-4}}{10^{-1}} = 1.3\,\mathrm{H} \\ V &= 1.26 \times 2 = 2.5\,\mathrm{V} \end{aligned}$$

例題10 巻数 100 ターン，自己インダクタンス 0.01H のコイルがある．これに電流 3A を流すとき，磁束はいくらになるか．

解
$$\Phi = \mu \frac{N}{l} SI, \quad L = \mu N^2 \frac{S}{l} \quad \text{より} \quad \Phi = \frac{L}{N} I = \frac{0.01}{100} \times 3 = 3 \times 10^{-4} \text{ Wb}$$

ファラデーの図 5.9 は実は変圧器に対応する．次に，図 5.29 に示す 2 つのコイルからなる変圧器（トランス）を考えよう．1 次コイル (巻き数 N_1) に電流 I を流したときの 2 次コイルの電圧 V_2 は

$$\begin{align}
V_2 &= -N_2 \frac{d}{dt}(\mu \frac{N_1}{l} SI) \\
&= -\mu N_1 N_2 \frac{S}{l} \frac{dI}{dt} \\
&= -M \frac{dI}{dt} \tag{5.57}
\end{align}$$

となり，M を相互インダクタンスとよぶ．ただし，磁束は 2 つのコイルを繋いでいる鉄芯から外には逃げないものとする．1 次コイルの電圧 V_1 は式 (5.56) に対応するので，両者の比は

$$\frac{V_2}{V_1} = \frac{-M \dfrac{dI}{dt}}{-L \dfrac{dI}{dt}} = \frac{\mu N_1 N_2 \dfrac{S}{l}}{\mu N_1^2 \dfrac{S}{l}} = \frac{N_2}{N_1} \tag{5.58}$$

となる．1 次コイルに電流 I が流れたときその電流がつくる磁束が，2 次コイルを貫くことによって 2 次コイルに誘導起電圧を生み出すことを相互誘導と言う．この相互誘導によって電圧を変える器械が変圧器 (トランス) である．V_2/V_1 を変圧比，N_2/N_1 を巻線比とよぶ．

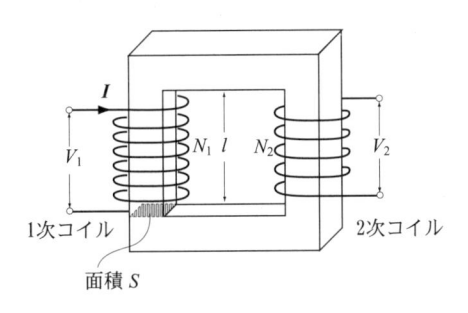

図 **5.29** 変圧器（トランス）

5.5.5 交流と回路

図 5.30 に示すような一様な磁束密度 $\boldsymbol{B}$ の中を断面積 S のコイルが角速度 ω で回転しているとき，このコイルの誘導起電力 V を求めよう．図 5.30(b) のように角度 ωt のときコイルを貫く磁束は

$$\Phi = BS\cos\omega t \tag{5.59}$$

である．したがって V として次式を得る．

$$\begin{aligned} V &= -\frac{d\Phi}{dt} = \omega BS\sin\omega t \\ &= V_0\sin\omega t \quad (V_0 = \omega BS) \end{aligned} \tag{5.60}$$

つまり，電圧は周期的に変化する．これが私達が日常使用している**交流**である．このとき流れる電流 I は，抵抗 R をつなぐことによって観測でき

$$\begin{aligned} I &= \frac{V_0}{R}\sin\omega t \\ &= I_0\sin\omega t \quad (I_0 = V_0/R) \end{aligned} \tag{5.61}$$

で与えられる．このときの消費電力は図 5.30(c) より

$$P = I_0 V_0 \sin^2\omega t \tag{5.62}$$

となる．消費電力の平均値は図 5.30(c) より $I_0 V_0/2$ なので，$V_0/\sqrt{2}$, $I_0/\sqrt{2}$ をそれぞれ電圧，電流の**実効値**と言う．交流電圧の実効値が $100\,\mathrm{V}$ のときは V_0 は $\sqrt{2}$ 倍の $141\,\mathrm{V}$ である．

次に，交流がコイルやコンデンサーに流れたときを考える．初めに電池 (直流電圧 V_0) を図 5.31 のようなコイルと抵抗の回路につないだときを考えよう．

(1) 図の回路においてスイッチを a に連結した瞬間 $t = 0$ より，電流はどのように流れるかを考える．任意の時刻の電流を I とすると，コイル L に式 (5.56) で与えられる大きさ $L(dI/dt)$ の逆起電力が生じるから，抵抗 R に加わる電圧は $V_0 - L(dI/dt)$ である．したがって次の式が成り立つ．

$$V_0 - L\frac{dI}{dt} = RI \tag{5.63}$$

そこで力学で学んだ粘性抵抗中での運動方程式の解を参考に $I = a + be^{-ct}$ (a, b, c は未知定数) とおき式 (5.63) に代入すると

$$I = \frac{V_0}{R} + be^{-\frac{R}{L}t}$$

を得る．また，初期条件として $t = 0$ のとき $I = 0$ なので $b = -V_0/R$ を得る．よって電流 I は次式となる（図 5.32(a) 参照）．

$$I = \frac{V_0}{R}(1 - e^{-\frac{R}{L}t}) = I_0(1 - e^{-\frac{R}{L}t}) \tag{5.64}$$

つまり，十分時間が経つと電流は一定値 $I_0 \,(= V_0/R)$ となる．

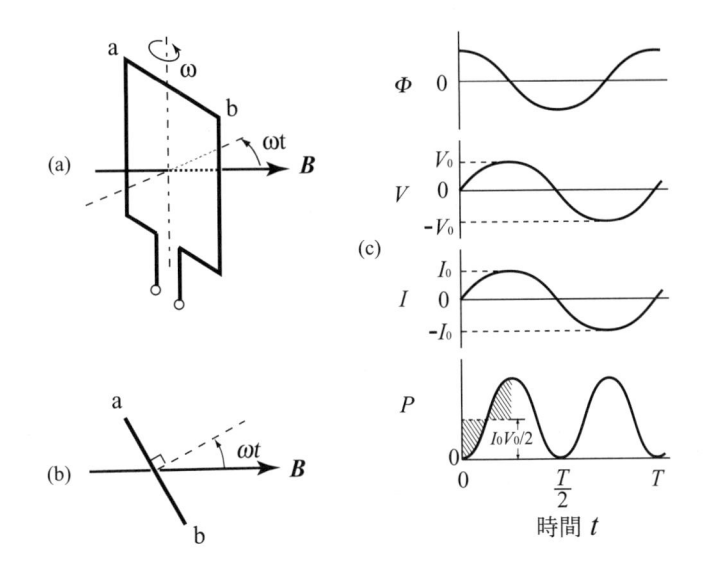

図 5.30 (a) 磁束密度 B の中で回転するコイル, (b) 上からみた図, (c) 磁束 Φ, 誘導起電力 V, 電流 I, 消費電力 P の時間変化

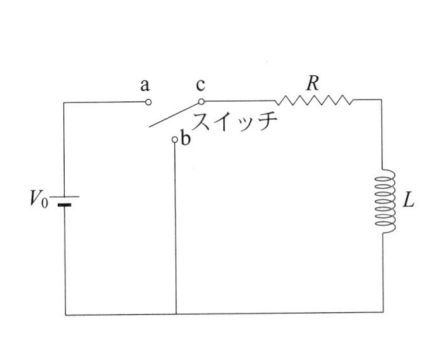

図 5.31 直流電圧に対する抵抗とコイルの回路

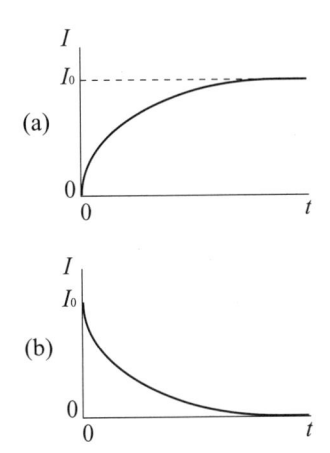

図 5.32 電流の時間変化

第 5 章　電磁気学

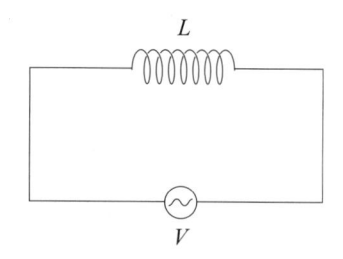

図 5.33 交流電圧に対するコイルの回路

(2) 時間が十分たったのち，スイッチを b に切り替える．電池はつながれていないので，電流の時間変化は次式で表される．

$$-L\frac{dI}{dt} = RI$$

スイッチを切り替え終えた時刻を改めて $t = 0$ とすると，初期条件は $I = I_0 = V_0/R$ であるから

$$I = I_0 e^{-\frac{R}{L}t} \tag{5.65}$$

となり，電流 I は指数関数で減少し，十分な時間が経過するとゼロとなる (図 5.32(b) 参照)．

次に，コイルに交流の電圧 ($V = V_0 \sin\omega t$) を加えた図 5.33 の回路を考えよう．回路から

$$V_0 \sin\omega t - L\frac{dI}{dt} = 0 \tag{5.66}$$

が成立する．$I = I_0 \sin(\omega t - \theta)$ とおき (5.66) 式に代入することにより，解として

$$I = \frac{V_0}{\omega L} \sin\left(\omega t - \frac{\pi}{2}\right) \tag{5.67}$$

を得る．したがって，コイルは ωL の抵抗とみなすことができる．これを交流による**コイルのインピーダンス**（または**インダクタンス**）とよぶ．コイルの消費電力は

$$P = VI = V_0 I_0 \sin\omega t \sin\left(\omega t - \frac{\pi}{2}\right) = -\frac{V_0 I_0}{2}\sin 2\omega t \tag{5.68}$$

と振動する．すなわち，電力は抵抗と違って消費されないことがわかる．

次にコンデンサーを考えよう．容量 C のコンデンサーを充電し（そのときの電荷の電気量を Q_0 とする），その後図 5.34 のように抵抗につないで放電したときの電流を求めてみよう．時間 t が経過した後のコンデンサーの電荷の電気量を Q，そのとき回路を流れる電流を I とすると，I は Q の時間変化 ($I = dQ/dt$) なので次式が成り立つ．

$$\frac{Q}{C} + RI = 0 \tag{5.69}$$

$$I = \frac{dQ}{dt} \tag{5.70}$$

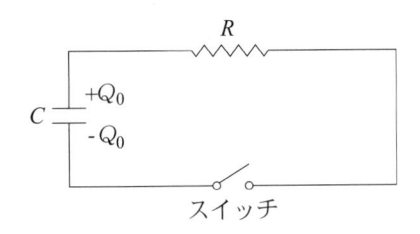

5.5 磁場，電磁誘導の法則とコイル

図 **5.34** 直流電圧に対するコンデンサー回路

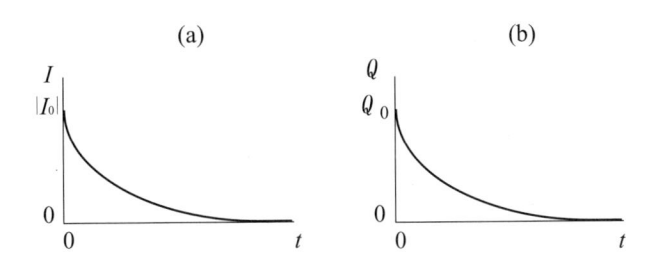

図 **5.35** (a) コンデンサーの放電電流曲線と (b) 電荷の時間変化

式 (5.69) を式 (5.70) に代入することにより

$$\int_{Q_0}^{Q} \frac{1}{Q} dQ = \int_0^t -\frac{1}{RC} dt$$

$$\log \frac{Q}{Q_0} = -\frac{1}{RC} t$$

$$Q = Q_0 e^{-\frac{1}{RC} t} \tag{5.71}$$

$$I = \frac{dQ}{dt} = -\frac{Q_0}{RC} e^{-\frac{1}{RC} t} = I_0 e^{-\frac{1}{RC} t} \tag{5.72}$$

となり，図 5.35 のごとく電荷の電気量も電流も時間とともに指数関数で減少しゼロに近づく．

次に図 5.36(a) に示すような交流電圧をかけたときのコンデンサーの回路を考えよう．今度は

$$V_0 \sin \omega t = \frac{Q}{C} \tag{5.73}$$

$$I = \frac{dQ}{dt} \tag{5.74}$$

が成り立ち，式 (5.73) の Q を式 (5.74) に代入すると次式を得る．

$$\begin{aligned} I &= \omega C V_0 \cos \omega t \\ &= \omega C V_0 \sin\left(\omega t + \frac{\pi}{2}\right) \end{aligned} \tag{5.75}$$

したがって，コイルと同様にコンデンサーもインピーダンス（キャパシタンス）をもち，その大きさは $1/\omega C$ である．この場合も電力は消費されない．

第 5 章　電磁気学

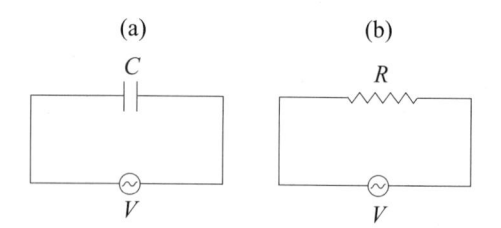

図 5.36 (a) 交流電圧とコンデンサー回路，(b) 交流電圧と抵抗回路

抵抗のときは図 5.36(b) に示すごとく

$$
\begin{aligned}
RI &= V_0 \sin \omega t \\
I &= \frac{V_0}{R} \sin \omega t
\end{aligned}
\tag{5.76}
$$

である．抵抗での電圧降下は RI であり，コイルでも ωLI の電圧降下となる．コイルを流れる電流は抵抗の電流より 90° 位相が遅れている．一方，コンデンサーでは $I/\omega C$ の電圧降下であり，抵抗の電流より 90° 位相が進んでいる．詳細は付録 C.4 の**複素インピーダンス**を参照されたい．

最後にコイルとコンデンサーの両方を含む回路を考えよう．図 5.37 の回路において，最初にスイッチ S_1 を閉じてコンデンサー C には電圧 $V_0 [\text{V}]$ によって電荷の電気量 Q_0 が蓄積されたとする．次にスイッチ S_1 を開け，スイッチ S_2 を閉じる．時間 t 後にコンデンサーに蓄積されている電荷の電気量を Q とすると

$$
-L\frac{dI}{dt} = \frac{Q}{C}, \qquad I = \frac{dQ}{dt}
\tag{5.77}
$$

が成り立つので，これより

$$
\frac{d^2 Q}{dt^2} = -\frac{1}{LC} Q
$$

を得る．これは単振動の運動方程式と同じ形なので，解として

$$
Q = Q_0 \cos \omega t, \qquad \omega = \frac{1}{\sqrt{LC}}
\tag{5.78}
$$

が得られる．ここで初期条件として $t = 0$ で $Q = Q_0$ が考慮されている．式 (5.77) は力学で単振動のエネルギー保存を導いたのと同様に

$$
\frac{d}{dt}\left\{\frac{1}{2}L\left(\frac{dQ}{dt}\right)^2 + \frac{Q^2}{2C}\right\} = 0
$$

と変形されるので

$$
\frac{1}{2}LI^2 + \frac{Q^2}{2C} = \text{一定}
\tag{5.79}
$$

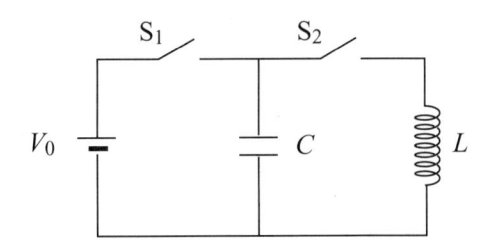

図 **5.37** コイルとコンデンサーの回路

が得られる．$Q^2/2C$ は 5.3.4 項で述べたようにコンデンサーに蓄えられる電場のエネルギーである．したがって $LI^2/2$ はコイルに蓄えられる磁場のエネルギーと解釈される．前者は $\cos^2 \omega t$ で変動し，後者は $\sin^2 \omega t$ で変動することによってその和は一定に保存されている．現実の回路には抵抗成分が必ずあるので，時間の経過とともにそれぞれが振動しながら指数関数で減少する．

5.5.6　電磁波

電磁波(電波)の存在は 5.2 節で触れたように電磁気学を理論的に解析していたマクスウェルによって予言された．この導出過程を簡単化して図 5.38 からたどってみよう．コンデンサーに交流電源がつながれ，充電されつつあるとき，導線の周りには電流 I により磁場の強さ H が生じる．一方，コンデンサーの極板間の誘電体は電気的には絶縁体なので，電流は流れない．ところが，極板間でも磁場が観測される．そこでマクスウェルは極板間にある種の電流が流れていると考え，これを**電束電流(変位電流)** とよんだ．極板間の電圧が増加すると，それに伴って極板に帯電される電荷も増加し，極板間の電気力線の密度が増大して誘電体の分極の大きさが変動する．こうした分極の変動 $\partial D/\partial t$ を電流とみなす．極板間が真空のときは，空間そのものが分極する性質があると考えれば良いだろう．極板の表面積を S とすると，ある時間 t における極板に帯電した電荷の電気量 Q は $Q = S\varepsilon E = SD$ なので，コンデンサーの中を負から正の極板に向かって流れる全電束電流を $S\partial D/\partial t$ と定義する．すると，アンペールの法則は次式で与えられる．

$$\oint \boldsymbol{H} \cdot d\boldsymbol{s} = S\frac{\partial D}{dt} + I \tag{5.80}$$

導線の部分では $S\partial D/\partial t = 0$ で，極板間だけでは $I = 0$ である．導線部分を無視して，極板間を考えることにすると

$$\oint \boldsymbol{H} \cdot d\boldsymbol{s} = S\frac{\partial D}{\partial t} \tag{5.81}$$

となり，電場の変化に伴って磁場が発生することになる．導出過程を省略するが，図 5.38 の場合，式 (5.81) を書き改めると

$$\frac{\partial H_y}{\partial z} = -\varepsilon \frac{\partial E_x}{\partial t} \tag{5.82}$$

を得る．それに伴い，発生した磁場の変化は電場の発生を生み出し，式 (5.54) あるいは式 (5.4)′，(5.4) は

$$\frac{\partial E_x}{\partial z} = -\mu \frac{\partial H_y}{\partial t} \tag{5.83}$$

となる．(5.82) と (5.83) の両式を時間 t で微分して，両式から

$$\begin{aligned}\frac{\partial^2 E_x}{\partial t^2} &= \frac{1}{\varepsilon \mu} \frac{\partial^2 E_x}{\partial z^2} \\ \frac{\partial^2 H_y}{\partial t^2} &= \frac{1}{\varepsilon \mu} \frac{\partial^2 H_y}{\partial z^2}\end{aligned} \tag{5.84}$$

が得られる．これを波動方程式とよび，その解は

$$\begin{aligned}E_x &= E_{0x} \sin \omega (t - \frac{z}{v}) \\ H_y &= H_{0y} \sin \omega (t - \frac{z}{v})\end{aligned} \tag{5.85}$$

と表現される．これは図 5.38 に示すように，電場ベクトルと磁場ベクトルとが垂直の関係を保ちながら進行する波であることを示している．ただし，電磁波の速度 v は

$$v = \frac{1}{\sqrt{\varepsilon \mu}} \tag{5.86}$$

で与えられる．式 (5.85) を式 (5.84) に代入すれば式 (5.86) は確かめることができる．電磁波を伝える媒質として真空を考えると，$\varepsilon = \varepsilon_0 = 8.854 \times 10^{-12}$ F/m, $\mu = \mu_0 = 4\pi \times 10^{-7}$ H/m なので $v = 2.998 \times 10^8$ m/s という値が得られ，真空中での光の速度と等しい．そこでマクスウェルは，光は波長の短い電磁波であると唱えた．その後，ヘルツなど多くの人の実験を通してこの考えの正しいことが証明された．電磁波は，表 5.5.6 に示すように，波長または周波数によって分類されている．電磁波は波長が短いほど強いエネルギーを持っている．そのため，紫外線は皮膚の日焼けを引き起こし，X 線は人体に悪影響を及ぼす．これらの波長の短い電磁波は宇宙から地球に大量に降り注いでいるが，大気のオゾン層に吸収されて地表にたどりつくのはほんのわずかである．しかし，フロンガスなどによってそのオゾン層の破壊が進行しつつあり，深刻な環境問題となっている．

表 5.2 電磁波

電磁波の種類	波長
電波	100 km 〜 0.1 mm
	(3 kHz 〜 3000 GHz)
赤外線	1 mm 〜 770 nm
可視光線	770 〜 380 nm
紫外線	380 〜 10 nm
X 線	10 〜 0.001 nm
中性子線	0.5 〜 0.1 nm
ガンマ線	0.1 nm 以下

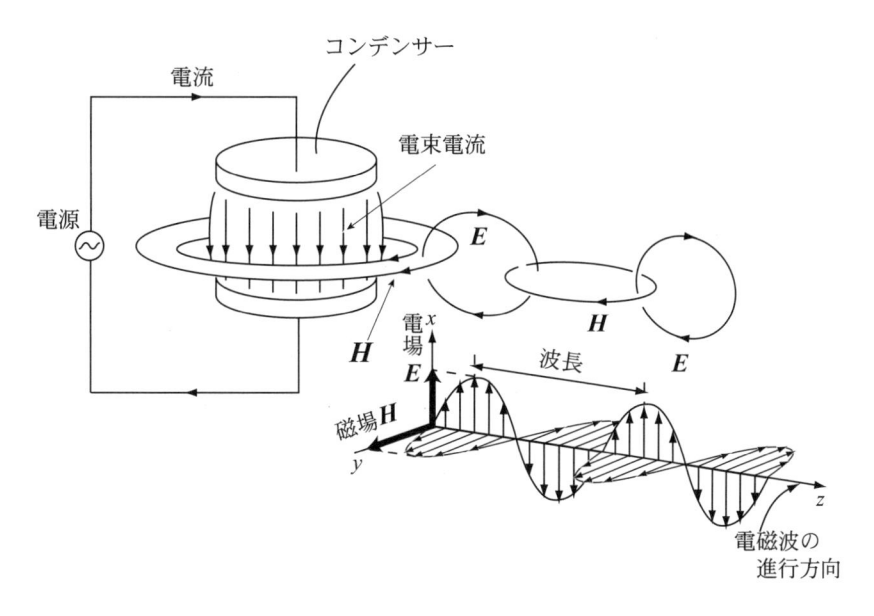

図 5.38 電磁波が発生する原理図

電磁気学における単位

電荷の電気量	Q	[C]
電場の強さ	E	[V/m] = [N/C]
電束密度	D	[C/m^2]
電位と電圧	U_P, V	[V] = [J/C] = [N·m/C]
電気容量	C	[F]
誘電率	ε	[F/m]
電流	I	[A] = [C/s]
抵抗	R	[Ω]
抵抗率	ρ	[Ω·m]
電力	$P = VI$	[W] = [J/s] = [V] × [A]
磁場の強さ	H	[A/m]
磁束密度	B	[Wb/m^2]
透磁率	μ	[H/m]
磁束	Φ	[Wb]
自己インダクタンス	L	[H] = [V·s/A] = $\left[\dfrac{\mathrm{Wb}}{\mathrm{s}} \cdot \mathrm{s/A}\right]$ = [Wb/A]

真空の誘電率 $\varepsilon_0 = 8.854 \times 10^{-12}\,\mathrm{C^2/N \cdot m^2}$ (F/m)

真空の透磁率 $\mu_0 = 4\pi \times 10^{-7}\,\mathrm{H/m}$

Coffee Break

場

　空間の異なる位置に静止している2つの点電荷は，互いに力をおよぼしあう．この力の大きさと向きはクーロンの法則（本文の式 (5.8)）で表され，ニュートンの第3法則（作用・反作用の法則）を満たしている．ところで，素朴に考えると何の媒介もなしに空間的に隔たった相手に力をおよぼす（**遠隔作用**）というのは不可解ではないだろうか．このことは万有引力についてもいえる．この疑問を解決するきっかけを与えたのがファラデーであり，そのアイデアを数式化し体系化したのがマクスウェルである．

　では，ファラデーのアイデアとはどんなものだったのかを簡単に説明してみよう．図 (a) に示す真空の中の1点 A に電気量 q_1 をもった点電荷が置かれたとする．以下では「電気量 q をもった点電荷」を，単に q とよぶことにする．その途端，点 A の周りはもはや単なる真空ではなくなり，q_1 は自分の周りの真空中にある種の雰囲気を生み出すと考える（図 (b)）．点電荷 q_1 を動かないように止めたまま，この雰囲気の中の点 B に電気量をもった第二の点電荷を置いてみる（図 (c)）．このとき q_2 は q_1 からクーロンの法則で表される力を受けるが，この力を遠隔作用で q_1 が q_2 にはたらきかけている力であるという見方はしない．新しいとらえ方では点電荷 q_2 にはたらく力は，いま q_2 のいる場所 B のところに q_1 が作っている雰囲気がはたらきかけているものと考える．この雰囲気のことを点電荷 q_1 が作った**電場（電界）**という．また電場を生み出している点電荷のことを場の**源 (source)** という．以上述べたことは同様に点電荷 q_2 に対してもいえる．つまり，点電荷 q_2 が源となって生み出した電場が q_1 に力をおよぼすと考えるのである．

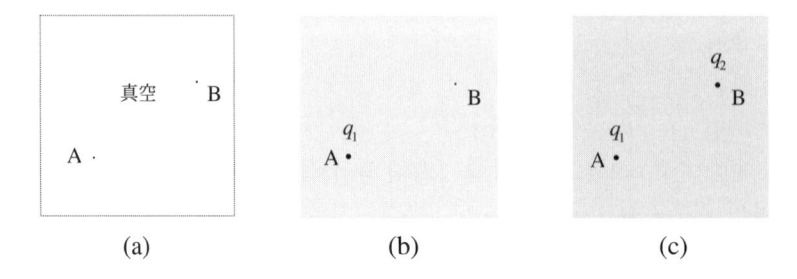

(a)　　　　　　(b)　　　　　　(c)

　結局，電荷は他の電荷から遠隔的な力を受けるのではなく，いま自分のいる場所に他の電荷が作っている場から力を受けると考えるのである．この様な考え方をすることを，近接作用の見方をとるという．ファラデーは空間的に隔たった電荷の間にはたらく力に対してこのようなとらえ方をした．

このことは単にものの見方を変えたにすぎないと思うかも知れない．しかし次のような現象を考えてみよう．固定された点電荷が作る場の中に，第二の点電荷が飛び込んできたとする．このとき源の点電荷は静止したままである．運動する電荷に関してはクーロンの法則は何も言っていない．しかし場の考え方をとると，この現象は時々刻々位置を変える運動電荷が，各瞬間に占める位置での電場から力を受けるということになる．こう考えることで，荷電粒子の運動をニュートンの運動方程式を用いて取り扱うことができるようになる．今度は，源のほうが調和振動のような運動をしたらどうなるかを想像してみよう．場は源から生み出されていたのだから，その親元である源が時間変化をすれば周りの場にも何らかの時間変化が生じると考えるのが自然である．実際，場のアイデアを数式化すればその時間変化や空間変化が定量的に記述できる．この仕事はマクスウェル等によって達成され，場に生じた変化が波動方程式とよばれる式にしたがって空間の中を伝播して行くという結論が導き出された．

　ニュートンによって確立された古典力学の世界は，粒子という不連続性をもったとびとびの実体を考察の対象とするものであった．それに対して，ファラデーやマクスウェルによって構築された電磁気学の世界は，電場や磁場という空間全体に広がった連続的物理量を取りあつかう新しい学問領域と言えよう．19世紀の末までには，われわれを取りまく巨視的世界を記述するこれら2つの物理学体系が完成していた．20世紀に入って，ミクロな領域の物理が解明され，その過程で粒子と場とが統一的に取り扱える物理学（場の量子論）ができあがる．

廣岡　正彦

世界最高の強磁場発生

図のような LCR 直列回路を考えてみたい．スイッチ S_2 は開のまま，スイッチ S_1 を閉じてコンデンサー C に $Q_0 = CV_0$ を蓄え，次に S_1 を開にして S_2 を入れて放電する．

1) いきなりやらないでまず $L = 0$ の RC 直列回路だったらどうなるか．任意の時刻で回路を流れる電流を I，コンデンサーの電荷の電気量を Q とすれば

$$\frac{Q}{C} + RI = 0 , \quad I = \frac{dQ}{dt} \tag{1}$$

より

$$Q = Q_0 e^{-\frac{1}{RC}t} , \quad I = -\frac{Q_0}{RC} e^{-\frac{1}{RC}t} = I_0 e^{-\frac{1}{RC}t} \tag{2}$$

が得られる．例えば，$C = 9.72\,\mathrm{mF}$, $R = 165\,\mathrm{m\Omega}$ のときの電流の減衰曲線は図 (b) のごとくなる．コンデンサーに蓄えられた電荷，言い換えればエネルギーは抵抗によるジュール損失で指数関数で減衰してゆくことがわかる．

2) 次に $R = 0$ の LC 回路だったら

$$-L\frac{dI}{dt} = \frac{Q}{C} , \quad I = \frac{dQ}{dt} \tag{3}$$

つまり

$$\frac{I}{C} + L\frac{d^2 I}{dt^2} = 0 \tag{3}'$$

の単振動であるので

$$I = I_0 \sin \omega t , \quad I_0 = -\frac{Q_0}{LC\omega} , \quad \omega = \frac{1}{\sqrt{LC}} \tag{4}$$

となり，エネルギーの損失はない．あるいは式 (3) の 2 式を掛け合うことにより

$$\frac{Q}{C}\frac{dQ}{dt} + LI\frac{dI}{dt} = 0$$

より

$$\frac{d}{dt}\left(\frac{Q^2}{2C} + \frac{L}{2}I^2\right) = 0$$

が得られ，$\frac{Q^2}{2C} + \frac{L}{2}I^2 = $ 一定 となり，コンデンサーに蓄えられるエネルギーとコイルで蓄えられるエネルギーの和は一定であることがわかる．

3) そこで LCR 直列回路になると

$$-L\frac{dI}{dt} = \frac{Q}{C} + RI, \quad I = \frac{dQ}{dt} \tag{5}$$

つまり

$$\frac{I}{C} + L\frac{d^2I}{dt^2} + R\frac{dI}{dt} = 0 \tag{5}'$$

の解は，(1) と (2) から指数関数で減衰しながら振動することが予想される．そこで $I = I_0 e^{-at}\sin\omega t$ として (5)' に代入して，a と ω をもとめると

$$I = I_0 e^{-\frac{R}{2L}t}\sin\omega t, \quad I_0 = -\frac{Q_0}{LC\omega}, \quad \omega = \sqrt{\frac{1}{LC} - \frac{R^2}{4L^2}} \tag{6}$$

が得られる．ただし抵抗は $R^2 < 4L/C$ を満たす必要がある．$C = 9.72\,\mathrm{mF}$，$L = 551\,\mu\mathrm{H}$，$R = 165\,\mathrm{m\Omega}$ として減衰振動を描くと図 (c) が得られる．

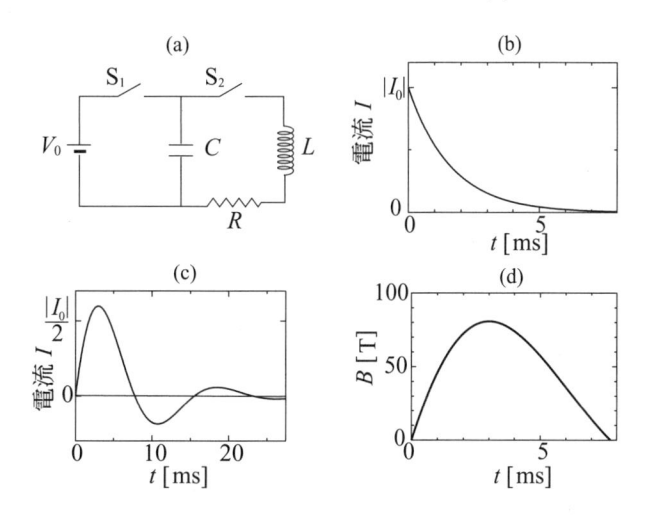

パルス強磁場は，最初の最大電流によってコイルに発生する磁束 Φ ($d\Phi/dt = LdI/dt$ より Φ は I に比例する)，すなわち磁束密度 B を得ることにある．すなわち

$$B = B_0 e^{-\frac{R}{2L}t}\sin\omega t \tag{7}$$

が得られる B の値，つまりコイルの設計がポイントであり，磁場による電流が受ける力とジュール発熱を考えながら，$B_0 = 135\,\mathrm{T}$ で図 (d) に示すように最高 80 T の強磁場の発生が可能となった．コイルを破壊しないこの種の磁場の強さとしては世界最高であり，大阪大学極限科学研究センターの金道浩一氏によって達成されている．

第 5 章　電磁気学

Coffee Break

電場，磁場で質量の違う原子・分子を分ける

　質量の違いによって電磁気的に原子や分子を分ける装置を質量分析計という．質量分析計には磁場型，飛行時間型，4 重極型，フーリエ変換型など原理の違う装置が色々あるが，ここでは磁場型と飛行時間型を取り上げよう．

磁場型質量分析計

　一様磁場 B 中に質量 m，速さ v，電荷 e のイオンを打ちこむと，力 evB は常に運動方向と直角方向にはたらくので，イオンは半径 r の円運動をする．$evB = mv^2/r$，すなわち $r = mv/eB$ となり，運動量 (mv) 一定のイオンは同じ軌道をとる．したがって，磁場は運動量の分別器である．図 (a) のように A 点からある広がり α を持ったイオンビームを磁場中に入れると，イオンは O, O′, O″ を中心とした円軌道を描き，AO の反対側の F 点で一番細くなる．中心軌道からのイオンのずれ x' は $x' = A_{12}\alpha + C\alpha^2 + D\alpha^3 \cdots$ と α の多項式で書ける．F 点では $A_{12} = 0$ で，A 点から色々な方向に出たイオンは F 点で（1 次の方向）収束する．よく見ると，F 点では中心軌道から角度 $\pm\alpha$ を持って出たイオンは全部内側に来ている．これは 2 次収差 $(C\alpha^2)$ のためで，内側に来ていることは係数 C が負であることを意味する．

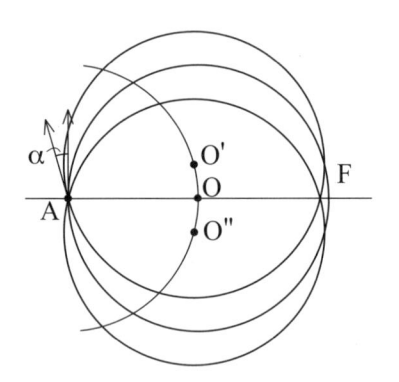

(a) 180° 単収束質量分析計

　電場中に打ちこむとイオンの軌道はどうなるだろうか．円筒電場中のイオン軌道半径 r_e，電場の強さ E（一定）とすると，向心力は eE であるから $eE = mv^2/r_e$ または $r_e = mv^2/eE$．すなわち，電場はエネルギー (mv^2) の分別器としてはたらき，磁場同様収束性も持つ．

　加速電圧 V で電荷 e，質量 m のイオンを加速すると，$eV = mv_0^2/2$ という関係式がなりたつはずであるが，実際には色々な理由でイオンのエネルギーに広がりがある．すなわち，速さ $v = v_0(1+\beta)(\beta \ll 1)$ となる．このイオンを一様磁場に打ち込むと，F 点では運動量に相当した広がりを持ち分解能が悪くなる．その時の広がり（分散）は β に比例する．電場でも同様であるが，電場では方向収束点での速度分散は 2β に比例するので，電場と磁場を上手く組み合わせ，電場での分散を磁場で逆方向に打ち消し，速さ（またはエネルギー）に

よる広がりをなくすことができる（速度収束）．いま，質量が $m = m_0(1 + \gamma)$，速さ $v = v_0(1 + \beta)$，中心軌道から直角方向に x の位置で，方向 α だけ異なった方向のイオンを考える．ある場 Z を通った後で位置と方向が

$$x' = A_{11}x + A_{12}\alpha + A_{13}\beta + A_{14}\gamma$$
$$\alpha' = A_{21}x + A_{22}\alpha + A_{23}\beta + A_{24}\gamma$$

となったとする．速さと質量は変わらないので $\beta' = \beta$，$\gamma' = \gamma$ である．すなわち

$$\begin{pmatrix} x' \\ \alpha' \\ \beta' \\ \gamma' \end{pmatrix} = (Z) \begin{pmatrix} x \\ \alpha \\ \beta \\ \gamma \end{pmatrix}, \quad (Z) = \begin{pmatrix} A_{11} & A_{12} & A_{13} & A_{14} \\ A_{21} & A_{22} & A_{23} & A_{24} \\ 0 & 0 & 1 & 0 \\ 0 & 0 & 0 & 1 \end{pmatrix}$$

のように変換マトリックス (Z) で場を出たときのイオン軌道が計算できる．このように書くと電場や磁場が多数ある場合でも，イオン軌道はマトリックスの掛け算で書ける．電場，磁場，Qレンズ，自由空間のマトリックスを予め求めておけば複雑な場の組み合わせの質量分析計を設計したり，組み合わせの最適値を求めることが計算機で自動的にできる．ここで A_{11} は位置が場を通った後でどれだけ変わるかということで像倍率を表し，$A_{12} = 0$ なら出発点の分散角 α に関係なく一点に集まるということで方向収束，$A_{13} = 0$ なら速度（またはエネルギー）収束が成立していることを表す．A_{14} は質量分散を表す．

以上の計算は1次近似計算であるが，広い α や β を持ったイオンを収束点でよりシャープな像を結ばせるためには α^2，$\alpha\beta$，β^2 のような2次項や3次項もゼロである方が望ましい．大阪大学大学院理学研究科交久瀬・石原研究室にある通称GEMMYという質量分析計は場の配置がQQHQC（Q: Qレンズ，H: 一様磁場，C: 円筒電場）で2次項までゼロにした装置で，広い α，β でも分解能の低下がなくイオンの通り（透過率）がよい装置である．

飛行時間型質量分析計（TOFMS）

磁場型装置では分子量が大きくなるとイオンを磁場で曲げることが難しくなる．そこで，磁場を使わない飛行時間型質量分析計が有利になる．今，加速電圧 V で，電荷 e，質量 m のイオンを加速すると，速さ $v = \sqrt{2eV/m}$ となり，距離 L だけ飛ぶ時間は $T = L/v = L\sqrt{m/2eV}$ となる．質量 m_1 と m_2 のイオンが検出器に到達する時間差 $\Delta T = L/v = L(\sqrt{m_1} - \sqrt{m_2})/\sqrt{2eV}$ となり，飛行距離 L に比例し加速電圧 $\sqrt{V}$ に逆比例する．

イオンの運動エネルギーの幅や加速するためのパルスの立ち上がり時間，イオン源でのイオンの初期位置などによって，質量 m_1 のイオンが検出器に到達する時間は ΔT_0 の幅を持つ．磁場型の場合は位置の収束性が問題であったが，TOFMSでは時間の収束性が問題にな

り，β やイオンの初期位置等に関係ないように加速場の電場勾配，飛行距離などを工夫して ΔT_0 を小さくするがどうしてもある程度の ΔT_0 は残る．ΔT_0 が同じとすると，飛行距離 L が大きいほど ΔT が大きくなり，小さな質量差まで分けられる，すなわち分解能がよくなる．宇宙探査やポータブルのガス分析装置では，重さと空間的大きさが限られているので，高分解 TOFMS では L を稼ぐために同一軌道を何回も回る周回型を採用しなければならない．1 周回って来た時，位置，方向が 1 周前と全く同じようにできれば，周回を重ねてもロスなくイオンは回り続ける．我々のところにある周回軌道型質量分析計（図 (b) 参照）はこのような設計思想で作られ，500 周まわすと分解能は 35 万になる（飛行距離約 600 m）．

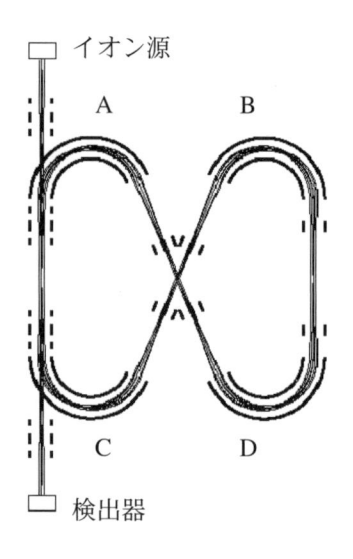

(b) 周回軌道型 TOFMS．イオン源から打ち込むときは電場 A の電圧はゼロ．8 字型に周回した後，電場 C の電圧をゼロにしてイオンを取り出す．

次に質量分析計の医学への応用を述べよう．肝臓のドミノ移植で有名な家族性アミロイドニューロパチーと云う病気は 40 歳前後で発病し，発病後 10 年程度で死亡する遺伝病である．この病気のもとは肝臓で生成されるタンパク質トランスサイレチンの 30 番目のアミノ酸に相当する遺伝暗号の塩基が GTG から ATG とただ 1 つ変わっているため，30 番目のアミノ酸バリンがメチオニンになっているためである．この病気を治療するためには正常なトランスサイレチンを生産する肝臓に取りかえるしかない．そこで，肝移植が行われる．異常トランスサイレチンを生産する肝臓の他の機能は正常である．アミロイドを発症するまで数十年かかるため，次善の策として，肝硬変や肝癌のもっと重篤な患者さんにこの肝臓が移植される．

トランスサイレチンを質量分析すると以下のようになる．バリンの残基質量は約 99，メチオニンは 131 で，質量差 $\Delta m = 32$ である．トランスサイレチンは分子量が大きいので，特定アミノ酸の所で切断する酵素トリプシンによって消化し，十数個のペプチドにする．30 番目のアミノ酸を含むペプチドの分子量は 1366，異常ペプチドは $1366 + 32 = 1398$ である．遺伝病の人では質量スペクトルに正常ピーク $(M+H)^+ = 1367$ の他に異常ピーク 1399 が現れる（たいていの場合，対立遺伝子の片方に異常があるので，正常と異常の 2 つのピーク

が現れる）．このようにトランスサイレチン分析によって発症前診断が可能になった．質量分析法はアミノ酸が1箇所だけ置換したタンパク質の分析に威力を発揮する．同様な方法で異常ヘモグロビンを持った人が次々と発見されている．その事情は以下の通りである．ヘモグロビンに糖が結合したヘモグロビンA1c（HbA1c）とヘモグロビンとの割合で糖尿病の診断をする．HbA1cは1カ月程度の血糖値の平均を表し，空腹時と満腹時での変動の激しい血糖値を直接測るより信頼性がある．このHbA1cを測定するためにクロマトグラフが使われている．ヘモグロビンにアミノ酸異常があると本来出る位置からずれた所にクロマトのピークが出る．糖尿病患者は潜在患者を含めると国民の10%弱になるといわれていて，多数のHbA1cの測定によって続々異常位置に出るヘモグロビンが見つかっている．そのアミノ酸異常の部位と種類を決定するのにトランスサイレチン異常を測定した手法が使われている．

　最近では田中耕一氏やFenn氏のノーベル賞受賞で分かるように高分子物質がイオン化でき，しかもTOFMSの発達により，分子量数万の蛋白質が微量で分析できるようになった．さらに質量分析したタンパク質を衝突や光によって分解し，もう一度質量分析する方法（MS/MS法）が実用化されている．分解は無秩序にバラバラにおこるのではなくある特定の結合が切れやすいので，断片を組立ててもとのタンパク質のアミノ酸配列が決められる．これを利用して，ガンに関わるタンパク質を見つけようという試みがなされている．ガン患者の細胞を採取しタンパク質をとりだす．次に2次元電気泳動という方法でタンパク質の電気的性質によりある方向に分離し，それと直角方向に分子量によって分け，タンパク質を平面に展開する．この2次元パターンを正常な人と比較して違う位置に出ているタンパクを質量分析する．たとえ一部のアミノ酸配列が決められなくても，人ゲノムデータベースと比較するとタンパク質が特定できる．これを従来の化学的方法（ウエットケミストリー）で行うと何日もかかる．このように質量分析法は生命科学に大いに応用されるようになってきた．

交久瀬　五雄

第5章　練習問題

問題1 断面積 S で距離 d 離れた2枚の平行板（金属）コンデンサーの電気容量 C を，ガウスの法則などを使って導出せよ．ただし，コンデンサー中には誘電率 ε の誘電体が入っているとする．

問題2 断面積が S で長さの l の円筒に N 回導線を巻いたソレノイドコイルを考える．ただしソレノイドコイルの透磁率を μ とする．このソレノイドコイルの自己インダクタンス L をアンペールの周回積分の定理や電磁誘導の法則などを使って導出せよ．

問題3 角振動数 ω で振動している磁場中に断面積 S，巻数 N のコイルを磁場に垂直においたときのコイルの両端の電圧が $V_0 \sin \omega t$ であった．磁束密度の強さはいくらか．

問題4 図のような電池の電圧 V_0，抵抗 R，コンデンサーの容量 C の回路において，$t=0$ でスイッチを閉じた．
(1) 任意の時刻 t での電流 $I(t)$ をもとめよ．
(2) 抵抗にかかる電圧，コンデンサーに蓄えられる電荷 $Q(t)$ を時間 t に関して図示せよ．
(3) 時間が十分に経ち，定常状態になったときのコンデンサーに蓄えられるエネルギーを求めよ．

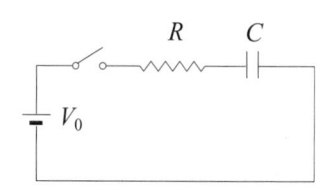

問題5 図のような電池の電圧 V_0，抵抗 R，コイルの自己インダクタンス L の回路において，$t=0$ でスイッチを閉じた．
(1) 任意の時刻 t での電流 $I(t)$ をもとめよ．
(2) 抵抗にかかる電圧，コイルの誘導起電力を時間 t に関して図示せよ．
(3) 時間が十分に経ち，定常状態になったときのコイルに蓄えられるエネルギーを求めよ．

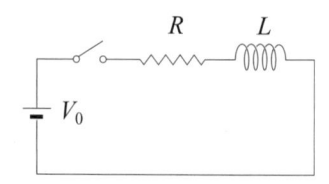

第6章　原子から原子核・素粒子へ

6.1　素粒子とは

6.1.1　粒子性と波動性

　物質をどこまでも細かくわけていくと**分子**から**原子**，更に原子は**電子**と**原子核**にわかれる．原子核は正の電荷をもつ**陽子**と電気的に中性の**中性子**（総称して**核子**）からなっている．更に細かくみていくと陽子や中性子は**クォーク**から成り立っている．クォークや電子は現在これ以上分解できないと考えられており，素粒子とよばれている．さて素粒子とはなんであろうか．その性質を問えば非常に限られた特徴しか持たないことは容易に想像がつくだろう．実際素粒子は質量，電荷，そしてスピン，極論してしまうとこの3つの性質だけを持ち，これを指定することで素粒子を特定できてしまう．

　ではその他の性質はどうなっているのだろうか．例えば大きさであるが，これはないと言うかあるいは認知できないほど十分小さいものであろう．もし大きさがあればそれが何からできているかを考える必要に迫られる．構造が見え始めた段階で**素粒子**(elementary particle) という名前はその構造をつくり出す何ものかにつけられる性質のものである．実際素粒子と考えられてきた原子は，原子核と電子に，原子核は核子に，そして核子にはクォークとつぎつぎ構造が見つかり，素粒子の座を明け渡している．現在のところ，素粒子と考えられている電子やクォークが大きさを持つという証拠は実験的にもない．つまり素粒子とは私たちの知る限り点と考えておくべきで，上の3つの量以上にその性質を表すものはないと言える．

　私たちが住む世界は素粒子からでき上がっているわけだが，大きさを持たない素粒子がつくり出した世界がなぜ今のような大きさになっているのだろうか．粒子間に力がはたらきいろんな構造をつくり上げているのだから粒子と力の両面から考えてみよう．典型的な例として電荷間にはたらくクーロンの法則を見る．力はそれぞれの電荷の大きさに比例し，距離の自乗に反比例することが知られている．しかしそれが原因で作られている原子はなぜ今の大きさなのかこの法則からは何も分からない．例えば水素原子は電子と陽子がクーロン力で引き合っているので集まった状態ができ上がるのは納得できるが，同じ性質をもつ重力の作る太陽系のようなばかでかい原子やもっともっと小さい原子がないのはなぜだろう．この答えは20世紀に発展した粒子性と波動性を統一する量子力学によって与えられるのである．

　この事情を理解していくために以下のようなことを考えていく．私たち人間はある大きさを持つ存在である．一人の人は空間にある領域を占めている．ここにもう一人の人を連れてきてどれぐらい近付けるかを考える．状況にもよるがどんなに詰めてもこれ以上近付かないという限界が存在することは自明であろう．つまり同時にある大きさ以下の場所に2人以上存在することはできない．これは別段人間に限らずいかなる物体でも私たちがふだん体験する世界では当然のことである．さてこの関係

第6章 原子から原子核・素粒子へ

は素粒子の世界ではどうなっているだろう.

素粒子は最初に非常に限られた性質しか持たないと書いた. この意味を究極まで押し進めると同じ粒子は全く区別がつかないということになる. 人間は人と言っても実は非常に多くの情報から構成されており, たとえ双子であっても明確に別人として区別できる. あるいは場所が入れ替わるとその前の状態と区別できる. しかし本当に限られた特徴しかない素粒子の場合本質的に区別できないのである. このことは粒子を入れ替えても同じにしか見えないと言い替えられる. 今2粒子が存在する状態を考えてみる. 粒子の位置を入れ換える操作を仮に P という**演算子**で表すと, 2回入れ替えると元に戻ることから $P^2 = 1$ となり, 一回の操作では $P = \pm 1$ のような事情になっていることが推測される. 粒子の区別がつかない以上, 2粒子系を記述するにはある状態とその粒子を入れ換えた状態は同じものであるので平等に扱わねばならない. 状態を記述する関数を f で表すことにし, 2粒子の名前をそれぞれ1と2とし, その位置を a と b で表すと, 以上の事情は粒子1が a の位置で粒子2が b の位置にいる状態 $f_a(1)f_b(2)$ と入れ換えた $f_a(2)f_b(1)$ の関数を

$$f_a(1)f_b(2) + f_a(2)f_b(1) \tag{6.1}$$

$$f_a(1)f_b(2) - f_a(2)f_b(1) \tag{6.2}$$

のように足し算の形で表すことで同等さを表現できる. 粒子の入れ換えで $P = \pm 1$ のように符号が出ることを考慮すると和と差のタイプの関数がある. 説明を省いているが, f は量子力学的な状態を表す**波動関数**である.

ここで同じ位置にいる状態を表す関数がどうなっているかを考えてみよう. 例えば a の位置に2粒子がいる場合は和の関数（式 (6.1)）は $2f_a(1)f_a(2)$ で, 一方で差の関数（式 (6.2)）は自動的に0である. これはそういう状態がないことを示す. つまり実際の素粒子には同じ場所に2個以上入れないタイプと, 入れるタイプの2種類が存在することを意味する. 同じ状態に粒子が2つ入ることができないことをパウリの排他律とよび, そういう粒子をフェルミ粒子とよぶ. また2つ以上入れる粒子をボーズ粒子とよんでいる. 同じ場所に2つ以上入れる粒子があると言うのも現実の感覚からは不思議に思えるかも知れない. また量子力学における波動関数の説明を省略しているのでいくつかの疑問が出るだろう. 詳細はいずれ量子力学を学んだときに理解してもらうことにして, 粒子には場所の入れ換えに対して2種類があることは理解して貰えたと思う.

さて同じ場所といったとき, その大きさを決めているのは一体何であろうか. 素粒子は大きさのない点であるので, 同じ場所を占めることができないといっても, 現実にはいくらでも詰められると考えても良いかも知れない. しかし現実はそうなってない. 同じところに入れないという大きさに明瞭なスケールがあるので, 私たちの住む世界は今の大きさになっている. このスケールを与える原理として粒子の波動性が顔を出すのである. 点と考えて良い素粒子が実際は波動であるという2重性は, 自然が巧妙に仕組んだしかけである. 波であるなら波長程度の大きさが場所の大きさを決めると考えることが自然であろう.

では粒子が波だとしてその波長は何が決めているのだろうか. 素粒子の持つ粒子性と波動性の2重性は波から出発した光と, もともと粒子であった物質の構成要素で異なった発展をしてきた. 20世紀

に入ってすでに波としての記述が確立されていた光（電磁波）の粒子性がまず示され，ついで，質点の運動方程式で記述されてきた粒子（電子を始めとして素粒子だけでなく原子核や原子といったすべての粒子）の波動性が明らかになった．そして粒子に対しても波動方程式が見い出されていった．その発展をまずは見ていこう．

6.1.2　光の粒子性

電磁波は自由な空間（真空中）では一定方向に進行する波である．電磁気現象を記述するマクスウェルの方程式が 19 世紀末に完成した．これを真空中に適用することで真空中を伝搬する波の方程式である波動方程式が導かれる．電磁波はその解として得られ第 5 章で学んだ．具体的な形としては電場（電界）あるいは磁場（磁界）に対して

$$\boldsymbol{A}(z,t) = \boldsymbol{A}_0 e^{i(kz-\omega t)} \tag{6.3}$$

で表される．この式の指数関数の部分は振動しながら z 軸方向に進行する波を表している．式の実数部をとれば時間的・空間的に変動する部分は $\cos(kz - \omega t)$ となってより馴染みの深い波の式である．$\boldsymbol{A}_0$ は電場または磁場を表すベクトルで電磁波が横波であることから進行方向（z 軸）と垂直の x, y 成分のみをもつ．さて角振動数 ω は時間的に位相がどれだけ変化するか，つまり場所を固定して 1 秒間という時間にどれだけ山と谷が来るかを表し，波数ベクトル k はある距離進むと位相がどれだけ変化するか，つまり時間を固定して 1 メートルの間にどれだけ山と谷があるかを表す．

さて電磁波（光）はエネルギーを運べる．例えば太陽の光に当たれば暖かいわけで，これは光によって運ばれてきたエネルギーが熱エネルギーに転嫁したものと考えられる．電磁気学では電場（$\boldsymbol{E}$）と磁場（$\boldsymbol{H}$）のベクトル積である**ポインティングベクトル**というものが定義でき

$$\boldsymbol{S} = \boldsymbol{E} \times \boldsymbol{H} \tag{6.4}$$

がエネルギーの流れを表す．電磁波（光）の場合，電場と磁場はお互いに垂直で，かつ進行方向にも垂直な面で振動する横波であることから，ポインティングベクトルはちょうど光の進行方向と一致し，光がエネルギーを運ぶという現実の経験と一致する．単位は J/s·m² と単位時間・単位面積当たりのエネルギーで定義されている．

さて唐突だが，ここで電磁波という空間に広がる場も粒子であると考えることにして，これを光子と名づけよう．次に波動が粒子性をあわせ持つには何が必要かを考えよう．古典的な粒子の運動を記述する質点の力学では粒子に質量，エネルギー，運動量が与えられていた．力学の変数としてはエネルギーと運動量を与えれば良い．そこで光が粒子ならば質点と同じように 1 光子がもつ運動量とエネルギーが決められるはずである．波動と粒子の 2 重性はこの関係をいかにつけるかにかかっている．これが波動と粒子が運ぶエネルギーを考察することから得られる．エネルギー E（電場と同じ文字だが混乱はないと思うので使う）の粒子が粒子数密度 n [個/m³] で速度 $\boldsymbol{v}$ [m/s] で流れていれば，運ばれるエネルギーはポインティングベルトルと

$$\boldsymbol{S} = n\boldsymbol{v}E \tag{6.5}$$

の関係で結ばれている．マクスウェルの方程式から波動としての光の速度は

$$v = c = \frac{1}{\sqrt{\varepsilon_0 \mu_0}} \tag{6.6}$$

と真空の誘電率 (ε_0) と透磁率 (μ_0) で決まっており，3×10^8 m/s である．またエネルギー E と運動量 p の関係は 20 世紀初頭にアインシュタインが見出した**特殊相対論**で

$$E^2 = p^2 c^2 + m^2 c^4 \tag{6.7}$$

で与えられる．この関係は特に光の速度に近い速度で運動する粒子を考えるとき重要で，質量のない光子の場合は

$$E = pc \tag{6.8}$$

と表せる．式 (6.3) で表される波動の速度は $v = \omega/k$ であることから光速 (c) で進行する光の場合

$$\omega = kc \tag{6.9}$$

の関係がある．光が波であってかつ粒子であるならば式 (6.8) と (6.9) のどちらの表現に現れる速度も同じはずなので，ω がエネルギーで k が運動量に対応する量と考えられる．ただし ω は s^{-1}，k は m^{-1} の単位を持つので，エネルギーと運動量そのものではない．そこである定数 $\hbar$ を導入して

$$E = \hbar \omega \tag{6.10}$$

と

$$p = \hbar k \tag{6.11}$$

の関係があると考えると，光子 1 個がもつエネルギーと進行する波の角振動数との関係がつく．ここで $\hbar$ は J·s の単位を持つことになる．エネルギーが電場と磁場の振幅の積 (式 (6.4)) であってそれが粒子の数密度に比例することから振幅の自乗が粒子数という関係になることが納得できるであろう．$\hbar$ という定数の単位は必然的に決まるが，どういう値かは何も制限がなく，実験的に決めるしかない．この $\hbar$ の大きさで特徴づけられる粒子性が観測されるはずである．アインシュタインは次に述べる**光電効果**の考察から光の粒子性を提案した．

6.1.3 光電効果

金属の表面に光を当てると電子が飛び出す現象を光電効果という．金属中では電子が自由に動いているが，実際には規則的に並んだ原子核から引力をうけており，あるポテンシャルエネルギー (仕事関数) で束縛されている．このために電子はかってに飛び出すことができないようになっている．しかし光を当てると光の持っているエネルギーが電子に与えられ，電子が飛び出す．このとき，光の振動数がある値以上でないと飛び出せないという条件がある．これは光を波動とだけ考えていたのでは説明できない．波動の場合式 (6.4) でも明らかなように電場と磁場の振幅を大きくすれば振動数に関

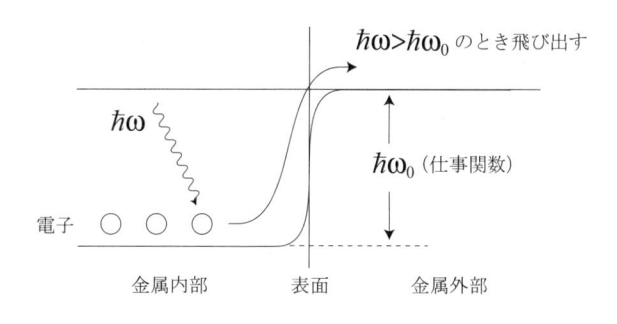

図 6.1 仕事関数

係なく単位面積当りのエネルギーをいくらでも大きくできる．しかし光電効果を引き起こすために大きくしなければならないのは光の振動数であった．

アインシュタインは光が $\hbar\omega$ のエネルギーを持つ粒子と考えた．こう考えれば電磁波としての振幅に関係なく，図 6.1 に示されるように光子が 1 個の粒子としてそのエネルギーが仕事関数より大きければ電子に吸収され光電効果が起る．つまり起きるかどうかを決めているのが角振動数（光子のエネルギー E）で，どれぐらい起きるかの多少を決めているのが光子の数 (n) と考えられる．今となっては余りに当たり前でこの現象は至るところで観測できる．仕事関数の低い金属だけでなく，一般の原子に高いエネルギーの光（X 線）をあてると原子に深く（大きなエネルギーで）束縛されている電子が飛び出す．あるいは原子核に十分エネルギーの高い光（γ 線）をあてると核子（陽子や中性子）を飛び出させることもできる．光子のエネルギーが電子や核子の束縛エネルギー以上でないと現象は起らない．これは光を粒子と考えて始めて理解できる．

ここで導入された $\hbar = h/2\pi$ で h を**プランク定数**とよんでいる．**プランク**(M. K. E. L. Planck, 1858–1947) が**黒体輻射**のスペクトルを説明するために導入したもので $h = 6.626 \times 10^{-34}$ J·s という値をもつ．利便性から h を 2π で割った $\hbar = h/2\pi$ が良く使われる．プランク定数は光の粒子性を考えるとき粒子がもつ 1 個当りのエネルギーと波の振動数を関係づける量として必然的に導入されたものと言える．以上から光子の波動は

$$e^{i\frac{E}{\hbar}(z/c-t)} = e^{\frac{i}{\hbar}(pz-Et)} \tag{6.12}$$

と書けるだろう．この形はもちろん波を表しているが，粒子の力学的変数であるエネルギー E と運動量 p を含み，粒子が波動として進行する状態を表している．

金属中の電子は正の電荷をもつ原子核から引力を受け，平均的に束縛されているので，たたき出すためにエネルギーが必要である．その大きさは仕事関数とよばれ，数 eV 程度である．これは光エネルギーとしては（例えば 5 eV は 250 nm），可視光から紫外光の領域なので光電効果は日常の現象であったといえるだろう．

第 6 章　原子から原子核・素粒子へ

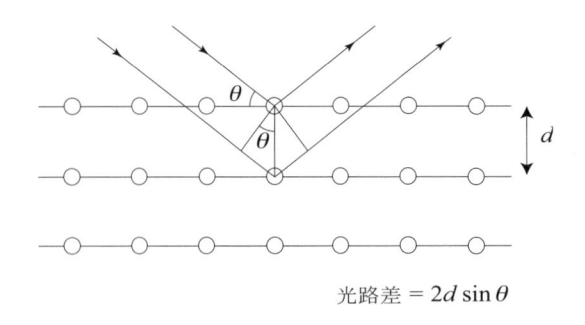

光路差 $= 2d\sin\theta$

図 **6.2** ブラッグ反射

6.1.4　X 線のブラッグ反射

X 線はレントゲン(W. C. Röntgen, 1845–1923) によって，エネルギーの高い電子を物質にぶつけると何か分からないが透過性の強い写真乾板を感光させる粒子が発生する現象を通して発見された．正体が不明なので X が使われた．現代には加速器というものがあり，それでエネルギーの高い電子を作れるが，当時は真空中で電極間に高電圧をかけて放電現象を研究していたとき，高電圧で電子が加速されていたので X 線が発生していた．X 線は今では非常に波長の短い（つまりエネルギーの高い）光ということがわかっていて，そのために透過性が高い．**レントゲン写真**は今や医療の現場では不可欠なものになっているが，この透過性の高い粒子としての性質を利用している．一方で波の性質も合わせ持つ訳だから干渉性が期待できる．つまり光の**ブラッグ反射**と同様な現象が観測できるはずである．このとき可視光の場合と異なるのは回折格子が非常に短いものになり，人工物ではできず，物質の原子間距離が使われることである．光路差が波長に一致すれば光は強め合いその半波長であれば弱め合う．この関係は光と全く同じである．すなわち

$$2d\sin\theta = m\lambda \qquad (m = 1, 2, ...) \tag{6.13}$$

が成り立つ．λ [m] は X 線の波長，d [m] は原子面の間隔，θ は入射角，m を反射の次数とよぶ．X 線が短波長の電磁波であることが確立している現代では，この現象は原子の配列に対する情報を得る手段として多用されている．

6.1.5　コンプトン散乱

光の粒子性を示す典型的な例が**コンプトン（効果）散乱**である．**コンプトン**(A. H. Compton, 1892–1962) 効果とはエネルギーの高い（波長の短い）X 線と電子とを散乱させると，電子が高いエネルギーで散乱されるときに低いエネルギーの（波長の長い）X 線が出てくる現象である．この現象は光を粒子として全く運動学だけで理解することができる．図 6.3 のように電子が入射方向に対して ϕ に，光が θ の方向に散乱されるとし，散乱された電子の運動量を p とするとエネルギーの保存則から

$$\hbar\omega = \hbar\omega' + \frac{p^2}{2m} \tag{6.14}$$

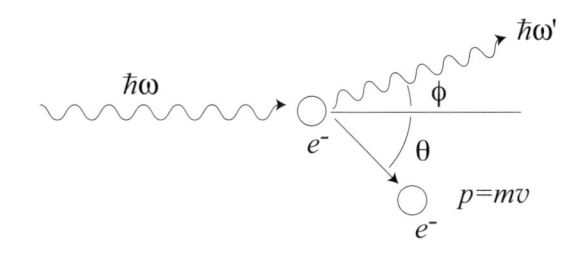

図 6.3 コンプトン散乱

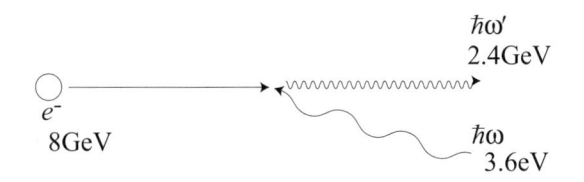

図 6.4 逆コンプトン散乱

が成り立ち，運動量の保存則からは

$$\frac{\hbar\omega}{c} = \frac{\hbar\omega'}{c}\cos\theta + p\cos\phi \tag{6.15}$$

$$0 = \frac{\hbar\omega'}{c}\sin\theta + p\sin\phi \tag{6.16}$$

の関係が成り立つ．ここで電子のエネルギーについて非相対論的に考えた．以上より $\cos^2\theta + \sin^2\theta = 1$ の関係を用いて，さらに $\hbar\omega \ll mc^2$ であるとすると

$$\hbar\omega' = \frac{\hbar\omega}{\frac{\hbar\omega}{mc^2}(1-\cos\phi)+1} \tag{6.17}$$

を得る．ここで散乱後の光のエネルギー $\hbar\omega'$ は分母が1より常に大きいため初めより必ず小さくなっている．また散乱される角度 θ が大きくなると光のエネルギーが減少（波長が伸びる）ことがわかる．この現象は実験でも確認され，コンプトン散乱は光を粒子の散乱としてとらえることができる現象であることがはっきりした．

ここで極端な例として図 6.4 に示す**逆コンプトン散乱**を取り上げておこう．非常に高いエネルギーの電子を低いエネルギーの光（可視光）に正面衝突させると普通では得られない高いエネルギーの光（γ線）が得られる．高いエネルギーは短い波長を意味し，小さい領域を研究することができる．この運動学は相対論で扱う必要があるので計算は省略するが，最近完成した兵庫県西播磨にある SPring-8 の 8 GeV の電子と 3.6 eV のレーザー光を散乱させることで 2.4 GeV という高いエネルギーの γ 線を得ている[1]．この方法で生成された γ 線で核子の中のクォークの影響を調べる実験が進行中である．

---

[1] eV はエネルギーの単位で e の電荷を 1V の電圧で加速したときに獲得するエネルギーである．GeV は 10^9 eV のことで，後で出てくる MeV は 10^6 eV のことである．

6.1.6 電子波の回折

 光の**粒子性**がはっきりした段階で粒子の波動性に目がいくのは今から思えば当然の成行きであるが，当時では発想の転換はそれほどやさしいものではなかった．しかし**ド・ブロイ**(D. L. V. de Broglie, 1892-1987) はそう考え，電子の**波動性**について考察し，光子と同様に以下の関係を仮定した．

$$p = \hbar k, \qquad \lambda = \frac{\hbar}{p} \tag{6.18}$$

光の場合運動量が波数ベクトルとプランク定数を通して比例関係にあることが実験的にわかっていた．この関係をそのまま一般の粒子にも仮定すると式 (6.7) で質量のある粒子に対しても波動性が現れるはずである．波動性は干渉を見ることによって確認できるので電子線を使って干渉を確認する実験が行なわれた．それが**ダビソン**(C. J. Davisson, 1881–1958) と**ジャーマー**(L. H. Germer, 1896–1971) の実験である．同時期に日本の**菊池正士**(1902–1974) によっても確認された．この実験によって粒子ととらえられてきた電子線が干渉パターンを示すことが確認され，電子が波動性をあわせ持つことが明らかになった．他の粒子も全て波動性を示すことから物質波とよばれている．以上で波動である光と粒子である物質がそれぞれ粒子でありながら波動性を持つという形で統一されたのである．

6.1.7 波動性から不確定性関係へ

 基本的には，私たちの世界に存在するもの全てが粒子であると考えられる．そして全ての粒子は波動として進行する．粒子性と波動性の 2 重性とは何かと禅問答をしてもなかなか答えは得られないが，粒子性を代表するエネルギーや運動量ベクトルという力学的変数と，波動性を示す角振動数と波数ベクトルという場の変数が，全ての粒子についてプランク定数を通して繋がっていると考えるのが適当であろう．この関係は点と考えてよい素粒子だけでなく大きさを持つ複合粒子（例えば原子，原子核，核子等）についても成立する．大きさを持っていると，波長がその大きさより小さくなった段階で粒子としての性質があらわになる．つまりエネルギーが高ければ粒子のように見え，低ければ波長が長いので波動性が顕著になるといえる．よって波長が長い間はたとえ構造（大きさ）を持つ粒子であっても波動性しか見えてこない．一方で波長が自分の大きさより短くなると大きさが顕著に見えてくる．また波動性や粒子性は比較する大きさが何かで見え方が違ってくる．電磁波がエネルギーの低い現象では波にしか見えず，X 線になった段階で粒子のように見えたことや，粒子に見える X 線でも比較する大きさとして原子間距離を使うと，やはり波動性が見えることなどがこれを示している．以上のことから小さな粒子の構造を知るにはエネルギーの高い（波長の短い）粒子を用いる必要がある．現代物理学がどこまでもエネルギーの高い加速器を建設してきた理由がここにある．

 さて光はニュートンの時代には直進する粒子と考えられていたが，細かく見ると陰の端がぼやけるといった回折現象が見つかり，更に 19 世紀にはマクスウェルの方程式から真空中の解として波動方程式が導かれて，光は電磁波となり波動性が確立した．しかしこれまで見てきたように 20 世紀になってプランク定数の導入で粒子性が復活することになった．しかしそれは双方が融合する形での復活であった．

光の波動性は早くから確立したのに，電子をはじめとして原子や原子核などの各種の粒子の波動性がなかなか見つからなかったのは以下の理由が考えられる．初めに粒子には同じ場所に2つ詰め込めるボーズ粒子と，1つしか入らないフェルミ粒子があると説明した．光はボーズ粒子である．ボーズ粒子の特徴は同じところにいくらでも詰め込めるということの他に，エネルギーさえ与えればいくらでも作ることができることがあげられる．マクロ（日常的）なスケールで波動性を示すには位相の揃った波（粒子）を集めなければならない．光は電波として，電荷の時間的変動（アンテナに高周波電流を流すこと）で位相のそろった粒子を大量に発生させ，振幅の大きな波をつくり出すことができる．また質量がゼロの粒子なので，与えられたエネルギーで最も長い波長となり日常なじみのスケールになることも多い．更に物質は通常電気的に中性で光と相互作用をほとんどしないため部分的に光が失われたりして位相が崩れていくことが少なく，実験的にも位相のそろった波を観測しやすい．

一方で電子や原子核また原子という粒子は質量を持っているために，運動エネルギーに対して運動量が大きく波長が短いためミクロのスケールでしか波動性が見えてこない．同じ場所に2つ入ることができない上に，作りだすとき粒子数が保存しなければならない（必ず粒子反粒子対でしか生成できない）フェルミ粒子からできているので，自由につくり出すことが難しく，波動性を見るには粒子1個1個の干渉性を見る必要がある．以上の理由で実験技術が進んでミクロな世界を覗けるまでは，波動性を検証できなかったといえる．現在では実験技術の発展で直接粒子の波動性が関与する現象が次々見つかっており，波動性は完全に確立している．とくに原子を大量に集めて位相をそろえることができ，原子のような重い粒子の波動性の観測も可能になっている．粒子の波動性は比較する大きさが小さければ特に顕著に見える．水素原子のような電子と陽子の束縛状態では原子核を廻る電子1個の波動性が現れる．それが水素原子の励起準位構造を決めている．これは20世紀始めに量子力学が精密科学として発展するきっかけとなった問題なので，次の節で説明する．

私たちの普段目にするエネルギースケールは温度を300 Kとすると，温度に対応するエネルギーはボルツマン定数k_Bを用いて$k_B T = E = 0.025\,\text{eV}$である．このエネルギーに対応する光の波長は$\lambda = \hbar/p = \hbar c/E = 7.8\,\mu\text{m}$となり，一方で同じエネルギーの電子の波長は$\lambda = \hbar/p = \hbar c/\sqrt{2mc^2 E} = 1.2\,\text{nm}$である．電子やあるいはもっと重い原子の波動性を見るには非常に小さな世界へ行くか，極端に低エネルギーの世界を調べる必要のあることが分る．

さて粒子が同じ場所には存在できないという場合，その大きさが波長程度で与えられそうなことが分った．これは種類の違う粒子は全く関係ない．同じ場所でも粒子の種類が違えばいくらでも詰めることができる．では粒子が同じ種類であっても違う状態にいればどうなるであろう．粒子は点であり大きさは波動から来ているので，異なる波長を持つならば異なる状態にいると考えるべきであろう．どういう状態にいるかは1波長程度を見なければわからない．プランク定数の導入後，波長は$\lambda = 2\pi/k = h/p$の関係で与えられる．運動量pの粒子の場合h/p程度の空間的な大きさを占める．逆にλ程度の大きさを占める粒子がいるとき，その状態は運動量空間でp程度の広がりを持っていると言える．つまり式(6.11)と同じ関係である

$$h = \lambda p \tag{6.19}$$

と書くと私たちにとってなじみのある座標空間の大きさの λ と一見仮想的な運動量空間の大きさ p が同列に論じるべきものになる．つまりどちらがより本質的な大きさであるとは最早言えない．単に私たちにとっては座標空間の大きさに馴染みがあるだけである．この帰結は粒子がある場所を占めると言うとき，座標だけでなく運動量との積で大きさを表さなければならないということと同じである．例えば x 軸方向に対しては

$$\Delta x \Delta p_x \sim h \tag{6.20}$$

の関係があり，これは座標と運動量の**不確定性関係**といっても良い．この不確定性関係はここまでの議論で明らかなように粒子の波動性を考えたときに運動量と波数ベクトルをプランク定数 h で関係づけたときにすでに含まれていたものであることが納得して貰えただろうか．さて私たちの住む3次元でのある体積の中にどれだけ粒子が入るかは

$$\frac{\Delta x \Delta y \Delta z \Delta p_x \Delta p_y \Delta p_z}{h^3} = \frac{V_r V_p}{h^3} \tag{6.21}$$

の大きさの部屋が粒子1個が入る単位と考えれば良い．これは私たちに馴染みのある座標空間の体積 (V_r) と運動量空間の体積 (V_p) の積になっている．半径 R の球の中にどれだけ粒子 (N) が入るかはそれらの粒子の持つ最大の運動量 p_F を決めて初めて与えることでき

$$\frac{4\pi R^3}{3} \frac{4\pi p_F^3}{3} \frac{1}{h^3} = N \tag{6.22}$$

と計算される．p_F をフェルミ運動量とよび，フェルミ粒子をある体積の中にあるエネルギーの低い状態からすべて詰めていったときの最大の運動量に対応している．この値が大きければ小さな体積にいくらでもフェルミ粒子を詰めることができる．球状の原子核は孤立量子系であるのでこのフェルミ球で表すことができ，原子核の近似的な様子を表す．これをフェルミ球模型とよんでいる．ここで密度 (N/V_r) が一定の場合はフェルミ運動量が一定である．一方でフェルミ運動量を大きくしていくと，私たちの3次元空間ではいくらでも密度の高い状態を作ることができる．

6.2 水素原子のエネルギースペクトル

ひとたび全ての粒子が同時に波であるということを認めると，原子のエネルギースペクトルの理解はやさしい．また原子核と電子からなる原子がなぜ今の大きさなのかに答えることができる．そのとき理解しておかなければならないことは，波動である電子が定常状態にあるということは定在波が存在するということである．それ以外の場合は波が打ち消し合い，定常的には存在できない．また当然のことながら状態には最低が1周期という下限が存在する．それ以下だと定在波が存在できない．水素原子に対する**ボーア模型**を次の例題のかっこの中をうめる形で考えてみよう．

ボーア(N. H. D. Bohr, 1885–1962) は**長岡**(長岡半太郎, 1865–1950) やラザフォード(E. Rutherford, 1871–1937) の原子模型を発展させて，新しい水素原子の模型を提案した．次の3つの仮定に基づくこの模型で，水素原子から放出される光の振動数が説明されることになった．

6.2 水素原子のエネルギースペクトル

1. 重い陽子の周りを回る電子の軌道は円である．

2. 軌道の円周の長さが電子のド・ブロイ波長 h/mv の整数倍のとき軌道は安定である．ここで h はプランクの定数で，m は電子の質量，v は電子の速さである．この条件は軌道半径 r，正の整数である量子数 n を用いて [(1)] $= (h/2\pi) \times n$ と表される．

3. 電子が量子数 n から n' の軌道に移るとき，放射または吸収される光の振動数 ν と，それぞれの軌道にある電子の力学的エネルギー E_n と E'_n の間には，$h\nu =$ [(2)] の関係がある．ただし力学的エネルギーは運動エネルギーと位置エネルギーの和である．

(A) 陽子の電荷を $+e$ 電子の電荷を $-e$ とすると，これらの電荷の間には ke^2/r^2 の引力がはたらく．ただし k は定数である．この場合，量子数 n の軌道の半径は，$r_n =$ [(3)] となり，また電子の速さを v_n として，陽子を回る電子の毎秒あたりの回転数は $\dfrac{v_n}{2\pi r_n} =$ [(4)] となる．ただし (3)，(4) の答えは e, h, k, m, n, π を用いて表せ．また電子が無限遠にあるときの位置エネルギーをゼロにとると，この量子数 n の軌道にある電子の力学的エネルギーは，$E_n =$ [(5)] $\times 1/r_n$ となる．

(B) 量子数 $n = 1$ に対応する軌道の半径は $r_1 = 0.53 \times 10^{-10}$ m という小さな値である．一方，大きな量子数 n，例えば $n = 2 \times 10^4$ に対応する原子も考えられるが，この軌道半径を数値で表すと [(6)] m という原子としては途方もなく大きな値になる．

以上の問いに対する解は次の通りである．

(1) mvr

円周と運動量の積がプランク定数の整数倍に等しいとき定在波がたつことを意味し，ボーアの量子条件とよばれている．

(2) $E_n - E_{n'}$

始状態と終状態のエネルギー差が光子のエネルギーに対応し，光子の振動数から得られる．ボーアの振動数条件とよばれている．

(3) 遠心力とクーロン力がつり合うことから $\dfrac{ke^2}{r^2} = \dfrac{mv^2}{r}$，これから $r = \dfrac{ke^2}{mv^2}$ となる．ここで題意より v を消去するために (1) の条件は半径 r_n の場合と考え，$v = \dfrac{h}{2\pi} \dfrac{1}{r_n m}$ を代入すると $r_n = \dfrac{n^2 h^2}{4\pi^2 kme^2}$ と求まる．この式で $n = 1$ の場合を特別にボーア半径とよぶ．ここで (1) の量子条件がなければクーロン力と遠心力のつり合いの条件からだけでは半径を決定できないことに注意が必要である．

(4) 計算は少し複雑だが，$\dfrac{4\pi^2 k^2 e^4 m}{h^3 n^3}$ と求まる．

(5) 静電エネルギーは $-\dfrac{ke^2}{r}$, 運動エネルギーは $\dfrac{mv^2}{2}$ より $E=-\dfrac{ke^2}{2r_n}$ と求まる. ここでは $1/r_n$ は外にでているので答えは $-\dfrac{ke^2}{2}$.

(6) 問 (3) の答えを使うと n の異なる状態の半径は n^2 大きいことが分るので, ボーア半径に $(2\times10^4)^2$ を掛けると求まる. 2.1×10^{-2} m, つまり約 $2\,\mathrm{cm}$ という値である. もはやミクロな世界を離れて日常的な大きさである. こう言った原子はリドベルグ原子とよばれていて, 普段はすぐにとなりの原子と相互作用してしまうので存在できないが, 実験技術の進歩により作ることが可能になってきている.

6.3 原子核のエネルギー

20 世紀の初頭に量子論が出現し, 粒子性と波動性の統一が図られたが, 一方で同時期に特殊相対論が現れ, 時間と空間を統一した 4 次元時空での力学が光速度一定の原理と相対性原理の 2 つを柱としてでき上がった. ここで相対論の重要な結果であるエネルギーと質量は等しいという事実から粒子の崩壊, 生成が発見され, 研究されてきた経緯をみていこう.

6.3.1 原子核の変換

19 世紀末に**放射性同位元素**(Radioactive Isotope 略して RI) が発見された. このとき 3 種類の放射線があることも明らかになり, それぞれ α 線, β 線, γ 線と名前がつけられた. 今ではそれらはヘリウム原子核, 電子, 光子であることがわかっている. さてこれらの粒子を放出できるということは初めの状態がエネルギー的に高いことを示している. ところで全ての自然現象でエネルギーの保存則は確立しているので, 本来エネルギーは変化しないはずである. では初めの状態のエネルギーが高いとはどういうことだろうか. これは粒子が持つ静止（質量）エネルギーの全てを指している. つまり終状態には運動エネルギーがある. 運動エネルギーがあると言うことは, 粒子がバラバラになっていけるということで, そうなった状態はもはやもとにはもどらない. つまりエネルギーの高い方から低いほうには一方通行である.

特殊相対論で質量がエネルギーに等しいことが明らかになって, 粒子が崩壊できるかどうかはエネルギー的には静止質量を見れば良いことが判明した. 一般的にはエネルギー以外の各種の保存則があるのでエネルギーだけでは判断できないが, 少なくともエネルギー的に不可能な崩壊は起り得ない. 原子核の崩壊を考えるときこの静止エネルギーの関係を知る必要ある. まず原子核の質量から見ていこう.

6.3.2 原子核の安定性

原子核は陽子と中性子が強い相互作用を行って作り上げられている. 陽子は電荷が $+e$, 質量が $938.3\,\mathrm{MeV}$, スピンがプランク定数を単位にして $1/2$ の粒子で, 水素原子核として早くから知られていた. 中性子は電気的に中性であることを除けば質量が $939.6\,\mathrm{MeV}$, でスピンも $1/2$ の性質を持ち,

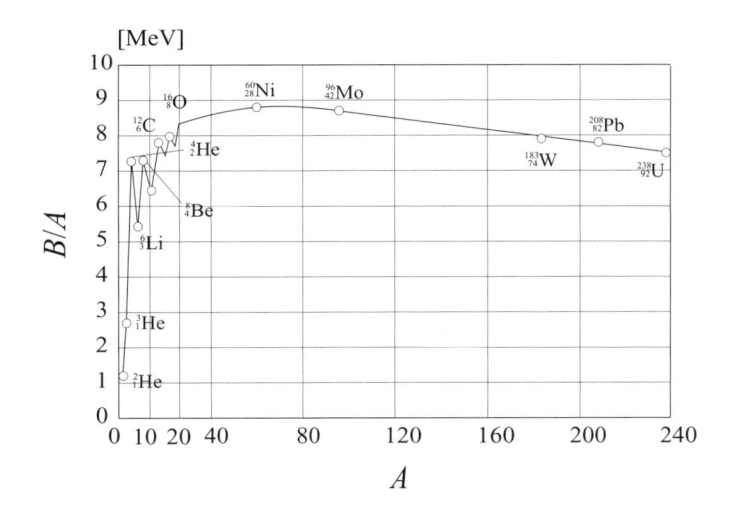

図 6.5 質量欠損

陽子とほぼ同じ粒子である．**チャドウィック**(J. Chadwick, 1891–1974) が発見したのは 1932 年であり，量子力学もかなり発展した後だったのは電気的に中性の粒子の検出が難しいことを物語っており，その状況は今日でも変っていない．核子間の力は基本的に引力なので核子が複数個集まると原子核が形成される．引力が原因となって作られた束縛状態はエネルギーが低い訳だから原子核中にある核子の全質量より原子核の質量が小さいことになる．その差を質量欠損とよんでいる．つまり，核子数 (質量数) A，原子番号 Z の原子の質量 $M_{A,Z}$ は陽子の質量 m_p の Z 倍と中性子の質量 m_n の $N(=A-Z)$ 倍の和より小さい．この質量差 Δm は次式で与えられる．

$$\Delta m = Zm_\mathrm{p} + Nm_\mathrm{n} - M_{A,Z} \tag{6.23}$$

これは質量をエネルギーと読み替えれば束縛エネルギーとなる．

$$B = \Delta m c^2 \tag{6.24}$$

この束縛エネルギー B を核子数 A で割って一核子当りの束縛エネルギー B/A が図 6.5 に示してある．

おおざっぱに言って一核子当り 8 MeV 程度の束縛エネルギーを持っているが，全ての原子核に共通ではなく，鉄領域で最大になる．ある核子が最も引力を感じるのは廻りが完全に核子で囲まれたときであるので，核子数が少ないうちはその増大に伴って B/A が増大する．しかしある程度大きくなるとクーロンの斥力で B/A は減少に転ずる．非常に重い原子核は不安定になっていく．軽い方では ^{4}He 原子核の α 粒子の B/A が特に大きい．陽子も中性子もフェルミ粒子なので同じ状態には 1 つしか入らない．スピンは上向きと下向きで 2 つ状態があるので，一番エネルギーの低い状態はそれぞれ 2 個入ることができ，計 4 個からなる最もエネルギーの低い粒子が α 粒子である．ちなみに 5 個目からは次のエネルギーの高い状態を詰め始めることになり，5 個目の核子を原子核内に留める十分な引

第6章 原子から原子核・素粒子へ

力がないので自然界には質量数5の原子核は存在しない．宇宙の元素はビッグバンから発展してつくられて来たが，この事実が宇宙の元素合成でいかにして重い元素が生成されてきたかに大きく影響している．この状態の詰まり具合は周期的に強く束縛する原子核を生じさせ，原子と同様な周期表が作られている．特に安定な原子核を作りだす陽子や中性子の数を魔法数とよんでいる．おおざっぱにいって鉄あたりの原子核が最も安定で，星の中で行われる元素合成などで大量に生成される．

α 崩壊

α 粒子は軽い原子核のなかで特別束縛エネルギーが大きい安定な原子核で核子当りの束縛エネルギーが 7.2 MeV 程度である．図 6.5 を見ても分るように，特に重い原子核では核子当りの束縛エネルギーがこの値より小さいものがあり，核子の放出はできなくとも α 粒子ならば可能な原子核が存在する．一般に α 崩壊の寿命は非常に長い．エネルギー的に 5–10 MeV と比較的大きなエネルギーを放出するが，α 粒子は原子核の外に出るためにクーロン力の壁を乗り越えなければならず，それが崩壊を起きにくく（寿命を長く）している．簡単に原子核の半径からクーロン障壁を計算してみよう．原子核の半径は $R = 1.2 \times A^{-1/3} 10^{-13}$ cm である．例えば $^{238}_{92}\text{U}$ が $^{234}_{90}\text{Th}$ と $^{4}_{2}\text{He}$ に分れる場合を考えてみると

$$E_{\text{Coul}} = \frac{90 \times 2 \times e^2}{4\pi\varepsilon_0 R} \simeq 42 \text{ MeV} \tag{6.25}$$

となる．これに対して解放される運動エネルギーは 4.2 MeV で極端に小さい．古典力学では 4.2 MeV のエネルギーで 42 MeV の障壁を超えることは決してできないが，量子力学のトンネル効果で崩壊が起り得る．しかしながらその確率は非常に小さく $^{238}_{92}\text{U}$ は 45 億年という太陽系とほぼ同じ長さの寿命を持っている．このように長い寿命を利用して太陽系の年齢などが推測されている．

核分裂

質量欠損の図 6.5 からは α 崩壊だけでなく，大きく2つの原子核に割れる崩壊も可能であることが分る．これが核分裂とよばれるものである．核分裂では $A \simeq 240$ くらいの原子核が $A = 80 \sim 160$ 程度の原子核2つに分れる．平均して1核子当り1 MeV 弱程度の束縛エネルギーの差があるので，全体で 200 MeV 程度のエネルギーが解放される．おおざっぱにいって質量の 0.1% がエネルギーとして取り出せることになる．核分裂は α 崩壊より更に大きなクーロン障壁で崩壊が抑制されており，現実に崩壊する原子核は非常に限られ，その寿命は非常に長い．しかし核分裂はきっかけを与えると引き起こすことができる．このために中性子の吸収が利用されている．中性子は電荷を持たないのでクーロン障壁の影響なく原子核に到達でき，原子核が励起される．この結果分裂するためクーロンの障壁を乗り越えるエネルギーを獲得でき，分裂の確率は劇的に増大する．分裂によって更に中性子が発生するので，これをうまくコントロールして次の反応を引き起こせれば，連鎖反応を引き起こすことができる．この速度をコントロールしてエネルギーを引き出す装置が原子炉であり，一挙に起こさせれ

ば原子爆弾となる．

ここで中性子の量をコントロールするための吸収材について一例を見ておこう．吸収断面積の大きな物質をおけば中性子が有効に吸収されるので，最適な吸収物質を選ぶことで連鎖反応をコントロールできる．中性子の吸収材としてカドミウムが良く使われている．カドミウムの半径は 5 fm（fm は 10^{-13} cm）程度で中性子の半径は 1 fm 程度であるにもかかわらず，吸収断面積は $\sim 10^{-20}$ cm^2（半径では 10^{-10} cm）程度にもなる．つまり半径の何百倍も遠い距離にある中性子が吸収できることを示している．中性子の大きさが波で決まっていることが顕著に現れた例である．

ベータ崩壊

原子核は陽子 (p) と中性子 (n) からなるが，そのために核子数は同じで陽子数あるいは中性子数が異なる原子核が存在する．同じ核子数で最も質量の小さい原子核が安定な原子核である．ベータ崩壊は電子を放出または吸収して原子核の電荷を変える．観測に掛かるのは電子 (e$^+$, e$^-$) だけであるが，ニュートリノ (ν, $\bar{\nu}$) も同時に生成されている．具体的に

$$p \to n + e^+ + \nu \tag{6.26}$$
$$n \to p + e^- + \bar{\nu} \tag{6.27}$$

の反応が起っている．反応は弱い相互作用で引き起こされ，陽子と中性子の間の変換を行う崩壊である．粒子の種類を変換できるのは弱い相互作用だけである．どちらの反応が起こるかはエネルギーの関係だけで決まる．核子の束縛エネルギーの大きさは前章で示した通り一定ではなく，原子核依存性が大きい．ベータ崩壊が起こるためには終状態に電子が増えていることを考えて

$$Q = M_{Z,A} - M_{Z+1,A} - m_e \tag{6.28}$$

が正の場合のみ可能となる．同じ質量数の原子核の間で崩壊が起きる．エネルギーの関係を書けば一番低い原子核が安定でそれ以外はベータ崩壊しそうだが，電子の静止質量分だけ余分にエネルギーが必要になるため，特に重い原子核ではベータ崩壊に対して安定な原子核がいくつか存在する．ここでニュートリノの質量はゼロとしている．ベータ崩壊で観測される電子のエネルギーがゼロから Q 値まで連続に分布していることから一時期ベータ崩壊ではエネルギー保存則の破れまで疑われたが，パウリはほとんど相互作用しない粒子であるニュートリノを導入してそれによってエネルギーが持ち去られていると考え，エネルギー保存則の危機を救った．実際にニュートリノが発見されてパウリの仮説が証明された．ベータ崩壊は弱い相互作用で起こるので名前の示す通り崩壊率は小さく寿命は長い．自然放射性同位元素は現存しているものは基本的に寿命の長いものであり，ほとんどがベータ崩壊核種である．

γ崩壊

γ線はエネルギーの高い光子のことで，始状態と終状態で同じ原子核である．光子の質量は0なので終状態のエネルギーが少しでも低ければ崩壊は起こる．一般にγ崩壊だけをする放射性同位元素はまれである．これはγ崩壊が電磁相互作用で引き起こされており，その相互作用は比較的大きいので寿命が短いことに関係している．多くはベータ崩壊に伴い原子核の励起状態がつくられ，そこからのγ崩壊として観測される．特別の場合として原子核の励起状態が異性体（isomer）としてγ崩壊の長い寿命を持った状態となる場合がある．これは同じ原子核ではあるが原子核のスピン（自転）が基底状態と異なり微妙に違った性質を示す．

6.3.3 核融合

鉄がいちばん核子当りの束縛エネルギーが大きいので，**核融合**反応でもエネルギーを生成できる．典型的な例は重水素からα粒子を生成する反応である．

$$d + d \rightarrow {}^4He + 24 \text{ MeV} \tag{6.29}$$

この反応は実際には

$$d + d \rightarrow {}^3He + n \tag{6.30}$$

$$d + d \rightarrow {}^3H + p \tag{6.31}$$

から

$$^3He + d \rightarrow {}^4He + p \tag{6.32}$$

$$^3H + d \rightarrow {}^4He + n \tag{6.33}$$

という形で進行する．これらの反応によってもエネルギーを取り出すことができる上に，重水素は海水から取り出すことができるのでその資源はほぼ無尽蔵という特徴があるので核融合は未来のエネルギー資源として期待されている．一方では技術的に解決して行かなければならない問題がまだまだ多く，精力的な研究が進められている．

6.3.4 星の中の核反応

星が核融合反応で燃えていると良く言われているが，実は正しい言い方ではない．確かに重水素ができてそれがヘリウム原子核に合成されていく過程で大量のエネルギーを発生させることができる．前節で説明した反応は強い相互作用で引き起こされており，その反応は非常に速く進む．もし太陽の中の水素が全て重水素であるならば，太陽は一瞬にして大爆発してしまうであろう．ところが太陽は46億年の寿命を経てまだ輝いている．実は太陽を燃やしているのはむしろ弱い相互作用である．太陽の中心は水素で満たされている．水素が中性子になるところから反応が始まる．反応は

$$p + p \rightarrow d + e^+ + \nu \tag{6.34}$$

で重水素が生成される．これは注意深く見ると陽子を中性子に変換する反応が含まれている．このように粒子の種類をかえることのできる力は弱い相互作用だけで，反応は非常にゆっくり進行する．ひとたび重水素ができれば前節で説明した反応が進行し，ヘリウム原子核とエネルギーが生成される．あとは強い相互作用による反応なので地上と異なり高温高密度を達成している太陽の中心では重水素間の反応は簡単に進行する．太陽を初めとするいわゆる主系列に属する星はこの反応で永らく燃え続ける．星の中でヘリウムの量が増大してくると次第に重元素が合成されるようになってくる．ある程度重元素ができて来ると陽子は炭素，窒素，酸素が触媒の役割を果たすCNOサイクルを通して燃えるようになる．これは温度の高い重い星で顕著である．重い星ほど寿命が短い．

6.4 素粒子の世界

この章の始めに素粒子が持つべき性質について考察した．素粒子として現在知られているのはクォークとレプトンとよばれるもので以下の表の通り4種類ある．

表 6.1 素粒子の種類

	第1世代	第2世代	第3世代	ゲージボソン
クォーク	u（アップ）	c（チャーム）	t（トップ）	γ
	d（ダウン）	s（ストレンジ）	b（ボトム）	W
レプトン	e（電子）	μ（ミューオン）	τ（タウ）	Z
	ν_e（電子ニュートリノ）	ν_μ（ミューニュートリノ）	ν_τ（タウニュートリノ）	g

4種類で1つの世代を形成し，3世代あることが知られている．私たちの世界に直接関係するのは第1世代で，レプトンとして電子と電子ニュートリノ（ν_μ），クォークとしてアップ（u）とダウン（d）がある．陽子や中性子はこのアップとダウンのクォークから作られている．今まではニュートリノは質量がないと仮定されていたが，最近ニュートリノが世代間で振動する現象が見えてきており，質量があることが明らかになりつつある．以上の粒子は現状では素粒子であって今のところ大きさを持つという実験的な証拠はない．第2第3の世代では第1世代とほぼ同じことがエネルギー（質量）スケールを変えて繰り返されている．なぜそうなのか今のところ納得のいく説明はどこにもないが，世代数が3でなければ現在の宇宙は今の形になってなかったことだけは確かである．

ここまでは物質を表す粒子の説明を行った．素粒子として力を媒介する粒子もある．それが表のなかにあるゲージボソンとよばれる粒子である．力を媒介する粒子は光子と同じ仲間のボーズ粒子で各種の相互作用に対応してゲージボソンがある．電磁相互作用は光子，弱い相互作用はWとZ，強い相互作用はgで表されている．ここでは重力は除いている．物質を表す素粒子は大きく2種類に分類されているが，それは相互作用に依ってである．クォークだけが強い相互作用を初めとして全ての相互作用を行うが，レプトンは強い相互作用を行わない．レプトンの中でもニュートリノは電荷もないために電磁相互作用もなく（ただし微小な磁気能率を持つ可能性は排除されていない）弱い相互作用の

みを行う．

6.4.1　4つの相互作用

ここで簡単に現在認識されている相互作用を見ておこう．相互作用には4つのタイプがあることが知られている．それは**重力相互作用**，**電磁相互作用**，**弱い相互作用**そして**強い相互作用**である．重力は古くから知られており，質量のある物質間にはたらく引力である．電磁相互作用は電荷に光子が結合することで発生する力で電荷を持つ粒子の間に生じる．弱い相互作用は粒子の種類を変換できる力で弱いゲージボソン（WとZ）で媒介される．ベータ崩壊がこの典型であった．太陽が燃えているのも陽子を中性子に変えることのできる弱い相互作用のためであった．なお弱い相互作用は粒子の種類を変換しない部分もあり，宇宙初期の高温高密度状態では電磁相互作用と同じ力であったとして統一された．強い相互作用はクォーク間にのみはたらく力で，グルーオン（g）というゲージボソンによって媒介される．原子核を作りあげているのは強い相互作用であるが，この力がもとで中間子（π，ρ，Kなど）が作られ，中間子による引力で原子核ができるという2層構造になっている．強い相互作用は4つの相互作用で一番強い力である．原子エネルギーを産み出すもとになっている．現実の世界ではクォークが単独で存在しないことから，強い相互作用は非常に複雑な様相を呈している．弱い相互作用と電磁相互作用が統一されたことから残りの力も統一するための研究が精力的に行われている．近年強い相互作用はうまく採り入れられるのではないかという期待が大きいが，まだ明確には見えていない．重力まで含めた**統一理論**は21世紀の課題であろう．

6.4.2　粒子の世界

電子の状態を記述する量子力学の波動方程式に相対論を融合させたのが**ディラック**(P. A. M. Dirac, 1902–1984) である．相対論は質量とエネルギーの関係を与えるので粒子の生成消滅を記述できる．方程式は負のエネルギー解を持つことが分かり，ディラックはこれを反粒子と考えた．最初陽子がそれに当ると考えたが，実際は電子の反粒子である陽電子が宇宙線の中で発見され，質量もスピンも全て同じだが，電荷が反対符号の $+e$ であることが明らかになった．相対論と量子力学を矛盾なく融合させることによって反粒子が自然に導き出され，そしてそれが実際に発見されたことは物理学の発展の歴史の中でも特別な意味を持つであろう．これほど美しい研究を成し遂げるには天才だけでは足りないように思われる．さて反粒子は結局全ての物質を司る粒子（クォークとレプトン）に存在することが分った．陽電子に続いて反陽子が発見された．そして最近ようやく反水素が作られた．

原子核が発見されてから中性子の発見までにはかなりの時間がかかった．もちろん原子核には同じ電荷でありながら，質量の違うものがあることが知られていた．質量の変化はほぼ陽子の質量を単位としていたので，陽子の他に電子が原子核内に存在し，中性の陽子的になっていると考えられていた．しかしこの考え方には大きくスピンの問題と電子を如何にして原子核の中に詰め込むかの問題があった．中性子の発見によってこれらの問題が解決し，原子核を構成する粒子として核子という概念が確立した．核子間の核力を記述するために**パイ中間子**が**湯川秀樹**(1907–1981) によって予言され，その

後宇宙線の中で発見された．その質量が140 MeV と核子と電子の中間程度だったので中間子とよばれた．やがて加速器の発達に伴い中間子を人工的につくることが可能になるとパイ中間子を用いた各種の実験が行われた．核子とパイ中間子で共鳴状態が発見され，その後中間子や核子の励起状態ともいえる粒子が続々発見された．数がどんどん増えていくともはや核子や中間子を素粒子とは考えられなくなった．K中間子や Λ, Σ, Ξ ハイペロンといったストレンジネスを含んだ中間子や核子の仲間が発見され，その質量とスピンの規則性に注目して，それらを構成するより基本的な粒子としてのクォーク模型が提案された．このときまだ未発見だったストレンジ・クォークだけからなる Ω ハイペロンが予想された質量とスピンをもって発見されてクォーク模型は1つの完成を見た．

パイ中間子の発見に先立って μ 粒子が発見されていた．質量は106 MeV とパイ中間子に近く，初めはこれが湯川の予言したパイ中間子と考えられていた．しかし μ 粒子は物質と弱くしか相互作用をせず，本来強い相互作用をする粒子として予言されていたパイ中間子と矛盾した．結局 μ 粒子は電子と全く同じ粒子であることが判明した．なぜ電子と全く同じで単に重いだけの粒子が存在するのか理由は全くわからないが，前節で説明したように粒子には世代という区別があることが判明し，μ 粒子は第2世代の粒子であることははっきりした．

ニュートリノに関しては最近世代間を振動しているらしいという結果がえられつつある．これが実験的に確定すれば80年代にWとZの発見以来の大発見になるであろう．

6.5 宇宙論と素粒子

宇宙は非常な高温の火の玉（ビッグバン）から出発したと考えられている．これには2つの大きな証拠がある．1つは宇宙の膨張である．観測される全ての銀河はお互いに遠ざかっている．もう1つはどちらを向いても宇宙は温度が2.7度になっているという事実である．宇宙には局所的に星などの高温物体があるが，宇宙全体としては2.7度なのである．これは初期には高温の状態があり，そのときは平衡状態に達していて，そこから一様に冷却してきたためと考えると理解できる．さて宇宙が高温の初期条件から膨張しながら温度を下げてきたならその仮定にしたがって私たちが知っている物理法則を当てはめ現在の元素の存在比を予言することができる．非常に高温では弱い相互作用が十分大きくなり，陽子と中性子は自由に変換できる．温度が下がって来ると変換が停止しその段階での温度と質量差で陽子と中性子の比が決まる．この比が主に水素とヘリウムの存在比を決定する要因になっている．現在の素粒子・原子核物理学の知識でこれらを計算することができて，現在の観測されている原子核の存在比と一致することが知られている．しかし，その理論が予言する物質（原子核）の量は宇宙の臨界密度より極端に小さい．

宇宙に存在する質量が多いと宇宙はいずれ膨張から収縮に転ずることになり，一方少ないと永遠に膨張し続ける．ちょうどその境目を臨界密度とよんでいる．宇宙の歴史のなかで非常に初期にインフレーションという爆発的に膨張した時期があることが知られており，この理論は宇宙の密度がちょうど臨界密度であることを予言する．実際の観測でも宇宙の密度は臨界密度に近いことが知られている．よって宇宙の中には通常の私たちが知っている物質以外の物質が存在することになる．このために光

らない物質として**ダークマター**が真剣に探索されている．宇宙の中に未知の質量があることは間違いなく，それが私たちが知っている粒子からできているとすると矛盾するわけだから，未知素粒子である可能性がかなり高い．この粒子を探索する実験が世界中で行われている．

Coffee Break

ニュートリノ

　中性子が壊れて陽子と電子になるベータ崩壊では，陽子と電子のエネルギーを合わせても最初に中性子の持っていたエネルギーよりも少ない．このエネルギー保存則の破れを救うために，パウリは未知の粒子ニュートリノ（中性微子）がエネルギーを運び去ると考えた．ニュートリノは電子や陽子など普通の粒子とほとんど衝突しないため，観測するのは非常に難しく，実際に発見されたのは数十年後である．

　ニュートリノはほとんど衝突することなく物質中を通り抜けるので，もしニュートリノを効率よく観測することができれば，巨大な物体の内部を見ることができる可能性がある．可視光では人体の表面しか見ることができないが，透過力の強いエックス線を用いると内部を見ることができる．同じように，光では星の表面しか見ることができないが，ニュートリノを用いれば星や地球の内部を見ることができる．ニュートリノを捕えるにはどうしたらよいだろうか？ニュートリノといえども，僅かながら物質と衝突する確率を持っている．従って，沢山の物質を集めておけば，その中のどれかの粒子と衝突する可能性がある．実際，小柴昌俊博士は岐阜県神岡鉱山の地下に，水3,000トンを満たした巨大な水槽を用いてニュートリノ検出装置カミオカンデを建設した．小柴氏は，この装置で1987年の超新星爆発の際に発生したニュートリノ観測に成功し，ニュートリノ天文学の創始者として2002年度のノーベル物理学賞に輝いた．その後もカミオカンデおよびそれを10倍以上も大きくしたスーパーカミオカンデは，ニュートリノ振動と呼ばれる現象を観測し，ニュートリノが質量を持つことを証明するなど世界の研究をリードしている．

　電子にミューオン（μ）やタウ粒子（τ）と呼ばれる親類があることに対応して，ニュートリノにも電子ニュートリノ（ν_e），ミューニュートリノ（ν_μ）およびタウニュートリノ（ν_τ）の3種類あることがわかっている．陽子に電子をぶつけたときに出てくるのは電子ニュートリノであり，ミューオンをぶつけたときに出てくるのがミューニュートリノである．幾つかのニュートリノが互いに混じり合っている場合，作られたニュートリノがしばらくすると別の種類のニュートリノに変わってしまうことがある．この現象はニュートリノ振動と呼ばれている．

第 6 章　練習問題

問題 1　コンプトン散乱

アルバート・アインシュタイン（A. Einstein, 1879–1955）が 1905 年に提唱した，光は粒子のようにも振る舞うという「光量子仮説」を支持する実験事実が，1922 年にアメリカの物理学者，アーサー・コンプトン（A. H. Compton, 1892–1962）によって発見された．すなわち，X線が自由電子によって散乱される場合，散乱された X 線の波長は入射 X 線の波長よりも長く，その変化量が散乱角度に依存するという実験結果である（コンプトン散乱）．これは光を波動として考えたのでは理解できない．しかし，アインシュタインの予言どおり，X 線はエネルギー $h\nu$，運動量 $h\nu/c$ を持つ粒子のように振る舞うとして実験結果を見事に説明できた．コンプトン散乱は X 線やガンマ線が物質と相互作用する際の重要な過程の一つである．ここでコンプトン散乱について考察しよう．

(1) 振動数 ν の光子が静止している電子と弾性衝突し，光子が角度 θ の方向に，電子が角度 φ の方向に散乱されたとしよう．角度は光子の入射方向から測るものとする．散乱後の光子の振動数を ν'，電子の運動エネルギーを T とするとき，以下の等式が成り立つことを示せ．

$$\begin{aligned}
\nu' &= \frac{\nu}{1+\gamma(1-\cos\theta)} \\
T &= h\nu \frac{\gamma(1-\cos\theta)}{1+\gamma(1-\cos\theta)} \\
\tan\varphi &= \frac{1}{1+\gamma}\cot\frac{\theta}{2}
\end{aligned}$$

ここで γ は電子の静止質量エネルギー mc^2 を単位として測った入射光子のエネルギー

$$\gamma = \frac{h\nu}{mc^2}$$

である．

(2) 電子が最も多くの反跳エネルギーを受け取る場合の，電子の運動エネルギー $T_{\max}$ および散乱光子のエネルギー $h\nu'_{\min}$ を入射光子のエネルギー $h\nu$ および電子の静止質量エネルギー mc^2 の関数としてそれぞれ表せ．

（問題作成　　下田 正）

第7章　生活に生き夢を追う物理学

　自然科学は物理科学と生命科学から構成されている．本章では自然科学の1つの構成要素である物理科学に着目し，生活を通しての物理学と人類社会との関係を明らかにし，21世紀の物理学の役割を探ってみよう．一例として大阪大学における物理学の精神的源流を近世の商業都市であり，また産業都市であった大阪のなかに探り，その特色を述べる．これらをもとに，21世紀において人類の未来に奉仕する物理学の役割と目指すべき道を明らかにする．20世紀における物理学が人類社会に果たした役割について，その二面性（光と陰）を説明し，つぎに21世紀において人類の夢と未来を開拓するために物理学が果たさなければならない使命を明らかにしたい．このような物理学の役割と夢を実現するためには，しなやかな若い世代の能力の参入が不可欠である．若い世代がこれから立ち向かってゆく「生活に生き夢を追う物理学」の新しい方向性と21世紀における物理学の新しい展望を示す．

7.1　大阪大学における自然科学と社会科学の精神的源流

　江戸時代という近世における商業都市であり，また産業都市でもあった大阪は，我が国を代表する経済の中心地であった．近世における大阪市民による自由・闊達な商業および産業活動と，その結果もたらされた莫大な富の集積の結果として，大阪は他の追随を許さない独自の文化を持った世界有数の近世都市であった．大阪大学（帝国大学）は1931年に創立されたが，その自然科学（物理学，医学）の精神的な源流は，近世における日本経済の中心地・大阪において1823年，岡山の足守藩出身の医師緒方洪庵により創設された適塾にあると言われている．19世紀において，適塾は医学というよりも物理学を中心とする自然科学全体を西欧から輸入するにあたり大きな貢献をした．一方，大阪大学における社会科学の精神的な源流は，1724年，近世商業都市大阪における町人5人が費用を負担して創設され，その利息によって財団法人のごとく運営された懐徳堂にあると考えられている．懐徳堂は当初，町人の子弟に実践道徳を教えることから出発し，次第に高度な学問的授業が行われ，幕藩体制の維持装置であった江戸の昌平校を上回る塾生数を誇るとともに，大阪町人のなかの文化人が集う文化的・学術的サロンおよびネットワークとしての役割を近世商業都市・大阪において果たしてきた．「書生の交わりは貴賤貧富を論ぜず同輩たるべき事」とその学則に記されていたことからもわかるように，学問は万人に開かれていることを既に近世における商業都市・大阪では町人たちが主張していたという顕著な特色を持っていたのである．大阪大学における社会科学の精神的な源流と考えられている18世紀開設の懐徳堂は，大阪大学における自然科学の精神的な源流と考えられている19世紀開設の適塾に大きな影響を与えており，18世紀に懐徳堂で育まれた文化的土壌と大阪町人による文化人ネットワークの上に19世紀の適塾による西欧自然科学・技術導入の仕組みが開花し，適塾は我が国の近代化に指導的役割を果たしたと言われている．このことにより，18世紀の懐徳堂は，近世商業都市・大阪における市民が19世紀における西洋文明摂取の中心的役割を果たした適塾のために準備

した文化・学術サロンであると位置づけられている．懐徳堂を中心として形成された大阪の町人文化は，それまでの儒学思想を合理的かつ開明的なものとして，近代化への道を敷設しただけでなく，人間社会の道徳の問題と自然現象の研究を明確に分離するという近代的な自然科学の出発点としての合理的な自然科学の方法論を確立することによって，我が国における自然科学の出発点を創出することにも成功したと広く認識されている．このような 18 世紀の懐徳堂による開明的環境整備により，19 世紀の適塾の存在が可能となり，適塾で育った開明的な塾生であった福沢諭吉，大村益次郎，長与専斉，橋本左内，大鳥圭介らによる蘭学を通した 19 世紀の西洋文明摂取が可能となり，以後の日本文化の発展に指導的役割を果たしたのである．このような文化的風土と文化的背景を基盤として，大阪大学（帝国大学）は，西欧科学技術の模倣と輸入を目的とした東京大学（帝国大学）や京都大学（帝国大学）とは全く異なる文化的背景の基に，町人（市民）の独自性を生かして科学技術の模倣から創造への転換をねらった新しい大学として創設されることになるのである．

7.2 大阪大学の創設と物理学

明治政府による西洋文明摂取政策，とりわけ西洋の科学技術導入による近代化を目指した明治政府の政策により，御雇（おやとい）外国人技師や招聘外国人教授による東京大学（帝国大学）などを中心とした日本の科学技術の模倣の時代を経て，明治中期以後からは，我が国の独自性を生かした模倣から創造への発展がはかられた．とくに，独創的工業の勃興発達を目指した基礎研究の重要性が次第に認識されて来たこともあり，大正 6 年には東京に理化学研究所が，また昭和 6 年（1932 年）には「産業界が期待する技術開発のための基礎研究に対応する」ことを目的とした大阪大学（帝国大学）が設置された．大阪大学の設置は，量子力学の完成という 1920 年代の激動期を経た後であり，核物理学や物性物理学に物理学の興味の対象が移りはじめた創生期であった．このような物理学の乱世の時代にあって，創設者であった長岡半太郎，真島利行，八木秀次らの英断により，岡部金治郎，湯川秀樹をはじめとする理学部教官を若い優秀な人たちで構成したので，以後，大阪大学理学部は日本における近代科学の中心となり，我が国の物理学の発展において指導的役割を果たすようになったと言われている．わが国最初のノーベル物理学賞の対象となった湯川秀樹の中間子論の研究は，創設間もない中之島キャンパスの物理教室で行われた．また，大阪管とよばれた，岡部金治郎によるマグネトロンの研究が顕著な例としてあげられる．

7.3 物理科学 〜 自然科学と社会科学 〜

科学は自然科学と社会科学に大きく分類される．社会科学は，人間社会における様々な社会現象や精神活動の起源について合理的に筋道をたててこれらを説明する基本法則を発見し，それに基づいて人間の社会における新しい社会現象を説明・予測し，人類にとってより幸福で文化的な社会をどのようにして実現するかについてのガイドラインを提供する役割を担う学問である．一方，これに対して，自然科学は，自然現象を合理的に筋道立てて説明することのできる普遍的な基本法則を発見することにより，自然現象を合理的に説明し，これらに基づいて新しい現象を予測することにより自然認識を

広げ，豊かな文化に貢献するとともに，基本法則に基づいて新たな展開をはかり，今までにない新しい機能を有する新物質を合成したり，新たな産業の創成に貢献して，これらを利用した新しい機能を持つ材料やデバイスを開発することにより人類の幸福な未来を実現することのできる学問である．この中でも自然科学は生命科学と物理科学の 2 つに大別される．生命科学は生命の起源や生命現象の仕組みについての基本法則を発見し，生命現象を説明するだけではなく新現象を予測し，治療に応用することにより人類社会の医療問題解決に貢献し，より良い生命機能の維持と活動に役立てることを目的としている基礎科学である．一方，生命科学に対して，物理科学の主たる構成要素である物理学は自然界で起きている現象の起源や，その仕組みについて，観察や実験，またシミュレーションや理論的解析や考察にもとづいて，これらを合理的に，しかも統一的に説明するための普遍的法則（基本法則）を発見することを目指している．基本法則の発見は自然認識の新しいパラダイムの獲得へと私たちを導き，豊かな人類文化に貢献するだけでなく，さらに，基本法則に基づいてさらなる新しい物理現象を予言したり，新しい機能を持つ材料やデバイスを人工的に作製したりするための基礎を提供する学問である．このような物理学の持つ基礎と応用にまたがるダイナミックな影響力は，人類の文化，社会，経済のすべてに対して大きな影響をもたらすことから，その扱い方によっては人類の平和・福祉・文化・経済などのあらゆる分野に対して正と負の二面性を持っている．したがって，その利用の仕方によっては善悪両面の大きな影響が社会にもたらされるのである．

7.4 古典物理学と量子物理学

20 世紀以前の物理学は古典物理学とよばれ，天体の運行や巨視的な存在（生物体）である私たちの身のまわりにある巨視的な物体の運動を対象とし，古典物理学を構成するニュートン力学や電磁気学によりこれらの運動を正確に記述し，これらの振る舞いを予測することができた．ニュートン力学や電磁気学に基礎を置いた古典物理学は，アボガドロ定数個 (6.022×10^{23} 個) の原子や電子からなる巨視的な世界の出来事を記述する物理学の基本法則であり，アボガドロ定数個のオーダーの原子から構成されている巨視的な存在である私たちの身のまわりの巨視的世界では完璧な予言能力があった．しかし，科学技術の進歩とともに，原子レベルでの微視的世界の出来事が新しい分光法や測定技術の進歩によって観測可能になり始めると，巨視的な世界では完璧であった古典物理学も微視的な世界ではその弱点を露呈しはじめて，19 世紀後半には，原子や電子レベルでの微視的な世界の出来事を記述する基本法則としては古典物理学が無力であることが次第に実験で明らかにされてきた．特に，19 世紀後半から勃興した鉄鋼産業における高温測定技術や照明工学における分光測定技術，また食肉冷凍保存技術における低温技術に端を発した冷凍産業技術の進歩に伴って，光を使った分光学的実験技術や低温での実験技術が大きく向上したことにより，巨視的な存在である人間にも微視的世界の出来事を実験的に観測することが可能となってきた．これらの実験事実から，巨視的な世界を記述する基本法則である古典物理学が微視的世界では全く無力であることが明らかになった．微視的な世界の出来事を記述するための新しい基本法則として，20 世紀初頭に量子物理学が発見された．実に 2000 年はマックス・プランク (Max Planck) が量子論を発表して 100 周年目にあたり，世界各地で量子力学発

見 100 年記念の催しが行われた．巨視的な世界の出来事を記述する古典物理学に対して，量子物理学は，電子や様々な素粒子のような原子レベルでの微視的な世界における物質の振る舞いを正しく予則，説明することができ，しかも，これらを利用することにより，今までなかった新しい物理現象（量子現象）を予言することができるようになった．それによって 20 世紀半ばから電子や原子核などの特性を利用した物性物理学や核物理学によるデバイス応用への実用化研究が大きく開花し，私たちの社会生活にも大きな影響を与えることになる電子を利用した電子デバイス（電子機器）や原子核を利用した核デバイス（核兵器や原子炉）が作られるようになった．20 世紀には，物理学が私たちの社会や生活に直接大きな影響を与えたため，20 世紀は別名「物理学の世紀」ともよばれるようになった．20 世紀は主として量子力学に基づいて，新しい実験事実を説明し，新現象を予言することに主として利用されてきた．量子力学に基づいて原子レベルでの電子や原子の振る舞いを定量的に予言し，これらを電子デバイスや原子核デバイスに応用することにより，人類の平和と福祉に貢献してきた時代ととらえることができる．一方で，次章で議論するようにこのような物理学の側面には人類にとって明暗の二面性を持つことが次第に明らかになってきた．

7.5 社会における最重要課題の解決策としての物理学

21 世紀においても，物理学は，私たちの社会や生活において次々と起こってくる社会の最重要課題の解決策と深くリンクしているため，文化と産業を通して人類社会に大きな影響を与え，しかも，物理学は人類社会における最重要課題解決のための鍵を握っていると考えられている．20 世紀における量子力学の発見により，私たちは新しい自然認識に到達し，物理学はこのような学術・文化に貢献しただけでなく，電子産業やエネルギー産業を通して実利的な側面からも社会に貢献し，大きな影響を与えた．20 世紀の物理学である量子力学が自然認識の手段であったのに対して，21 世紀の物理学では，量子力学をテクノロジーとして利用することにより，人類の平和と福祉のために貢献することができ，量子力学によるスピンを積極的に利用したスピンエレクトロニクス・デバイスや量子状態制御に基づいた量子計算や量子通信などの人類史上例を見ない革新的なテクノロジーの発展の予兆が始まっている．21 世紀の人類社会において，現実に大きな社会問題として顕在化しつつある 3 つの最重要課題として，次の 3 つの主要な問題が上げられる．すなわち

1) 環境問題

2) エネルギー問題

3) 高齢化福祉医療問題

である．これらの社会における最重要課題を解決するための鍵としての基本原理を提供する基礎学問としての物理学の役割が最近大きくクローズアップされている．物理学には，基本原理に立ち返って人類の未来に関わる最重要課題を解決するための方法論を提供し，問題解決のための応用開発研究をリードし，そしてこれらを事業化するための新しい方法論（戦略）と現実的な解決手法を人類社会に提供し続けることによって，人類の未来を開拓する大きな役割を担うことが期待されている．すなわ

ち，物理学に基礎をおいたリサイクルが可能な環境調和材料や環境に負荷をかけない環境調和型デバイスの開発，また地球との共生が可能な太陽電池や燃料電池などの高効率エネルギー変換材料やデバイス開発，また高齢化福祉医療用材料の開発や，これらを用いた生体との調和性を持つ生体調和材料や代替臓器・デバイスやセンサーなどを新たに開発するためにも，21世紀の物理学の果たす役割は20世紀にも増して，ますます大きくなってくると予測されている．

7.6　20世紀の物理学の人類社会における二面性（光と陰）

　21世紀における私たちの社会生活と物理学との直接的な関係について考察するために，まず20世紀に私たちの身のまわりに起きた物理学と人類社会の文化と生活との関連性について振り返り，過去の事実と現実とを直視することにより現実を客観的に踏まえた立場に立って，物理学の人類社会に対して持っている二面性（物理学の光と陰）を明らかにしたい．それは，20世紀における物理学と人類社会との関係を明らかにし，これらの事実を直視することによってのみ，21世紀において物理学が人類社会の幸福な発展と福祉に寄与して人類社会に果たす役割を明らかにすることができるからである．21世紀において物理学の果たす役割と将来を予測することにより，21世紀における物理学の新しい展望と解決すべき問題点が自ずと明らかになる．

　20世紀の初頭に発見された量子物理学は，原子や電子レベルでの微視的世界における電子や様々な素粒子の運動やその物理的性質を説明することができ，基本法則に基づいて，これらの運動を予測することができるので，さらに新しい物理現象や物質の物理的性質を予言することができるようになってきた．とくに，私たちの日常生活における温度（25℃ ≃ 300K）と同じエネルギーの大きさで相互作用し，これらの温度で熱的に励起することができ，しかも情報を伝えることのできる電子について，その運動や物理的性質を量子物理学に基づいて定量的に予言することができるようになってきた．量子物理学に基づいて，逆に私たちの社会が要求する物理的性質をもつ物質や新しい機能を発現するための電子デバイスや量子デバイスをデザインすることが可能となった．これにより，トランジスターや半導体レーザーなどの多くの電子デバイスや光デバイスが発明された．このような物理学の基本法則が生み出した新デバイスや新機能材料がわれわれの社会生活に対して大きな恩恵を与え，私たちの身のまわりには，トランジスターを高密度に集積した超LSIを用いたコンピュータ，様々な家庭電化製品，携帯電話やインターネットに代表される情報通信機器，コピー機などの機器が普及してきた．これにより，19世紀の生活と比べて私たちの生活は大変便利になり，生活や生産における効率が大きく向上した．その結果，生産の効率化や低価格での大量高品質生産が可能になり，余暇が生まれ，新しい文化活動，学術活動，人類の福祉活動を通じて，物理学は人類社会の文化に大きく貢献することとなった．物理学の基本法則の持つこのような普遍性と予言能力を用いることにより，最近では，人工的に原子を1粒ずつ半導体基板上に並べて，自然界には存在しないような人工物質や超構造を結晶成長させ，所望の物理的性質を示す人工物質を合成することができ，人類の希望する機能を持った新機能光デバイスや高速コンピュータなどの電子デバイスや量子デバイスの作製が可能となってきている．このように，特に20世紀後半における物理学の人類社会に対する恩恵は物理学における光の部分とし

第7章　生活に生き夢を追う物理学

て人類に認識されているものであり，科学技術のもたらした人類社会全体への豊かな恩恵は，20世紀に人類が始めて遭遇したものであり，人類の知恵のポジティブな側面として後世に誇れるものである．

　一方，このような物理学の提供する実社会に対する恩恵（光の部分）に対して，核兵器のようなネガティブな側面（陰の部分）も顕著になり，物理学が人類社会の発展にとって大きな危機的状況を作り出してきたのも20世紀の物理学の特徴である．すなわち，量子物理学は原子核を構成している陽子や中性子などの素粒子についても，微視的世界における核分裂や核融合などを定量的に予言することができ，これらの相互作用エネルギーが途方もなく大きいことが明らかになり，エネルギー源として利用できるようになってきた．これを原子力エネルギーとして平和利用する以外にも，現実的には第二次世界大戦中に物理学者により原子爆弾が開発され，人類史上はじめて広島，長崎で使用され，人類史上最悪の大きな被害をもたらした．その後の東西冷戦時には，人類を絶滅させるに充分な量の核兵器が開発され，朝鮮戦争，キューバ危機，ベトナム戦争などの大きな危機に直面したが，幸いにも人類の智慧により，これらが現実に使用されることはなかった．しかし，20世紀における物理学者の手により発見された物理学の基本法則である量子物理学に立脚して，人類史上初めて，地球上の全人類を絶滅させるにことのできる大量の核兵器を保有するという大きな危機を人類にもたらしたという事実を忘れてはならない．したがって，将来，物理学に限らず科学に携わる者やこれらの成果を享受する市民は等しく，科学の提供する人類社会に対する恩恵（光の部分）と害（陰の部分）についての二面性が存在することを常に心に留めて，物理学が人類の福祉と平和に寄与するよう常に注意を払い，これを制御して人類社会にとって有効利用できるように見守って行く義務と責任が生じてきたということができる．科学のように，その使い方によって，人類に大きな被害をもたらし，また，逆にまた，大きな利益をもたらすといった二面性を持つ学術文化を人類社会のため健全に発展させるには，科学を深いレベルで理解し，評価し，批判的な立場から検証し，制御された条件下で平和利用することを自ら決定することのできる力量を持った知性と教養を併せ持つ新しい市民の存在が不可欠である．このような意味において，物理学は専門家のためのものとして，限られた狭い学問領域に閉じ籠もっていることは社会的に許されない状況にある．物理学は，将来物理学を専攻する専門家だけでなく，これらの成果からの恩恵や被害を通して人類社会において直接影響をうける専門分野の異なる一般市民のレベルで深く理解され，物理学に対する深い理解と批判能力を有する知恵と教養を持つことが人類社会のバランスある発展にとって重要なポイントである．物理学のもつ基本法則を基に，産業応用がダイナミックに展開され，開発されるデバイスの社会における波及効果やリスクを市民が予測することができ，自らこれらを評価し，制御し，これらの導入の可否を自己決定することができるようになることによって，初めて，人類のための物理学の健全な発展が21世紀の市民社会で可能となってくる．このような意味において，社会的な要請を満たすプロジェクトの企画立案を行うことができ，公開されている情報からこれの人類社会にたいする影響を評価し，企画立案の成否について自己決定することができる物理学についての教養ある自律的な市民を育成することも21世紀における物理学の果たす重要な役割である．

7.7 物理学を支える三本の柱

現代物理学は，方法論的に分類すると，従来からの実験的手法および理論解析的手法による

1) 実験物理学

2) 理論物理学

そして近年，コンピュータの計算能力の長足の進歩と新しい計算手法の開発により，大きく発展してきた「第三の物理学」とよばれている

3) 計算物理学

から構成されている．実験物理学はテクノロジーの進歩に裏打ちされた新しい実験手段の開発に基づいて，実験的手法により物質や対象とする自然に対して相互作用をさせて能動的にはたらきかけることにより，そのレスポンスを計測して，自然現象の仕組みや機構を深く精密に理解し，これらの系の振る舞いを支配している一般的な基本法則を見出すことにより，さらに新しい現象を予言・計測し，発見することを目的とした物理学である．また，理論物理学は主として理論的な解析手法により，自然を支配している基本法則を論理的に発見し，また，階層化されている自然の特定の階層に着目しこれらを支配している最も重要な要素をだけを取り込んで単純化したモデル（模型）を演繹し，これらを解析的手法に基づいて解析することにより自然の仕組みを深く理解するとともに，新しい現象を予言する基礎的学問である．

一方，これらの伝統的な物理学の手法に対して，近年の半導体物理学の進歩に基礎をおいた半導体デバイスの発展によるスーパーコンピュータ，超並列計算機，高性能ワークステーションなどの計算能力の長足の進歩と，新しい計算物理学的手法の進歩とを組み合わせることにより，従来解析的手法を用いた厳密解や近似解によってその研究が行われていた理論物理学の研究についても，コンピュータをもちいた数値計算により，近似解よりも現実により近い条件で量子力学に基づいたシミュレーションを行い，計算結果に基づいてこれらの系を支配している物理的機構を解明し，さらに新しい物理現象や新物質の物理的性質を予言することを目的とした計算物理学が威力を発揮してきたために大きな脚光を浴びてきた．最近では，理論の論文のうち過半数以上が計算物理学の論文となっている．計算物理学は，初期の段階ではコンピュータの能力に限りがあったため計算規模が小さく，あまり現実を反映したシミュレーションとはなっていなかったが，最近の半導体エレクトロニクスの１８ヶ月で２倍というムーアの法則によるデバイスの進歩によるコンピュータの計算機能力の大きな進歩，新しい計算手法の進歩，超並列計算などのアルゴリズムの進歩に助けられ，かなり現実的な系をシミュレーションにより記述することが可能となってきた．このようなシミュレーションは仮想実験ともよばれており，経験的なパラメータである実験事実を一切用いることなく，原子番号だけを入力パラメータとして，非経験的に実験事実を定量的に説明することができ，しかも，今まで存在しなかった仮想物質の安定構造や物理的性質を予言することができるため，シミュレーション結果に基づいて，現実に新機能物質が合成され，予言通りの物理的性質を示す多くの事例研究がではじめている．このような

思いがけない計算物理学の予言能力や物性予測能力は，工業化社会から知識社会に大きく産業構造が変化しつつある産業界にとっても，限られた期間と人的資源の制約の基で，効率よく新機能材料や新機能物質の開発研究を進めるために必要不可欠の手法として注目を集め始めている．計算物理学では，通常の条件下での実験事実や実験データの解析だけではなく，高圧，高温，低温，強磁場，強電場，非平衡状態などの極限条件下での実験や合成が現実に難しいような極端な条件下や，実際の実験に多額の費用を要するような場合においても，時間を止めた解析や極限状態での仮想物質の合成が容易であるため，今後の大きな発展が約束されている．このような計算物理学の著しい進歩により，従来の実験物理学と理論物理学に加えて，物理学を支える新しい柱としての性格を反映して，計算物理学は「第三の物理学」とよばれているのである．

　20世紀の初頭では，実験物理学と理論物理学は一体のものとして発展してきたが，テクノロジーの進歩とともに実験物理学が精密化し，大規模化するに伴って，実験が大規模物理学のフェーズに入るとともに，必然的に分業化が進み，実験と理論に分業化してきた歴史的経緯がある．このような実験物理学と理論物理学の精密化・大規模化に伴う分業化や専門化は次第に物理学が一部の限られた専門家だけのものとなり，一般市民から見て，不可解で不透明な存在となることにつながり，一般市民や納税者が物理学の発展とその社会的影響について強い関心を払わなくなりつつあるため，現代の物理学はその発展にとって大きな危険要素を含んでいるといえる．これらを解決するためには，専門化され，分業化された物理学の各分野と納税者である市民をネットワークでつなぐことにより双方向の相互作用を喚起し，社会の変化に対して物理学者がダイナミックに対応し，また市民が新しい科学的発見や物理学者の発する情報に深い関心を持ち，両者の間に大きな相互作用を誘起するためには，社会の要請や物理学者の現状と進むべき道についての相互理解と協調を可能にするネットワーク化の努力が不可欠である．これにより，一般市民は専門家である物理学者を評価し，支援し，批判することができる．一方，逆に物理学者は研究成果である新しいアイデアを社会に対して発信し，社会に対する説明責任（アカウンタビリティー）を果たし，これらの新しい研究成果や新しいアイデアにより社会やシステムを変えることができるのである．

7.8　産業構造の転換と物理学

　現実の産業構造では，マテリアル（材料）研究の基礎の上に，デバイスが開発・作製され，さらにこれらに立脚してソフトウエアが構築されるという三段階の階層性（マテリアル→デバイス→ソフトウエア）から構成されている．一般には，工業化社会が発展し，成熟度を増すにしたがって，マテリアルからデバイスへ，デバイスからソフトウエアへと就労人口の主要な部分が順次移行しながら，社会はマテリアルやデバイスを中心とした形のあるものに価値と重点を置いた製造業を中心とした工業化社会から，ソフトウエアやデザインを中心として形のない知識に価値と重点を置く知識社会へと発展して行くと考えられている．このような産業構造の転換を1990年代までに既に成し遂げている米国においても，1980年代初頭にはマテリアルとデバイスを合わせた工業化社会における製造業の就労人口の割合は過半数を越えていた．2002年現在では，米国の製造業就労人口の割合は既に2割を切っ

ている．一方，日本における製造業就労人口の割合は現時点でもまだ過半数近くであるが，産業構造の転換が順調に進めば2010〜2015年には製造業就労人口は2割弱に減少すると予想されている．すなわち，日本の産業構造も21世紀の初頭から10〜15年間で，製造業を中心とする工業社会からソフトウエアを中心とする知識社会へと大きく変貌を遂げようとしているのである．このような大きな産業構造の転換に伴って，科学技術のメインストリームも大局的には，マテリアル・サイエンス（材料科学）やデバイスを中心とする電子産業から，インフォメーション・サイエンス（情報科学）やライフ・サイエンス（生命科学）へとその比重を順次移して行くと考えられている．大学や国立研究所，また企業における基礎物理学に従事する物理研究者も属する社会と無縁でいることはできず，必ず社会的存在であることから，物理学者にも社会の影響が色濃く反映される．このような急激な産業構造の変化の中での物理学の果たす役割について考えてみよう．

このような大きな産業構造の転換期においても，また将来知識社会に産業構造が移行した後でも，それぞれの階層の比重の大きさが変わるだけであり，三段階の階層性（マテリアル→デバイス→ソフトウエア）が存在することは明らかである．例えば量子状態の操作に基礎をおいた量子コンピューティングのための他の追随を許さないような独創的なソフトウエアの開発のためには，新しい機能を持つ量子デバイス（キュビット）が不可欠であり，このような量子デバイスを可能にするためには新機能を持つマテリアルの開発が不可欠である．今までにないような新機能を持つマテリアルを開発し，プロパテント化（特許重視主義）政策と併用して知的所有権化できれば，先に述べた三段階の階層性（マテリアル→デバイス→ソフトウエア）を通して，社会や文化を大きく変えることができ，そのインパクトは計り知れないほど大きなものがある．このようなタイプの，すなわち他の国の追随を許さない独創的な製造業だけが，知識社会に産業構造が移行した後でも生き残ることができる．1990年までに知識社会への移行を終わった米国におけるインテルの例をみてもわかるように，独自に開発したコンピュータの心臓部であるCPU(Central Processing Unit)は，米国政府からの援助による新規な技術開発研究と，レーガン政権下で押し進められた半導体回路(IP)に関するプロパテント化政策の併用により，特許によって保護されたCPUの製造において世界のシェアの85％以上を現在でも確保しており，知識社会に移行した産業構造の中では，このようなタイプの知識重点主義の製造業だけが生き残ってゆけると考えられている．このような産業構造の大きな変化の中で物理学が果たしてきた役割について，半導体を中心とする電子産業を例にとって考えてみよう．

1940年代には，量子物理学は半導体中の電子の振る舞いを予言，説明するための固体電子論に応用され，ドイツなどの欧州を中心にゲルマニウム・シリコンなどを材料とした半導体物理学に関する研究の萌芽をみることができる．第二次大戦中，戦禍と迫害を逃れて，欧州から米国に流入した第一級の固体物理学者を中心にゲルマニウムやシリコン半導体材料に関する基礎研究が精力的におこなわれ，これらに立脚して真空管にとってかわるトランジスターが米国ベル研究所で開発された．さらにこれらを高密度に集積化した超LSIが開発され，これらを搭載した大きな計算能力をもったコンピュータが開発され，各家庭や個人レベルで大きく普及した．また，半導体材料の基礎研究に立脚して，半導体レーザーや光ファイバーなどの情報通信の基礎となる基盤技術が，主として固体物理学，電子工学，情報通信の学際協力をコアに開発研究が行われてきた．このような基盤技術をもとに，物理学者はイ

ンターネットや UNIX といった新しいソフトウエアの開発にまで進出し，物理学者は常に新しい分野のフロンティアにあって果敢に挑戦し，常に新しい展開における鍵をにぎるはたらきをしてきたと言っても過言ではない．その理由は，物理学は常に普遍的な基本法則に立ち返り問題の本質をつかみ，基本法則を用いて原理から出発して最先端の困難な問題を解決するという立場に立ち，しかも全く新しい分野においても基本法則（量子物理学）に立ち返る方法論が常に有効にはたらく鍵を握っているということを確信しているからである．このような物理学の持つ原理中心主義的な問題解決のための方法論は，変化の激しい乱世の時代や複雑なシステムの場合にこそ，その威力を発揮するのである．例えば，現代的なライフ・サイエンスの基礎を提供している DNA の結晶構造を決定したワトソンとクリックの 1 人は物理学者であることは周知の事実であることが多くを物語っている．

　このように，物理学は，先に述べたような産業構造がどのように激しく変化しようとも，その時々に，大きな変化を誘発する起爆剤となって，新しい変化を先取りする形で社会からその発展の鍵をにぎる重要な役割を持ち，それを成し遂げてきたことにより，その存在意義が大きく社会や納税者である国民から認められているのである．物理学は，大きく転換してゆく産業構造に対しても，転換の節々に画期的な成果を人類社会に還元することにより，近代市民社会や次世代の産業社会から大きな期待をうけ，これらを成し遂げることにより 21 世紀の市民社会から愛される存在となることができる大きな可能性を秘めている．大学は教育・研究活動を通して，社会にあたらしいアイデアを提供し，社会・経済システムや文化を変えてゆく機能を持っている．大阪大学のような規模の国立総合大学においては，上記のような工業化社会から知識社会への産業構造の変化にあわせて，教育・研究内容を変革し，社会に新しいアイデアを提供することにより社会や文化を変革してゆかなければ，社会的な存在である大学は社会の要請や納税者の期待を満足することはできない．しかし，現実の国立大学では，上記のような産業構造の変化とは全く独立な運営がなされており，新しいアイデアを社会に提供し，社会・文化を変えてゆく機能が十分に果たされているとはいえない状況にある．したがって，現在のままのシステムでは，このような産業構造のダイナミックな変化や将来の新しい展開による社会からの要請にも対応できていないのが現状である．このような現状にあって，マテリアル→デバイス→ソフトウエアと産業構造が急激に転換するなかでマテリアルやデバイスなどの基盤産業と物理学は深くリンクし，しかも新機能をもつマテリアルやデバイスが開発されたときの，社会にたいするインパクトの大きさとソフトウエアを通しての文化にたいする影響力を考慮すると物理学の果たす役割は極めて大きいといえる．今，納税者である国民が物理学に求めていることは，このような大きな産業構造の変化を先取りして，きたるべき社会の大きな変動に備えて，その学問内容を改革し，教育・研究を通して，社会に新しいアイデアとリーダーシップを提供することにより，社会の文化やシステムを変えてゆく機構を社会の公器である大学に導入し，その役割を社会に対して十分に果たすことである．

7.9　物理学と新機能物質のデザイン

　新機能性材料としての現実物質は，周期表における約 100 種類の元素から構成される化合物，合金などの組み合わせを考えてみると，その種類と機能において気が遠くなるような豊富さと多様性とを

合わせ持っている．しかも，物理学による新機能材料の開発は，エネルギー問題，環境問題，高齢化福祉医療問題などにおいて，21世紀の最重要課題の問題解決のカギを握っているといっても過言ではない．エネルギー問題を解決するための高効率エネルギー変換材料や環境問題を解決するための環境調和材料，また高齢化福祉医療のための生体調和材料などの新機能材料が発見されたとき，マテリアル→デバイス→ソフトウエアという階層性を通しての科学技術におけるインパクトの大きさを想像すると，21世紀においても，新機能材料の研究開発の重要性はますます増大すると予測される．このような状況と先に述べてきたような産業構造の急速な転換という状況のもとでは，新機能材料開発の研究は現在の労働集約的で非効率な研究開発体制から，少人数でも新しい機能を持つ新機能材料の開発が効率よく行われる知識集約的な研究開発体制に移行することが必然的に求められてくる．他の追随を許さないような高次機能や優れた環境調和性を持った新機能材料の発見や開発を効率よく行うためには，従来からの実験主体の試行錯誤的な新機能材料開発に取って代わり，実験だけに頼るのではなく理論的な新しい手法により物性予測や材料合成プロセスの設計を行い，これらに立脚して効率的な新機能性材料開発を可能にしようという物質設計（マテリアルデザイン）が不可欠となってくる．

　このような状況の中，近年，コンピュータと計算物理学的手法に大きな進歩があり，原子番号だけを入力パラメータにして多様な系についての物性を予測し，実験データを定量的に説明することができるようになってきた．実験で決められる少数の経験的パラメータを含むモデル（模型）計算と比較して，第一原理計算は，世の中に存在しない仮想物質や新物質について，電子状態や物性を定量的に予言できる唯一の理論的枠組みといっても良く，「凝縮系物質における標準模型 (Standard Model)」とよばれている．最近では，第一原理計算による物性予測に基礎をおいたマテリアルデザインの可能性や現実性が議論されるようになり，半導体物理学においては，すでに現時点でも，第一原理計算による物性予測と考え抜いた独創的なアイデアを併用することにより，電子材料に関するプロトタイプのマテリアルデザインが可能となりつつある．第一原理計算によるマテリアルデザインでは，原子番号だけを入力パラメータとして物質の安定な構造配置と電子状態を計算する．次に，これらの計算結果の解析から系を支配している物理的機構を解明することができる．これらに基づいて，更に優れた機能を持つ物質（仮想物質）を推論する．推論した仮想物質の構造安定性や機能は第一原理計算による電子状態のシミュレーションにより目的とした機能を満たしているかどうか検証することができる．このような第一原理計算によるマテリアルデザイン・エンジンを回転することにより目的とする機能を持った物質をデザインすることができる．

7.10　物理学者の社会的責任

　物理学のような基礎研究は，研究投資に対して，基礎研究 ⟶ 応用開発研究 ⟶ 企業化，と3段階の異なる階層がつながり，研究投資が回収されるには，10年～20年と長期の期間が必要であるため，一企業や個人で実施するには研究投資という視点からのリスクが大きい．そのため物理学のような基礎研究は，公財政（税金）から投資された研究費によって，資本回収までの長期性や資本回収率の低さに関するリスクを納税者である人類全体で分担しようとしているのである．このようにリスク

第 7 章　生活に生き夢を追う物理学

を人類全体に分散により発展してきた物理学の基本法則とその定量的な予言能力を現実物質に利用して，人類社会の福祉と平和に不可欠な新機能物質の開発に有効利用することにより，長期的ではあるが，公財政から投資された研究費によって得られた成果を人類社会に還元することが税金で研究費を得て生活している物理学者の社会的責任の 1 つである．物理学者の持つもう 1 つの社会的責任は，先に述べた物理学の持つ陰の部分，すなわち物理学の基本法則から生じた研究成果が人類社会に対して脅威となるような使われ方について，市民に対してこれらの研究成果の及ぼす効果や危険性を客観的なデータとともに開示し，人類の未来に対して積極的に警告を発信することである．このような物理学者の社会的責任は，20 世紀においても認識されており，多くの努力がなされてきたが，核兵器が実際に開発され広島・長崎で使用されたことを考えれば，結果的には十分に物理学者の社会的責任が果たせてはいないのが現状である．21 世紀の物理学はここで述べてきたような 2 つの社会的責任，すなわち，人類社会への科学技術を通しての文化貢献と人類社会への福祉平和貢献という大きな責務を負っていることを忘れるわけにはゆかない．

7.11　材料科学と物理学

　現実物質である鉄鋼材料や単結晶以外の半導体材料は粒径の小さい単結晶の集まりからなる多結晶から構成されている．アボガドロ定数個の原子から構成される構造材料は，巨視的なレベルでの物理学法則である古典力学によりその構造材料としての運動を記述することができる．これらを顕微鏡で拡大してみると粒径の小さい単結晶の集まりであり，これらのスケール領域は巨視的な領域と微視的な領域の中間領域なので，メゾスコピック（中間）領域とよばれている．さらに拡大率をあげて，ナノメートル（$1\,\mathrm{nm} = 10^{-9}\,\mathrm{m}$）サイズの領域をナノ領域とよぶがこの領域での電子や原子の運動を量子物理学に基づいて記述するのは原理的には可能であるが実際の第一原理計算では複雑すぎて計算するのが難しいのが現状である．このような領域では，従来考えられていた物質の物理的性質をこえる新規な機能や特色を持った機能性材料の宝庫であると考えられ，21 世紀においてナノサイエンス・ナノテクノロジーとして大きく発展することが期待されている．21 世紀の材料科学では，新機能物質の創成とナノテクノロジー物質の創成が大きな研究テーマとしてクローズアップされてくることが予想される．21 世紀初頭における産業構造の転換から，我が国は製造業中心の工業化社会から，形のない知的生産物である知的所有権に基礎をおいた知識社会に移行してゆくと考えられている．このような知識社会では，知的所有権により知的資産を守りつつ，他の追随を許さない新機能材料やナノテクノロジー・デバイスを開発し，これによって未来を開拓してゆかなければ将来の発展の可能性はないのが現状である．

　さらに拡大率を上げ，原子が 1 粒ずつ見えるようなオングストローム（$1\,\mathrm{\AA}=10^{-10}\,\mathrm{m}$）領域は微視的領域とよばれる．この領域では電子の運動は量子物理学で記述され，物質の物理的性質を予言することができる．このような微視的領域では，正の電荷を持つ原子核のまわりに束縛された電子には距離の逆数と原子番号に比例するクーロンがはたらいている．したがって，微視的な原子レベルでの電子の運動は原子番号だけを入力パラメータとして，微視的な世界の基本法則である量子力学（第一原理）

に基づいて計算することができるのでこれらは第一原理計算とよばれている．第一原理計算では原子核の動きに対して電子は速やかに追随して動くという断熱近似を用いる．このような計算では，多体的に相互作用しているアボガドロ定数個のオーダーの電子間のクーロン相互作用を直接取り扱うことは計算資源上不可能なので，電子間の相互作用を一電子近似により取り扱うことのできる局所密度近似を用いる．このような計算では，原子番号以外の入力パラメータを含まないので非経験的計算手法もしくは第一原理計算とよばれ，物質の基底状態に関する格子定数や体積弾性率については実験データを約 1% 以内の誤差で予言でき，さらに結晶構造などについても異なる結晶構造における全エネルギー比較からほとんどの場合が正確に予測することができる．最近では全エネルギーの原子位置における微分である原子にはたらく力が正確に計算できることを利用して，有限温度における動力学をシミュレーションすることができるので，固体の融解による液体金属の研究や液体からの急冷によるアモルファス物質の第一原理分子動力学シミュレーションに用いられている．このような第一原理電子状態計算は「凝縮系物質における標準模型」とよばれており，実在しない仮想物質や未だ創成されていない新物質の物理的性質を予言することができる唯一の理論的枠組みである．このような状況は必然的に第一原理電子状態計算を新物質のマテリアルデザイン（物質設計）に利用しようという研究に必然的に到達する．このような研究は「第一原理計算によるマテリアルデザイン」とよばれ，これらは大阪大学大学院理学研究科，産業科学研究所，基礎工学研究科，工学研究科の主として物性物理学の研究者によって開発されたオリジナルな研究領域であり，「阪大オリジナル」とよばれ，このような分野の世界における研究の中心となっている．これらのグループによる実際のデザインに基づいて多くの新物質が創成されており，特許などの知的所有権などとの併用により，ワイドギャップ半導体や磁性半導体などの現実物質のマテリアルデザインにおいて他のグループの追随を許さない研究実績を上げている．

7.12　高齢化福祉医療と物理学

我が国では健康医療保険制度が整備されており，しかも健康的で変化のある食品類から多様な栄養素を食事で採取することができるため，高齢化社会となり，高齢化に伴う福祉医療が大きな社会問題となってくる．現在の状況や将来の人口構成を考えると，高齢化社会における移植臓器などの需要と供給には大きな不均衡が生じるのは目に見えているし，高齢化福祉医療における健康診断の効率化やセンサーなどの開発が緊急の問題として浮上してくるのは明らかである．これらの社会的要請に対応するためには，生体調和性を持った材料の開発や生体センサーなどの検査用生体デバイスの開発が不可欠となってくる．このような問題に対応し，開発研究に貢献することも 21 世紀の物理学の課題の1つである．物理学は，物性物理学を通してこのような生体調和性を持つ人工血管，人工血液，人工骨，人工歯などの生体調和材料の開発について大きな貢献ができると考えられている．さらに進んで，遺伝子診断用デバイスやヘムタンパク質と半導体デバイス技術を融合した生体調和埋め込み型センサーなどの開発には，物性物理学，生物物理学，半導体物理学などの協力が不可欠であり，このような社会の要求を満足する学際研究をリードすることによって，物理学はまさに 21 世紀の人類の生活に活

き，21世紀の人類の夢を満たす存在として社会から愛される存在となることができるのである．

7.13 高効率エネルギー変換材料と物理学

21世紀中期において，石油などの化石燃料のエネルギー枯渇が予測されており，人類にとってエネルギー問題は緊急の大きな社会問題の1つである．特に，東アジアや中国，さらにはアフリカなどの諸国の工業化社会への移行と経済発展の結果として，地球上のエネルギー消費量は大きく上昇し，環境汚染などの複合的な社会問題も発生し，環境を汚染しない，いわゆるクリーンなエネルギーの創成が人類社会から強く求められている．これらを解決するためには，化石燃料に頼る現在の火力発電や，長期的にはコストの高い原子力発電などから，低コストでクリーンな水力発電，風力発電や太陽光発電などへのエネルギー源への移行と熱を電気に変える高効率熱電能素子などの多様なエネルギー源の開発が不可欠である．さらに，高効率燃料電池や高効率触媒などの開発研究により，限られたエネルギー源を効率的に利用する新技術や新科学の開発において，21世紀の物理学のこれらの分野における貢献が人類の未来を決めると言っても過言ではない．例えば，アモルファスシリコン太陽電池を例に取ると，アモルファスシリコンは200°C程度の低温で大面積の成膜プロセスができるためエネルギーコストがかからず，しかも高温で作成する結晶シリコンと比べて薄膜で太陽光を吸収することができるため21世紀のエネルギー源として着目されている．しかし，その普及を妨げている大きな理由は，発電している時に，シリコンのバンドギャップ中に次々とダングリングボンドとよばれるシリコンの共有結合の手を切った欠陥準位が出現し，太陽光によって作られた電子や正孔をトラップして発電効率が大きく低下し，光劣化するためであると考えられている．現在の地球上でのエネルギー消費を太陽電池だけでまかなうためには，例えば，サハラ砂漠に数100キロメール四方のアモルファスシリコン太陽電池を並べるだけで全地球の電気の供給量を十分に満たすことができる．このような意味で太陽エネルギーは地球規模で見れば低コストで無尽蔵であるといえる．このような太陽電池の普及を妨げているアモルファスシリコン太陽電池の光劣化機構を物理学の手法を用いて解明し，これらを防止する低コストの新手法が発見できれば，太陽電池の大きな普及とエネルギー問題の解決につながる．このような，エネルギー問題の解決の鍵を握っているのは物理学からの貢献である．半導体物理学，表面物理学，計算物理学などを組み合わせることにより，このようなデバイスの根幹に関わる基本的問題を解決することにより，エネルギー問題などの社会問題に対する21世紀の物理学の大きな貢献が期待されている．

7.14 環境調和材料と物理学

地球環境問題は，21世紀において文化的で健康な社会生活を人類が地球という限られた環境のもとでおくるためには，解決しなければならない不可避の社会問題である．将来の電子デバイスや家電機器には，それを構成している資源のリサイクルが義務づけられ，購入時にはリサイクルに必要なコストを前もって支払うシステムが構築される．このような社会状況の中で，開発競争におけるコスト競争に優位に立ち，社会に普及させるために，これらの機器はリサイクルが容易でしかも環境を汚染し

ない環境調和材料で構成されることが不可欠である．持続可能なエネルギー循環社会と環境に優しい環境調和材料に着目したとき，これらを実現する電子デバイスや家電機器を開発するには，加工エネルギーのコストが少なく，地球上のどこでも入手でき，多量に存在する元素を用いて，しかも環境を汚染しない材料である環境調和材料だけを用いた機能性デバイスの開発が不可欠となる．このような環境に対する社会的な要請を満足し，しかも持続可能な人類の地球環境に調和し，エネルギー問題を解決するデバイス材料の開発こそ，21世紀の物理学が最も大きく貢献できる分野の1つである．限られた資源とエネルギーを有効利用し，シリコン，酸素，炭素，鉄，アルミニウム，マグネシウムなどの地球上での埋蔵量が多く，しかも環境調和材料であるこれらの物質を用いたデバイスの効率的な開発によって，持続可能な人類社会を建設することにより，このようなチャレンジングな社会問題解決を通して，21世紀の物理学は人類の遠い未来に大きく寄与することができる．基礎科学である物理学は，基礎科学に端を発しているすべての社会問題とその根源において深くつながっているため，環境調和材料やこれを用いたデバイスの開発においても，基礎研究→応用開発研究→事業化の3つの階層を通じて，環境調和に大きく寄与することが求められている．

7.15　学際研究と物理学

現在の現実的社会における社会問題や国際問題などに関係する科学技術の問題では，物理学，化学，生命科学などの単独の学問領域でカバーできる社会問題は極めて限られており，異なる複数の学問領域にまたがる学際領域に位置している複雑な構成要素を持つ社会問題が大部分を占めている．このような学際領域における分野としては，例えば，ナノテクノロジー，生命機能，地球環境問題，エネルギー問題，高齢化福祉医療問題などがある．このような学際領域の問題を解決するためにも，原理・原則に基礎をおいた基礎科学である物理学の手法を用いることにより，複雑で入り組んだ問題の階層性と本質を突き止め，これを整理することにより，他の領域と協力することにより基礎科学としての物理学の問題解決手法がリーダーシップを取ることにより多くの複雑な問題を解決することができる．このように，21世紀の物理学は，学際研究においてもその基礎科学に根ざした問題解決能力を強く発揮することにより，人類の遠い未来にに貢献することができるのである．

7.16　科学のプランニング

物理学は，多くの社会問題や，人類が21世紀において解決し，次の世代に伝えてゆくべき文明の問題とも複雑に関連していることを，環境問題，エネルギー問題，高齢化福祉医療問題などを例に述べてきた．物理学をこのような社会問題の問題解決の手法として用いる場合に，私たちは研究開発計画（プランニング）を作成するが，まず，第一に研究目的を明確にし，次にこれを期限までに達成するための研究方法を選定し，さらに，かぎられた期限と資金の範囲内で効率的なプランニングをすることが必要になってくる．このような科学のプランニングを研究資金提供者に提示し，公開し，説明することにより，納税者である国民や資金提供者の合意を得て，計画の実行が許可される．自己資金を用いて研究を進める場合を除き，公財政や財団からの研究資金援助を得るには，これらの資金提供

第 7 章　生活に生き夢を追う物理学

者に対する説明責任（アカウンタビリティー）が生じてくる．科学のプランニング・デザインにおいて特に重要なことは，つぎの 5 つに集約される．

1) なぜその研究が必要で，面白いかを論理の飛躍なしに主張できること．

2) そのシナリオを連続して描けること．

3) そのシナリオは技術的にまだたくさんの「無理」があっても構わないが，少なくとも原理的な嘘はないこと．

4) シナリオが原理的に 2 つの事象を関係づけられない場合には，この 2 つの事象はまだ「関係」がないこと．

5) シナリオはなるべく大きな夢を研究資金提供者や納税者である国民に見させてくれること．

研究目的，研究方法，研究計画，到達目標，波及効果等の記述を通して，上記の 5 点が明確に記述されていることが科学のプランニングでは求められている．

7.17　半導体テクノロジーと物理学

半導体中の電子は，「電荷」と「スピン」の 2 つの自由度を持っている．アクセプターやドナーによるドーピングやゲート・バイアス電圧による価電子制御によって，電荷を制御する従来のエレクトロニクスに対して，電子の持つもう 1 つの自由度であるスピンを積極的に制御し，利用するエレクトロニクスを半導体スピントロニクスという．シリコン CMOS 半導体技術に立脚する従来のエレクトロニクスでは，一度に 10 万個程度の電子を制御しており，読書きに必要なエネルギー・時間・スウィッチ速度は，ミリジュール (mJ)・ミリ秒 (ms)・ギガヘルツ (GHz) 程度であり，1 インチ角に 1 億個以上のトランジスタを集積する現実のシリコン・デバイスでは，発熱，揮発性，遅い応答のため，次世代の高度情報化社会からの要請に対する限界が次第に明らかになりつつある．一方，電子の持つもう 1 つの自由度であるスピンに着目して，これを積極的に利用すると，スピンを用いた読書きに必要なエネルギー・時間・スウィッチ速度は，ナノジュール (nJ)・ナノ秒 (ns)・テラヘルツ (THz) 程度と小さく，しかもスピンによる磁化方向がエネルギーによらず，不揮発性であるため，省エネルギー，超高集積，超高速のエレクトロニクスが可能になる．さらに量子力学的には，スピンが上向きと逆向きの 2 つの状態しか取り得ないため，スピンは情報を運んでいると考えることができ，量子通信などの量子情報処理や量子状態操作に基づいた量子計算などに応用することも可能となる．21 世紀の高度情報化社会では，情報通信していることさえも感じないほどの高度な情報通信技術を基盤とする安全で高速のユビキタス情報通信社会を目指しており，社会からの要請により，このような高度な情報通信技術に対する大きな社会的要求がある．このような社会の要求を満足するためには，現在の情報化社会において使われている，上記の「電荷」の制御に基礎を置いたシリコン CMOS 半導体技術に立脚したエレクトロニクスによるデバイスでは，このようなユビキタス情報通信社会に対応できないことはその性能上，明白である．

これらを可能にするためには，電子の持つもう1つの自由度である「スピン」を積極的に利用した，超高速・超高集積・省エネルギーの半導体スピンエレクトロニクスの構築が不可欠である．半導体中にドープした局在スピン間の相互作用は，(1) キャリア濃度 N とそのタイプ（p型またはn型），(2) スケールサイズ (L)，および (3) 次元性 ($d=0, 1, 2, 3$) に依っている．半導体の特長である超微細加工やp型・n型の価電子制御法によって，これら3つのパラメータを調整することができるので，半導体中のスピンを思いのままに制御することができる．物性物理学と計算物理学の手法を用いて，半導体中のスピン間相互作用について，II-VI族半導体（ZnO, ZnS, ZnSe, ZnTe 等）および III-V族半導体（GaAs, GaN, AlN, GaSb 等）の母体半導体依存性，遷移金属の種類 (V, Cr, Mn, Fe, Co, Ni) と濃度依存性，キャリア濃度および p 型，n 型依存性を第一原理計算に基づいてデザインし，これらを実際に合成することが可能となりつつある．マテリアルデザインに基づいて，p-n 接合による円偏光半導体レーザー，円偏光発光ダイオード，p-i-n スピン整流ダイオード MRAM(Magnetic Random Access Memory) などへのデバイス応用が考えられている．デバイス応用では，磁性半導体を用いて，強磁性状態直前の常磁性状態に保ち，GaAs や Si などの基盤上に成長させる．可視光を透過させ基盤に当てて電子と正孔を励起し，バイアス電圧を印加することにより，正孔や電子を常磁性領域に導入し，光励起による強磁性ハーフメタル状態を実現できれば，光で磁石をつくることが可能となる．また，Mn ドープの ZnO（ZnO:Mn）は反強磁性絶縁体であるが，半導体超構造を用いて，/p型-ZnO/絶縁型-ZnO/ZnO:Mn/から構成される/金属/絶縁体/半導体/の超構造を作製し，バイアス電圧により ZnO:Mn 層に正孔をドープして反強磁性絶縁体から強磁性ハーフメタル状態に変えると，100％ スピン分極した電流が流れるためスピン-FET やスピントランジスタをつくることが可能となる．さらに，光励起により，多くの準安定状態を持つスピングラス状態から唯一の安定な基底状態である強磁性ハーフメタル状態への相転移を利用した脳型メモリおよび脳型演算装置や，p-n 接合希薄強磁性半導体による円偏光半導体レーザー，円偏光発光ダイオード，p-i-n スピン整流ダイオードによる MRAM などへのデバイス応用が考えられており，近未来には物理学の助けを借りて，21 世紀の高度情報化社会に不可欠の半導体スピントロニクス用のデバイスが実現されると予想されている．

　半導体スピンエレクトロニクスのための新機能物質設計を例に，工業化社会から知識社会へと産業構造が大きく変化する 21 世紀において，プロパテント化（特許重視主義）政策と併用することにより，物理学に基礎を置いた，第一原理計算によるマテリアルデザインにはパワフルな有効性と大きな将来性がある．21 世紀において地球規模で解決しなければならない最重要課題は，エネルギー問題，環境問題，そして高齢化福祉医療問題である．これらの問題解決の鍵を握っているのは物理学であり，高効率エネルギー変換材料，環境調和材料そして高齢化福祉医療材料の開発が効率よく行われるかどうかが人類の未来を大きく左右する．このような人類の未来に関わる最重要課題の問題解決においても，物理学に基礎を置いたマテリアルデザインは大きな貢献をすると予想されている．

7.18 半導体レーザーと物理学

　現在の高度情報化社会を支えるインターネットにおいて半導体レーザーは欠かすことのできない通信デバイスである．これらは多くの情報を運ぶために次第に短波長化されてきている．このような半導体レーザーの開発には光物性物理学，半導体物理学，欠陥物理などの物理学の貢献が不可欠であり，ドーピングによる p 型および n 型価電子制御，誘導放出デバイスデザイン，半導体超構造によるデバイス創成など多くの物理学の貢献が不可欠である．特に，赤外，赤色，緑色，青色，紫外光へと続く短波超化には，AlGaAs, ZnSe, GaN, AlN などのワイドギャップ半導体の分子ビームエピタキシャル結晶成長法や化学気相成長法などの非平衡結晶育成技術の開発により，デバイスレベルの欠陥制御を可能にした半導体材料の創成が不可欠であり，これが実現されたために半導体レーザーの作製が可能となった．DVD などの磁気光学記録においても，最近では GaN 系の青色レーザーを用いた高密度記録が可能になり，将来は1日分のデジタル放送や動画をインターネットにより配給し，限られた時間の間に希望する時間帯の番組を選んで見ることができるようになる．物理学はこのようなわれわれの日常生活に欠かすことができない新しい情報技術の基盤を目には見えないところで提供し，高度情報社会を支えているのである．21世紀においても，物理学のこのような役割はますます増大し，人類の文化や社会にとって不可欠のものとなってきている．

7.19 超伝導と物理学

　超伝導は2個の電子間にはたらくクーロン斥力に対抗して，格子振動やスピン波による素励起を媒介として大きな引力がはたらき，負の電子相関エネルギーの系となり，引力に引かれた2個の電子対（クーパー対）が一様に運動することにより，有限温度で電気抵抗がゼロになる現象であることから，エネルギー貯蔵への応用，磁気浮上列車，超伝導を利用した量子干渉計による脳などの磁化の精密測定への応用，またジョセフソン効果による超伝導トランジスタなどのデバイス応用が考えられている．現時点での応用は，超伝導状態による電気抵抗ゼロを利用した超伝導コイルを用いた強磁場の発生が主としたマーケットであるが，将来物理学により新しいクーパー対形成の機構を導入し，デザインすることにより高い超伝導転移温度を持つ新物質が発見されれば，多くのエネルギー問題を解決することが可能になってくる．現時点では，銅酸化物高温超伝導体において 100 K を越える超伝導転移温度が得られているが室温を超える物質の発見が実用上は不可欠である．超伝導揺らぎが少なく，長い超伝導コヒーレント長を持ち，しかも s 波の対称性を持つような超伝導体のデザインが社会からは求められている．物理学はこのような系に対しても新物質の開発と発見に関する社会からの熱い期待を受けているのが現状である．

7.20 磁性と物理学

　強磁性などの磁性は，早くから量子現象の巨視的な現れとして認識されていた．東北大学の本多光太郎による我が国からの独創的な研究により，強い強磁性体が発見され，この分野において我が国は

強い伝統を持っている．古典力学に基づく古典磁性学の中心であった東北大学から，その後磁性は量子現象であるとする近代磁性学の中心となった大阪大学に研究の中心が移行した．永宮健夫，伊藤順吉，金森順次郎，伊達宗行などの活躍により，大阪大学はその後近代磁性学のメッカとなり，世界の磁性研究において無視することのできない研究拠点を形成した．このような近代磁性学の伝統に立脚して，佐川真人によるネオマックス強磁性体の合成が可能となり，我が国は主要な磁性体産業国となっている．最近では，磁性体の応用としては，強磁性体金属と非磁性金属の薄膜からなる多重薄膜において，強磁性体の磁化方向を平行，反平行と変えることにより，巨大磁気抵抗効果（GMR）が生じることが，フランス・ドイツで発見され，これを利用した磁気メモリーが大きな産業となっている．最近ではGMRヘッドを用いた磁気ディスクメモリでは1インチ角に10 Gbits以上の記録密度を達成している．さらに最近では，強磁性体と絶縁体からなる多重薄膜において，磁化の平行，反平行により大きなトンネル磁気抵抗（TMR）が観測され，CMOSシリコン半導体技術と組み合わせたMRAMなどへの応用開発が盛んである．MRAMなどのメモリーは不揮発性であり，DRAMやフラッシュメモリーに変わるものとして次世代メモリーとして次世代産業の中核に位置づけられている．このような技術革新や新しい不揮発メモリーや演算装置の開発においても，物理学は大きな貢献をし，21世紀においても磁性物理学の寄与によって情報技術のための新しいデバイスが次々に開発されると予測されている．このような磁性体磁気記録産業と固体物理学との量子デバイスにおける協調は情報技術の革新的進歩を21世紀にもたらすと考えられている．

7.21 特許重視主義（プロパテント化）と物理学

物理学のような基礎科学では，初期の段階ではこれらの研究成果があまりにも基礎的であるために，将来どのような応用開発研究に結びつくか明らかでなく，まして事業化を視野に入れたグローバルな視点を持った研究者は極めて少ないことから将来の発展を予見するのは難しい．このような理由により，物理学のような基礎科学に携わる研究者は，論文を書くことによる科学上の発見に関する優先度には大きな関心を持っているが，これらの基礎研究の成果が応用開発研究を経て，事業化され，その結果として大きな知的財産権（特許権）へと発展することを視野に入れてはいないのが現状である．しかしながら，物性物理学や半導体物理学のようなマテリアルに基礎をおいた基礎研究では，マテリアル→デバイス→ソフトウエアという3つの階層性を通して，ひとたび新機能を持つ新物質が発見されればデバイス，ソフトウエアに大きなインパクトを与えることができる．このような意味において，新機能を持つマテリアル発見は基本特許として大きな意味を持つので，ひとたび他の追随を許さないような新機能物質が発見されたときには，これを知的所有権として権利化することが不可欠である．とくに，工業化社会から知識社会に産業構造が転換しつつある我が国では，このような基本的な知的所有権を優先的に権利化する特許重視主義政策（プロパテント化政策）への転換が重要である．プロパテント化政策の中では，物性物理学や半導体物理学のような基礎研究においても基本特許という立場から，むしろ応用研究であるプロセス開発研究や半導体回路開発研究よりも基本的であり，しかも，最下位の階層に属するためひとたび基本特許化されれば，上位の階層に対する影響力が大きいので，

我が国のような知識社会に移行した産業構造では基礎科学である物理学に立脚した基本特許による将来の大きな発展や新産業創成が期待される．

7.22　21世紀における物理学の役割

　20世紀は物理学の時代であったが，21世紀は情報科学や生命科学の時代であると言われている．しかしながら，21世紀においても物理学の持っている非経験的で，しかも定量的な予言性は，高度情報社会において，エネルギー問題の解決，高齢化福祉医療問題の解決，地球環境問題の解決において，人類社会において大きな役割を果たすことは間違いない．21世紀の最先端科学技術おいて，また製造技術として重要な役割を果たすと考えられているナノサイエンスやナノテクノロジーにおいても，物理学的手法によるナノ構造の創成やこれらの新機能を利用したデバイスの創成では大きな役割を果たすことが期待されている．特に，半導体物理学と半導体テクノロジーをベースとして，生体材料や分子材料との混合系を利用したナノテクノロジーや，物理学の微視的世界における基本法則である量子物理学を適用した量子デバイスの研究では，物理学者の寄与によって質的な変革を含む量子機能デバイスの発見や開発が我が国のような知識社会における産業科学として不可欠となり，これらの成否が我が国の将来を決定する鍵を握っているのである．したがって，21世紀の物理学は，量子力学をテクノロジーとして人類の遠い未来のために活用し，人類の幸福と福祉に貢献する使命を持っている．

　［参考文献］
1. 宮川康子著『自由学問都市大坂，懐徳堂と日本的理性の誕生』（講談社選書）
2. テツオ・ナジタ『懐徳堂―18世紀日本の「徳」の諸相―』（岩波書店）
3. 金森順次郎著『大阪と自然科学』（高等研選書15）
4. 脇田修，岸田知子 共著『懐徳堂とその人びと』（大阪大学出版会）

練習問題解答

第 2 章　練習問題解答

問題 1　(1) 物体の加速度 a は $a = \frac{0-10}{5} = -2\,\mathrm{m/s}$. この加速度は動摩擦力によって生じたので

$$-\mu' N = ma \; , \quad N = mg$$

より

$$\mu' = -\frac{a}{g} = \frac{2}{9.8} = 0.20$$

(2) 物体 B が板 A から受ける垂直抗力 $N = mg$

物体 B が板 A から受ける動摩擦力 $F = \mu' N = \mu' mg$

板 A に加わる力 F' は F の反作用であり $F' = F = \mu' mg$

板 A の加速度 $a = \dfrac{F'}{M} = \dfrac{\mu' mg}{M}$

問題 2　接線方向の運動方程式は本文より

$$m\ell \frac{d^2\theta}{dt^2} = -mg\sin\theta$$

両辺に $\frac{d\theta}{dt}$ をかけて整理すると

$$m\ell \frac{d\theta}{dt}\frac{d^2\theta}{dt^2} = -mg\frac{d\theta}{dt}\sin\theta$$

$$\frac{d}{dt}\left\{\frac{1}{2}m\ell\left(\frac{d\theta}{dt}\right)^2 - mg\cos\theta\right\} = 0$$

$$\therefore \quad \frac{1}{2}mv^2 - mg\ell\cos\theta = \text{一定}$$

ただし，$v = \ell\frac{d\theta}{dt}$ である．

問題 3　(1) 滑車に対しては本文式 (2.192) の回転の運動方程式が，またおもりに対しては質点の運動方程式が使える．

$$I\frac{d\omega}{dt} = aT$$
$$m\alpha = mg - T$$

(2) ひもがすべらないから，おもりの速度 v と回転の角速度を ω のあいだに $v = a\omega$，微分して $\alpha = a\,d\omega/dt$ の関係がある．よって，$T = M\alpha/2$ となり

$$\alpha = \frac{2m}{2m+M}g$$
$$T = \frac{mM}{2m+M}g$$

を得る．重力がおもりの落下と滑車の回転の両方を引き起こし，おもりの落下加速度が自由落下の加速度 g よりも小さくなっている．

問題 4 (1) 鉛直上向きを x 軸ととると，運動方程式は $md^2x/dt^2 = -mg - \gamma v$ より，x と v を使ってそれぞれ

$$m\frac{d^2x}{dt^2} + \gamma\frac{dx}{dt} = -mg$$
$$m\frac{dv}{dt} + \gamma v = -mg$$

と書ける．

(2) $du/dt = dv/dt$ であるから，u に関する微分方程式は $m(du/dt) + \gamma u = 0$ となり

$$u = Ce^{-(\gamma/m)t}, \qquad v = -mg/\gamma + Ce^{-(\gamma/m)t}$$

を得る．

(3) $v(t) = -(mg/\gamma)\bigl(1 - e^{-(\gamma/m)t}\bigr)$

(4) $v(\infty) = -(mg/\gamma)$

問題 5 正面衝突だから，1 次元の問題と考えてよい．

(1) 運動量保存則より

$$mv = MV' + mv'$$

エネルギー保存則より

$$\frac{1}{2}mv^2 = \frac{1}{2}mv'^{\,2} + \frac{1}{2}MV'^{\,2}$$

これらを連立させて v' を消去すると

$$V' = \frac{2m}{M+m}v$$

(2)

$$\frac{14+m}{1+m} = \frac{3.3 \times 10^9}{0.47 \times 10^9}$$

これを解くと $m = 1.16$ を得る．

第 3 章 練習問題解答

問題 1 (1)

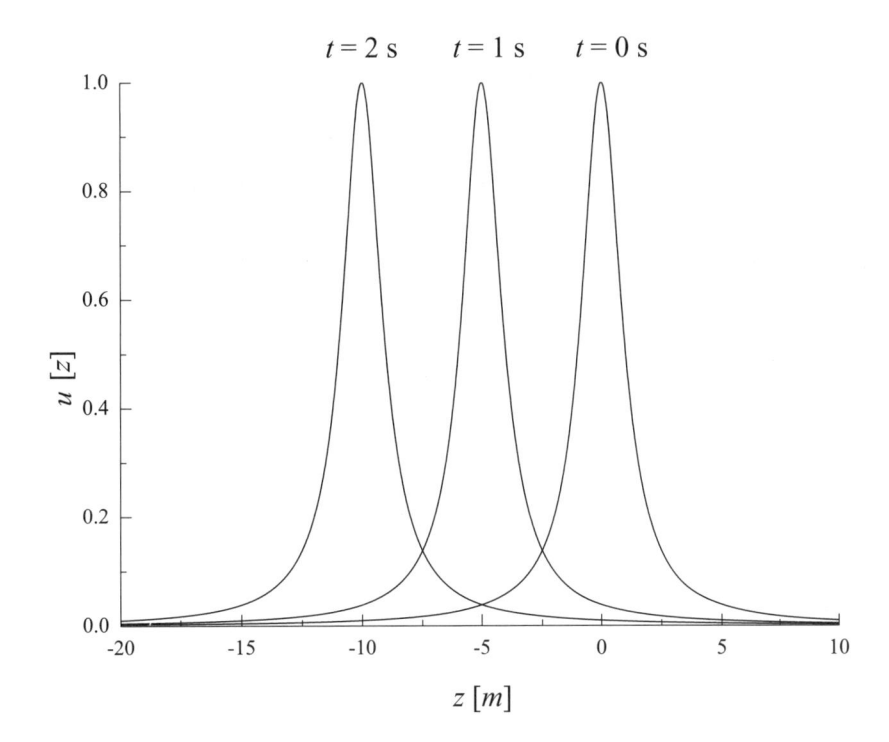

各時刻におけるパルス

(2) $z + 5t$ の関数であるから，$-z$ 方向に 5 m/s の速さで進んでいることは明らかだが，グラフのピーク位置の変化から，それが確かめられる．

第 4 章 練習問題解答

問題 1 理想気体の状態方程式より，次を得る．

$$k = \frac{1}{V}\left(\frac{\partial V}{\partial T}\right)_P = \frac{nR}{PV} = \frac{1}{T}$$

問題 2 理想気体の定圧モル比熱 c_p を求めるために，1 モルの理想気体に一定圧力 P のもとで外から微小熱量 ΔQ を加えることによって，温度を T から $T + \Delta T$ へ準静的に微小変化させる過程を考える．このときの体積変化は問題 1 で求めた体膨張率 k を用いて

$$\Delta V = kV\Delta T = \frac{V}{T}\Delta T$$

である．理想気体の内部エネルギーは温度だけで決まるから，この間の内部エネルギー変化は

$$\Delta U = c_v \Delta T$$

と求められる．一方，定圧過程なので，気体が外部にした仕事 $-\Delta W$ は

$$-\Delta W = P\Delta V$$

である．熱力学第 1 法則より，内部エネルギーの変化は外部から加えられた熱量と仕事の和であるから

$$\Delta U = \Delta Q + \Delta W$$

となる．これらをまとめると，次式が得られる．

$$\Delta Q = \Delta U - \Delta W = c_v \Delta T + P\Delta V = (c_v + R)\Delta T$$

したがって，一定圧力のもとでは

$$\frac{\Delta Q}{\Delta T} = c_v + R$$

となる．$\Delta T \to 0$ の極限をとれば，これは偏微分に移行し，目的の定圧モル比熱が

$$c_p = \left(\frac{\partial Q}{\partial T}\right)_P = c_v + R$$

と求められる．

問題 3 膨張の場合は外部に対して仕事をするので，温度を一定に保つためには外部からそれを補うだけの熱量が流入しなくてはならない．準静的過程であるから，微小変化を考えれば充分である．熱力学第 1 法則より，流入する熱量は体積変化による仕事と内部エネルギー変化によって

$$\Delta Q = \Delta U + P\Delta V$$

と表される．一方，理想気体の内部エネルギーは温度に比例するので，等温過程では

$$\Delta U = 0$$

が成り立つ．理想気体の状態方程式を使って書き直し，体積変化無限小の極限を考えると熱量の微分形として

$$d'Q = \frac{RT}{V}dV$$

が得られる．体積を V_1 から V_2 に変えるとき，流入する熱量はこれを全過程について積分して

$$Q = RT \int_{V_1}^{V_2} \frac{1}{V}dV = RT \log \frac{V_2}{V_1}$$

となる．なお，準静的等温圧縮の場合は，同じだけの熱量が熱源へ排出される．

問題 4 例題 8 より，高度に対する大気圧の変化率は

$$\frac{dP}{dz} = -\frac{Mg}{RT}P$$

で与えられる．温度一定なので，Mg/RT は定数である．するとこの微分方程式は簡単に解けて，解は
$$P(z) = P_0 \exp\left(-\frac{Mg}{RT}z\right)$$
となる．ただし，P_0 は積分定数である．値を代入すると
$$-\frac{Mg}{RT} = \frac{0.029\,[\text{kg}] \times 9.8\,[\text{m/s}^2]}{8.3145\,[\text{J/mol}\cdot\text{K}] \times 216.65\,[\text{K}]} = 1.58 \times 10^{-4}\,\text{m}^{-1}$$
が得られる．高度 11.1 km での値を用いて P_0 を求めると
$$P_0 = \frac{223.46\,[\text{N/m}^2]}{\exp\left(-1.58 \times 10^{-4}\,[\text{m}^{-1}] \times 11100\,[\text{m}]\right)} = 1.29 \times 10^3\,\text{m/s}^2$$
である．

問題 5 理想気体の場合，2 つの熱平衡状態間のエントロピー差は式 (4.78) で与えられる．
$$S_2 - S_1 = c_v \log\left(\frac{T_2}{T_1}\right) + R\log\left(\frac{V_2}{V_1}\right)$$
理想気体の断熱自由膨張は温度一定過程なので，$T_1 = T_2$．したがって，エントロピー変化は第 2 項だけとなり，次式を得る．
$$S_2 - S_1 = R\log\left(\frac{V_2}{V_1}\right)$$

問題 6 (1) 初期状態は (T_1, V) での熱平衡状態，終状態は (T_2, V) での熱平衡状態とすると，この間のエントロピー差は式 (4.78) の第 1 項だけとなり
$$S_2 - S_1 = c_v \log\left(\frac{T_2}{T_1}\right)$$
したがって，エントロピーが減少する条件は以下のとおりである．
$$T_2 < T_1$$

(2) ヘルムホルツ自由エネルギーの変化は定義より
$$F_2 - F_1 = (U_2 - T_2 S_2) - (U_1 - T_1 S_1)$$
である．理想気体の内部エネルギーとエントロピーの式を代入し，また，初期状態をエントロピーの基準とすれば
$$F_2 - F_1 = c_v(T_2 - T_1) - T_2 c_v \log\left(\frac{T_2}{T_1}\right)$$
となる．これを T_2 で微分すると
$$\frac{d}{dT_2}(F_2 - F_1) = -c_v \log\frac{T_2}{T_1}$$
が得られる．これは $T_2 = T_1$ を境に符号を変える．当然，$T_2 = T_1$ では自由エネルギー差はゼロであり，T_2 が T_1 より高くても低くても自由エネルギーは初期状態より小さくなる．

問題 7

(1) $dH = d(U+PV) = dU + PdV + VdP = TdS - PdV + PdV + VdP = TdS + VdP$

(2) H を (S,P) の関数とみなして微分すれば，次式を得る．

$$dH = \left(\frac{\partial H}{\partial S}\right)_P dS + \left(\frac{\partial H}{\partial P}\right)_S dP$$

これを上の式と比較することにより

$$T = \left(\frac{\partial H}{\partial S}\right)_P$$

$$V = \left(\frac{\partial H}{\partial P}\right)_S$$

と求められる．

問題 8 (1) ファン・デル・ワールスのパラメータが SI 基本単位系の数値として与えられている．この単位系では，圧力は Pa（パスカル）であらわされる．後で述べるように 1 atm = 1.01325×10^5 Pa である．また，気体定数は $R = 8.3145$ J/K·mol である．$1\,\ell = 10^{-3}$ m^3 であることに注意．

理想気体では気体分子の種類によらず

$$P = \frac{nRT}{V} = \frac{1 \times 8.31 \times 373}{10^{-3}} = 3.10 \times 10^6 \text{ Pa} = 30.6 \text{ atm}$$

である．

次に，ファン・デル・ワールス気体では

$$P = \frac{1 \times 8.31 \times 373}{10^{-3} - 38.7 \times 10^{-6} \times 1} - \frac{0.137 \times 1^2}{(10^{-3})^2} = 3.09 \times 10^6 \text{ Pa} = 30.5 \text{ atm （窒素）}$$

$$P = \frac{1 \times 8.31 \times 373}{10^{-3} - 42.9 \times 10^{-6} \times 1} - \frac{0.366 \times 1^2}{(10^{-3})^2} = 2.87 \times 10^6 \text{ Pa} = 28.4 \text{ atm （炭酸ガス）}$$

となる．窒素では理想気体からのずれは小さいが，炭酸ガスでは 7 ％ ほど圧力が小さくなる．これは，炭酸ガスでは分子間にはたらく引力が大きいためである．引力は，炭酸ガス中の正電荷（原子核）の中心と負電荷（電子）の中心が一致しない（分極とよぶ）ことにその原因がある．

(2) 粗い近似であるから，細かな数値を議論しても意味がない．$b \simeq 4 \times 10^{-5}$ として，分子の半径 r は

$$r = \left(\frac{3 \times 4 \times 10^{-5}}{4\pi \times 6 \times 10^{23}}\right)^{1/3} \simeq 3 \times 10^{-10} \text{ m}$$

ここで単位系について注意しておく．理想気体の状態方程式 $PV = nRT$ において，気体の圧力 P を気圧 (atm)，体積 V をリットル (ℓ) であらわすとき，気体定数 R は $R = 0.0821$ atm·ℓ /K·mol

となる．もちろん n は気体のモル数，T は絶対温度（ケルビン）である．しかし，最近は国際標準単位系 SI を用いるのが主流である．SI 単位系では P は Pa（パスカル），体積 V は m^3 で計測する．1 Pa とは，1 m^2 の面積に 1 N の力を受ける場合の圧力と定義されている．つまり，1 Pa = 1 N/m^2 である．他方，1 atm とは，高さ 76.000 cm の水銀柱の底面の圧力としてかつて定義された．厳密には，水銀の密度 13.5951 g/cm^3，重力加速度 980.665 cm/s^2 のもとでの測定と定義されている．したがって，1 atm = $13.5951 \times 10^{-3} \times 10^6 [\text{kg/m}^3] \times 0.76000 [\text{m}] \times 9.80665 [\text{m/s}^2]$ = 1.01325×10^5 N/m^2 = 1.01325×10^5 Pa である．天気予報では気圧を「ヘクトパスカル」と表現するが，これは hPa のことで，「ヘクト」とは 100 倍を意味する接頭辞である（「ヘクタール」を思い出して欲しい．これに対して 100 分の 1 を意味する言葉が「センチ」である．外国では「センチリットル」という表現を見かける）．1 気圧はおよそ 1013 hPa となる．これは以前「ミリバール」という単位を用いていた時の値と等しいので，もっぱら hPa という単位を使っているものと思われる．SI 単位系では，PV 積は Pa·m^3 = N·m = J というエネルギーの単位を持つことに注意．この時 $R = 8.3145$ J/K·mol となる．

問題 9 (1) 断熱過程で成り立つ本文式 (4.50)，すなわち問題文中の式 (4) を V について微分すると

$$\left(\frac{dP}{dV}\right) V^\gamma + P\gamma V^{\gamma-1} = 0$$

を得る．これを整理すると

$$\frac{dP}{dV} = -\frac{P\gamma}{V}$$

となる．これを体積弾性率 B の定義式，問題文中の式 (2) に代入すれば，$B = \gamma P$ を得る．

(2) 音速の式に上で得られた B を代入すると

$$v = \sqrt{\frac{\gamma P}{\rho}}$$

が得られる．気体の質量を m とすると，気体の密度 ρ は $\rho = m/V$ と書ける．理想気体の状態方程式より $V = nRT/P$ において，気体の分子量を M とすると，$V = mRT/(MP)$ を得る．これを ρ の式に代入すると，$\rho = MP/RT$ を得る．これを上式に代入すれば

$$v = \sqrt{\frac{\gamma RT}{M}}$$

を得る．

(3) 空気の組成は窒素 4 対酸素 1 であるから，空気の 1 mol 当たりの質量は $28 \times 10^{-3} \times 0.8 + 32 \times 10^{-3} \times 0.2 = 28.8 \times 10^{-3}$ kg．したがって

$$v = \sqrt{\frac{1.4 \times 8.31 \times 273}{28.8 \times 10^{-3}}} = 332 \text{ m/s}$$

(4) ヘリウムガス中での音速は，大気中の音速の

$$\frac{\sqrt{\frac{5}{3} \times \frac{1}{4}}}{\sqrt{\frac{7}{5} \times \frac{1}{28.8}}} = 2.93 \tag{7.1}$$

倍に増大する．呼気中にヘリウムガスをどれだけの割合で含むかによるが，呼気中の音速は必ず速くなる．音速 v と振動数 ν，波長 λ の間には $v = \nu\lambda$ の関係が成り立つ．人間は喉の気柱の長さを変えて音程を変えている．ある高さの声を出そうとして気柱の長さすなわち波長を調節したつもりでも，喉の中での音速 v が早くなっているので，振動数 ν は意図したものより大きくなってしまう．つまり高い音で聞こえることになる．

問題 10 (1) 熱の出入りがあるのは B→C および D→A の過程である．B→C では気体が熱 Q_1 を吸収する事によって膨張し，外部に仕事をする．この熱は燃料の燃焼によってもたらされる．D→A では高温の気体を外部に排出することによって熱 Q_2 を外部に放出している．気体のモル数を n とする．B→C は定圧過程だから

$$Q_1 = nc_p(T_C - T_B)$$

D→A は定積過程だから

$$Q_2 = nc_v(T_D - T_A)$$

したがって，効率は

$$\eta = 1 - \frac{Q_2}{Q_1} = 1 - \frac{c_v(T_D - T_A)}{c_p(T_C - T_B)} = 1 - \frac{1}{\gamma}\left(\frac{T_D - T_A}{T_C - T_B}\right)$$

(2) C→D および A→B は断熱過程だから本文式 (4.50) $P_C V_C^\gamma = P_D V_D^\gamma$ および $P_A V_A^\gamma = P_B V_B^\gamma$ が成り立つ．ここでこれら 4 つの量が全て等しいとはできないことに注意すること．C→D および A→B は異なった断熱過程である．上式において，理想気体の状態方程式 $PV = nRT$ を用いて T を消去すると

$$\frac{T_D - T_A}{T_C - T_B} = \frac{P_D V_D - P_A V_A}{P_C V_C - P_B V_B} = \frac{P_C \left(\frac{V_C}{V_D}\right)^\gamma V_D - P_B \left(\frac{V_B}{V_A}\right)^\gamma V_A}{P_C V_C - P_B V_B}$$

ディーゼルサイクルでは $P_B = P_C$, $V_D = V_A$ だから

$$= \frac{\left(\frac{V_C}{V_A}\right)^\gamma - \left(\frac{V_B}{V_A}\right)^\gamma}{\left(\frac{V_C}{V_A}\right) - \left(\frac{V_B}{V_A}\right)} = \frac{\epsilon_2^{-\gamma} - \epsilon_1^{-\gamma}}{\epsilon_2^{-1} - \epsilon_1^{-1}}$$

ただし，$\epsilon_1 \equiv V_A/V_B$, $\epsilon_2 \equiv V_A/V_C$ は，それぞれ圧縮比および膨張比である．

問題 11 (1) 問題文の式 (1) の $\rho(v)$ を v について微分し，それがゼロとなるような v が v_m である．

$$2v \exp\left(-\frac{mv^2}{2k_B T}\right) + v^2 \left(-\frac{m}{2k_B T}\right) \cdot 2v \exp\left(-\frac{mv^2}{2k_B T}\right) = 0$$

より
$$v_m = \sqrt{\frac{2k_{\mathrm{B}}T}{m}}$$
を得る.

(2) 与えられた公式を当てはめれば良い.
$$\langle v^2 \rangle = \frac{1}{N}\int_0^\infty \rho(v)v^2 dv = \sqrt{\frac{3k_{\mathrm{B}}T}{m}}.$$

(3)
$$\frac{1}{2}m(v_{rms})^2 = \frac{3}{2}k_{\mathrm{B}}T$$

(4) 分子1個の運動の独立な自由度は x, y, z 方向の3つである. 熱平衡状態にある分子1個の平均運動エネルギーが $\frac{3}{2}k_{\mathrm{B}}T$ であるということは, 1自由度あたり, $\frac{1}{2}k_{\mathrm{B}}T$ のエネルギーを持つことを意味する. これを「エネルギー等分配則」と言う.

分子の数が N であるような気体の場合, 全エネルギー U（内部エネルギー）は
$$U = N \times \frac{3}{2}k_{\mathrm{B}}T$$
となる. この気体に熱を加える場合, もし体積が一定（定積）ならば, 気体は外部に仕事をしないので, 加えられた熱は全て内部エネルギーの増加に使われる. したがって, この気体の定積熱容量 C_v は
$$C_v = \frac{dU}{dT} = \frac{3}{2}Nk_{\mathrm{B}}$$
である. 1モルの気体では N はアボガドロ定数 N_{A} であるので, 定積モル比熱は
$$c_v = \frac{3}{2}N_{\mathrm{A}}k_{\mathrm{B}} = \frac{3}{2}R$$
となる. 2原子分子の場合, 重心の3次元の並進運動の自由度3に加えて, 2原子を結ぶ直線が回転する自由度 (2) および2原子間の距離が振動する自由度 (1) を持つ. 気体が低温の場合には回転や振動は起こらないので, 定積モル比熱は単原子分子と同じ値 $3R/2$ をとるが, 気体の温度が上昇するにつれて, 回転運動が起こる. したがって, 定積モル比熱は $5R/2$ に増加するであろう. さらに温度を上げると振動運動が加わり, 定積モル比熱は $7R/2$ となるであろう. このような傾向は実験で確かめられている.

ここで, 問題文で与えた積分公式 (3), (4), (5) を証明しよう.
$$I \equiv \int_{-\infty}^{\infty} \exp(-\alpha x^2)dx = \sqrt{\frac{\pi}{\alpha}}$$
と定義すると
$$\begin{aligned}
I^2 &= \int_{-\infty}^{\infty}\exp(-\alpha x^2)dx \times \int_{-\infty}^{\infty}\exp(-\alpha y^2)dy = \int_{-\infty}^{\infty}\int_{-\infty}^{\infty}\exp(-\alpha(x^2+y^2))dxdy \\
&= \int_0^{2\pi}d\theta \int_0^\infty r\exp(-\alpha r^2)dr = \frac{\pi}{\alpha}
\end{aligned}$$

ここで, (x, y) 座標から二次元極座標 (r, θ) に座標変換を行ったことに注意. これより公式 (3) を得る. 次に公式 (3) の両辺を α について微分すれば, 公式 (4) が得られる. さらにもう一度 α について微分すれば,

$$\int_{-\infty}^{\infty} x^4 \exp(-\alpha x^2) dx = \frac{3}{4}\sqrt{\frac{\pi}{\alpha^5}}$$

を得る. これは偶関数であるから, 公式 (5) の積分はこの結果の 1/2 に等しいことがわかる.

第 5 章　練習問題解答

問題 1 本文 5.3.3 の式 (5.20)~(5.23)　$C = \varepsilon \frac{S}{d}$

問題 2 本文 5.5.4 の式 (5.55) と (5.56)　$L = \mu N^2 \frac{S}{l}$

問題 3 $V = -N\dfrac{d\Phi}{dt}$ に $V = V_0 \sin \omega t$, $\Phi = BS$ を代入すると
$\dfrac{dB}{dt} = -\dfrac{V_0}{NS} \sin \omega t$ 　$\therefore B = \frac{V_0}{NS\omega} \cos \omega t$

問題 4 (1), (2)

$$V_0 = RI(t) + \frac{Q(t)}{C} \tag{1}$$

$$I(t) = \frac{dQ(t)}{dt} \tag{2}$$

式 (1) を微分すると

$$R\frac{dI(t)}{dt} + \frac{I(t)}{C} = 0 \quad \therefore \int_{I(t=0)}^{I(t)} \frac{1}{I(t)} dI(t) = \int_{t=0}^{t} -\frac{1}{RC} dt$$

より

$$\log \frac{I(t)}{I(t=0)} = -\frac{t}{RC} \quad \therefore I(t) = I(t=0) e^{-\frac{t}{RC}} \tag{3}$$

$t \longrightarrow \infty$ で $I(t \longrightarrow \infty) = 0$ となる. 式 (3) を式 (1) に代入すると

$$Q(t) = CV_0 - CRI(t=0) e^{-\frac{t}{RC}} \tag{4}$$

$t = 0$ を式 (4) に代入すると $Q(t=0) = 0$ なので $I(t=0) = \frac{V_0}{R}$ となる. 以上より解は次式となる.

$$I(t) = \frac{V_0}{R} e^{-\frac{t}{RC}} \qquad\qquad Q(t) = CV_0(1 - e^{-\frac{t}{RC}})$$

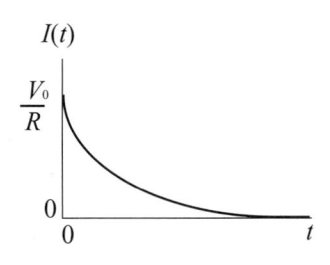

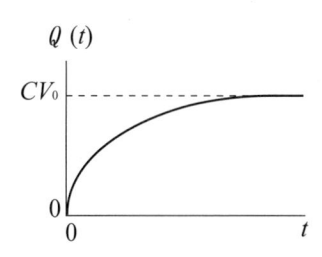

(3) 十分時間がたったときのコンデンサーにかかる電圧は V_0 なので，$\frac{1}{2}CV_0^2$ のエネルギーがコンデンサーに蓄えられる．

問題 5 (1), (2)
$$V_0 - L\frac{dI(t)}{dt} = RI(t) \tag{5}$$

式 (5) の解は本文 5.5.5 の式 (5.64) で与えられる．
$$I(t) = \frac{V_0}{R}(1 - e^{-\frac{R}{L}t})$$

抵抗にかかる電圧は $RI(t)$，コイルの誘導起電力は次式で与えられる．
$$-L\frac{dI(t)}{dt} = -V_0 e^{-\frac{R}{L}t}$$

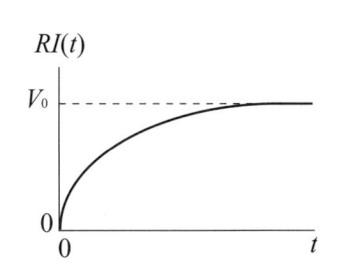

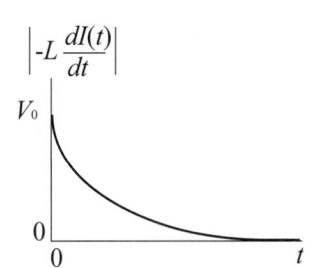

(3) コイルに蓄えられるエネルギーは次式で与えられる．

$$U = \int_0^t L\frac{dI(t)}{dt}I(t)dt = \int_0^{I(t)} LI(t)dI(t) = \frac{1}{2}LI(t)^2$$

$t \longrightarrow \infty$ での $I(t \longrightarrow \infty) = \frac{V_0}{R}$ より $\frac{1}{2}L(\frac{V_0}{R})^2$ となる．コンデンサーに蓄えられるエネルギーは，いわば電場のエネルギーであり，それに対してコイルに蓄えられるエネルギーは磁場によるエネルギーと考えられる．

第6章　練習問題解答

問題1　(1) これはコンプトン散乱である．エネルギー保存則と運動量保存則を用いる．相対論的扱いをしなければならない．

散乱前には電子は静止しているから全系のエネルギーは $h\nu + mc^2$ である．散乱後の全エネルギーは $h\nu' + \sqrt{p^2c^2 + m^2c^4}$ である．また，光子の運動量は $h/\lambda = h\nu/c$ である．エネルギー保存則と運動量保存則から

$$h\nu + mc^2 = h\nu' + \sqrt{p^2c^2 + m^2c^4}$$

$$\frac{h\nu}{c} = \frac{h\nu'}{c}\cos\theta + p\cos\varphi$$

$$0 = \frac{h\nu'}{c}\sin\theta + p\sin\varphi$$

これらから φ を消去すると

$$\nu' = \frac{\nu}{1 + \gamma(1 - \cos\theta)}$$

を得る．次に，電子の運動エネルギーは

$$T = \sqrt{p^2c^2 + m^2c^4} - mc^2 = h\nu - h\nu'$$

である．ここで上式のエネルギー保存則を用いた．これに上で得た ν' を代入すると

$$T = h\nu\frac{\gamma(1 - \cos\theta)}{1 + \gamma(1 - \cos\theta)}$$

を得る．

次に問題文の式を考えよう．$\tan\varphi$ は電子の運動量の x-y 比だから

$$\tan\varphi = \frac{\frac{h\nu'}{c}\sin\theta}{\frac{h\nu}{c} - \frac{h\nu'}{c}\cos\theta} = \frac{1}{1+\gamma}\frac{\sin\theta}{1-\cos\theta} = \frac{1}{1+\gamma}\cot\frac{\theta}{2}$$

これは正であるから，φ は 90° を越えることはないことに注意して欲しい．つまり，電子は 90° より前方にしか散乱されないのである．

(2) 光子が $\theta = 180°$ 方向に散乱される場合に最も多くの反跳エネルギーを受け取ることに気づいて欲しい．このときは当然光子は最低のエネルギーになるがゼロではない（何故か？）．$\theta = 180°$ を上で得た式に代入すれば

$$T_{\max} = \left(\frac{2\gamma}{1+2\gamma}\right)h\nu$$

$$h\nu'_{\min} = \left(\frac{1}{1+2\gamma}\right)h\nu$$

実際には散乱角度は様々に可能であり，反跳電子のエネルギーは連続分布を示す．

その最大値が $T_{\max}$ である．コンプトン散乱がある角度でどの程度起こるか（散乱断面積）はクライン・ニシナの式によって与えられる．これを散乱角について積分すれば反跳電子のエネルギー分布が得られる．

$$\frac{d\sigma}{dT} = \begin{cases} \dfrac{\pi r_\mathrm{e}^2}{mc^2\gamma^2}\left[2 + \dfrac{s^2}{\gamma^2(1-s)^2} + \dfrac{s}{1-s}\left(s - \dfrac{2}{\gamma}\right)\right] & s \leq 2\gamma/(1+2\gamma) \\ 0 & s > 2\gamma/(1+2\gamma) \end{cases}$$

ここで r_e は「古典電子半径」$r_\mathrm{e} = e^2/4\pi\varepsilon_0 mc^2 = 2.82 \times 10^{-13}$ cm，$s = T/h\nu$ である．これを典型的な γ 線のエネルギーについて図示すると図のようになる．$T_{\max}$ の付近に鋭いピークが立つ．これを「コンプトンエッジ」とよぶ．

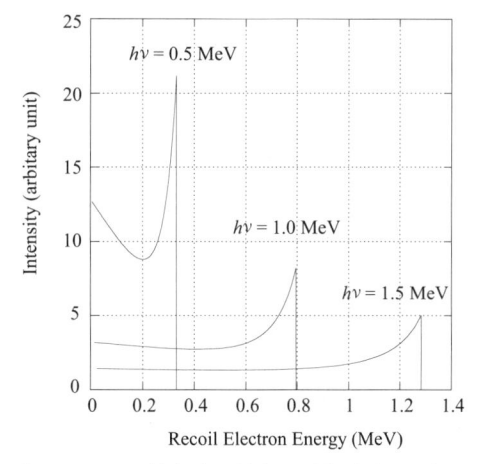

様々なエネルギーの入射光子に対する反跳電子のエネルギー分布

ここで，「クライン・ニシナの式」に関するエピソードを紹介しよう．「ニシナ」とは仁科芳雄（1890-1951）のことで，日本の「現代物理学の父」とも言うべき人である．量子力学創生期にヨーロッパに渡り，ラザフォード，ボーアのもとで学んだ．彼は実験物理学者であり，ボーアのもとでは X 線分光によってボーアの原子モデルの実験的裏付けを行っていた．量子力学の誕生に刺激されて，理論の研究に転じ，クラインと共に導き出したのがコンプトン散乱の断面積を与える「クライン・ニシナの式」である．ラザフォードは，自由でユーモアに満ち，遊びの面でも豊かな環境の研究所を率い，創造性豊かな研究者を輩出した．ボーアも似たような研究所をコペンハーゲンに設立し，今でも理論物理学の中心的研究所として世界中の若者を引きつけている．このような雰囲気で育った仁科は，帰国後理化学研究所を拠点として活躍し，学閥にとらわれない新しいタイプの研究環境を日本に創設した．そこには湯川秀樹，朝永振一郎などの若い物理学者が集い，生まれたばかりの量子力学を学び，それを発展させた．仁科芳雄は日本初のサイクロトロンも建設したが，戦後米軍がこれを東京湾に廃棄してしまった．仁科は，広島に落とされた「新型爆弾」が原爆であることを断定した政府派遣の調査団長であった．

付録A　(数学的準備)

A.1　ベクトル

　速度，加速度や力などのように，大きさと方向を持ちその和が平行四辺形の規則に従うものをベクトルとよぶ．これに対し，エネルギーや質量などのように大きさだけしか持たないものをスカラーとよぶ．ベクトルは太文字 $\boldsymbol{a}$ や上に矢印をつけて $\vec{a}$ のように表す． $\boldsymbol{a}$ と $\boldsymbol{b}$ は，向きと大きさが等しければ，同じベクトルとみなす．したがって，ベクトルは自由に平行移動することができる．

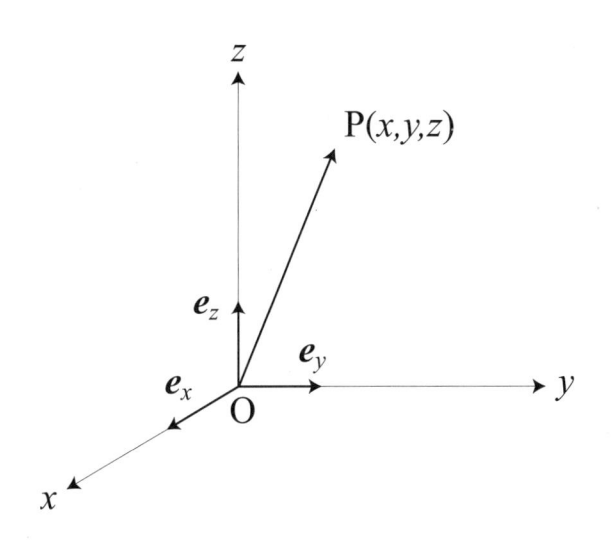

図 **A.1** 位置ベクトルと基本ベクトル

　原点 O を適当にとれば，物体の位置 P は，ベクトル $\boldsymbol{r} = \overrightarrow{\mathrm{OP}}$ によって定まる (図 A.1 参照)． $\boldsymbol{r}$ を点 P の原点 O に対する位置ベクトルという．互いに直交する座標軸 Ox, Oy, Oz を定めたとき，点 P の座標 (x, y, z) を位置ベクトル $\boldsymbol{r}$ の成分とよぶ．3つの直交座標軸 Ox, Oy, Oz 方向の単位ベクトル (基本ベクトルまたは正規直交基底)

$$\boldsymbol{e}_x = (1,0,0), \quad \boldsymbol{e}_y = (0,1,0), \quad \boldsymbol{e}_z = (0,0,1) \tag{A.1}$$

を用いれば，任意の3次元ベクトル $\boldsymbol{a}$ は

$$\boldsymbol{a} = (a_x, a_y, a_z) = a_x \boldsymbol{e}_x + a_y \boldsymbol{e}_y + a_z \boldsymbol{e}_z \tag{A.2}$$

と表すことができる．ベクトル $\boldsymbol{a}$ の大きさを $a = |\boldsymbol{a}|$ とかく．それを成分で表すと次式となる．

$$a = |\boldsymbol{a}| = \sqrt{a_x^2 + a_y^2 + a_z^2} \tag{A.3}$$

付録 A　（数学的準備）

2 つのベクトル $\boldsymbol{a} = (a_x, a_y, a_z)$ と $\boldsymbol{b} = (b_x, b_y, b_z)$ の和を成分で表すと次式となる.

$$\boldsymbol{a} + \boldsymbol{b} = (a_x + b_x, a_y + b_y, a_z + b_z) \tag{A.4}$$

また，ベクトルと数（スカラー）λ の積を成分で表せば次式となる.

$$\lambda \boldsymbol{a} = (\lambda a_x, \lambda a_y, \lambda a_z) \tag{A.5}$$

A.1.1　ベクトルの内積と外積

3 次元空間において 2 つのベクトルの積にはスカラーになるもの (内積) とベクトルになるもの (外積) がある.

- **内積（スカラー積）**

2 つのベクトル $\boldsymbol{a}$ と $\boldsymbol{b}$ の内積 $\boldsymbol{a} \cdot \boldsymbol{b}$ はスカラーであり，$\boldsymbol{a}, \boldsymbol{b}$ のどちらに対しても線形で，$\boldsymbol{a}$ と $\boldsymbol{b}$ の入れ替えに対し対称である. 成分を使って表すと次式となる.[1]

$$\boldsymbol{a} \cdot \boldsymbol{b} \equiv a_x b_x + a_y b_y + a_z b_z \tag{A.6}$$

図 A.2 に示すように，$\boldsymbol{a}$ の方向に x 軸を，$\boldsymbol{a}$ と $\boldsymbol{b}$ のつくる平面内に y 軸をとり，$\boldsymbol{a}, \boldsymbol{b}$ のなす角を θ とすると，$\boldsymbol{a} = (|\boldsymbol{a}|, 0, 0)$, $\boldsymbol{b} = (|\boldsymbol{b}| \cos\theta, |\boldsymbol{b}| \sin\theta, 0)$ なので

$$\boldsymbol{a} \cdot \boldsymbol{b} = |\boldsymbol{a}||\boldsymbol{b}| \cos\theta \tag{A.7}$$

ベクトル $\boldsymbol{a}$ の自分自身との内積は a^2 に等しい.

$$\boldsymbol{a} \cdot \boldsymbol{a} = a_x^2 + a_y^2 + a_z^2 = |\boldsymbol{a}|^2 = a^2 \tag{A.8}$$

特に，基本ベクトルに対しては

$$\boldsymbol{e}_i \cdot \boldsymbol{e}_j = \delta_{ij} \quad (i, j = x, y, z) \tag{A.9}$$

となる. ただし，δ_{ij} は**クロネッカーのデルタ**とよばれ次のように定義される

$$\delta_{ij} = \begin{cases} 1 & i = j \\ 0 & i \neq j \end{cases} \tag{A.10}$$

- **外積 (ベクトル積)**

2 つのベクトル $\boldsymbol{a}$ と $\boldsymbol{b}$ の外積 $\boldsymbol{a} \times \boldsymbol{b}$ はベクトルであり，$\boldsymbol{a}, \boldsymbol{b}$ のどちらに対しても線形で，$\boldsymbol{a}, \boldsymbol{b}$ の入れ替えに反対称である. 成分を使って表すと

$$\boldsymbol{a} \times \boldsymbol{b} \equiv \boldsymbol{e}_x (a_y b_z - a_z b_y) + \boldsymbol{e}_y (a_z b_x - a_x b_z) + \boldsymbol{e}_z (a_x b_y - a_y b_x) \tag{A.11}$$

---

[1] 記号 $\equiv$ は定義式であることを示す

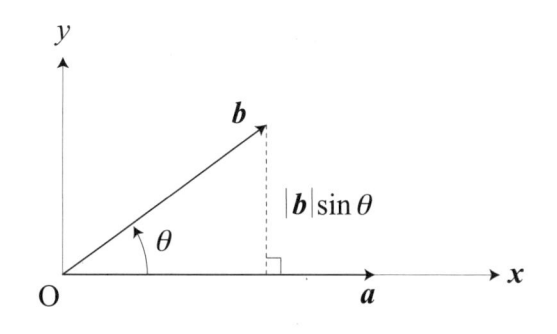

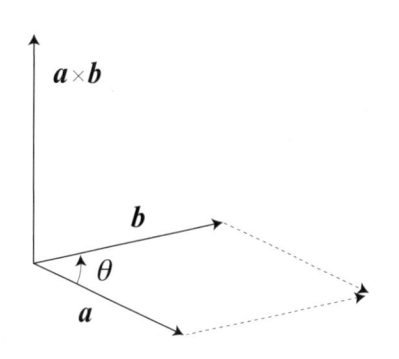

図 **A.2** a の方向に x 軸を，a と b のつくる平面内に y 軸をとった場合

図 **A.3** ベクトル a と b の外積

図 A.2 のように座標を選ぶと，$a_x = |a|, a_y = a_z = 0, b_x = |b|\cos\theta, b_y = |b|\sin\theta, b_z = 0$ となる．このとき

$$a \times b = (0, 0, |a||b|\sin\theta)$$

となるので，外積 $a \times b$ の大きさは 2 つのベクトル a, b の作る平行四辺形の面積に等しい．

$$|a \times b| = |a||b||\sin\theta| \tag{A.12}$$

$a \times b$ の向きは a, b のつくる平面に垂直で，$a, b, a \times b$ の順で右手系をなす (右手の親指, 人差し指, 中指の順)．外積は a と b の順番を入れ替えると逆向きになるので，掛け算を行う順番をおろそかにしてはいけない．

$$a \times b = -b \times a \tag{A.13}$$

特に同じベクトルの外積はゼロになる．

$$a \times a = 0 \tag{A.14}$$

右ネジをベクトル a からベクトル b の方に回したときに，ネジの進む方向が外積 $a \times b$ の方向であると覚えておけばよい（右ネジの法則）．

基本ベクトルに対しては

$$e_i \times e_j = \sum_{k=x,y,z} \epsilon_{ijk} e_k \tag{A.15}$$

ここに ϵ_{ijk} は添字の入れ替えに対し完全反対称で $\{ijk\}$ が $\{xyz\}$ の偶置換のとき 1, 奇置換のとき -1 である．

$$\epsilon_{xyz} = \epsilon_{yzx} = \epsilon_{zxy} = 1 \tag{A.16}$$

$$\epsilon_{yxz} = \epsilon_{xzy} = \epsilon_{zyx} = -1 \tag{A.17}$$

$$\text{others} = 0 \tag{A.18}$$

付録 A　（数学的準備）

問　　$x = \boldsymbol{e}_x \cdot \boldsymbol{r}, \quad y = \boldsymbol{e}_y \cdot \boldsymbol{r}, \quad z = \boldsymbol{e}_z \cdot \boldsymbol{r}$　　を示せ．

例題　次の式を示せ．
$$\boldsymbol{A} \cdot (\boldsymbol{B} \times \boldsymbol{C}) = \boldsymbol{B} \cdot (\boldsymbol{C} \times \boldsymbol{A}) = \boldsymbol{C} \cdot (\boldsymbol{A} \times \boldsymbol{B}) \tag{A.19}$$

解
$$\boldsymbol{A} \cdot (\boldsymbol{B} \times \boldsymbol{C}) = A_x(B_y C_z - B_z C_y) + A_y(B_z C_x - B_x C_z) + A_z(B_x C_y - B_y C_x)$$

を $\boldsymbol{B}$ の成分でまとめると

$$B_x(C_y A_z - C_z A_y) + B_y(C_z A_x - C_x A_z) + B_z(C_x A_y - C_y A_x) = \boldsymbol{B} \cdot (\boldsymbol{C} \times \boldsymbol{A})$$

同じく $\boldsymbol{C}$ の成分でまとめると $\boldsymbol{C} \cdot (\boldsymbol{A} \times \boldsymbol{B})$ に等しいことがわかる．$\boldsymbol{B}$ と $\boldsymbol{C}$ の作る平行四辺形の面積を S, その面に垂直な単位ベクトルを $\boldsymbol{n}$ とすれば，$\boldsymbol{B} \times \boldsymbol{C} = S\boldsymbol{n}$ と表すことができるので

$$\boldsymbol{A} \cdot (\boldsymbol{B} \times \boldsymbol{C}) = S \boldsymbol{A} \cdot \boldsymbol{n} = Sh, \quad (h = \boldsymbol{A} \cdot \boldsymbol{n})$$

h は平行四辺形の面からはかった $\boldsymbol{A}$ の高さを表すので，Sh は $\boldsymbol{A}, \boldsymbol{B}, \boldsymbol{C}$ の作る平行六面体の体積を表すことがわかる．

問　次の式を示せ．
$$\boldsymbol{A} \times (\boldsymbol{B} \times \boldsymbol{C}) = \boldsymbol{B}(\boldsymbol{A} \cdot \boldsymbol{C}) - (\boldsymbol{A} \cdot \boldsymbol{B})\boldsymbol{C} \tag{A.20}$$
$$(\boldsymbol{A} \times \boldsymbol{B})^2 = A^2 B^2 - (\boldsymbol{A} \cdot \boldsymbol{B})^2 \tag{A.21}$$

A.2　微分法

点 x と少し離れた点 $x + \Delta x$ の間における，関数 $y = f(x)$ の平均の変化率
$$\frac{\Delta y}{\Delta x} = \frac{f(x + \Delta x) - f(x)}{\Delta x} \tag{A.22}$$

において，$\Delta x \to 0$ の極限を取った
$$f'(x) = \frac{dy}{dx} = \lim_{\Delta x \to 0} \frac{f(x + \Delta x) - f(x)}{\Delta x} \tag{A.23}$$

を点 x における微分係数という．微分係数が存在するとき，関数 $f(x)$ は点 x において微分可能という．今後，特に断らない限り，微分可能な場合を考える．関数 $f(x)$ から得られる新しい関数 $f'(x)$ を**導関数**という．関数 $y = f(x)$ から導関数 $f'(x)$ を求めることを，$f(x)$ を微分するという．$f'(x)$ のことを $\dfrac{d}{dx} f(x)$ と書くこともある．式 (A.22) の分子 Δy を $dy \equiv f'(x) \Delta x$ で近似すると，残りの誤差は $(\Delta x)^2$ 程度の小さい量であり，式 (A.23) の極限には寄与しない．従って，$dx \equiv \Delta x$ と定義すれば，式 (A.23) は dy と dx の商と見なすことができる．dy, dx を微分とよぶ．

微分に関する幾つかの重要な性質をまとめておこう．

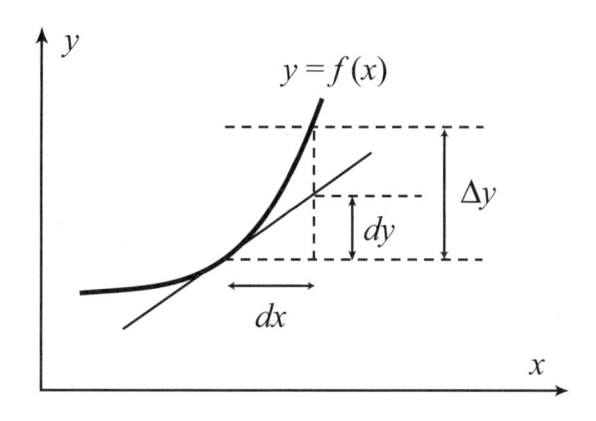

図 **A.4** 関数 $y = f(x)$ の微小な変化 Δy と接線の上における変化 dy

積の微分法

$$(f(x)g(x))' = f'(x)g(x) + f(x)g'(x) \tag{A.24}$$

商の微分法

$$\left[\frac{f(x)}{g(x)}\right]' = \frac{f'(x)g(x) - f(x)g'(x)}{(g(x))^2} \tag{A.25}$$

合成関数の微分法

$y = f(u)$ であり，u がまた x の関数 $u = g(x)$ であるとき $y = f(g(x))$ を合成関数とよぶ．合成関数を微分する時は順番に行えばよい．

$$\frac{dy}{dx} = \frac{dy}{du} \cdot \frac{du}{dx} \tag{A.26}$$

逆関数の微分法

関数 $y = f(x)$ を x について解いた関数 $x = g(y)$ を $f(x)$ の逆関数という．逆関数の導関数は次の式で与えられる．

$$\frac{dy}{dx} = \frac{1}{\frac{dx}{dy}} \tag{A.27}$$

高階微分法

導関数 $f'(x)$ を微分した関数 $f''(x) = \dfrac{d^2y}{dx^2}$ を2次導関数または2階導関数という．2次以上の導関数を $f^{(n)}(x) = \dfrac{d^n y}{dx^n}$ と表し，高次導関数または高階導関数とよぶ．

三角関数の導関数

扇形の円弧の長さは中心角に比例する．弧度法では半径1の円の弧の長さ θ に対する中心角の大きさを θ ラジアンとする．度数法との関係は全円周の長さ 2π が $360°$ に対応するので $180° = \pi$ ラジアンである．今後，特に断らない限り，角度を弧度法で測ることにする．

$$(\sin x)' = \cos x, \qquad (\cos x)' = -\sin x \tag{A.28}$$

付 録 A　（数学的準備）

対数関数の導関数

定数
$$e = \lim_{h \to 0}(1+h)^{\frac{1}{h}} = 2.718281828\cdots \tag{A.29}$$

を底とする対数を自然対数とよぶ．$\log_e x$ のことを単に $\log x$ と表す．

$$(\log x)' = \frac{1}{x}, \qquad (\log |x|)' = \frac{1}{x} \tag{A.30}$$

指数関数の導関数

$$(e^x)' = e^x, \qquad (a^x)' = a^x \log a \tag{A.31}$$

A.3　ベクトルの微分

力学では物体の位置の時間的な変化を考察する．そのため，独立変数として時間 t をとり，物体の位置ベクトル $\boldsymbol{r}(t) = (x(t), y(t), z(t))$ が時間とともに変化すると考える．時刻 $t + \Delta t$ に位置ベクトルが $\boldsymbol{r}(t + \Delta t) = (x(t+\Delta t), y(t+\Delta t), z(t+\Delta t))$ に変化していれば，この間の変化量は

$$\Delta \boldsymbol{r} = \boldsymbol{r}(t + \Delta t) - \boldsymbol{r}(t)$$

であるが，ベクトルの足し算・引き算は，式 (A.4) のように成分の和や差を求めればよいので

$$\begin{aligned}\Delta \boldsymbol{r} &= (x(t+\Delta t) - x(t), y(t+\Delta t) - y(t), z(t+\Delta t) - z(t)) \\ &\equiv (\Delta x, \Delta y, \Delta z)\end{aligned} \tag{A.32}$$

速度 $\boldsymbol{v}$ は位置ベクトルの瞬間的な変化率として定義されるので

$$\begin{aligned}\boldsymbol{v}(t) &= \frac{d\boldsymbol{r}(t)}{dt} \\ &= \lim_{\Delta t \to 0} \frac{\boldsymbol{r}(t+\Delta t) - \boldsymbol{r}(t)}{\Delta t} \\ &= \left(\frac{dx(t)}{dt}, \frac{dy(t)}{dt}, \frac{dz(t)}{dt}\right)\end{aligned} \tag{A.33}$$

すなわち，速度ベクトルを求めるには位置ベクトルの成分を微分すればよい．

同じように，加速度 $\boldsymbol{a}$ は速度の変化率でやはりベクトルである．

$$\begin{aligned}\boldsymbol{a}(t) &= \frac{d\boldsymbol{v}(t)}{dt} = \frac{d^2\boldsymbol{r}(t)}{dt^2} \\ &= \left(\frac{d^2 x(t)}{dt^2}, \frac{d^2 y(t)}{dt^2}, \frac{d^2 z(t)}{dt^2}\right)\end{aligned} \tag{A.34}$$

力学では，時間に関する微分 $\frac{dx}{dt}$ のことを $\dot{x}$ のように，上に点を付けて表すこともある．この記号を用いれば速度ベクトルは $\boldsymbol{v} = \dot{\boldsymbol{r}}$ と書くことができる．2 次の導関数も $\boldsymbol{a} = \dot{\boldsymbol{v}} = \ddot{\boldsymbol{r}}$ のように表す．

A.3.1 ベクトルの積の微分

ベクトルの積を微分するときも，積の微分法の公式 (A.24) を用いればよい．例えば，ベクトルの内積 (A.6) を微分する場合も，式 (A.24) を使えばよい．

$$
\begin{aligned}
\frac{d}{dt}(\boldsymbol{a}\cdot\boldsymbol{b}) &= \frac{d}{dt}(a_x b_x) + \frac{d}{dt}(a_y b_y) + \frac{d}{dt}(a_z b_z) \\
&= (\dot{a}_x b_x + a_x \dot{b}_x) + (\dot{a}_y b_y + a_y \dot{b}_y) + (\dot{a}_z b_z + a_z \dot{b}_z) \\
&= (\dot{a}_x b_x + \dot{a}_y b_y + \dot{a}_z b_z) + (a_x \dot{b}_x + a_y \dot{b}_y + a_z \dot{b}_z) \\
&= \dot{\boldsymbol{a}}\cdot\boldsymbol{b} + \boldsymbol{a}\cdot\dot{\boldsymbol{b}}
\end{aligned}
\tag{A.35}
$$

ベクトルの外積の導関数も，外積の定義 (A.11) に基づいて，同じように積の導関数の公式 (A.24) を用いればよい．

$$
\frac{d}{dt}(\boldsymbol{a}\times\boldsymbol{b}) = \dot{\boldsymbol{a}}\times\boldsymbol{b} + \boldsymbol{a}\times\dot{\boldsymbol{b}} \tag{A.36}
$$

A.4　Taylor 展開と近似式

関数 $y = f(x)$ で表される曲線の，点 $x = a$ における接線の傾きは $f'(a)$ で与えられる．この点の近傍で曲線を直線で近似すれば

$$
f(x) \approx f(a) + f'(a)\cdot(x-a) \tag{A.37}
$$

誤差の程度は $(x-a)^2$ の大きさ程度であるが，x が a から離れるにつれて近似は悪くなってゆく．更に近似を上げるために

$$
f(x) = a_0 + a_1(x-a) + a_2(x-a)^2 + a_3(x-a)^3 + a_4(x-a)^4 + \cdots \tag{A.38}
$$

と仮定してみよう．両辺を次々に微分すると

$$
\begin{aligned}
f'(x) &= a_1 + 2a_2(x-a) + 3a_3(x-a)^2 + 4a_4(x-a)^3 + \cdots \\
f''(x) &= 2a_2 + 3\cdot 2a_3(x-a) + 4\cdot 3a_4(x-a)^2 + \cdots \\
f'''(x) &= 3\cdot 2a_3 + 4\cdot 3\cdot 2a_4(x-a) + \cdots
\end{aligned}
\tag{A.39}
$$

$x = a$ を代入すると次々に係数を求めることができる．

$$
a_0 = f(a), \quad a_1 = f'(a), \quad a_2 = \frac{1}{2}f''(a), \quad a_3 = \frac{1}{3!}f'''(a), \quad a_4 = \frac{1}{4!}f^{(4)}(a), \cdots
$$

これを式 (A.38) に代入すれば

$$
f(x) = f(a) + f'(a)(x-a) + \frac{1}{2!}f''(a)(x-a)^2 + \frac{1}{3!}f'''(a)(x-a)^3 + \cdots \tag{A.40}
$$

という展開が得られる．これを関数 $f(x)$ の**テイラー展開**という．もちろん，形式的に導いたこの展開が意味を持つためには，右辺の無限級数が収束する必要がある．$f^{(n)}(a)$ の項までで近似すれば，誤差の大きさは $(x-a)^{n+1}$ 程度となる．幾つかの関数に対して，原点 $x = 0$ のまわりでこの展開を行ってみよう．

付録 A　(数学的準備)

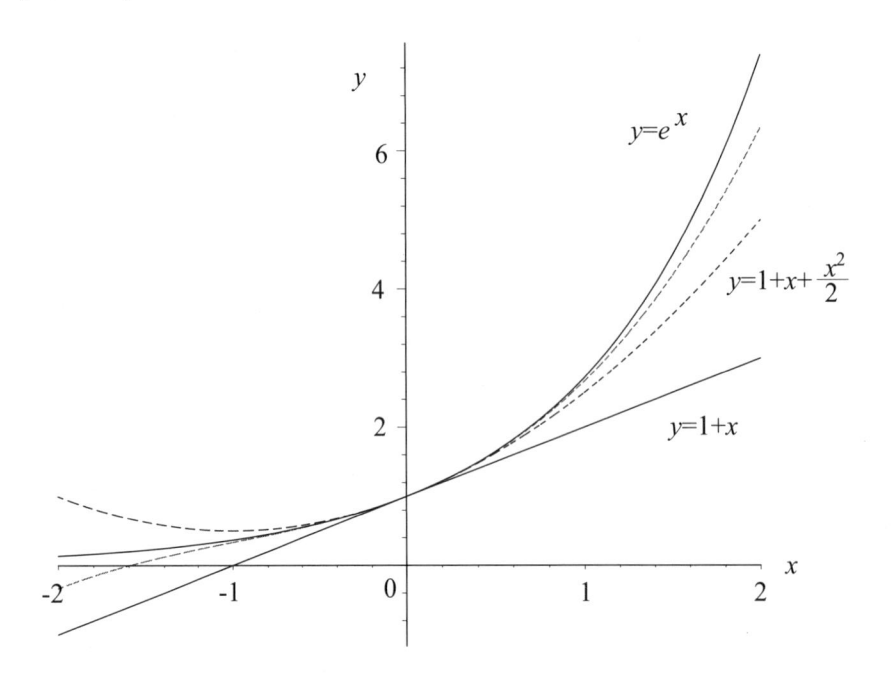

図 **A.5** 指数関数のテイラー展開による近似

三角関数

$f(x) = \sin x$ の場合，式 (A.28) より $f'(x) = \cos x$, $f''(x) = -\sin x$, $f'''(x) = -\cos x, \cdots$ となるので次式となる．

$$\sin x = x - \frac{1}{3!}x^3 + \frac{1}{5!}x^5 - \cdots \tag{A.41}$$

同じように $f(x) = \cos x$ とおくと，$f'(x) = -\sin x$, $f''(x) = -\cos x, \cdots$ となるので次式となる．

$$\cos x = 1 - \frac{1}{2}x^2 + \frac{1}{4!}x^4 - \cdots \tag{A.42}$$

指数関数

指数関数 $f(x) = e^x$ に対してテイラー展開を行えば，式 (A.31) より次式を得る．$f'(x) = f''(x) = f'''(x) = e^x$ なので

$$e^x = 1 + x + \frac{1}{2!}x^2 + \frac{1}{3!}x^3 + \frac{1}{4!}x^4 + \cdots \tag{A.43}$$

虚数変数の指数関数

上に求めた指数関数の無限級数展開で $x = i\theta$ とおいて虚数変数の指数関数を定義する．$i^2 = -1$ なので，x の偶数次の項は i を含まないのに対し，奇数次の項は i に比例する．これらの項を分離して書けば次式を得る．

$$e^{i\theta} = \left(1 - \frac{1}{2}\theta^2 + \frac{1}{4!}\theta^4 - \cdots\right) + i\left(\theta - \frac{1}{3!}\theta^3 + \frac{1}{5!}\theta^5 - \cdots\right) \tag{A.44}$$

右辺を式 (A.42) 式 (A.41) と見比べると，次の**オイラーの公式**が得られる．

$$e^{i\theta} = \cos\theta + i\sin\theta \tag{A.45}$$

上に求めた例では，右辺の無限級数は全ての領域で収束する．

A.5　複素数

複素数 $z = x + iy$ の実部および虚部は

$$\mathrm{Re}\, z = x = \frac{z + \bar{z}}{2} \tag{A.46}$$

$$\mathrm{Im}\, z = y = \frac{z - \bar{z}}{2i} \tag{A.47}$$

で与えられる．ここに，共役複素数 $\bar{z}$ は

$$\bar{z} = x - iy \tag{A.48}$$

で定義される．複素数 z その共役複素数 $\bar{z}$ の絶対値は

$$|z| = |\bar{z}| = \sqrt{x^2 + y^2} = \sqrt{z\bar{z}} \tag{A.49}$$

で定義される．極座標 $x = r\cos\theta$, $y = r\sin\theta$ を用いると，複素数 z の極形式が得られる．

$$\begin{aligned}
z &= r(\cos\theta + i\sin\theta) = re^{i\theta} \\
\bar{z} &= r(\cos\theta - i\sin\theta) = re^{-i\theta}
\end{aligned} \tag{A.50}$$

θ を偏角という．$|e^{i\theta}| = 1$ なので，$r = |z|$ である．オイラーの公式の実部・虚部は次式となる．

$$\cos\theta = \mathrm{Re}\, e^{i\theta} = \frac{e^{i\theta} + e^{-i\theta}}{2} \tag{A.51}$$

$$\sin\theta = \mathrm{Im}\, e^{i\theta} = \frac{e^{i\theta} - e^{-i\theta}}{2i} \tag{A.52}$$

例題　$e^{iA} \cdot e^{iB} = e^{i(A+B)}$ から，三角関数の加法定理を導け．

解　両辺にオイラーの公式を用いると

$$(\cos A + i\sin A) \cdot (\cos B + i\sin B) = \cos(A+B) + i\sin(A+B)$$

の実部・虚部を比べると次式を得る．

$$\cos A \cos B - \sin A \sin B = \cos(A+B)$$
$$\sin A \cos B + \cos A \sin B = \sin(A+B)$$

付録 A （数学的準備）

A.6　多変数関数の微分

独立変数が 2 つ以上ある場合に，1 つの変数だけを変化させて微分することを**偏微分**という．例として，2 変数の関数 $f(x,y)$ を考える．y を固定して x だけを動かしたときの

$$\frac{\partial f(x,y)}{\partial x} \equiv \lim_{\Delta x \to 0} \frac{f(x+\Delta x, y) - f(x,y)}{\Delta x} \tag{A.53}$$

を x に関する偏微分係数とよぶ．同じように，y に関する偏微分係数は

$$\frac{\partial f(x,y)}{\partial y} \equiv \lim_{\Delta y \to 0} \frac{f(x, y+\Delta y) - f(x,y)}{\Delta y} \tag{A.54}$$

で定義される．これらを新たな関数と見なすときは，偏導関数という．偏導関数 $\frac{\partial f}{\partial x}$ や $\frac{\partial f}{\partial y}$ のことを，f_x や f_y と書くこともある．

　点 (x,y) の近くで関数 $f(x,y)$ が

$$f(x+\Delta x, y+\Delta y) \approx f(x,y) + \Delta x \frac{\partial f(x,y)}{\partial x} + \Delta y \frac{\partial f(x,y)}{\partial y} \tag{A.55}$$

で十分良く近似できるとき，すなわち誤差が $(\Delta x)^2 + (\Delta y)^2$ の程度であるとき，$f(x,y)$ は点 (x,y) で全微分可能であるという．この時，誤差を無視して式 (A.55) の右辺を全微分とよび df とかく．$dx = \Delta x$, $dy = \Delta y$ とすると次式を得る．

$$df = \frac{\partial f}{\partial x}dx + \frac{\partial f}{\partial y}dy \tag{A.56}$$

これは，点 (x,y) で曲面 $z = f(x,y)$ に接する平面を描き，その平面上で点 $(x+dx, y+dy)$ に移動したときの z の変化を表している．

例題　$f(x,y) = x^2 y + y^3$ の偏導関数を求めよ．

　解　$f(x,y) = x^2 y + y^3$ を x について偏微分するときは，y は定数と考えて微分すればよいので $f_x = 2xy$ となる．同じく y について偏微分するときには x を定数と見ななせばよい．$f_y = x^2 + 3y^2$

　2 階の偏導関数も同じように定義する．

$$\frac{\partial^2 f(x,y)}{\partial x^2} \equiv \frac{\partial}{\partial x}\left(\frac{\partial f(x,y)}{\partial x}\right) = \frac{\partial f_x(x,y)}{\partial x} \equiv f_{xx}(x,y) \tag{A.57}$$

$$\frac{\partial^2 f(x,y)}{\partial x \partial y} \equiv \frac{\partial}{\partial x}\left(\frac{\partial f(x,y)}{\partial y}\right) = \frac{\partial f_y(x,y)}{\partial x} \equiv f_{yx}(x,y) \tag{A.58}$$

$$\frac{\partial^2 f(x,y)}{\partial y \partial x} \equiv \frac{\partial}{\partial y}\left(\frac{\partial f(x,y)}{\partial x}\right) = \frac{\partial f_x(x,y)}{\partial y} \equiv f_{xy}(x,y) \tag{A.59}$$

$$\frac{\partial^2 f(x,y)}{\partial y^2} \equiv \frac{\partial}{\partial y}\left(\frac{\partial f(x,y)}{\partial y}\right) = \frac{\partial f_y(x,y)}{\partial y} \equiv f_{yy}(x,y) \tag{A.60}$$

2 階の偏導関数 f_{xy}, f_{yx} が連続の時には，この両者は等しく，微分する順序に依らない．

例題 $f(x,y) = x^2y + y^3$ の 2 次偏導関数を求めよ．

解 $f_x(x,y) = 2xy$ を x について偏微分するときは，y は定数と考えて微分すればよいので $f_{xx} = 2y$ となる．同じく y について偏微分するときには x を定数と見なせばよい．$f_{xy} = 2x$ 全く同様にして，以下のような答を得る．$f_{yx} = 2x, \; f_{yy} = 6y$

A.6.1 3 次元空間における偏微分

3 次元空間の各点 $\bm{r} = (x,y,z)$ で定義された関数 $f(\bm{r})$ を考える．$f(\bm{r})$ の x, y, z 軸方向への変化率は，3 つの偏微分係数で表される．

$$\left(\frac{\partial f(\bm{r})}{\partial x}, \frac{\partial f(\bm{r})}{\partial y}, \frac{\partial f(\bm{r})}{\partial z}\right) \equiv \left(\frac{\partial}{\partial x}, \frac{\partial}{\partial y}, \frac{\partial}{\partial z}\right) f(\bm{r}) \equiv \bm{\nabla} f(\bm{r}) \tag{A.61}$$

ここで導入したナブラ記号

$$\bm{\nabla} = \bm{e}_x \frac{\partial}{\partial x} + \bm{e}_y \frac{\partial}{\partial y} + \bm{e}_z \frac{\partial}{\partial z} \tag{A.62}$$

は関数 $f(\bm{r})$（スカラー）に掛けると，3 方向への偏導関数（ベクトル）$\bm{\nabla} f$ になると見なすことができる．$\bm{\nabla} f$ のことを $\mathrm{grad}\, f$ と書き，関数 f の勾配 (gradient) よぶこともある．

点 $\bm{r}$ からわずかに $\Delta \bm{r} = (\Delta x, \Delta y, \Delta z)$ 離れた時の関数 f の変化は式 (A.55) と同じく

$$\begin{aligned} f(\bm{r} + \Delta \bm{r}) - f(\bm{r}) &\approx \left(\Delta x \frac{\partial f(\bm{r})}{\partial x} + \Delta y \frac{\partial f(\bm{r})}{\partial y} + \Delta z \frac{\partial f(\bm{r})}{\partial z}\right) \\ &= \Delta \bm{r} \cdot \bm{\nabla} f(\bm{r}) \end{aligned} \tag{A.63}$$

で与えられる．ここで，内積の記号を用いた．この式で誤差を無視した量を全微分とよび df と表す．全微分

$$df = d\bm{r} \cdot \bm{\nabla} f \tag{A.64}$$

は微少なベクトル $d\bm{r}$ の方向への変化率を示している．

関数 $f(x,y,z)$ が一定値をとる点の集まりは，3 次元空間の面をなしている．その面と平行に $d\bm{r}$ をとれば，$f(\bm{r})$ が変化しないので $df = d\bm{r} \cdot \bm{\nabla} f = 0$ となる．この式は，ベクトル $\bm{\nabla} f$ が $f =$ 一定の面に垂直であることを意味している．従って，$\bm{\nabla} f$ は f の勾配が最も大きい方向を向いたベクトルである．2 次元空間の場合の例を，図 A.6 に示す．

A.6.2 ベクトルの偏微分

今度は空間の各点に，電磁場や重力場などのベクトルの場 $\bm{a}(\bm{r})$ がある場合を考える．3 次元空間では 3 つの方向への変化に対応して，ナブラ $\bm{\nabla}$ はベクトルである．ベクトルとベクトルの積には，スカラー積やベクトル積があったように，ベクトル場の偏微分にはスカラーやベクトルになるものがある．

付録 A　(数学的準備)

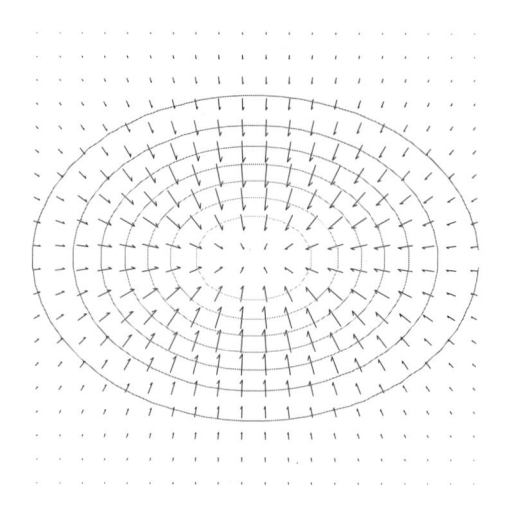

図 A.6 2 次元空間における関数 $f(\boldsymbol{r})$ の等高線とベクトル場 ∇f の関係．関数 $f(\boldsymbol{r})$ は中心部ほど大きな値をとる．矢印が ∇f の方向と大きさを表している．ベクトル ∇f は等高線に垂直である．

発散 (divergence)　ナブラ ∇ とベクトル場 $\boldsymbol{a}(\boldsymbol{r}) = (a_x, a_y, a_z)$ の内積でつくったスカラー量を，ベクトル場 $\boldsymbol{a}$ の発散とよび，$\nabla \cdot \boldsymbol{a}$ または $\mathrm{div}\,\boldsymbol{a}$ と書く

$$\nabla \cdot \boldsymbol{a} = \frac{\partial a_x}{\partial x} + \frac{\partial a_y}{\partial y} + \frac{\partial a_z}{\partial z} \tag{A.65}$$

回転 (rotation または curl)　ナブラ ∇ とベクトル場 $\boldsymbol{a}(\boldsymbol{r}) = (a_x, a_y, a_z)$ の外積でつくったベクトル量を，ベクトル場 $\boldsymbol{a}$ の回転とよび，$\nabla \times \boldsymbol{a}$ または $\mathrm{rot}\,\boldsymbol{a}$, $\mathrm{curl}\,\boldsymbol{a}$ などと書く．

$$\begin{aligned}\nabla \times \boldsymbol{a} =\ & \boldsymbol{e}_x \left(\frac{\partial a_z}{\partial y} - \frac{\partial a_y}{\partial z} \right) + \boldsymbol{e}_y \left(\frac{\partial a_x}{\partial z} - \frac{\partial a_z}{\partial x} \right) \\ & + \boldsymbol{e}_z \left(\frac{\partial a_y}{\partial x} - \frac{\partial a_x}{\partial y} \right)\end{aligned} \tag{A.66}$$

A.7　積分法

微分すると $f(x)$ になる関数を，関数 $f(x)$ の不定積分といい，$\int f(x)dx$ で表す．不定積分の 1 つを $F(x)$ とすると，$F'(x) = f(x)$ なので $f(x)$ のすべての不定積分は

$$\int f(x)dx = F(x) + C \tag{A.67}$$

の形に表される．定数 C を積分定数という．関数 $f(x)$ から，不定積分を求めることを積分するという．積分法に関する基本的性質をまとめておこう．

置換積分法　$x = g(t)$ ならば

$$\int f(x)dx = \int f(g(t))g'(t)dt \tag{A.68}$$

部分積分法

$$\int f(x)g'(x)dx = f(x)g(x) - \int f'(x)g(x)dx \tag{A.69}$$

三角関数の不定積分

$$\int \sin x\,dx = -\cos x + C, \qquad \int \cos x\,dx = \sin x + C \tag{A.70}$$

$$\int \frac{dx}{\cos^2 x} = \tan x + C, \qquad \int \frac{dx}{\sin^2 x} = -\frac{1}{\tan x} + C \tag{A.71}$$

指数関数の不定積分

$$\int e^x dx = e^x + C, \quad \int a^x dx = \frac{a^x}{\log a} + C \tag{A.72}$$

$\frac{1}{x}$ の積分

$$\int \frac{dx}{x} = \log|x| + C, \quad \int \frac{g'(x)}{g(x)}dx = \log|g(x)| + C \tag{A.73}$$

A.7.1 定積分

関数 $f(x)$ の不定積分の 1 つを $F(x)$ とするとき

$$\int_a^b f(x)dx \equiv [F(x)]_a^b \equiv F(b) - F(a) \tag{A.74}$$

を定積分という．a, b を定積分の下端，上端という．定積分に対しても，置換積分や部分積分の公式が成り立つ．定積分の積分変数にはどんな記号を用いても構わない．上端を変数 x とおけば，$f(x)$ の 1 つの不定積分になり，次の式が成り立つ．

$$\frac{d}{dx}\int_a^x f(t)dt = f(x) \tag{A.75}$$

定積分は区間 $[a,b]$ で，関数 $f(x)$ と x 軸に挟まれる部分の面積 S を表す．これを見るために，図 A.7 に示すように，a,b を両端とする $N+1$ 個の点

$$a = x_0 < x_1 < x_2 < \cdots < x_N = b$$

をとり，区間 $[a,b]$ を N 等分する．各小区間 $[x_k, x_{k+1}]$ では，$f(x)$ と x 軸で挟まれる部分の面積は，高さ $f(x_k)$ 幅 $\Delta x = \frac{b-a}{N}$ の長方形の面積で近似することができる．N を十分大きく取れば，長方形の面積の和は求める面積 S に限りなく近づくので次式となる．

$$S = \lim_{N \to \infty} \sum_{k=0}^{N-1} f(x_k)\Delta x = \int_a^b f(x)dx \tag{A.76}$$

微分係数が差の極限であったように，定積分は和の極限と見なすことができる．

付録A （数学的準備）

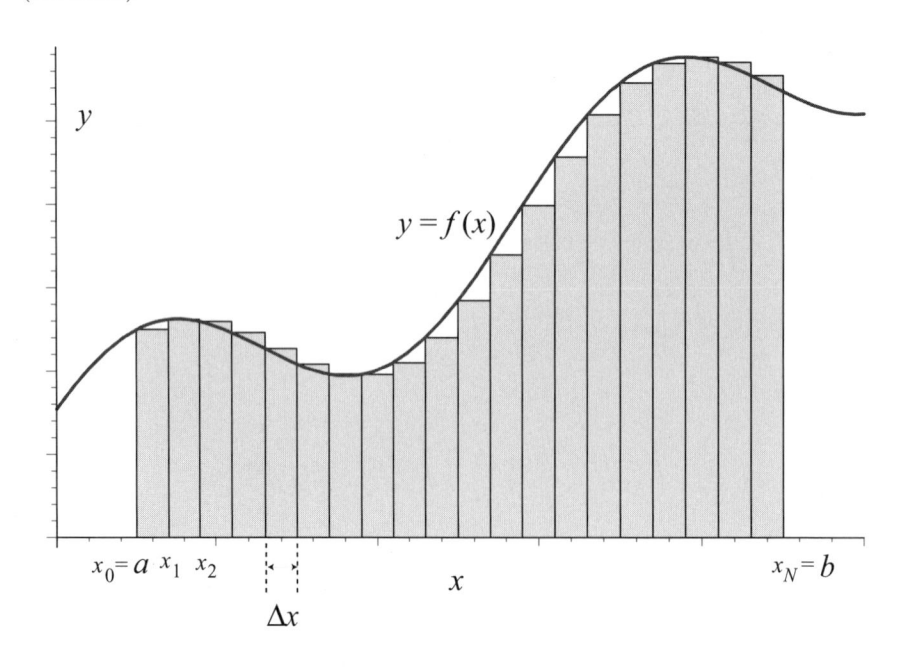

図 **A.7** 区分求積法による定積分の求め方

A.7.2 ベクトルの線積分

空間の 2 点 P と Q を結ぶ曲線 C にそって，ベクトル $\boldsymbol{a}(\boldsymbol{r})$ の接線方向の成分を積分した

$$I_C = \int_C \boldsymbol{a}(\boldsymbol{r}) \cdot d\boldsymbol{r} \tag{A.77}$$

を，ベクトル $\boldsymbol{a}(\boldsymbol{r})$ の線積分という．曲線 C の接線方向を向いた微少ベクトル $d\boldsymbol{r}$ を線要素という．右辺の積分を定義するために，図 A.8 のように曲線 C 上に $N-1$ 個の点を取り，N 個の小区間 PP_1，P_1P_2，$\cdots$，$P_{N-1}Q$ に分ける．点 P_0=P, $P_1, P_2, \cdots, P_{N-1}$, P_N=Q の位置ベクトルを，それぞれ $\boldsymbol{r}_0, \boldsymbol{r}_1, \cdots, \boldsymbol{r}_{N-1}, \boldsymbol{r}_N$ とする．各区間 $P_k P_{k+1}$ において，積分を $\boldsymbol{a}(\boldsymbol{r}_k) \cdot \Delta \boldsymbol{r}_k$ $(\Delta \boldsymbol{r}_k = \boldsymbol{r}_{k+1} - \boldsymbol{r}_k)$ で近似し，式 (A.76) と同じように $N \to \infty$ の極限を考えばよい．

$$I_C = \lim_{N \to \infty} \sum_{k=0}^{N-1} \boldsymbol{a}(\boldsymbol{r}_k) \cdot \Delta \boldsymbol{r}_k \tag{A.78}$$

線積分の定義式 (A.78) は幾何学的にはわかりやすいが，実際に曲がった曲線について積分するのは容易ではない．この場合には，曲線 C の媒介変数による表示

$$C: \quad \boldsymbol{r}(s) = (x(s), y(s), z(s)), \quad (0 \leq s \leq 1) \tag{A.79}$$

を用いる．ただし，$s = 0$ は点 P に，$s = 1$ は点 Q に対応するように定義しておく．置換積分の公式

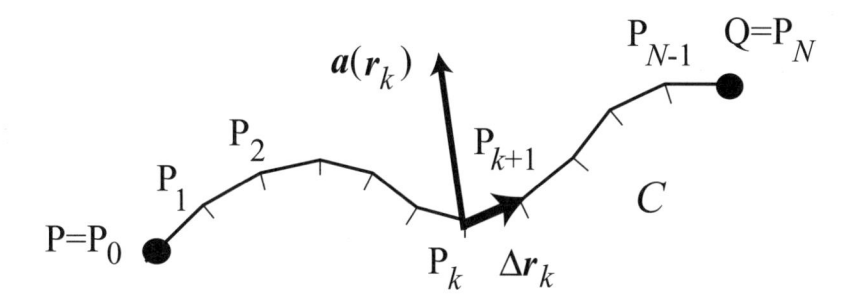

図 **A.8** ベクトルの曲線 C にそった線積分

を用いれば

$$
\begin{aligned}
I_C &= \int_0^1 \boldsymbol{a}(\boldsymbol{r}(s)) \cdot \frac{d\boldsymbol{r}(s)}{ds} ds \\
&= \int_0^1 \left(a_x(\boldsymbol{r}(s)) x'(s) + a_y(\boldsymbol{r}(s)) y'(s) + a_z(\boldsymbol{r}(s)) z'(s) \right) ds
\end{aligned}
\tag{A.80}
$$

となり，これは普通の 1 変数の積分であるから，実用的である．

媒介変数 s として，点 P から測った線の長さ $(0 \leq s \leq L)$ をとることもできる (PQ の長さを L とする)．曲線上の点 $\boldsymbol{r}$ における接線方向の単位ベクトルを $\boldsymbol{n}(\boldsymbol{r})$ とすれば，線要素 $d\boldsymbol{r}$ は接線方向を向いた長さ ds のベクトルなので

$$
\frac{d\boldsymbol{r}}{ds} = \boldsymbol{n} \tag{A.81}
$$

となる．これを式 (A.80) に代入すれば

$$
I_C = \int_0^L \boldsymbol{a}(\boldsymbol{r}(s)) \cdot \boldsymbol{n}(\boldsymbol{r}(s)) ds \tag{A.82}
$$

と表すこともできる．

ベクトルの線積分は一般に曲線 C を変えると値が変わる．特に，ベクトル場 $\boldsymbol{a}(\boldsymbol{r})$ が，スカラー場 $g(\boldsymbol{r})$ を用いて

$$
\boldsymbol{a}(\boldsymbol{r}) = \boldsymbol{\nabla} g(\boldsymbol{r}) \tag{A.83}
$$

と表されている場合には，曲線 C によらず両端の点 P, Q だけに依存する．実際，式 (A.83) を式 (A.80) に代入し，合成関数の微分の公式 (A.26) を用いると

$$
\begin{aligned}
I_C &= \int_0^1 \boldsymbol{\nabla} g(\boldsymbol{r}(s)) \cdot \frac{d\boldsymbol{r}(s)}{ds} ds \\
&= \int_0^1 \frac{dg(\boldsymbol{r}(s))}{ds} ds \\
&= g(\boldsymbol{r}_Q) - g(\boldsymbol{r}_P)
\end{aligned}
\tag{A.84}
$$

付録 A （数学的準備）

となり，P, Q の座標 $r_Q = r(s=1)$, $r_P = r(s=0)$ だけに依存することがわかる．これより，関数 $g(r)$ はベクトル $a(r)$ の線積分で与えられる

$$g(r) = g(r_Q) + \int_P^r a \cdot dr \tag{A.85}$$

ここで，積分路 C として，点 P と r を結ぶ任意の曲線を用いることができる．2 つの式 (A.83) と (A.85) は，勾配と線積分がお互いに逆の関係にあることを示している．

A.7.3　2 重積分

区分求積法式 (A.76) は，積分変数がたくさんある場合にも拡張できる．例として，2 つの変数 x, y の関数 $f(x, y)$ の積分を考えよう．図 A.9 に示すように，1 変数の時と同じく，x 軸方向には a, b を両端とする $N+1$ 個の点

$$a = x_0 < x_1 < x_2 < \cdots < x_N = b$$

をとり，区間 $[a, b]$ を幅 $\Delta x = \frac{b-a}{N}$ の小区間に N 等分する．同じく，y 軸方向にも c, d を両端として $M+1$ 個の点

$$c = y_0 < y_1 < y_2 < \cdots < y_M = d$$

をとり，区間 $[c, d]$ を幅 $\Delta y = \frac{d-c}{M}$ の小区間に M 等分する．各小区間 $[x_n, x_{n+1}], [y_m, y_{m+1}]$ では，$f(x, y)$ と x, y 平面で挟まれる部分の体積は，高さ $f(x_n, y_m)$ で底面積 $\Delta x \cdot \Delta y$ の直方体の体積で近似することができる．N, M を十分大きくとれば，直方体の体積の和は，領域 $a \leq x \leq b, c \leq y \leq d$ で，関数 $f(x, y)$ と xy 平面で挟まれる部分の体積 V に限りなく近づくので

$$\begin{aligned} V &= \lim_{N,M \to \infty} \sum_{n=0}^{N} \sum_{m=0}^{M} f(x_n, y_m) \Delta x \Delta y \\ &= \int_a^b \int_c^d f(x, y) dS, \quad dS = dx dy \end{aligned} \tag{A.86}$$

の極限で，x, y に関する 2 重積分（面積分）を定義する．dS を面積要素という．今後は，特に注意しない限りは，この 2 重積分が確定した値を持つ場合を考える．実用上は，2 重積分を 1 変数の積分に帰着させる場合が多い．例えば，x に関する積分が可能ならば，x 積分を先に実行して，後から y 積分を行っても良い．また，その逆でも良い．

$$\begin{aligned} \int_a^b \int_c^d f(x, y) dS &= \int_c^d dy \int_a^b f(x, y) dx \\ &= \int_a^b dx \int_c^d f(x, y) dy \end{aligned} \tag{A.87}$$

これは，図 A.9 で，先に x 方向に和をとり，その後で y に関する足し算を行うこと（あるいはその逆）に対応している．

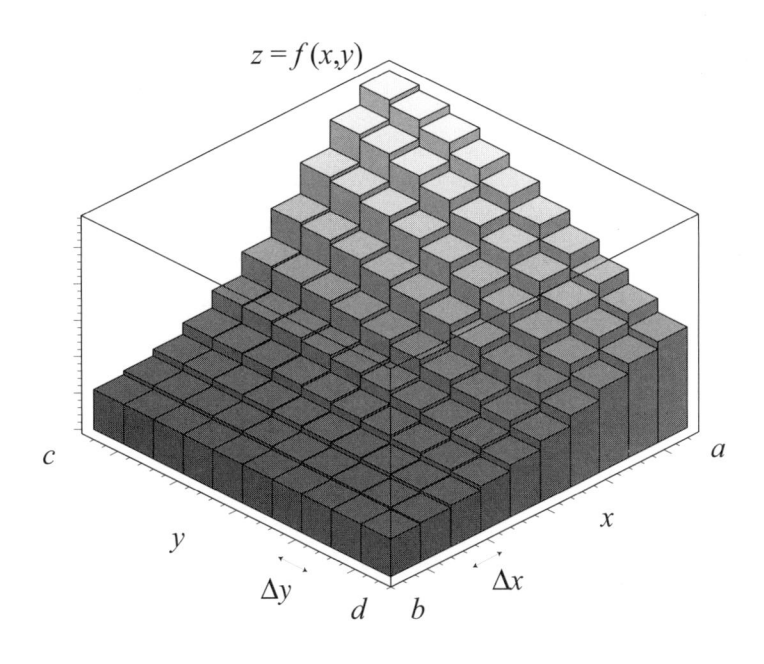

図 **A.9** 区分求積法による定積分の求め方

A.8　微分方程式

多くの物理現象は微分方程式を用いて表すことができる．関数 $y = f(x)$ とその導関数 $y', y'', \cdots$ などの間に成り立つ関係式を，常微分方程式という．1階の導関数 $y'(x)$ までしか含まない場合を1階の常微分方程式，2階の導関数 $y''(x)$ まで含む場合を2階の常微分方程式などという．微分方程式を積分して $y(x)$ を求めることを，微分方程式を解くという．

簡単な例として

$$\frac{dy}{dx} = f(x)g(y) \tag{A.88}$$

の形をした1階の常微分方程式を考える．両辺を $g(y)$ で割り，x について積分すれば，置換積分の公式 (A.68) より直ちに積分することができる．

$$\int \frac{1}{g(y)} \cdot \frac{dy}{dx} dx = \int f(x) dx + C \tag{A.89}$$

ここで，積分定数を C とおいた．特に，$f(x) = x$，$g(y) = y$ の場合

$$\int \frac{dy}{y} = \int x dx + C$$

を実際に積分すると

$$\log |y| = \frac{1}{2} x^2 + C$$

となる．これより，y が正負の場合を含めて，新たに $\pm e^C = C'$ とおくと次式を得る．

$$y = C' \cdot e^{\frac{1}{2} x^2} \tag{A.90}$$

付録 A　（数学的準備）

微分方程式 (A.88) は，定数 C' で区別される無限個の解を持っている．必要な解は，$x = 0$ における y の値 $y(0)$ を与えれば一意に定まる．この例のように，任意の積分定数を 1 個含む解を，1 階常微分方程式の一般解という．

　力学では主として 2 階の常微分方程式が重要であるので，これからは 2 階の常微分方程式を考える．2 階の常微分方程式は，y, y', y'', x の間の関係式であるから，解を求めるためには 2 回積分する必要がある．1 回積分するごとに積分定数が現れるので，任意定数を 2 個含む解を，2 階常微分方程式の一般解という．これに対し，任意定数を含まない特定の解を特解とよぶ．

　一般にニュートンの運動方程式は，非線形の 2 階常微分方程式であるが，特に y, y', y'' の 1 次式になる場合を線形の 2 階常微分方程式とよぶ．非線形の方程式も安定な平衡点のまわりでは，線形方程式で近似できるため特に重要である．これからは定数係数の場合に限ることにして，次の形の線形 2 階常微分方程式の解を考える．

$$L[y(x)] = \left(\frac{d^2 y}{dx^2} + p\frac{dy}{dx} + qy\right) = 0 \tag{A.91}$$

$$L \equiv \frac{d^2}{dx^2} + p\frac{d}{dx} + q \tag{A.92}$$

ここで，定数 p, q は与えられているものとする．

　線形微分方程式の大きな特徴は，重ね合わせの原理が成り立つことである．容易に分かるように，A_1, A_2 が定数の時

$$L[A_1 y_1(x) + A_2 y_2(x)] = A_1 L[y_1(x)] + A_2 L[y_2(x)] \tag{A.93}$$

が成立する．

　線形方程式 (A.91) の特解 $y_1(x), y_2(x)$ を何らかの方法で求めることができれば

$$L[y_1(x)] = 0, \quad L[y_2(x)] = 0 \tag{A.94}$$

を満たすので，式 (A.93) に代入すればすぐに分かるように

$$L[A_1 y_1(x) + A_2 y_2(x)] = A_1 L[y_1(x)] + A_2 L[y_2(x)] = 0 \tag{A.95}$$

となる．したがって，線形微分方程式 (A.91) の任意定数を 2 個含む一般解は

$$\text{線形微分方程式の一般解：} \quad y(x) = A_1 y_1(x) + A_2 y_2(x) \tag{A.96}$$

で与えられる．

例題　$p = 0, q = \omega_0^2$ の場合に，線形方程式 (A.91) の一般解を求めよ．

解　この場合 $L = \frac{d^2}{dx^2} + \omega_0^2$ である．三角関数の微分法 (A.28) より

$$\frac{d^2}{dx^2} \cos\omega_0 x = -\omega_0 \frac{d}{dx} \sin\omega_0 x = -\omega_0^2 \cos\omega_0 x$$

$$\frac{d^2}{dx^2} \sin\omega_0 x = \omega_0 \frac{d}{dx} \cos\omega_0 x = -\omega_0^2 \sin\omega_0 x$$

となるので
$$L[y(x)] = \frac{d^2y(x)}{dx^2} + \omega_0^2 y(x) = 0 \tag{A.97}$$

の一般解は，次のようになる．
$$y(x) = A_1 \cos\omega_0 x + A_2 \sin\omega_0 x \tag{A.98}$$

例題 p, q が実数の場合に，線形方程式 (A.91) の複素数の解 $y(x) = z(x)$ を見いだしたとすれば，$\mathrm{Re}\, z(x)$ および $\mathrm{Im}\, z(x)$ が線形方程式 (A.91) の実数解であることを示せ．

解 L は実数なので，$L[z] = 0$ ならば，複素共役をとると，$L[\bar{z}] = 0$．L が線形なので，
$$L[\mathrm{Re}\, z] = L\left[\frac{1}{2}z + \frac{1}{2}\bar{z}\right] = \frac{1}{2}L[z] + \frac{1}{2}L[\bar{z}] = 0$$
$$L[\mathrm{Im}\, z] = L\left[\frac{1}{2i}z - \frac{1}{2i}\bar{z}\right] = \frac{1}{2i}L[z] - \frac{1}{2i}L[\bar{z}] = 0$$

となり，$\mathrm{Re}\, z(x)$ および $\mathrm{Im}\, z(x)$ は実数解である．このことを用いると，前問の場合，$e^{i\omega_0 x}$ が解であることを示せば，$\cos\omega_0 x$ および $\sin\omega_0 x$ が解であることが分かる．

線形微分方程式 (A.91) の右辺に関数 $r(x)$ を付け加えて，次の形の線形微分方程式を考える．
$$L[y(x)] = \left(\frac{d^2 y}{dx^2} + p\frac{dy}{dx} + qy\right) = r(x) \tag{A.99}$$
$$\tag{A.100}$$

ここで，右辺の $r(x)$ は与えられているものとする．左辺は y, y', y'' に比例するのに対し，右辺は比例しない．式 (A.99) を非同次の線形微分方程式，その右辺を非同次項とよぶ．これに対し，式 (A.91) を同次線形微分方程式とよぶ．何らかの方法で，非同次の線形微分方程式 (A.99) の特解 $y_0(x)$ を得たとしよう．すなわち，$y_0(x)$ が
$$L[y_0(x)] = r(x) \tag{A.101}$$

の解であるとしよう．線形微分方程式 (A.95) と式 (A.94) と (A.101) を用いれば
$$L[y_0 + A_1 y_1 + A_2 y_2] = L[y_0] + A_1 L[y_1] + A_2 L[y_2] = r(x) \tag{A.102}$$

となるので，非同次の線形微分方程式 (A.99) の一般解は
$$y(x) = y_0(x) + A_1 y_1(x) + A_2 y_2(x) \tag{A.103}$$

で与えられることが分かる．

付録 A　（数学的準備）

例題 $p=0, q=\omega_0^2, r(x)=\sin\omega x$ の場合に，非同次の線形方程式 (A.99) の一般解を求めよ．

解 $\sin\omega x$ は 2 回微分すると元の形に戻るので，特解を

$$y_0(x) = B\sin\omega x \tag{A.104}$$

の形に仮定してみる．これを式 (A.99) に代入し

$$\begin{aligned} L[y_0(x)] &= \frac{d^2 y_0(x)}{dx^2} + \omega_0^2 y_0(x) = \left(-\omega^2 + \omega_0^2\right) B\sin\omega x \\ &= r(x) = \sin\omega x \end{aligned}$$

より，B を求めると

$$B = \frac{1}{\omega_0^2 - \omega^2} \tag{A.105}$$

従って，非同次線形微分方程式

$$L[y(x)] = \frac{d^2 y(x)}{dx^2} + \omega_0^2 y(x) = \sin\omega x \tag{A.106}$$

の一般解は，次のようになる．

$$y(x) = \frac{1}{\omega_0^2 - \omega^2}\sin\omega x + A_1\cos\omega_0 x + A_2\sin\omega_0 x \tag{A.107}$$

付録B （力学）

B.1 角速度ベクトル

物体が1秒間に回転する角度が，角速度 $\omega(=d\theta/dt)$ [rad/s] である．これをベクトルで表現しよう．ここでは図B.1に示すような物体(剛体)の重心G，あるいは座標軸の原点Gを通る1つの軸のまわりの回転を考える．時間 Δt の間に物体上の点PがP'に移動したとする．角速度 $\boldsymbol{\omega}$ は回転が右ねじの進む方向にとった単位ベクトル $\boldsymbol{e}$ を使って

$$\boldsymbol{\omega} = \omega \boldsymbol{e} \tag{B.1}$$

と定義する．$\overrightarrow{\mathrm{GP}} = \boldsymbol{r}$, $\overrightarrow{\mathrm{GP'}} = \boldsymbol{r'}$ とすると

$$|\overrightarrow{\mathrm{PP'}}| = |\boldsymbol{r'} - \boldsymbol{r}| = (r\sin\varphi)\Delta\theta$$
$$\lim_{\Delta t \to 0} \frac{|\Delta \boldsymbol{r}|}{\Delta t} = |\boldsymbol{v}| = (r\sin\varphi) \lim_{\Delta t \to 0} \frac{\Delta\theta}{\Delta t} = (r\sin\varphi)\omega$$

なので

$$\boldsymbol{v} = \boldsymbol{\omega} \times \boldsymbol{r} \tag{B.2}$$

が成り立つ．角度 φ, θ は図B.1を参照されたい．

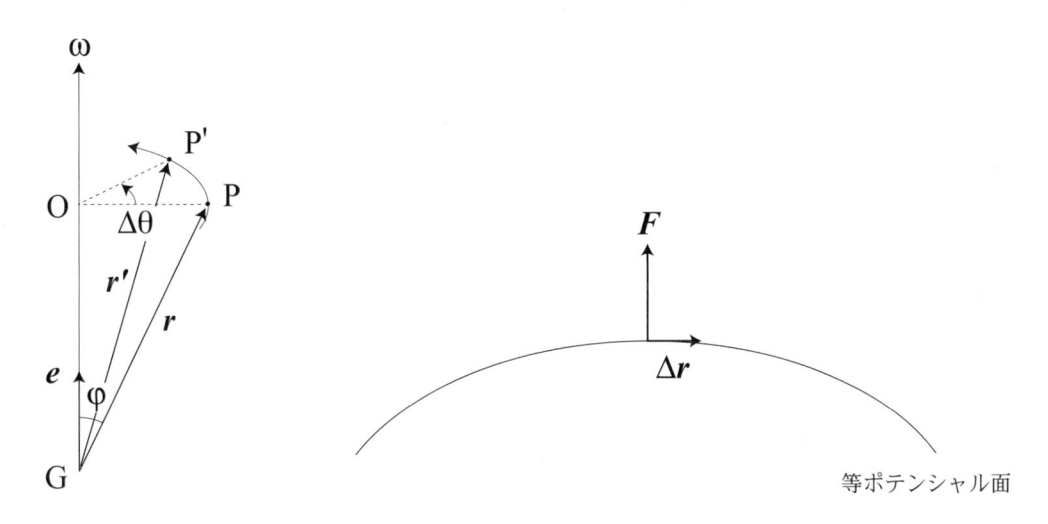

図 **B.1** 角速度ベクトル

図 **B.2** 力と等ポテンシャル面

付録 B （力学）

B.2　ポテンシャルと力

質点を点 P から点 Q まで移動させたときの仕事 W_{PQ} は，ポテンシャルを使って

$$W_{PQ} = \int_P^Q \boldsymbol{F} \cdot d\boldsymbol{r} = U_P - U_Q = -(U_Q - U_P) \tag{B.3}$$

で与えられる．P と Q は遠く離れているのではなく，時間 Δt の間に移動した距離はわずかで $\Delta \boldsymbol{r}$ であったとする．すると式 (B.3) は

$$\begin{aligned}
\boldsymbol{F} \cdot d\boldsymbol{r} &= U(\boldsymbol{r}) - U(\boldsymbol{r} + d\boldsymbol{r}) \\
&= U(x, y, z) - U(x + dx, y + dy, z + dz) \\
&= -\frac{\partial U}{\partial x} dx - \frac{\partial U}{\partial y} dy - \frac{\partial U}{\partial z} dz
\end{aligned}$$

となる．したがって，$F = F_x \boldsymbol{e}_x + F_y \boldsymbol{e}_y + F_z \boldsymbol{e}_z$ の力の成分は

$$F_x = -\frac{\partial U}{\partial x}, \quad F_y = -\frac{\partial U}{\partial y}, \quad F_z = -\frac{\partial U}{\partial z} \tag{B.4}$$

となる．$\mathrm{grad} = \boldsymbol{\nabla} = \boldsymbol{e}_x \frac{\partial}{dx} + \boldsymbol{e}_y \frac{\partial}{dy} + \boldsymbol{e}_z \frac{\partial}{dz}$ とおくと

$$\boldsymbol{F} = -\mathrm{grad}\, U = -\boldsymbol{\nabla} U \tag{B.5}$$

の本文の式 (2.165) が得られる．

次に等ポテンシャル面を考えよう．$U(x, y, z) = $ 一定は x, y, z の 3 次元空間で考えれば 1 つの曲面を形成し，これを等ポテンシャル面とよぶ．例えば重力場では地上からの一定の高さの平面が等ポテンシャル面である．万有引力の場合は球面である．

次に等ポテンシャル面上の近接した 2 点 $\boldsymbol{r}$ と $\boldsymbol{r} + d\boldsymbol{r}$ を考える．この 2 点は等ポテンシャル面上の 2 点なので

$$U(\boldsymbol{r}) = U(\boldsymbol{r} + d\boldsymbol{r})$$

である．$d\boldsymbol{r}$ が小さいので

$$U(\boldsymbol{r} + d\boldsymbol{r}) = U(\boldsymbol{r}) + (\mathrm{grad}\, U) \cdot d\boldsymbol{r}$$

より

$$(\mathrm{grad}\, U) \cdot d\boldsymbol{r} = 0 \tag{B.6}$$

となる．したがって

$$\boldsymbol{F} \cdot d\boldsymbol{r} = 0 \tag{B.6}'$$

となる．式 (B.6)' は，力が図 B.2 に示すように等ポテンシャル面に垂直であることを意味している．

付録C （電磁気学）

C.1 マクスウェル方程式

本文のマクスウェル方程式 (5.1)〜(5.4) を導出する．

1) ガウスの法則は任意の閉曲面 S の中に電荷 Q があり，その電荷から出る電気力線を考え

$$\int_S \boldsymbol{E} \cdot \boldsymbol{n} dS = \frac{Q}{\varepsilon} \tag{C.1}$$

の関係式で与えられる．式 (C.1) の導出にあたり，閉曲面として図 C.1 に示す $dxdydz$ の微小体積を考えよう．電気力線は面 EFGH から外に出て行く．したがって，点 A の位置座標を (x, y, z) とすると，式 (C.1) の左辺は $E_x(x+dx, y, z)dydz$ であり，面 ABCD では $-E_x(x, y, z)dydz$ である．同様にして他の 4 つの面も考え合わせ

$$\begin{aligned}\int_{微少体積} \boldsymbol{E} \cdot \boldsymbol{n} dS &= \{E_x(x+dx, y, z) - E_x(x, y, z)\}dydz \\ &+ \{E_y(x, y+dy, z) - E_y(x, y, z)\}dzdx \\ &+ \{E_z(x, y, z+dz) - E_z(x, y, z)\}dxdy \\ &= \left(\frac{\partial E_x}{\partial x} + \frac{\partial E_y}{\partial y} + \frac{\partial E_z}{\partial z}\right)dxdydz \\ &= \frac{Q}{\varepsilon}\end{aligned} \tag{C.2}$$

が得られる．$Q/dxdydz$ は電荷密度であり，これを ρ [C/m³] とする．$\varepsilon\boldsymbol{E} = \boldsymbol{D}$ なので

$$\frac{\partial D_x}{\partial x} + \frac{\partial D_y}{\partial y} + \frac{\partial D_z}{\partial z} = \text{div}\boldsymbol{D} = \nabla \cdot \boldsymbol{D} = \rho \tag{C.3}$$

$$\nabla = \frac{\partial}{\partial x}\boldsymbol{e}_x + \frac{\partial}{\partial y}\boldsymbol{e}_y + \frac{\partial}{\partial z}\boldsymbol{e}_z \tag{C.4}$$

が導かれる．これが式 (5.1) である．

2) 磁束密度 $\boldsymbol{B}$ では本文の説明から

$$\text{div}\boldsymbol{B} = \nabla \cdot \boldsymbol{B} = 0 \tag{C.5}$$

である．

3) アンペールの周回積分は

$$\oint \boldsymbol{H} \cdot d\boldsymbol{s} = I \tag{C.6}$$

であった．簡単化のため x 成分を考える．I は図 C.2 の微小の径路 ABCD を垂直に貫く I_x とする．

$$\int_{AB} H_s ds + \int_{BC} H_s ds + \int_{CD} H_s ds + \int_{DA} H_s ds = I_x \tag{C.7}$$

付録 C （電磁気学）

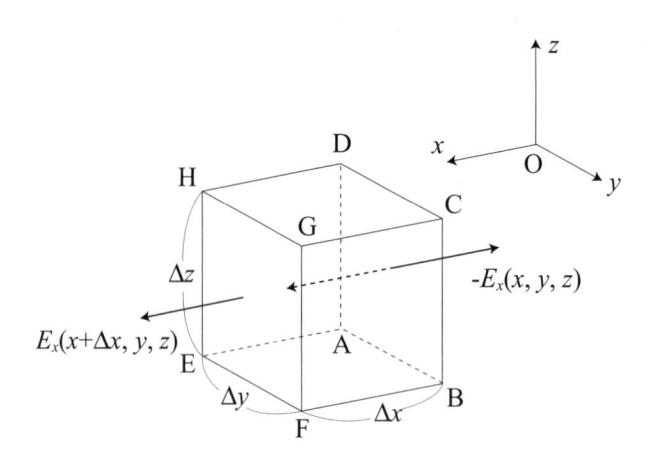

図 C.1 微少体積から出る電気力線

$$H_y(x,y,z)\cdot dy + H_z(x,y+dy,z)dz + H_y(x,y,z+dz)(-dy) + H_z(x,y,z)(-dz)$$
$$= \left(\frac{\partial H_z}{\partial y} - \frac{\partial H_y}{\partial z}\right)dydz = I_x \quad (C.8)$$

$I_x/dydz$ は x 方向の電流密度なのでこれを J_x $[\mathrm{A/m^2}]$ とすると

$$\frac{\partial H_z}{\partial y} - \frac{\partial H_y}{\partial z} = J_x \quad (C.9)$$

が得られる．同様に y, z 成分に関して同様な関係式が得られる．つまり

$$\left(\frac{\partial H_z}{\partial y} - \frac{\partial H_y}{\partial z}\right)\bm{e}_x + \left(\frac{\partial H_x}{\partial z} - \frac{\partial H_z}{\partial x}\right)\bm{e}_y + \left(\frac{\partial H_y}{\partial x} - \frac{\partial H_x}{\partial y}\right)\bm{e}_z \equiv \mathrm{rot}\bm{H} = \nabla\times\bm{H} = \bm{J} \quad (C.10)$$

が得られる．一般的には式 (5.80) で説明したように電束電流を加えて

$$\nabla\times\bm{H} = \bm{J} + \frac{\partial \bm{D}}{\partial t} \quad (C.11)$$

となり，これが式 (5.3) である．式 (C.6) の電流で表現すると

$$\int_S (\mathrm{rot}\bm{H})\cdot\bm{n}dS = \bm{I} + S\frac{\partial \bm{D}}{\partial t} \quad (C.12)$$

となる．

4) マクスウェルの 4 番目の式 (5.4) は電磁誘導の法則

$$V = -\frac{d\Phi}{dt} \quad (C.13)$$

に由来する．図 C.3 に示す面 S を考え，それを貫く磁束密度 $\bm{B}$ と面 S の外周の経路 c に関する電場 $\bm{E}$ の積分から，式 (C.13) は次式となる．

$$\begin{aligned}\int_c \bm{E}\cdot d\bm{s} &= -\int_S \frac{\partial \bm{B}}{\partial t}\cdot\bm{n}dS \\ \int_S (\mathrm{rot}\bm{E})\cdot\bm{n}dS &= -\int_S \frac{\partial \bm{B}}{\partial t}\cdot\bm{n}dS \\ \therefore \quad \mathrm{rot}\bm{E} &= -\frac{\partial \bm{B}}{\partial t}\end{aligned} \quad (C.14)$$

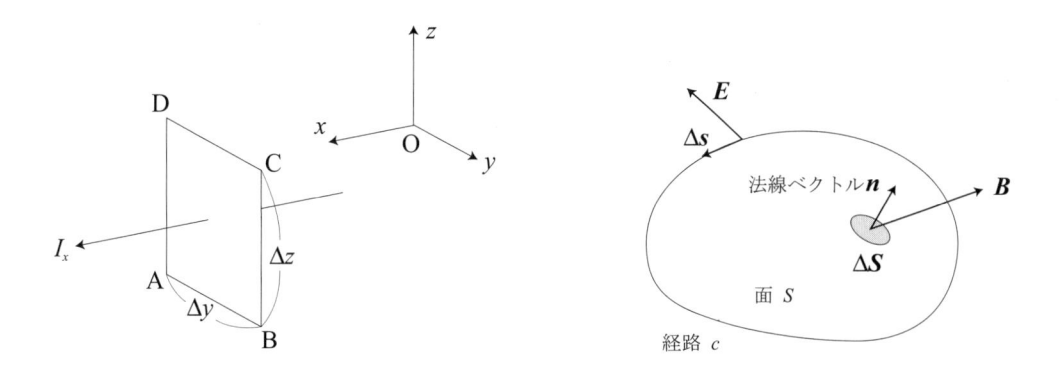

図 **C.2** 微小経路に関するアンペールの周回積分の法則   図 **C.3** 電磁誘導の法則

C.2　電場 E とポテンシャル

1 [C] の電荷を電場 E の中で dr 動かしたときの電場のなした仕事は

$$-dU = \bm{E} \cdot d\bm{r} = E \cdot dr\cos\theta \tag{C.15}$$

である．θ は $\bm{E}$ と $d\bm{r}$ とのなす角である．電荷を電気力線に直交するように動かすと $\cos\theta = \cos(\pi/2) = 0$ となるので $dU = 0$ となる．ポテンシャル U は位置座標だけの関数なので，このようなポテンシャルが等しい面 ($U(x,y,z) =$ 一定) が形成されることになる．導体では自由に動くことのできる伝導電子が存在するので，特別なことがない限り等ポテンシャルとなる．つまり導体表面は等ポテンシャル面であり，図 C.4 に示すごとく電気力線は導体表面に垂直である．

式 (C.15) は x, y, z 成分で表現すると次式となる．

$$-dU = E_x dx + E_y dy + E_z dz \tag{C.16}$$

両辺を x, y, z についてそれぞれ偏微分するとことにより

$$E_x = -\frac{\partial U}{\partial x}, \qquad E_y = -\frac{\partial U}{\partial y}, \qquad E_z = -\frac{\partial U}{\partial z} \tag{C.17}$$

$$\begin{aligned}\bm{E} = E_z \bm{e}_x + E_y \bm{e}_y + E_z \bm{e}_z &= -\left(\frac{\partial U}{\partial x}\bm{e}_x + \frac{\partial U}{\partial y}\bm{e}_y + \frac{\partial U}{\partial z}\bm{e}_z\right) \\ &= -\operatorname{grad} U = -\nabla U\end{aligned} \tag{C.18}$$

を得る．

電場に関する導体の性質をまとめると次の通りである．

1) 導体内部には電場はなく，導体はいたるところ等ポテンシャルである．
2) 導体内部で帯電することはなく，帯電するときは表面である．
3) 電気力線は導体表面に対して垂直に出入する．そのときの電場の強さは，表面電荷密度を ω [C/m^2] とすると $E = \omega/\varepsilon_0$ である．

付録 C （電磁気学）

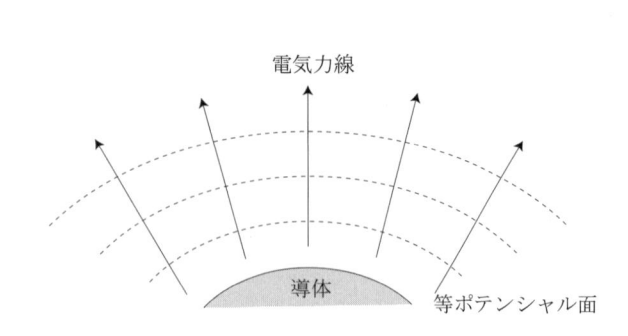

図 C.4 導体から出入りする電気力線と等ポテンシャル面

図 C.5 ビオ・サヴァールの法則から点 P での磁場の強さを求める

4) 導体で囲まれた空間の内部に電荷がないときは，その内部での電場の強さはゼロである．このような部屋 (空間) をシールドルームと言う．
5) 導体表面の電荷はとがったところほど密に分布する (避雷針)．

C.3　ビオ・サヴァールの法則

本文では 5.5 節で磁場の強さ H をアンペールの周回積分の法則を用いて導出した．ここでは図 5.8 を基にビオ・サヴァールの法則から求める．用いる式は式 (5.6) の

$$\Delta H = \frac{1}{4\pi}\frac{I\sin\theta}{r^2}\Delta s \tag{C.19}$$

である．

簡単な例として図 C.5 に示す電流 I [A] が流れる無限に長い直線電流が，それから a [m] 離れた点 P に作る磁場の強さ H を求めよう．図 C.5 に示す記号を使うと次のように計算される．

$$\begin{aligned}
H &= \int_{-\infty}^{\infty} dH = \int_{-\infty}^{\infty} \frac{1}{4\pi}\frac{I\sin\theta}{r^2}ds \\
&= \int_0^{\pi} \frac{1}{4\pi}\frac{I\sin\theta}{(\frac{a}{\sin\theta})^2}\frac{a}{\sin^2\theta}d\theta \\
&= \frac{I}{2\pi a}
\end{aligned} \tag{C.20}$$

C.4　複素インピーダンス

交流回路図 C.6 で複素数を用いると，コンデンサーもコイルも抵抗と同じインピーダンスとして単純に取り扱うことができる．すなわち，電圧を

$$V = V_0 e^{i\omega t} \tag{C.21}$$

図 **C.6** 交流回路

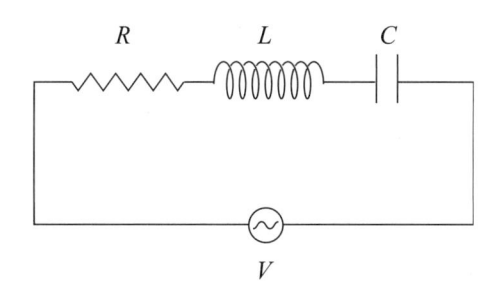

とおく．電流は位相がずれるとして

$$I = I_0 e^{i(\omega t - \phi)} \tag{C.22}$$

とする．図 C.6 の回路は

$$V - L\frac{dI}{dt} = RI + \frac{Q}{C} \tag{C.23}$$

すなわち

$$\frac{dV}{dt} = R\frac{dI}{dt} + L\frac{d^2I}{dt^2} + \frac{I}{C} \tag{C.23}'$$

である．式 (C.23)′ に式 (C.21) と (C.22) を代入すると

$$V = RI + i\omega L I + \frac{1}{i\omega C} I \tag{C.24}$$

となる．抵抗 R と同様に，コイルは $i\omega L$，コンデンサーは $1/i\omega C$ をインピーダンスと考える．つまり，図 C.6 は 3 個のインピーダンスの和として次式が成立する．

$$\begin{align}
V &= ZI \tag{C.25}\\
Z &= R + i\omega L + \frac{1}{i\omega C} = R + i(\omega L - \frac{1}{\omega C}) \tag{C.26}\\
|Z| &= \sqrt{R^2 + (\omega L - \frac{1}{\omega C})^2} \tag{C.27}
\end{align}$$

以上のことを使ってコイルとコンデンサーを再び考えてみよう．図 5.33 のコイルのインピーダンス（インダクタンス）は

$$|Z| = |i\omega L| = \omega L \tag{C.28}$$

であり，電流は

$$I = \frac{V_0 e^{i\omega t}}{i\omega L} = \frac{V_0}{\omega L}\frac{e^{i\omega t}}{e^{i\frac{\pi}{2}}} = \frac{V_0}{\omega L} e^{i(\omega t - \frac{\pi}{2})} \tag{C.29}$$

となる．同様に図 5.36(a) のコンデンサーのインピーダンス（キャパシタンス）は

$$|Z| = |\frac{1}{i\omega C}| = \frac{1}{\omega C} \tag{C.30}$$

となり，電流は

$$I = \frac{V_0 e^{i\omega t}}{\frac{1}{i\omega C}} = \omega C V_0 e^{i(\omega t + \frac{\pi}{2})} \tag{C.31}$$

となる．

執筆者紹介

(執筆順)

ひがしじまきよし
東島　清
1948年生

大阪大学大学院理学研究科教授　理学博士
1970年　京都大学理学部物理学科　卒業
1974年　京都大学大学院理学研究科（博士）中退
専門：素粒子理論

ふじたよしたか
藤田佳孝
1951年生

大阪大学大学院理学研究科准教授　理学博士
1973年　大阪大学理学部物理学科 卒業
1975年　大阪大学大学院理学研究科博士課程中退（博士）
専門：原子核物理

たけだせいじ
竹田精治
1953年生

大阪大学大学院理学研究科教授　理学博士
1976年　横浜市立大学文理学部理学科　卒業
1982年　広島大学大学院理学研究科（博士）
専門：固体構造

きのしたしゅういち
木下修一
1949年生

大阪大学大学院生命機能研究科教授　理学博士
1973年　東京大学理学部化学科　卒業
1978年　東京大学理系大学院（博士）
専門：レーザー分光

きくちまこと
菊池　誠
1958年生

大阪大学サイバーメディアセンター教授　理学博士
1981年　東北大学理学部物理学科 卒業
1986年　東北大学大学院理学研究科（博士）
専門：統計物理学、計算物理学、生物物理学

大貫惇睦（おおぬきよしちか）
1947 年生

大阪大学大学院理学研究科教授　理学博士
1971 年　京都大学工学部金属加工学科　卒業
1976 年　東京大学大学院理学研究科（博士）
専門：固体物性

岸本忠史（きしもとただふみ）
1952 年生

大阪大学大学院理学研究科教授　理学博士
1975 年　大阪大学大学理学部物理学科　卒業
1980 年　大阪大学大学院理学研究科（博士）
専門：素粒子核分光学

吉田　博（よしだひろし）
1951 年生

大阪大学大学院基礎工学研究科教授　理学博士
1974 年　大阪大学基礎工学部物性物理工学科　卒業
1979 年　大阪大学大学院理学研究科（博士）
専門：半導体物理、マテリアル・デバイスデザイン

下田　正（しもだただし）
1952 年生

大阪大学大学院理学研究科教授　理学博士
1975 年　京都大学理学部　卒業
1980 年　京都大学大学院理学研究科（博士）単位取得退学
専門：実験原子核物理学

索　引

あ行

アインシュタイン	A. Einstein	5
圧力	pressure	8, 100
アボガドロ定数	Avogadro constant	4
アリストテレス	Aristoteles	7
アルキメデス	Archimedes	8
―の原理	Archimedes' principle	7
α		
―線	ray	206
―崩壊	decay	208
―粒子	particles	74
暗線	dark fringe	89
アンペール	A. M. Ampère	148
―の法則	Ampère's law	146
位相	phase	30
位置	position	
―エネルギー	potential energy	57
―ベクトル	position vector	13
インピーダンス	impedance	
コイルの―	of an inductor	180
コンデンサーの―	of a capacitor	181
複素―	complex impedance	182
宇宙	space	213
うなり	beat	93
運動	motion	7
―エネルギー	kinetic energy	56
運動エネルギー		
―保存則	law of conservation of kinetic energy	61
運動の法則	law of motion	11
運動方程式	equation of motion	12, 22
運動量	momentum	48
―保存則	law of conservation of momentum	47
永久機関	perpetual motion machine	97
第1種―	of the first kind	98
第2種―	of the second kind	98
永久磁石	permanent magnets	172
エールステッド	H. C. Oersted	148
X線	X ray	200
エネルギー	energy	
内部―	internal energy	109
―保存則	law of conservation of energy	54, 97
遠隔作用	action at a distance	186
演算子	operator	196
遠心力	centrifugal force	44
エンタルピー	enthalpy	137
エントロピー	entropy	128
―増大則	principle of entropy increase	4, 134
オイラー	L. Euler	
―の公式	Euler's formula	259
オームの法則	Ohm's law	165
温度	temperature	104

か行

外積	exterior product	252
回折	diffraction	87
―格子	diffraction grating	90
回転	rotation	
―運動	rotation	62
―座標系	system of rotating axis	44
ガウス	C. F. Gauss	
―の法則	Gauss's law	145, 155
可逆	reversibility	
―過程	reversible process	111
―機関	reversible machine	124
角加速度	angular acceleration	67
角運動量	angular momentum	52
―保存則	law of conservation of angular momentum	53, 65
核子	nucleon	195
角振動数	angular frequency	30, 79
角速度	angular velocity	37
核融合	nuclear fission	210
過減衰	over damping	33
重ね合わせの原理	superposition principle	86
可積分系	integrable system	24
加速器	accelerator	171
加速度	acceleration	7, 10, 12, 14
ガリレイ	G. Galilei	1, 7, 10
カルノー	S. Carnot	122
―機関	Carnot engine	121, 125
ガルバーニ	L. Galvani	148
換算質量	reduced mass	49
慣性	inertia	
―系	inertial system	22
―の法則	law of inertia	11, 21
―モーメント	moment of inertia	67
―力	inertial force	43
γ		
―線	ray	74, 201, 206
―崩壊	decay	210
菊池正士		202
気体定数	gas constant	116
起電力	electromotive force	146
ギブスの自由エネルギー	Gibbs' free energy	136

日本語	English	ページ
逆コンプトン散乱	inverse Compton scattering	201
キャベンディッシュ	H. Cavendish	12
急変過程	process of a rapid change	111
球面波	spherical wave	79
キュリー	P. Curie	74
強磁性体	ferromagnets	172
共振	resonance vibration	86
共鳴	resonance	86
強誘電体	ferroelectrics	159
虚像	virtual image	84
ギルバート	W. Gilbert	146
クーロン	C. A. de Coulomb	148
—の法則	Coulomb's low	148
クォーク	quarks	195, 211
屈折率	index of refraction	81
クラウジウス	R. Clausius	124
—の原理	Clausius' theorem	124
—の不等式	Clausius' inequality	130
クロネッカーのデルタ	Kronecker's δ	252
計算物理学	computational physics	223
撃力	impulsive force	50
ケプラー	J. Kepler	10
—の3法則	Kepler's three laws	10, 35
原子	atom	195
原子核	nucleus	146, 195
減衰振動	damped oscillation	32
向心力	centripetal force	38
剛体	rigid body	62
—の回転運動	rotational motion of	64
光電効果	photoelectric effect	198
交流	alternating current	151, 178
黒体輻射	radiation of black body	199
固定端での反射	reflection of a fixed end	84
コペルニクス	N. Copernicus	10
コリオリの力	Coriolis' force	46
孤立系	isolated system	133
コンデンサー	condenser	147, 160
コンプトン	A. H. Compton	
—効果	effect	200
—散乱	scattering	200

さ行

日本語	English	ページ
サイクロトロン運動	cyclotron motion	171
最大静止摩擦力	maximum coefficient of static friction	20
座標系	coordinate	13, 15
作用・反作用の法則	law of action and reaction	11, 20, 23
磁界	magnetic field	146
磁気浮上	float due to magnetic fields	174
示強変数	intensive variable	107
仕事	work	54
磁石	magnets	146
磁束	magnetic flux	145, 146, 151, 175
—密度	density	145, 170
実験物理学	experimental physics	223
実効値	effective value	178
実像	real image	84
質点	material particle, mass point	11
質量	mass	12, 19, 22
慣性—	inertial mass	22
—中心	center of gravity	62
—分析計	mass spectrometer	171
磁場	magnetic fields	146, 169
ジャーマー	L. H. Germer	202
周期	period	30
重心	center of gravity	9, 62
自由端での反射	reflection of a free end	84
充電	charge	147
自由電子	free electron	147
自由度	freedom	62
自由落下	free fall	10
重力	gravity	18
—加速度	gravitational acceleration	8, 18, 36
—相互作用	gravitational interaction	212
ジュール	J. P. Joule	108
—熱	Joule's heat	109
準静的過程	quasistatic process	111
蒸気機関	steam engine	97
衝撃波	shock wave	81
状態	state	
—図	phase diagram	107
—方程式	state equation	107
—量	quantity of state	113, 128
焦点	focus	83
—距離	focal length	83
初期値問題	problem of initial conditions	24
示量変数	extensive variable	107
磁力線	magnetic lines of force	145
振動運動	motion of oscillation	28
振動数	freqency	30, 79
振幅	amplitude	30
垂直抗力	normal force	20
数値積分法	numerical integration	24
スネルの法則	Snel's law	82, 83
静止摩擦係数	coefficient of static friction	20
静電誘導	electrostatic induction	147
積分法	integration	262
摂動法	perturbation method	24
全電気量	total of the electric charge	145
全反射	total reflection	82
双極子	dipole	159
相対座標	relative coordinate	49
相対性理論	theory of relativity	5
相転移	phase transition	137

速度　velocity		13, 14
素粒子　elementary particles		195

た行

ダークマター　dark matter		214
体膨張率　coefficient of bulk expansion		105
縦波　longitudinal wave		78
ダビソン　C. J. Davisson		202
断熱過程　adiabatic process		109, 111
単振り子　simple pendulum		33
力　force		7, 18
基本的な—　fundamental force (interaction)		18
蓄電器　battery		147
チャドウィック　J. Chadwich		74, 207
中心力　central force		38
中性子　neutron		74, 195
超伝導マグネット　superconducting magnet		166
調和振動子　harmonic oscillator		29
強い相互作用　strong interaction		214
強い力　strong force (interaction)		18
定圧過程　isobaric process		101, 112
ディーゼル　R. Diesel		142
—エンジン　Diesel engine		142
定在波　standing wave		86
定常波　stationary wave		86
定積過程　isothermal process		112
テイラー展開　Taylor expansion		257
三角関数の—　of trigonometric function		258
指数関数の—　of exponential function		258
ディラック　P. A. M. Dirac		214
てこの原理　principle of lever		8
電圧　voltage		148, 158
電位　electric potential		148, 157
電荷　electric charge		145
—密度　charge density		145
電界　electric field		145, 186
電気感受率　electric susceptibility		160
電気的仕事　electric work		109
電気分極　electric polarization		160
電気変位　electric displacement		145
電気容量　electric capacity		160
電気力線　line of electric force		151
電気量　electric quantity, quantity of charge		153
電子　electron		146, 195
電子雲　electron cloud		159
電磁気力　electromagnetic force		18
電磁石　electromagnets		172
電磁相互作用　electromagnetic interaction		214
電磁波　electromagnetic wave		153, 183
電磁誘導　electromagnetic induction		146, 151, 153, 174
—の法則　law of		175
電束　electric flux		145, 155
—電流　displacement current		146, 183
—密度　electric flux density		145
電場　electric field		156, 186
電波　electromagnetic wave		153, 183
電離層　ionosphere		153
電流　electric current		146
—密度　density		146
電力　elecrtic power		167
統一理論　unified field theory		212
等温過程　isothermal process		112
等加速度運動　uniformly accelerated motion		10, 15
導関数　derived function		254
高階—　of higher order		255
高次—　of higher order		255
三角関数の—　of trigonometric function		255
指数関数の—　of exponential function		256
対数関数の—　of logarithmic function		256
2 階—　of second order		255
2 次—　of second order		255
統計力学　statistical mechanics		132
透磁率　magnetic permeability		170
真空の—　of vacuum		145
等速円運動　uniform circular motion		38
動摩擦　kinetic friction		
—係数　coefficient of kinetic friction		20
—力　kinetic friction		20
特殊相対論　special theory of relativity		198
ドップラー効果　Doppler effect		93
ド・ブロイ　D. L. V. de Broglie		202
トムソン　J. J. Thomson		124
—の原理　principle		124
トリチェリ　E. Torricelli		102

な行

内積　inner product		252
内力　internal force		49
長岡半太郎		204
波　wave		
—の回折　wave diffraction		87
—の干渉　wave interference		89
—の速さ　velocity of wave		81
ニュートン　I. Newton		3, 7
—の運動法則　Newton's low of motion		11, 21
—力学　Newton's mechanics		11
熱　heat		97, 112
—機関　engine		121
—の仕事当量　mechanical equivalent of heat		108
熱源　heat reservoir		112
熱平衡　thermal equilibrium		
—状態　state of		106
熱膨張　thermal expansion		105
熱容量　heat capacity		114
定圧—　at constant pressure		114

定積— at constant volume		114
熱浴 heat bath		112
熱力学 law of thermodynamics		
—第 0 法則 the zeroth		108
—第 1 法則 the first		98, 112
第 1 法則 the first		112
—第 2 法則 the second		98, 124
—第 3 法則 the third		131
熱量 heat quantity		112
粘性抵抗 viscous drag		28

は行

パイ中間子 π meson		214
波長 wave length		79
発電機 generator		151
波動 wave		77
—関数 wave function		196
—性 wave aspects		202
バネ定数 spring constant		29
腹 loop		86
反射 reflection		
固定端での— reflection on a fixed end		84
自由端での— reflection on a free end		84
全— all reflection		82
万有引力 universal gravitation		12
—定数 gravitational constant		12, 35
—の法則 low of		11, 35
ビオ・サヴァールの法則 Biot-Savart's law		150
比重 specific gravity		8
ビックバン big bang		213
比透磁率 relative magnetic permeability		172
微分法 calculus of differentiation		254
微分方程式 differential equation		22
比誘電率 relative dielectric		155
避雷針 lightning rod		148
平賀源内		147
ファラデー M. Faraday		150
—の電磁誘導の法則 Faraday law of induction		146
ファン・デル・ワールス van der Waals force		140
フェーン現象 foehn phenomenon		120
不可逆 irreversibility		
—過程 irreversible process		111
—性 irreversibility		124
不確定性関係 uncertainty principle		87, 204
節 node		86
フックの法則 Hook's law		28
物質 material		195
物理法則 physical law		15
普遍性 universality		29
ブラーエ T. Brahe		10
ブラッグ反射 Bragg reflection		200
プランク M. K. E. L. Planck		199
—定数 Planck constant		199
フランクリン B. Franklin		147
振り子の等時性 isochronism of pendulum		35
浮力 buoyancy		8
分極 polarization		159
分子 molecule		195
平行四辺形の原理 princile of parallelogram		19
並進 translation		
—運動 translational motion		23, 62
—座標系 translational coordinates		43
平面極座標 plane polar coordinates		37
平面波 plane wave		79
β 線 β ray		208
ベータ崩壊 β decay		211
ベクトル vector		12, 13
ヘルツ H. R. Hertz		153
ヘルムホルツの自由エネルギー Helmholtz free energy		135
変位電流 displacement current		146, 183
変位ベクトル displacement vector		13
偏微分 partial differentiation		260
係数 partial differential		260
ベクトルの— partial differentiation of vector		261
ヘンリー J. Henry		174, 176
ホイヘンスの原理 Huygens principle		82
ポインティングベクトル poynting vector		197
放射性同位元素 radioisotope		206
放物運動 parabolic motion		26
ボーア N. H. D. Bohr		204
—模型 Bohr's model		204
保存力 conservative force		58
ポテンシャル potential		157
—エネルギー potential energy		57
ボルタ A. Volta		148
—の電池 voltaic cell		148
ボルツマン定数 Boltzmann constant		143

ま行

マイケルソンの干渉計 Michelson interferometer		90
マクスウェル J. C. Maxwell		151
—の速度分布則 Maxwell's velocity distribution		143
—方程式 Maxwell equations		145
マグネット magnets		146
摩擦 friction		
—起電機 frictional electrostatic generator		147
—力 friction force		20, 60
マルコーニ G. Marconi		153
源 source		186
明線 light fringe		90
面心立方格子 face centered cubic lattice		166

索　引

面密度　surface density	155, 156
モード　mode	86
モーメント　moment	
慣性——　of inertia	66
力の——　of force	9, 64
モル比熱　molar heat	115

や行

八木秀次	153
ヤングの干渉実験　Young's interference experiment	89
誘電体　dielectric	155, 159
誘電率　dielectric constant	155
真空の——　in vacuum	145
誘導起電力　induced electromotive force	174
誘導電流　induced current	146
湯川秀樹	212
横波　transverse wave	78
弱い相互作用　weak interaction	212
弱い力　weak force	18

ら行

ライデンびん　Leyden (Leiden) jar	147
ラザフォード　E. Rutherford	204
落下速度　falling velocity	10
力学　mechanics	7
力学的エネルギー　mechanical energy	57
——保存則　law of conservation of	57, 61
力積　impulse	48
理想気体　ideal gas	116, 140
粒子性　particle aspect	202
量子力学　quantum mechanics	5
理論物理学　theoretical physics	223
冷却機　refrigerator	124
レプトン　lepton	211
レンズの公式　law of lens	84
レンツ　E. K. Lenz	174
——の法則　Lenz's law	146, 174
レントゲン　W. C. Röntgen	200
写真　roentgenograph	200
ローレンツ　H. A. Lorentz	170
——力　Lorentz's force	170

わ行

惑星の運動　planetary motion	39

大阪大学新世紀レクチャー
物理学への誘い

2003年 4月18日　初版第1刷発行　　　　　　［検印廃止］
2008年 8月 1日　初版第2刷発行

　　　　　編著者　　大貫　惇睦
　　　　　発行所　　大阪大学出版会
　　　　　　代表者　鷲田清一

　　〒565-0871　吹田市山田丘2－7
　　　　　　　　大阪大学ウエストフロント
　　　　　電話・FAX 06-6877-1614（直）
　　　　　URL http://www.osaka-up.or.jp

　　　　印刷・製本所　　（株）遊文舎

ⓒONUKI Yoshichika 2008　　　　　　　Printed in Japan
　　　　　　ISBN978-4-87259-144-6

Ⓡ〈日本複写権センター委託出版物〉
本書を無断で複写複製（コピー）することは、著作権法上の例外を除き、禁じられています。本書をコピーされる場合は、事前に日本複写権センター（JRRC）の許諾を受けてください。
JRRC〈http://www.jrrc.or.jp eメール：info@jrrc.or.jp 電話：03-3401-2382〉